区块链导论

林　熹　编　著

吴德林　黄　成　张开翔　主　审

机械工业出版社

本书是一本介绍区块链技术的基础读本，旨在为读者构建出区块链技术及应用方面的知识体系。本书共十四章，主要分为四个方面的内容：第一章和第二章讲述区块链技术的基本概念、基本原理，用生动形象的语言介绍区块链底层技术和相关的代码；第三章~第十二章介绍区块链在具体行业中的应用，结合区块链技术的应用案例介绍区块链技术在供应链行业、银行业、保险业、证券业、供应链金融、其他金融相关场景、医疗行业、能源互联网、政府职能及数字身份、数字版权、公益慈善等领域中的作用；第十三章讲述区块链技术与人工智能、物联网、云计算和大数据的融合，阐述区块链技术与新兴互联网技术之间的互补性与契合点；第十四章介绍区块链技术前沿动向及监管展望。

本书内容全面、结构清晰、设计完备，以平实易懂的表达方式、丰富的应用案例使读者能够轻松地理解区块链技术的基本原理、相关特性，并且全面地了解区块链的发展现状及未来发展方向。

本书适用于科技与金融相关专业本科生和研究生的入门教材，也可以作为其他区块链领域的入门读者以及区块链领域的管理人员、科研人员、工程技术人员的参考书籍。

图书在版编目（CIP）数据

区块链导论/林熹编著．—北京：机械工业出版社，2021.11（2025.1重印）
ISBN 978-7-111-69316-1

Ⅰ.①区…　Ⅱ.①林…　Ⅲ.①区块链技术-教材　Ⅳ.①TP311.135.9

中国版本图书馆CIP数据核字（2021）第210080号

机械工业出版社（北京市百万庄大街22号　邮政编码100037）
策划编辑：裴　泱　责任编辑：裴　泱　刘鑫佳　王　芳
责任校对：黄兴伟　封面设计：马精明
责任印制：郜　敏
中煤（北京）印务有限公司印刷
2025年1月第1版第2次印刷
184mm×260mm · 21.25印张 · 473千字
标准书号：ISBN 978-7-111-69316-1
定价：64.90元

电话服务	网络服务
客服电话：010-88361066	机　工　官　网：www.cmpbook.com
010-88379833	机　工　官　博：weibo.com/cmp1952
010-68326294	金　书　网：www.golden-book.com
封底无防伪标均为盗版	机工教育服务网：www.cmpedu.com

前言

近年来，区块链被认为是互联网之后最具颠覆性的技术之一，在金融、贸易、物流、征信、公益、物联网和共享经济等诸多领域崭露头角，得到世界各国的高度重视。我国也把区块链作为核心技术自主创新的重要突破口，明确了主攻方向，加大了投入力度。

目前，涵盖区块链技术原理、应用和前沿发展等内容的教材不多。为促进区块链技术领域的人才培养，编者在前期研究的基础上整理编撰了本书。本书的完成，将会为我国打造更具国际竞争力的现代服务体系提供坚强的人才保障和智力支持。

本书面向理工类高校，旨在用简洁易懂的语言阐明区块链技术的基本概念和基本原理等知识要点，通过对大量应用案例的分析讲解，学生能够深入理解区块链技术，在学习区块链技术知识的同时，也能够了解区块链技术在相关领域发展和应用的前沿动态。

编者借鉴、总结和整合了国内外大量关于区块链技术的落地项目，在此基础上构建了本书的基本框架。主要内容包括四部分：第一部分包括了第一章和第二章，第一章主要介绍了比特币和区块链技术的基础概念，并对相关原理进行了解释说明，第二章重点介绍了区块链的技术特性，此部分旨在使学生能够全面系统地了解区块链技术；第二部分包括第三章~第十二章，阐述了区块链技术的应用领域，包括供应链行业、银行业、保险业、证券业、供应链金融、其他金融相关场景、医疗行业、能源互联网、政府职能、数字身份、数字版权和公益慈善等领域，列举了各个领域国内外区块链技术的应用案例，详细分析了区块链技术在解决行业痛点问题中的契合性及原理；第三部分是第十三章，介绍了区块链与新兴技术（人工智能、物联网、云计算、大数据）的融合；第四部分是第十四章，介绍了区块链前沿领域的最新发展动态及监管展望。

作为高校学生了解区块链技术知识的教材，本书系统介绍了区块链技术的基础知识和基本原理，以及区块链技术在各个领域应用与发展的最新成果，内容全面、结构清晰明了，具有一定的前瞻性。

本书由吴德林、黄成和张开翔担任主审，他们对本书的编写设想、要求和大纲提出了宝贵意见。哈尔滨工业大学的鄢一睿、白燕飞、王心宇、姚洪浩、张靖梓、周戌燕、翟冬雪、李珏、胡康宁、张珂、黄尚超、司洋洋等博士生和硕士生在文献整理与文字校阅方面做了诸多工作。在此对所有参与并支持这本书编写的老师、同学和机构表示由衷的感谢。特别感谢哈尔滨工业大学（深圳）、机械工业出版社等单位对本书编写所提供的大力支持和帮助！

本书在编写过程中参考了大量文献，在此对文献作者表示最诚挚的感谢！

由于编者知识水平和经验有限，书中难免有不足之处，欢迎批评指正，以便我们不断提高。

编　者

目 录

第一章
比特币的兴起与区块链入门

【本章要点】

1. 熟悉比特币挖矿原理。
2. 了解区块链的基本概念。
3. 掌握区块链的工作流程、分类、发展阶段。
4. 掌握区块、链、时间戳、共识的概念。
5. 熟悉区块链的分类。
6. 熟悉区块链的发展历程。
7. 掌握区块链的层级结构。
8. 了解区块链发展阶段划分。
9. 掌握区块链各阶段发展特征。

比特币（BTC）、区块链（Blockchain）无疑是近些年互联网最火的词汇，受到 IT 从业者、风投、投机者的关注。“两个披萨”的故事更是脍炙人口：2010 年 4 月，身为软件设计师的 Laszlo Hanyecz 从朋友那里听说了比特币，对其产生了浓厚的兴趣，并对比特币研究了一番。Laszlo 发现比特币网络最大的软肋在于比特币的产生过程，也就是“挖矿”，即所有运行比特币软件的计算机通过算力比拼，为比特币系统“打工记账”，赢的一方可以获得一定数量的比特币作为报酬。

比特币在当时几乎一文不值，没有人愿意投入太多的设备算力来挖矿。Laszlo 出于好奇还是决定测试一下。于是，他使用了比 CPU（中央处理器）更加有效的 GPU（图形处理器）进行挖矿，极大提高了挖矿效率，很快积累到了一批比特币。

2010 年的 5 月 18 日，Laszlo Hanyecz 在比特币论坛 BitcoinTalk 上发帖声称：“我可以付一万比特币来购买几个披萨，大概两个就够了，这样我可以吃一个然后留一个明天吃。你可以自己做披萨也可以在外面订外卖，然后送到我的住址。”他甚至对自己的口味偏好做了要求：“我喜欢洋葱、胡椒、香肠、蘑菇等，不需要奇怪的鱼肉披萨。”帖子在论坛发出之后，陆续有一些回复。几天之后，在5月22日Laszlo发出了交易成功的炫耀贴，表示已经和一个叫Jercos的小哥完成了交易，还附上了披萨的图片。

在2017年的比特币交易高点，这批比特币价值约1.6亿美金。当年Laszlo等于花费了2亿美元来购买披萨，这两块披萨也因此被称为“史上最贵的披萨”。即使现在，比特币价格也稳定在10000美元/个左右，短短几年的时间，比特币的价格翻了200多万倍。用“当年你对人家爱理不理，现在人家让你高攀不起”这句曾经风靡网络的流行语来形容大家对比特币的“爱情”显得尤为贴切。那么，值得我们去了解和思考的是，没有任何金融机构、商业企业担保的比特币为什么可以像货币一样购买商品并取得如此巨大的成功?

第一节　区块链的基本概念

一、从实体货币到数字货币

货币的使用是人类文明发展过程中的一个重大进步。货币长期承担着价值尺度、流通手段、储藏手段等基本职能，从交换的发生开始，便在人类社会经济、金融体系正常运转中发挥着重要作用。从货币形态的发展来看，实物（商品）货币是商品交换发展过程中产生的最初货币形式；随后逐步向信用货币演变，有形铸币（金属铸币）的普及标志着进入信用货币形态的初级阶段；中央银行发行的国家主权背书的法定纸币普及标志着进入信用货币形态的高级阶段；随着社会发展，货币的形态也随着技术的进步不断发生演变，无形的数字货币越来越成为货币的发展趋势。货币自身的价值依托也不断发生演化，从最早的实物价值、发行方信用价值，逐渐转向对科学技术和信息系统（包括算法、数学、密码学、软件等）的信任价值。而区块链最初的思想萌芽就诞生于实体货币向数字货币转化的探讨和设计中。

概括来看，货币形态主要经历了实物货币到铸币，再到法定纸币的演变，并逐渐向电子化、数字化演变。目前流通中使用最广泛的货币形态是以现金为代表的实体货币和以信用卡为代表的电子货币。信用卡的流通大大提高了交易的便捷性和工作效率，其价值得到了大众认可。但无论是法定纸币还是信用卡、银行卡，都需要额外的机构（例如银行）来完成生产、分发、管理等操作。虽然中心化的结构便于管理，但也带来了额外成本和安全风险，尤其随着技术日渐进步和普及，其弊端也不断突显，诸如伪造、信用卡诈骗、盗刷、转账骗局等安全事件屡见不鲜。于是，多年来人们不断尝试探讨新型数字货币方案，以期解决现有交易中的问题。在数字货币的演进中，比较典型的成果包括DigiCash、e-Cash、HashCash、B-money等。但这些数字货币有的只限于纸面设计，有的实施后以失败告终，并且它们都或多或少地依赖于一个传统的第三方信用担保系统。表1-1对比了纸币和数字货币的特性。

表 1-1　纸币与数字货币的特性对比

属　性	纸　币	数字货币
防伪	依靠纸张、油墨、暗纹、夹层等工艺设计达到防伪目的	依靠密码技术和共识算法实现加密和不可篡改等功能
交易	纸币的拥有者通过纸币自身的物理转移即可完成交易	数字货币依靠互联网传递，转移成本低，转移时由链上记账者参与记账验证
发行	纸币通常由国家中央银行发行，合法性由国家背书	数字货币通过分布式算法完成发行，合法性由共识机制背书
监管	纸币发行回收往往通过法定统一机构完成，易于监督管理	当前数字货币的监管缺乏技术和法规的有效支持

我们对数字货币和纸币在防伪、交易、发行和监管四个方面进行对比，不难发现，虽然数字货币带来的预期优势明显，但要设计和实现一套能经得住实用考验的数字货币并非易事：数字货币内容易被复制、泄露；数字货币持有人方面存在匿名问题；持有人可以将同一份货币发给多个接收者，容易出现双重支付问题⊖；实体币种之间通过数字货币为中介的非法交易问题等。

二、比特币的兴起

随着移动互联网的发展，人们连纸币也懒得带了，尤其是现在移动互联网的情况下。现在很多人出门都不带钱包，带一个手机扫扫二维码就可以了。比如发工资只是在银行卡账户上做数字的加法，买衣服只是在银行卡账户的数字上做减法。整个过程中不需要见到纸币，所有的过程都是在记账。记账就可以完成发工资、购物等，这么轻松的事，到底由谁来负责呢？在我国是由各家银行、第三方支付机构和央行来负责记账，央行拥有整个国家大账本的记账权，这是一种中心化记账的方式。

提到这个记账的过程，是为了找到比特币产生的历史原因。有一位叫中本聪（Satoshi Nakamoto）的密码学专家，他发现在 2008 年全球经济危机中，美国政府可以无限增发货币，因为在这个体系里只有美国有记账权。这就意味着其他国家的钱存在着极大的贬值风险，于是他思考能不能有这样一种现金支付体系：不需要一个中心机构来记账，大家都有记账的权力，货币不能超发，整个账本完全公开透明，十分公平。

这一设想通过区块链技术走向实践。2008 年，中本聪在一个密码学讨论组上发表了一篇名为《比特币：一种点对点的电子现金系统》（*Bitcoin: A Peer-to-Peer Electronic Cash System*）的论文，阐述了基于 P2P（Peer-to-Peer）和数据加密等技术的比特币系统，通过分布式节点群的网络共识机制，实现一个无须第三方机构介入的 P2P 电子交易系统。2009 年 1 月 3 日第一个序号为 0 的创世区块诞生。2009 年 1 月 9 日产生了序号为 1 的区块，与 0 创世区块相连成链，正式标志着比特币区块链的诞生。2016 年，比特币的市值已达到 100 多亿

⊖ 双重支付又称为“双花”（double spending），即利用数字货币的数字化特性，使用同一笔钱完成两次或多次支付。

美元，可以说是迄今为止最成功的数字货币之一。

三、比特币的交易原理

比特币是一种不依赖特定中心机构的由分布式网络系统生成的数字货币，通过网络节点共同参与共识过程的工作量证明（Proof of Work，PoW）来完成比特币的交易和记录。防伪安全主要依靠密码学和共识算法来保障，每一次比特币交易都会经过哈希（Hash）算法处理和矿工的一致验证后记入区块链，同时可以附带具有一定灵活性的脚本代码以实现可编程的自动化货币流通。区块链通过数字加密技术和分布式共识算法，实现了在无须信任单个节点的情况下，构建去中心化的可信任的交易系统。为了防止通货膨胀，中本聪把整个比特币矿场储量设置为2100万，而挖矿[㊀]的过程就像通过庞大的计算量不断地去求解一个不可逆方程，寻找这一序列号。

比特币和其他大多数加密货币的技术组成和交易操作可以分解为两个主要组成部分：①共识管理，包含与共识机制相关的所有内容，例如共识算法和交易机制；②数字资产管理，是指所有基于数字资产商定状态并以其为基础行为的应用程序，例如密钥和交易管理。为便于大家理解，本书介绍一个简单的原理解释，简单的技术组成和交易操作主要包含：区块的生成及包含内容、交易的实现、时间戳、双重支付规避。

比特币的交易与区块的生成不可分割，区块的生成是一个达成共识的过程，每个区块的大小被规定不能超过1M，它的结构分为两部分：区块头和区块体。以比特币为例，其区块生成与内容如图1-1所示。

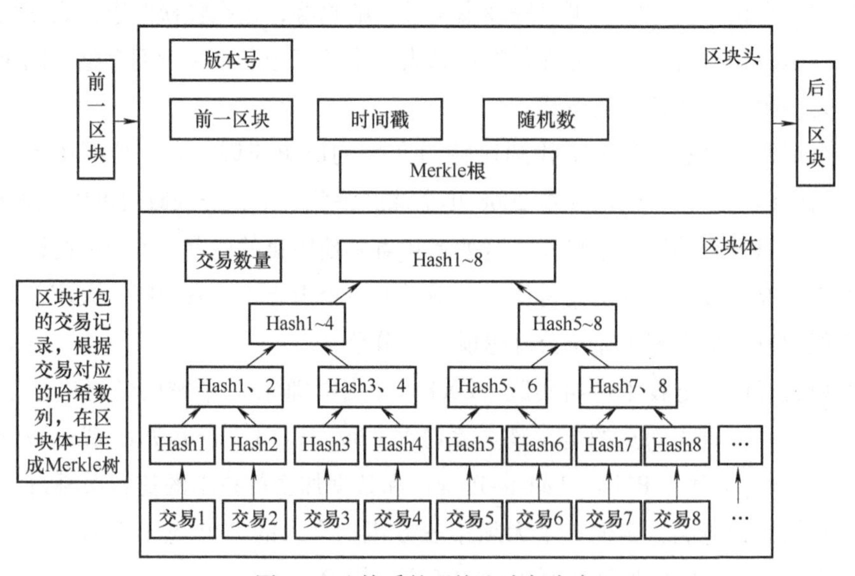

图1-1　比特币的区块生成与内容

㊀ 只有先解密上一个哈希值才能获得再次记录的权利。有很多人同时争夺对数据的记录权，只有第一个解密的人才能进行记录。这个解密的过程被称作“挖矿”，使用的电子设备被称作“矿机”。

区块头共 80byte，分为六个部分：version，prevBlockHash，merkleRoot，time，difficultyTarget，nonce。

字　段	说　明	大小（byte）
version	记录了区块头的版本号，用于跟踪软件/协议的更新	4
prevBlockHash	记录了该区块的上一个区块的哈希地址	3
merkleRoot	记录了该区块中交易梅根树的根的哈希值	32
time	记录了该区块的创建时间戳	4
difficultyTarget	记录了该区块链工作量证明难度目标	4
nonce	记录了用于证明工作量的计算参数	4

区块体的内容是该区块的交易信息，包括交易数量和交易数据。区块体共分为三部分：numTransactionsBytes，numTransactions，transactions。

字　段	说　明	大小（byte）
numTransactionsBytes	记录了交易数量占用的字节数	1
numTransactions	记录了区块内的交易数量	0~8
transactions	记录了区块内存的多个交易数据	不确定

比特币本质上是一串数列，交易的实现实际上是数列的转移，中本聪在表述比特币的交易时说道：通过将收款人的地址附加在比特币的数列后，即可实现比特币的转移。在比特币交易系统中，交易的实现包含两部分的内容，我们以 A 转给 B10 个 BTC 为例，交易内容（见图 1-2）需要两个部分：第一个部分是将“A 转给 B10 个 BTC”这个消息全网广播；第二个是 B 接收消息，解密、确认消息，获取其中的比特币数列，并将其存入钱包中。两个部分看似简单，但却需要复杂的密码学原理支持。

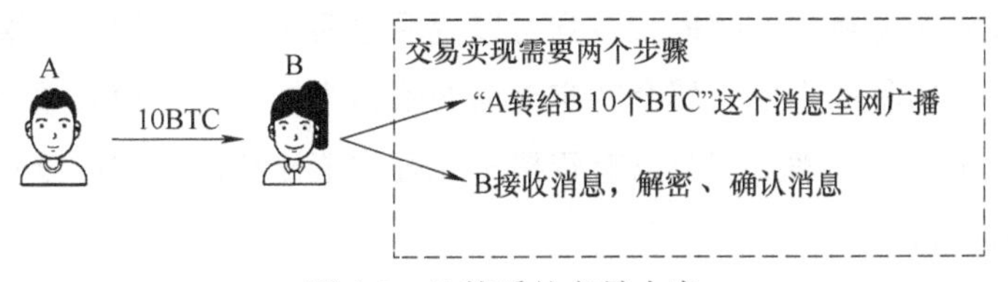

图 1-2　比特币的交易内容

为了确保安全实现“A 转给 B10 个 BTC”这一交易，并在全网的账本上实现同步：“A 转给 B10 个 BTC”这一消息序列需要 A 用 B 的公钥（Public Key）、自己的私钥（Private Key）进行二次加密，将加密后的数列进行全网广播；全网的其他节点通过用 A 的公钥解密可以得知“A 转给 B 了一条加密消息”；B 用私钥解密，确认这一交易。比特币的交易实现如图 1-3 所示。

为进一步了解比特币和区块链，需要掌握几种数据结构以解释比特币中的内部工作原理。地址、交易和区块是比特币中使用的 3 种基本数据结构。目前币圈见到的所有基于比特币底层区块链技术的加密货币，都是这 3 种数据结构的变体。比特币最基本的数据结构是区块，区块通过与前一区块的加密哈希值链接在一起形成链表，由链表中的区块顺序确定比特

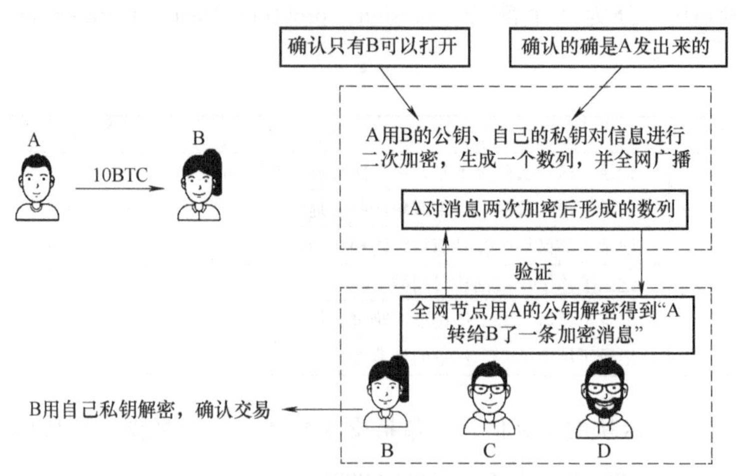

图 1-3　比特币的交易实现

币的当前状态，这些链表代表所有已执行交易的分类账本。比特币地址本质上是公钥的加密哈希值，每个地址都包含公共部分和私有部分，地址可以由任何人生成，交易主体可以通过发布地址来接收比特币。交易则用于将货币单位从一个地址转移到另一个地址，由拥有货币单位的任何实体创建，通过地址（哈希值）、区块的交叉验证实现货币单位的有效传递。依靠精巧的交易设计、比特币脚本、打包区块、激励机制、比特币网络共同实现数字货币的运作。通常来说，一个比特币交易可以分成三部分：元数据、输入和输出。

元数据。元数据包含这笔交易的规模、输入的数量、输出的数量，还有这笔交易的哈希值，也是这个交易唯一的 ID。值得注意的是，元数据中有一个"锁定时间"（Lock_Time）的参数，如果比特币交易终止，可以在交易正式向网络广播之前，通过"锁定时间"的参数的退款协议收回自己的比特币，为处理交易问题预留了空间。

输入。所有经哈希运算产生的输入数列可以说明之前一笔交易的某个输出。它包括之前那笔交易的哈希值，使其成为指向那个特定交易的哈希指针；这个输入数列同时包括之前交易输出的索引和一个签名，来证明节点有资格去支配这笔比特币。这部分数据是实现交易者余额查询和溯源的基础。

输出。所有输出以固定的格式排成一个新数列，交易者对新交易形成的数字摘要进行加密形成一串密码，最后通过全网广播可供交易对象接收及解密。

元数据是交易包含的各种数据信息，通过搜索元数据数字摘要，可完成快速溯源。输入和输出是对哈希摘要不断加密和解密的过程，此过程可实现交易信息实时更新并将交易信息纳入元数据中。依靠不断生成元数据、输入、输出等部分交易程序段（见图 1-4），每一位所有者通过获取前一位所有者和下一位所有者的公钥（Public Key），签署一个随机散列的数字签名，并将这个签名附加在这枚电子货币的末尾，就可以获得该电子货币或者将该电子货币发送给下一位所有者。收款人可以通过对签名进行检验，验证该电子货币的所有者。

比特币区块链把两个基于哈希值的数据结构结合起来，其内部包含两个数据：第一个数据是区块的哈希链，每一个区块都有一个区块头，里面有一个哈希指针指向上一个区块；第二个数据是 Merkle 树，即以树状结构把区块内所有交易的哈希值进行排列存储。为了证明某个交易在某个区块内，可以通过树内路径来进行搜索，而树的长度就是区块内所包含的交易数目的对数。具体介绍参见第二章。

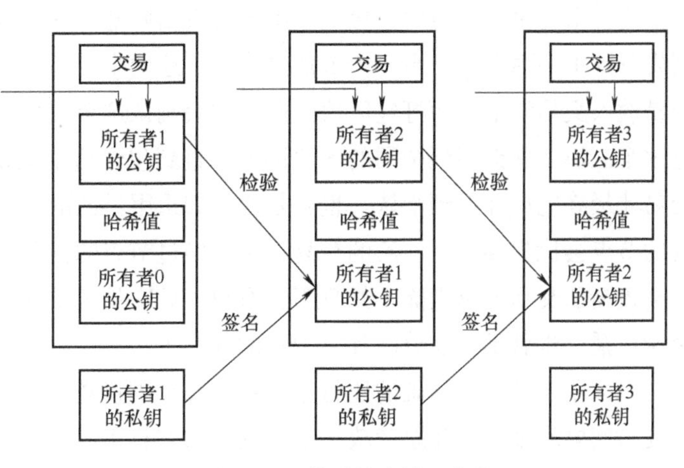

图 1-4 比特币的交易程序段

为了激励人们提供计算资源并运行比特币节点，矿工会为每个区块及其相关交易提供有效的 PoW，并且获得货币奖励（即比特币）。比特币成功的重要原因在于其聪明的激励机制和共识管理系统。可以通过共识管理中的区块有效性、顺序，以及交易顺序的协议来确定某个交易是否有效，确保参与节点之间的信任关系。比特币中的随机共识基于 PoW，在拥有同等最高算力的节点中随机选择一个节点作为下一轮（即下一个区块）“记账人”。“记账人”创造出下一个区块，然后根据相同的原则选择其余“记账人”。找到“记账人”之后，当前“记账人”将它新创建区块（或者选择先前创建的不同的区块）的区块头与先前区块的哈希链衔接，进而达成共识。与其他节点相比，节点被选为“记账人”的机会取决于其相对哈希值。因此，任何节点都可以通过增加其计算份额来增大被选择的机会。

到这里，已经讨论了参与者的交易过程，而要将交易纳入区块链，就需要了解另外一个不可或缺的部分——比特币网络，上述整个过程都是通过比特币网络完成的。比特币网络是一个点对点的网络，所有的节点都是平等的：没有等级，也没有特殊的节点，或所谓的主节点。比特币网络运行在 TCP 网络上[㊀]，有一个随意的拓扑结构，每个节点和其他随机节点相连。新的节点可以随时加入。假如你现在把自己的个人计算机注册为一个节点，这个节点的权限和比特币网络里所有其他节点都是一样的。随时有新的节点进入，有旧的节点离开，没有强制的规定节点何时明确地离开网络，只要一个节点有 3 个小时没有音讯，就会慢慢地被其他节点忘记，所以比特币网络一直在变化。比特币的交易以区块的形式组合在一起，通过地址、交易和区块，以及 PoW 共识和比特币网络共同构成了比特币的交易生态。

比特币交易中，双重支付和拜占庭将军问题[㊁]可以十分容易地得到解决。假设甲想把同

㊀ 传输控制协议（TCP，Transmission Control Protocol）是一种面向连接的、可靠的、基于字节流的传输层通信协议。

㊁ 拜占庭帝国想要进攻一个强大的敌人，为此派出了 10 支军队去包围这个敌人。这个敌人虽不敌拜占庭帝国，但也足以抵御 5 支常规拜占庭军队的同时袭击。这 10 支军队在分开包围状态下同时攻击，它们任一支军队单独进攻都毫无胜算，除非有至少 6 支军队（一半以上）同时袭击才能攻下敌国。它们分散在敌国的四周，依靠通信兵骑马相互通信来协商进攻意向及进攻时间。困扰这些将军的问题是，他们不确定他们中是否有叛徒，叛徒可能擅自变更进攻意向或者进攻时间。如果把 10 支部队想象成互联网上 10 个独立平等的节点，想达成共识就是拜占庭将军问题。

一个比特币支付给乙与丙，相当于甲同时发出两笔交易。有些节点先听到甲→乙交易，有些则先听到甲→丙交易。当一个节点接收到了这两个交易当中的任何一个，它就会把接收到的交易放入交易池中。而打包区块的矿工们会确认这个交易，它们会确定哪个交易会最终打包进这个区块，并链接到全网的区块链上，直到包含这个交易的区块生成（达成共识），这个交易才最终完成并得到承认。也就是说，如果甲→乙的交易信息先进入区块，那些听到甲→丙的节点会优先接受甲→乙的交易，然后经过节点的记账、共识，记录到主链上，甲→丙交易会逐渐从交易池里剔除，并且不会有包含此交易记录的区块诞生，避免双重支付；因为是全网广播，也就不存在分歧和共识难的问题了。

以区块链技术为基础的比特币解决了长期困扰数字加密货币领域的两个重要问题，即双重支付问题和如何避免恶意攻击节点的拜占庭将军问题。大多数的数字货币设计尝试中，普遍需要独立的第三方核心机构（如中央银行）来保证数字货币的真实交易内容和交易顺序。区块链技术的贡献是在没有独立第三方机构的情况下，通过分布式节点的交叉验证和共识机制解决了去中心化系统的双重支付问题，在信息传输的过程中同时完成了比特币的价值转移，避免了中间第三方核心机构的审批环节，从而提高了效率。拜占庭将军问题主要是分布式系统交互过程普遍面临的难题，即在缺少可信任的中央节点，却同时存在恶意攻击节点的情况下，全体分布式节点系统如何达成共识和建立互信。区块链的难能可贵之处，正是通过数字加密技术和分布式共识算法，实现了在无须信任单个节点的情况下，构建出一个多方参与的、去中心化的、可信任的系统。

比特币凭借区块链技术应用的先发优势，目前已经形成体系完备的生态圈与产业链，涵盖发行、流通和金融衍生市场，这也是其长期占据数字加密货币市场绝大多数份额的主要原因。而从比特币核心设计中剥离出来的区块链技术，具有更加强大的通适性，是未来信息和大数据产业发展的关键技术，并已经受到越来越多个人和主流机构的广泛关注。联合国社会发展部（UNRISD）在 2016 年发布了题为《加密货币以及区块链技术在建立稳定金融体系中的作用》的报告，提出了关于利用区块链技术构建一个更加稳固的金融体系的想法，指出区块链技术在改善国际汇兑、国际结算、国际经济合作等领域有着很大的应用发展空间。国际货币基金组织（IMF）也针对各国关注的数字货币问题发表了题为《关于加密货币的探讨》的专业分析报告，对基于区块链技术的加密货币的未来发展进行了分析和阐述。美国多家监管机构从各自的监管领域表明了对区块链技术发展的支持态度；美国证券交易所已经批准在区块链上进行公司股票交易；美国国土安全部也开始着手研究区块链在国土安全分析和身份管理中的应用。英国政府在 2016 年发布了一份关于分布式账本技术的研究报告，第一次从国家层面对区块链技术的未来发展应用进行了全面分析并给出了研究建议。俄罗斯互联网发展研究所于 2015 年年底向总统普京提交了一份包含区块链技术发展路线图的报告，对该技术发展的未来法律框架进行了规划。欧洲中央银行也在探索如何将区块链技术应用于该地区的证券和支付结算系统。我国于 2019 年 8 月，在中共中央和国务院联合发布的《关于支持深圳建设中国特色社会主义先行示范区的意见》中，第一次明确支持在深圳开展数字货币与移动支付等创新应用，在推进人民币国际化上先行先试，探索创新跨境金融监管。

四、比特币的现状及未来发展

比特币推出至今，其市场交易价格有了极大幅度的增长，近年来，虽然有着较为波动的价格变化，但总体趋势仍呈现极快速度的增长。也正因为近年来比特币价格的一路走高，其发展受到了越来越多人的关注和追捧。2019 年 3 月至 2020 年 3 月比特币价格走势如图 1-5 所示。

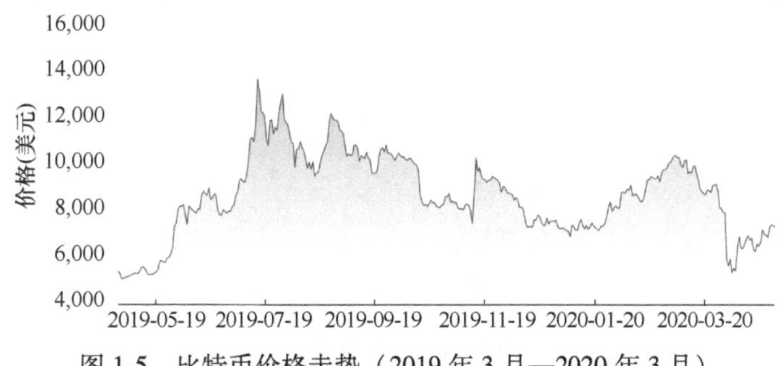

图 1-5　比特币价格走势（2019 年 3 月—2020 年 3 月）

比特币作为一种投资产品，其价格是不断变化的。从上图中可以看出，比特币的价格波动较大，价格较低时也达到了 5000 美元，峰值更是在约 14000 美元。从诞生到现在，比特币的价值已经翻了数千倍，并且比特币的未来发展值得关注。

关于比特币的发展，这里为大家提供一个网站，供感兴趣的读者们进一步了解比特币。www. blockchain. com 之前为 www. blockchain. info，成立于 2011 年，其总部设在卢森堡，是知名的比特币钱包公司。根据其网站数据显示，它拥有超过 4000 万个电子钱包账户，交易总值已经超过 2000 亿美元。www. blockchain. com 的比特币 API 是最受欢迎的比特币开发第三方 API 之一，提供支付处理、钱包服务、市场行情数据等功能。www. blockchain. com 的比特币 API 同时还提供了针对多种语言的封装开发包，例如 python、java、. net（c#）、ruby、php 和 node。

通过此网站，可以了解比特币的实时行情和成交价格。通过 www. blockchain. com 提供的区块浏览器，我们可以查看每一区块的哈希值，如图 1-6 所示，d0371911c67d15e72348af14d2d692646edef67bb66596b21e303369ca44b890 这一数值就代表新生成区块的哈希值；同时也可以查看区块的高度、创建时间、由谁创建等信息。总而言之，该网站对于了解比特币来说是一个很好的工具。

由于比特币作为货币的独特优势以及近年来其火爆的发展交易局势，众多国家开始着手推动本国虚拟货币市场的发展进程，对比特币也变得更加包容。日本作为比特币持有量全球第一、交易量全球第二国家，已经确定了比特币在国内的法定货币地位，其对比特币交易的态度是全球范围内最为包容的。韩国则是目前比特币及比特币交易便捷化和实用化程度最高的国家之一，韩国经济部门对比特币的发展抱有更为积极的态度。此外，除了购买商品和服务的功能外，由于比特币本身也具有同股票一样能够

哈希	d0371911c67d15e72348af14d2d692646edef67bb66596b21e303369ca44b890
状态	已确认
接收时间	2020-02-20 09：30
大小	313bit
重量	922
区块链中包含量	618154
证书	8
总输入	0.31560078 比特币
总输出	0.31510226 比特币
费用	0.00049852 比特币
每字节费用	159.272 聪
每单位重量费用	54.069 聪
交易价值	1$3028.37

图 1-6　区块浏览器

用以交易的性质，因此在其发展过程中也衍生出了被称为比特币 ATM 机的交易终端。总的来看，未来比特币的发展情况如下：

（一）比特币发展前景广阔

首先，在世界经济发展良好的大背景下，人们对投资的兴趣更加高涨，对投资理财有更大的需求，然而当今世界金融投资市场的供给水平满足不了日益增长的投资理财需求。比特币作为一种通用型虚拟货币，其出现极大地弥补了世界金融投资市场产品的不足。比特币在未来发展中会更加具备虚拟市场投资品的职能。

比特币也扮演着金融市场保值品的角色。经济不断进步，其复杂性也不断突显，世界金融市场也越发动荡，所以保值品功能的存在给比特币带来了巨大市场。比特币的总数有限恒定，大约只有 2100 万个，自身的总量有限导致了其与人类不断扩大的价值产出之间难以满足和匹配，因而比特币身为通缩性货币，其有限性可使得它成为金融市场的保值品。

（二）比特币难以代替法定信用货币

比特币自出现以来交易价格的急剧增长无疑证明了其存在是具有市场需求的，但其发展过程中的暴涨暴跌也加剧了投资者对其未来发展的不确定性。从比特币自身性质及世界金融市场发展角度来看，比特币是难以代替法定的信用货币而存在的。一方面，法定的信用货币由政府的绝对权利所控制，是一国政府调节通胀和经济状况的重要手段，没有任何一国政府部门会愿意出让该项经济职能给无法调控和监管的虚拟货币。另一方面，比特币对支付的处理速度较慢，而且其总量的有限性会导致价格不稳定。这些均说明了比特币难以代替法定信用货币而存在。

第二节　区块链的基本原理与分类

一、区块链的核心内涵

区块链技术是指通过去中心化的方式集体维护一个可靠数据库的技术方案。原理上看，根据中本聪（Satoshi Nakamoto）的叙述来理解，即：首先对区块中的数据项，如交易内容，加上时间戳[㊀]进行哈希，通过哈希算法生成唯一的哈希值对时间进行“标记”，以供识别和证伪。同时把这一哈希值广泛地传播给各网络节点，下一个时间点的交易除了写入新的哈希值时间戳外，还需证明在过去的某个时刻加上时间戳的数据必然存在。每个时间戳包含了先前的时间戳，这样就形成了一条链，并且后面的时间戳都对前一个时间戳进行了增强。如此不断延续下去，数据项的证伪即通过验证之前所有的哈希值而完成。

目前学术界尚未形成对区块链统一的定义。国际上对区块链的定义基本上可以分为两类。第一类定义是一种独立于基础共识算法的广义定义，它适用于各种不同类型的区块链，此类定义以普林斯顿定义为代表，在这个定义中“区块链为链表数据结构，使用其元素哈希值的和作为各个元素的指针”。第二类定义更加正式，它是对系统进行正式建模的各种方法的表述，并不一定直接定义区块链这一术语。如 Kiayias 等人使用“交易分类账本”作为区块链的定义；Pass 等人使用专业术语来抽象地分析区块链的运行细节。上述两类概念都存在一定的理解难度，本书给出了一个相对普适的概念定义。一般认为，区块链是由一串使用密码学方法产生的数据区块组成的，每一个区块都包含了上一个区块的哈希值，从创世区块开始连接到当前区块而形成的一组数据，即区块链。每一个区块都确保按照时间顺序在前一个区块之后产生，否则前一个区块的哈希值是未知的。狭义来讲，区块链是一种按照时间顺序将数据区块以链条的方式组合成特定数据结构，并以密码学方式保证不可篡改和不可伪造的去中心化共享总账（Decentralized Shared Ledger），能够安全存储简单的、有先后关系的、能在系统内验证的数据。广义的区块链技术则是利用加密链式区块结构来验证与存储数据，利用分布式节点共识算法来生成和更新数据，利用自动化脚本代码（智能合约）来编程和操作数据的一种全新的去中心化基础架构与分布式计算范式。

以上的定义和解释可能不太容易理解。我们尝试通过一个小故事，来引导大家对区块链的运作机制有个感性的认识。

有一个依山傍水的小乌托村，村民使用的货币是“石头币”。在老村长的主持和村民的监督下，石匠将石头打磨成两种大小且具有特殊纹理的石头币，一种是大的，一种是小的，后者的重量相当于前者的一半。

村民的日常交易场景是这样的。

㊀ 时间戳服务器把当前数据块加上时间标记，用于标识数据和时间的关系，类似邮戳。

李铁匠：张屠户，牛肉多少钱1斤？

张屠户：2.5个石头币。

李铁匠：好的，我买2斤。

张屠户：成交。

李铁匠给了张屠户5个石头币，买了两斤牛肉。

石头币虽然是石头，但在使用过程中也会有损耗，需要不断以旧换新。村里只有一户石匠，手艺是祖传的，现在石匠年事已高，膝下的孩子不愿意做这项单调乏味的工作。于是，乌托村遇到一个难题，石匠手艺后继无人导致石头币没法正常使用了。如果更换其他物品作为货币，不是难于携带，就是更容易损耗。虽说民风淳朴，但也没有到了每个人都是道德完人的地步，所以，在没有技术防伪的情况下，用纸币替代也不太可行。

老村长苦思冥想，头发都全白了，却依然无计可施，村民也没有良策。一日，有一个自称"中本村"的老者，给了老村长一个解决方案。

1. 废除石头币，给每个村民发一个账本，用直接记账的方式代替石头币购买物品，采用一定的机制保证账本的安全和有效。

2. 考虑到记账也需要一个单位，就虚拟地提出了"乌托币"，乌托币没有任何物质载体。

3. 将村民每个人的现有财产，按照1个石头币等于一个乌托币记录在每个人的账本上。每个村民的账本上都记载了所有村民现有的财产额度。

4. 每个村民保管自己的账本。

5. 在村中心最大的大树上安装一个大喇叭，每家每户发一个小喇叭。

以后村民交易的场景变成了如下这样。

李铁匠：张屠户，来1斤牛肉，多少钱？

张屠户：2.5个乌托币。

李铁匠：好的，我准备买2斤。

（两人跑到了村中心最大的大树旁）

李铁匠用大喇叭向全村广播："我准备买张屠户牛肉，花费5个乌托币。"

接着张屠户用大喇叭向全村广播："李铁匠买了我的牛肉，我收到5个乌托币。"

接着，张三、李四、王五、周六等村民都听到了这个交易，于是在自己的账本记上了："某年某月某日李铁匠和张屠户有交易"，同时将李铁匠的账户减少5个乌托币，将张屠户的账户增加5个乌托币。

所有村民记载后，都拿出小喇叭，向李铁匠和张屠户反馈"收到，已记载，确认。"

到此为止，李铁匠和张屠户的这次交易就完成了，村民的账户上关于两人的乌托币金额都有了变化。如果此次交易后，李铁匠已经没有乌托币了，那么下一次，李铁匠就无法购买物品了，因为所有村民的账户上关于他的金额都为0，如果想要作弊，就得设法修改所有村民的账本，成本是相当高的。

"中本村"的解决方案其实就是一个区块链系统的运作，以直接记账的方式代替石头币购买物品，实际就是区块链实现价值传递的过程，通过记账以及喇叭广播的方式把分布在村里的各个村民的财产数据同步在记账本中，这样使得每个人的记账本中都包含了其他记账人的信息，反映在区块链系统上就是构成的一个个区块。而村民的全部交易记录依次串成的时间链条构成了区块链。

以区块链技术为支撑的数字货币系统，有着显著的去中心化特点，每一位村民都实时记录并共同维护货币交易账本的全部信息，而且相互监督整个交易进程。明显地，如果村民们的交易绝大多数是必要的且具广泛性，那么分布式记账显然极具优势。

但是，如果有些游手好闲的村民故意捣乱，经常性发布各类无实际意义（并非假冒）的交易，那么分布式记账的效率必将大打折扣。怎样以技术的方法提高效率？如何在互联网的情景下实现共识？第二章中对区块链四大核心技术原理的解释，有助于更好地理解区块链技术，解答这些问题。

二、区块链的基本原理

区块链的工作原理与比特币基本相同。区块链中，每录入一个数据，都会记录在一个区块中。一个个彼此嵌合的区块，最终构成了区块链。区块类似上文小故事中每个村民手中记账本的一页，通过区块与区块之间的彼此嵌套，构成了一个区块链系统。其主要关键要素可以概括为：

交易。交易是一次对账本的操作，会导致账本状态的变更。如张屠户买牛肉花费 5 个乌托币，村民在自己账本上做了一个记录；在互联网络中，类似交易是添加一条转账记录，可以理解为比特币交易系统中的比特币在不同地址间的转移，并被记录在区块中。

区块。区块记录一段时间内发生的所有交易和状态结果，是对当前账本的一次共识。区块与哈希值是一一对应的，并且哈希值可以当作区块的唯一标识。乌托村中，每个村民的账本记录中的每个人的交易状况是一样的。在实际区块链系统中，每个区块相当于一个账本，这些数据通过区块文件永久地记录在数字货币上。区块又分为区块头和区块体：区块头里面存储着区块的头信息，包含前一个区块的哈希值（PreHash）、本区块体的哈希值（Hash）以及时间戳（TimeStamp）等；区块体中存储着这个区块的详细数据（Data），这个数据包含若干行记录，可以是交易信息，也可以是其他信息。

链。链由区块按照发生顺序串联而成，是整个账本状态变化的日志记录，实现方式类似于比特币脚本。通过时间戳机制，保证区块按时间顺序链接成链。如李铁匠和张屠户按照交易顺序借助乌托村中的“喇叭”传递信息。

时间戳。时间戳就是每个交易打包时会嵌入交易的确认时间，证明某一特定时间这个交易是发生的，时间戳服务器给当前数据块加上时间标记，用于标识数据和时间的关系，类似邮戳。时间戳服务器把当前数据块的哈希值打上时间戳后，发布到网络中，这就证明了在标记时间刻度下，这个数据是存在的。每一个时间戳对应的数据块中，包括了前一个数据块的时间戳哈希值，并串联形成数据链。如“某年某月某日李铁匠和张屠户有交易”中记载的“某年某月某日”就是时间戳。

共识。共识是指所有节点对区块链或公共账本的同步。

三、区块链的分类

按照区块链应用范围、部署机制、对接类型等方面的差异，可以将区块链分为不同的类别。

（一）根据应用范围

1. 公有链

公有链的任何节点都是开放的，每个人都可以参与这个区块链中的计算，而且链上的任一节点都可以共享所有数据，即全部账本。公有链一般通过发行代币（Token）来鼓励参与者竞争记账（即挖矿），确保数据的共识性和安全更新。

2. 联盟链

联盟链参与者追求公平和透明的协作模式，主要用于实现节点间的可信数据交换。联盟链的各个节点通常有与之对应的实体机构组织，通过授权后才能加入或退出网络。联盟链的数据只允许系统内不同的机构进行读写和交易，而且不同的节点可能有不同的权限。

3. 私有链

在某些区块链的应用场景下，开发者并不希望任何人都可以参与这个系统，因此建立一种不对外公开，只有被许可的节点才可以参与并且查看所有数据的私有区块链。私有链一般适用于特定机构的内部数据管理与审计。

（二）根据部署机制

1. 主链和主网

通常区块链都有主网和测试网。主网是区块链社区公认的可信区块链网络，其交易信息被全体成员所认可。有效的区块在经过区块链网络的共识后会被追加到主网的区块账本中。主链是主网节点共同维护的区块链。

2. 测试链和测试网

测试网是对应主网的具有相似功能但主要用于测试的网络。由于测试链是为了在不破坏主链的情况下尝试新想法而建立的，只用于测试，因此测试链上的测试币在主网中不具备交易价值。比如，比特币的测试链已经多次重置，以阻止将其测试币用于交易、投机的行为。

（三）根据对接类型

1. 侧链

侧链是主链外的另一个区块链，链接锚定主链中的某一个节点，通过主链上的计算力来维护侧链的真实性，实现公有链上的数据或数字资产与其他账簿上的数据或数字资产在多个区块链间的转移。最具代表性的实现有 Blockstream，这种主链和侧链协同的区块链架构中的主链有时也被称为母链（Parentchain）。

2. 互联链

针对特定领域的应用可能会形成各自垂直领域的区块链，互联链就是一种通过跨链技术连接不同区块链的基础设施，包括数据结构和通信协议。各种不同的区块链通过互联链互联互通并形成更大的区块链生态。与互联网一样，互联链的建立将形成区块链的全球网络。

第三节　区块链层级结构

区块链一般可分为三个基础层级，即数据层、网络层、共识层。数据层、网络层、共识层是构建区块链技术的必要元素，缺少任何一层都不能称为真正意义上的区块链技术。这是构成一个完整区块链必备的层级结构。在三个基础层级下又可构建相应的应用层，应用层是区块链具体的应用实现。共识层又可以进一步丰富，激励层、合约层可嵌套在共识层中实现对区块链的完善和改进。区块链的层级结构如图 1-7 所示。

一、数据层

数据层包含了区块链的区块数据、链式结构以及区块上的随机数、时间戳、公私钥数据等。该层级凭借相关的数据加密和时间戳等技术，封装底层区块数据结构。区块链是共享的链式账本，每个分布式节点都可以通过特定的哈希算法和 Merkle 树数据结构，将一段时间内接收到的交易数据和代码封装到一个带有时间戳的数据区块中，并链接到当前最长的主区块链上，形成最新的区块。该过程涉及区块、链式结构、哈希算法、Merkle 树和时间戳等技术要素。

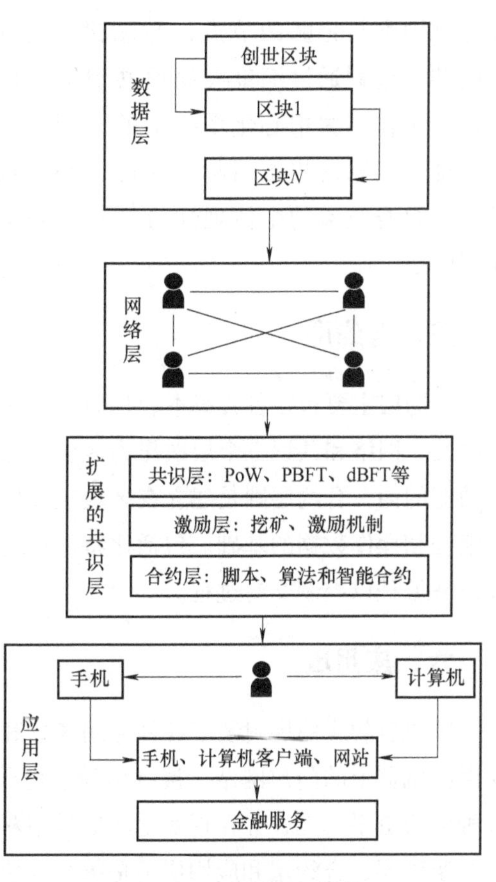

图 1-7　区块链层级结构

二、网络层

网络层指我们通常说的分布式网络，主要通过 P2P 技术实现。网络层包括 P2P 组网机制、数据传播机制和数据验证机制，具备自动组网的特征，节点之间通过维护一个共同的区块链协议来保持通信；网络层用于封装区块链系统的组网方式、消息传播协议和数据验证机制等要素。通过设计特定的传播协议和数据验证机制，可使得区块链系统中每一个节点都能参与区块数据的校验和记账过程，仅当区块数据通过全网大部分节点验证后，才能记入区块链。

三、共识层

共识层主要包含共识算法（共识机制），能让高度分散的节点在去中心化的区块链网络中达成共识，是区块链的核心技术之一。目前至少有数十种共识算法，包含工作量证明、权益证明、权益授权证明、燃烧证明、重要性证明等。共识机制主要封装网络节点的各类共识算法，是区块链或分布式账本技术应用的一种无须依赖中央机构来鉴定和验证某一数值或交易的机制。共识机制是所有区块链和分布式账本应用的基础。区块链技术的核心优势之一就是能够在高度分散的去中心化系统中使得各节点高效地针对区块数据的有效性达成共识。

四、激励层

激励层主要包括经济激励的发行制度和分配制度，其功能是提供一定的激励措施：鼓励节点参与区块链中的安全验证工作，并将经济因素纳入区块链技术体系中，激励遵守规则参与记账的节点，并惩罚不遵守规则的节点，如比特币系统的挖矿机制。区块链共识过程通过汇聚大规模共识节点的算力资源来实现共享区块链账本的数据验证和记账工作。去中心化系统中的共识节点本身是自利的，最大化自身收益是其参与数据验证和记账的根本目标。因此，必须设计激励相容的合理众包机制，使得共识节点最大化自身收益的个体理性行为与保障去中心化区块链系统的安全和有效性的整体目标相吻合。

五、合约层

合约层主要包括各种脚本、代码、算法机制及智能合约，是区块链可编程的基础。如果说数据、网络和共识三个层次作为区块链底层虚拟机分别承担数据表示、数据传播和数据验证功能的话，合约层则是建立在区块链虚拟机之上的商业逻辑和算法，是实现区块链系统灵活编程和操作数据的基础。包括比特币在内的数字加密货币大多采用非图灵完备的简单脚本代码来编程以控制交易过程。

六、应用层

区块链的应用层封装了各种应用场景和案例，类似于计算机软件系统中的应用程序、互联网浏览器上的门户网站、搜寻引擎、电子商城或是手机端上的 APP，区块链应用部署在多种区块链平台上，并在现实生活场景中落地。

激励层、合约层和应用层不是每个区块链应用的必要因素，一些区块链应用并不完整地包含此三层结构。

【本章小结】

本章分析了区块链的核心概念，包括这些核心概念的定义、工作原理、技术分类等。应重点理解区块链的基本概念、基本原理、主要架构，对区块链的分类及应用发展过程应有一个较清晰的认识。下一章中会详细讲解区块链的通用技术，对技术原理进行更详细的介绍。

【关键词】

区块链　比特币　公有链　私有链　时间戳　双重支付　区块链的层级结构　区块链发展的阶段

【思考题】

1. 区块链的定义是什么？
2. 区块链的层级结构分别满足了哪些方面的需求？
3. 如何理解区块链的发展历程？

参考文献

[1] 杨保华，陈昌. 区块链原理、设计与应用 [M]. 北京：机械工业出版社，2017.

[2] 高航，俞学励，王毛路. 区块链与新经济：数字货币2.0时代 [M]. 北京：电子工业出版社，2016.

[3] 中国银行间市场交易商协会教材编写组. 现代金融市场理论与实务 [M]. 北京：北京大学出版社，2019.

[4] 唐文剑，吕雯. 区块链将如何重新定义世界 [M]. 北京：机械工业出版社，2016.

[5] 袁勇，王飞跃. 区块链技术发展现状与展望 [J]. 自动化学报，2016，42 (4)：481-494.

[6] 范忠宝，王小燕，阮坚. 区块链技术的发展趋势和战略应用：基于文献视角与实践层面的研究 [J]. 管理世界，2018，34 (12)：177-178.

[7] NARAYANAN A，CLARK J. Bitcoin's Academic Pedigree [J]. Communications of ACM，2017 (12)：36-45.

[8] NAKAMOTO S. Bitcoin：A Peer-to-Peer Electronic Cash System [R]. [S. l.]：[s. n.]，2008.

[9] GARAY J，KIAYIAS A，LEONARDOS N. The Bitcoin Backbone Protocol：Analysis and Applications [C]// Annual International Conference on the Theory and Applications of Cryptographic Techniques. Berlin，Heidelberg：Springer，2015：281-310.

[10] ANTONOPOULOS A M. Mastering Bitcoin：Unlocking Digital Cryptocurrencies [M]. Cambridge：O'Reilly Media Inc，2014.

[11] CROSBY M，PATTANAYAK P，VERMA S，et al. Blockchain Technology：Beyond Bitcoin [J]. Applied Innovation Review，2016 (2)：6-19.

第二章 区块链技术介绍

【本章要点】

1. 了解区块链的发展阶段。
2. 掌握分布式账本的定义及基本特点。
3. 了解以太坊、Hyperledger Fabric、R3 Corda、FISCO BCOS 四种开源平台的区别。
4. 掌握区块链的加密方式。
5. 掌握对称性加密和非对称加密的区别。
6. 了解哈希函数的基本特点。
7. 掌握共识机制的基本特点及分类。
8. 了解常用共识算法性能差别。
9. 了解智能合约与区块链的关系。
10. 掌握智能合约的运行原理。

区块链是近年来新兴起的技术，但是其应用的基础技术已经较为成熟。随着我国将工业互联网建设提到战略层面，相关技术已经越来越受到人们的关注。金融、工业制造等诸多领域对科技的需求不断增多，也促进了科技的不断发展。在金融、工业制造等诸多行业中，大量数据被上传、收集、共享，经过大数据处理，得出决策以推动整个行业的进步。在实际交易或产品制造的过程中往往涉及多家企业、机构或制造商，如何保证参与方之间的相互信任，同时又能保证各方的核心机密的安全，交易或产品的实时信息不被恶意篡改，成为困扰各方的难题，区块链技术的出现将能够很好地解决上述问题。

区块链正像互联网一样改变世界，为了更好地了解区块链，掌握区块链，本章主要对区块链的发展历史、基本技术及其原理进行介绍，包括分布式账本、加密和授权技术、共识机制及智能合约。

第一节 区块链技术的发展介绍

一、区块链 1.0：数字货币

区块链 1.0 时代是以比特币为代表的虚拟货币的时代，代表了虚拟货币的应用，包括其支付、流通等虚拟货币的职能。区块链 1.0 主要具备去中心化的数字货币交易支付功能，目标是实现货币的去中心化与支付手段。

比特币是区块链 1.0 最典型的代表。区块链的发展得到了欧美等国家市场的接受，同时也催生了大量的数字货币交易平台，实现了货币的部分职能，能够实现货品交易。数字货币勾勒了一个宏大的蓝图，未来的货币不再依赖于各国央行的发布，而是进行全球化的货币统一。

区块链 1.0 只满足虚拟货币的需要，虽然区块链 1.0 的蓝图很庞大，但是无法普及其他行业。区块链 1.0 时代也是虚拟货币的时代，涌现出了大量的山寨币等。图 2-1 展示了区块链 1.0 时代的基本架构，主要包括前端、挖矿节点和节点后台。

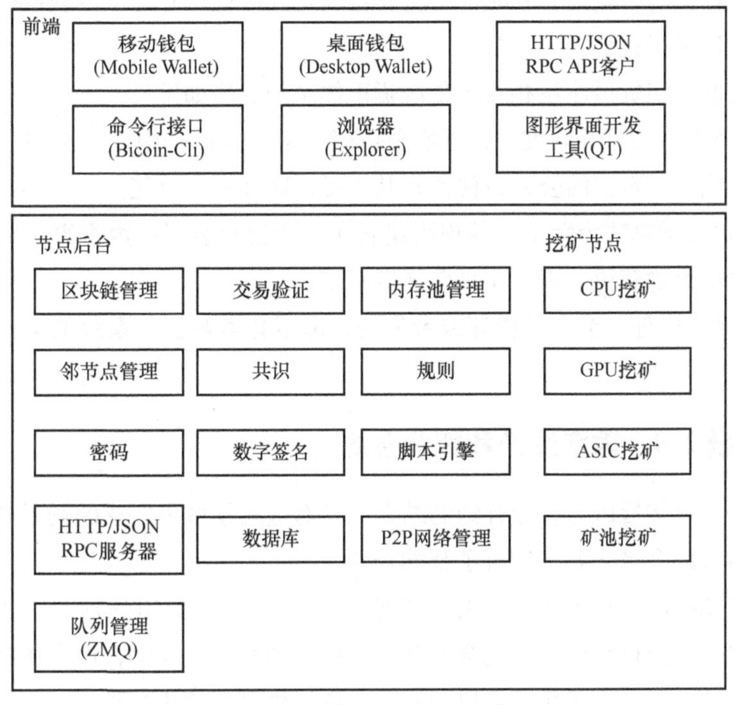

图 2-1 区块链 1.0 基本架构

区块链 1.0 时代的特征主要有 4 个方面：

（一）数据结构——以区块为单位的链状数据结构

先要把系统中的数据块通过加盖时间戳的方式按照时间顺序，并且通过密码学的技术手段进行有序链接。当系统中的节点生成新的区块时，需要将当前时间戳、区块中的所有有效交易、前一个区块的哈希值以及 Merkle 树根值等内容全部打包上传，并且要向全网广播。

由于区块链中的每一个区块信息都与前一个区块信息相联系，随着区块长度的加长，如果想要改变某一个区块的信息，那么该区块之前所有的信息都需要改变，很明显，在分布式记账模式下，这是几乎不可能发生的事情。因此，保证了账本的安全性和难以篡改性。

（二）账本信息的真实性——全网共享账本

记录交易历史的区块链条被传递给了区块链网络中的每一个节点，因此每一个节点都拥有一个完整且信息一致的总账。这样，就算某个节点的账本数据遭到了篡改，也不会影响到总账的安全。区块链网络的节点都是通过点对点连接起来的，不存在中心化的服务器，因而不可能有单一的攻击入口。

（三）非对称加密

非对称加密使用公钥和私钥相结合的方式，成为计算机技术在区块链领域的一个非常重要应用，它搭建了比特币使用的安全防御系统。

（四）源代码开源

以比特币为代表的区块链 1.0 时代的重要特征是其源代码开源，区块链的共识机制可以通过开源的源代码进行验证。

基于区块链的数字货币体系相对于传统货币体系的优势如下。

1）区块链体系由大家共同维护，不需要依赖于第三方信任中介，去中心化结构使交易成本大幅降低；同时，数据的公开也使得在其中做假账几乎不可能。

2）区块链以数学算法为背书，其规则建立在一个公开透明的数学算法之上，能够让不同政治文化背景的人群获得共识，实现跨区域互信。

3）区块链系统中任一节点的损坏或者失去，都不会影响整个系统的运作，具有极好的稳健性。

二、区块链 2.0：数字资产和智能合约

区块链 2.0 是数字货币与智能合约的结合，是对金融领域更广泛的场景和流程进行优化的具体应用。最大的升级之处在于有了智能合约。

智能合约是 20 世纪 90 年代由尼克·萨博（Nick Szabo）提出的理念，几乎与互联网同龄。由于缺少可信的执行环境，智能合约并没有应用到实际产业中，但自比特币诞生后，人们认识到比特币的底层技术区块链可以为智能合约提供可信的执行环境。

所谓智能合约，是指以数字化形式定义的一系列承诺，包括合约参与方可以在上面执行这些承诺的协议。智能合约一旦设立指令后，无须中介的参与就能自动执行，并且没有人可以阻止它的运行。可以这样说，通过智能合约建立起来的合约同时具备两个功能：一是现实产生的合同；一个是不需要第三方的、去中心化的公正、超强行动力的执行者。

区块链 2.0 的代表是“以太坊”。以太坊是一个平台，它提供了各种模块供用户搭建应

用。平台之上的应用，其实也就是合约。这是以太坊技术的核心。以太坊提供了一个强大的合约编程环境；通过合约的开发，以太坊实现了各种商业与非商业环境下的复杂逻辑，如众筹系统、合同管理、金融支付、票据管理、多重签名的安全账户等。以太坊的核心与比特币系统本身是没有本质区别的。而以太坊的本质是智能合约的全面实现，支持了合约编程；让区块链技术的应用不仅仅停留在发币，而是为更多的商业和非商业的应用场景提供便利。也就是说，以太坊=区块链+智能合约。图 2-2 展示了区块链 2.0 的架构。

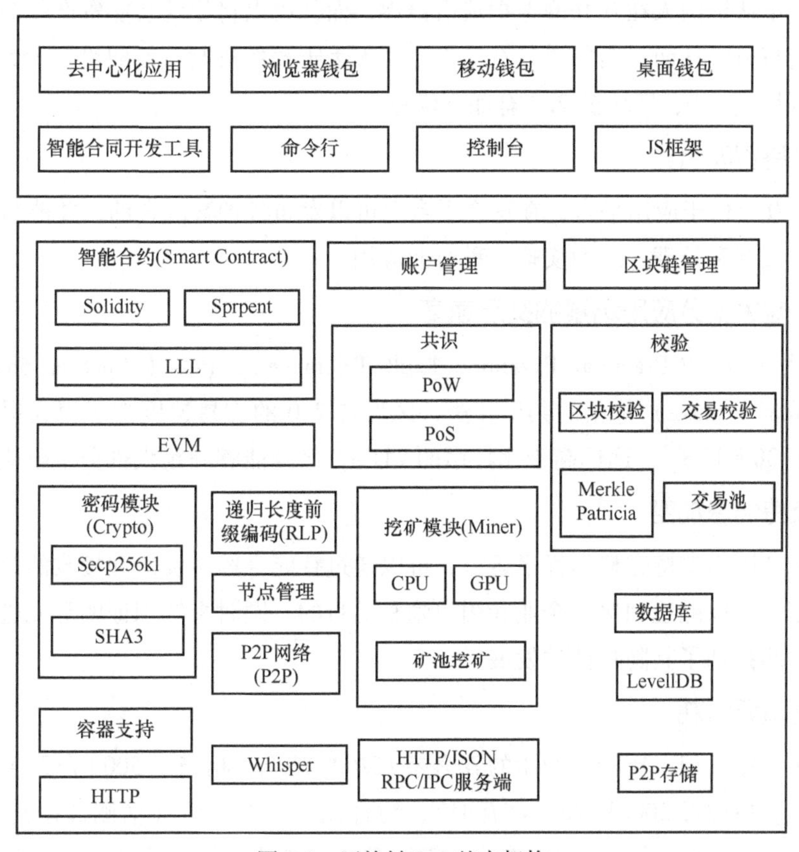

图 2-2　区块链 2.0 基本架构

除了以太坊，区块链 2.0 还涉及多个应用场景。

（1）金融服务。区块链的一个重要方向是利用数字货币与传统银行和金融市场对接。Ripple Labs 正在使用区块链技术来重塑银行业生态系统，使用 Ripple 支付网络可以让多国银行直接进行转账和外汇交易，而不需要第三方中介。

（2）智能资产⊖。区块链可以用于任何资产注册、存储和交易，包括金融、经济和货币

⊖ 智能资产是指所有以区块链为基础的可交易的资产类型，包括有形和无形资产。智能资产通过区块链控制所有权，并通过合约来遵循现有法律，比如：预先建立的智能合约能够在某人已经偿还全部贷款后，自动将车辆所有权从财务公司转让到个人名下，这个过程是全自动的。智能资产有可能让我们构建无须信任的去中心化资产管理系统。

的各个领域，可以涵盖有形资产、无形资产多种交易。区块链开辟了不同类型、不同层次的行业运用功能，涉及货币、市场和金融交易。区块链2.0应用场景中，使用区块链编码的资产通过智能合约可成为智能资产。

（3）众筹。基于区块链的众筹平台支持初创企业通过创建自己的数字货币来筹集资金，分发自己的“数字股权”给早期支持者，这些数字货币作为支持初创公司应获的股份凭证。

（4）无须信任的借贷。区块链的去信任机制网络是智能资产和智能合约发展的重要推动因素。这使不认识的人在互联网上把钱借给你，而你可以将你的智能资产作为抵押，这必然大幅降低借贷成本从而让借贷更具竞争力。非人为干预的机制也使纠纷率大大降低。

相对于区块链1.0，区块链2.0有如下优势。

（一）支持智能合约

区块链2.0定位于应用平台，在这个平台上可以发布各种智能合约，并能与其他外部IT系统进行数据交互和处理，从而实现各种行业应用。

（二）适应大部分应用场景的交易速度

通过采用PBFT（Practical Byzantine Fault Tolerance）、PoS（Proof of Shake）、DPoS（Delegated Proof of Stake）等新的共识算法，区块链2.0的交易速度有了很大提高，峰值速度已经超过了3000TPS[⊖]，远远高于比特币的7TPS，已经能够满足大部分金融应用场景。

（三）支持信息加密

区块链2.0因为支持完整的程序运行，可以通过智能合约对发送和接收的信息进行自定义加密和解密，所以能达到保护企业和用户隐私的目的，同时零知识证明等先进密码学技术的应用也进一步推动了其隐私性的发展。

（四）无资源消耗

为了维护网络共识，比特币使用的算力超122029TH/s，相当于5000台天河2号A的运算速度，每天耗电超过2000MWh（兆瓦时），约合几十万人民币（估测数据）。区块链2.0采用PBFT、DPoS、PoS等新的共识算法，不再需要通过消耗算力达成共识，从而实现对资源的零消耗，使其能绿色安全地部署于企业信息中心。

三、区块链3.0：分布式应用

区块链2.0时代主要有以下特征：主要集中于特定对象（比如合同的双方）；交易主要以特定资产为标的（比如房产、知识产权、汽车等的所有权或其他权益）；交易范围还比较有局限性，低频次、窄领域。区块链3.0主要是要解决2.0时代应用领域局限性的问题。

⊖ TPS：Transactions Per Second（每秒传输的事物处理个数），即服务器每秒处理的事务数。TPS包括一条消息入和一条消息出，加上一次用户数据库访问。TPS是软件测试结果的测量单位。一个事务是指一个客户机向服务器发送请求然后服务器做出反应的过程。客户机在发送请求时开始计时，收到服务器响应后结束计时，以此来计算使用的时间和完成的事务个数。

从技术角度上看，以太坊的出现可视作区块链 1.0 和 2.0 的分界线，是因为以太坊的 TPS 较比特币有了很大的提升，从每秒 7 个的交易处理能力，提高到了每秒 15 个左右。但以太坊的 TPS 依然难以满足区块链技术真正落地应用的需求，TPS 低容易造成网络拥堵，在当前的信息社会中基本不具备广泛实用价值。因此，引领区块链进入 3.0 时代的项目一定在性能上较以太坊有大幅度提升。

区块链 3.0 是指区块链在金融行业之外的各行业的应用场景，能够满足更加复杂的商业逻辑。区块链 3.0 被称为互联网技术之后的新一代创新技术，足以推动更大的产业改革。

区块链 3.0 是价值互联网的内核。区块链能够对互联网中代表价值的信息和字节进行产权确认、计量和存储，从而实现资产在区块链上的可被追踪、控制和交易。价值互联网的核心是由区块链构造一个全球性的分布式记账系统，该系统不仅能够记录金融业的交易，而且几乎可以记录任何有价值的能以代码形式进行表达的事物，如对共享汽车的使用权、信号灯的状态、出生和死亡证明、结婚证、教育程度、财务账目、医疗过程、保险理赔、投票、能源。随着区块链技术的发展，其应用能够扩展到任何有需求的领域，包括审计公证、医疗、投票、物流等领域，进而扩展到整个社会。

区块链 3.0 可以实现自动化采购、智能化物联网应用、虚拟资产的兑换和转移、信息存证等应用，可以在艺术、法律、开发、房地产、医院、人力资源等各行各业发挥作用。它将不再局限于经济领域，可用于实现全球范围内物理资源和人力资产的自动化分配，促进科学、健康、教育等领域的大规模协作。区块链技术可以弃用造成中间成本的私有信用机构，让价值交换双方直接关联。它将改变整个社会业态。图 2-3 展示了区块链 3.0 的基本架构。

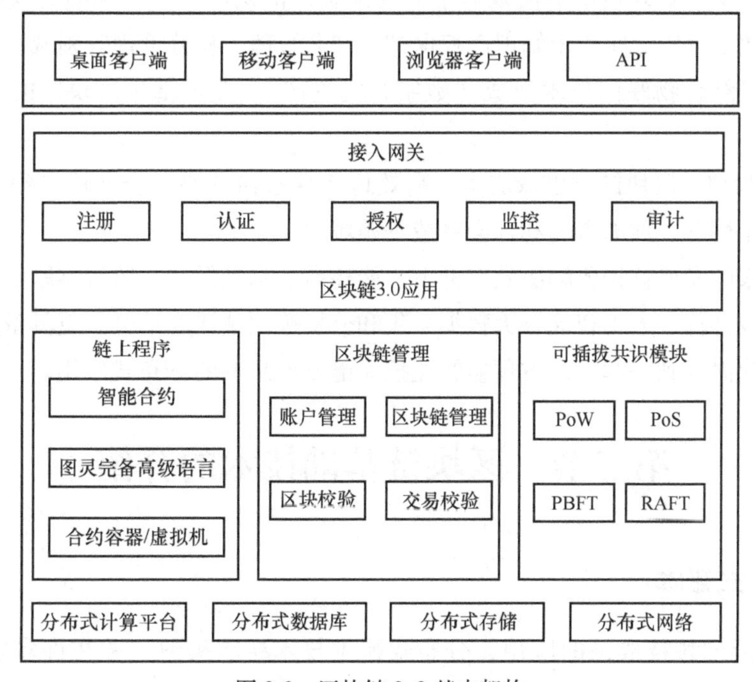

图 2-3 区块链 3.0 基本架构

这一阶段，区块链会超出金融领域，进入社会公证、智能化领域（区块链 3.0）。区块链 3.0 主要应用在社会治理领域，包括身份认证、公证、仲裁、审计、域名、物流、医疗、邮件、签证、投票等领域，应用范围扩大到整个社会，区块链技术有可能成为“万物互联”的一种最底层的协议。

区块链技术不仅可以成功应用于数字加密货币领域，而且在经济、金融和社会系统中也存在广泛的应用场景。根据区块链技术可能的应用场景，将区块链的主要应用笼统地归纳为数字货币、数据存储、数据鉴证、金融交易、资产管理和选举投票共六个场景。

（1）数字货币。以比特币为代表，数字货币本质上是由分布式网络系统生成的，其发行过程不依赖于特定的中心化机构。

（2）数据存储。区块链的高冗余存储、去中心化、高安全性和隐私保护等特点使其特别适合存储和保护重要隐私数据，以避免因中心化机构遭受攻击或权限管理不当而造成的大规模数据丢失或泄露。

（3）数据鉴证。区块链数据带有时间戳，由共识节点共同验证和记录，不可篡改和伪造，这些特点使得区块链可广泛应用于各类数据公证和审计场景。例如，区块链可以永久地安全存储由政府机构核发的各类许可证、登记表、执照、证明、认证和记录等。

（4）金融交易。区块链技术与金融市场应用有非常高的契合度。区块链可以在去中心化系统中自发地产生信用，能够建立无国别差异的区块链市场及无区域布局中心机构信用背书的金融市场，从而在很大程度上实现“金融脱媒”；利用区块链自动化智能合约和可编程的特点，能够极大地降低成本和提高效率。

（5）资产管理。区块链能够实现有形和无形资产的确权、授权和实时监控。无形资产管理方面，区块链可广泛应用于知识产权保护、域名管理、积分管理等领域；有形资产管理方面，区块链可结合物联网技术形成“数字智能资产”，实现基于区块链的分布式授权与控制。

（6）选举投票。区块链可以低成本、高效地实现政治选举、企业股东投票等应用，同时可广泛应用于博彩、预测市场和社会制造等领域。

区块链未来的发展首先要解决效率低下、能耗高、隐私保护、监管难题等实际面临的问题；可能与超级计算、人工智能、大数据采集和分析等领域深度结合，更具备融合性；将中心化和去中心化融合到一起，既方便监管监控又能发展足够的分布式应用。

第二节　区块链基础技术的介绍

一、分布式账本

随着最前沿的科技成果的应用，分布式账本技术崭露头角，并在许多领域中得到推广。从最简单账本到复式账本，再到数字化账本，以及目前正在探索的分布式账本，账本科技的每次突破都会引起不同领域里程碑式的发展，同时不断改变我们生活的各个方面。

（一）基本介绍

分布式账本（Distributed Ledger）的数据库分布于对等网络的节点（设备）上，网络中每个节点都复制及存储与账本完全相同的副本并独立更新。分布式账本的主要优点是不存在中央权威。通常情况下，当一个账本中出现更新，每个节点都将执行一笔新交易，然后所有节点以共识机制投票决定哪一个副本是正确的。一旦达成共识，所有其他节点就会按照正确副本的数据进行更新。在区块链系统中，将数据区块按照时间顺序相连组成逻辑上的链，有着持续增长并且排列整齐的记录。每个区块都包含一个时间戳和一个与前一区块的链接，因此可以将区块链看成一个不断增长的账本。账本可以完全公开，例如比特币系统和以太坊系统，也可以在联盟内公开，例如 Hyperledger Fabric，Corda，FISCO BCOS 等。

（二）基本特点与分类

1. 基本特点

（1）去中心化　去中心化意味着不依赖于中央处理节点，没有中心化的应用和管理部分。数据库中的数据可以通过多个站点、不同地理位置或者多个机构组成的网络进行分享。

（2）共识机制　根据网络中达成共识的规则，账本中的记录可以由一个、一些或者所有参与者共同维护。网络中的参与者根据共识原则来制约和协商对账本中记录的维护，而无须中心化的第三方仲裁机构的参与。

（3）信息不可更改　分布式账本中的每条记录都有唯一的时间戳和唯一的数字签名，这使得账本成为网络中所有交易的可审查记录。如果有任何人想要修改数据，一般需要根据共识机制与其余人员达成一致才能够完成，不然是无法进行修改的。

随着科技的不断进步与发展，分布式账本的需求日益提高。自从电子计算机问世以来，数字化账本就因其高效、便捷的特点成为主要应用的记账方式。数字化账本不但可以提高大规模记账的效率，而且可以避免人工书写的错误，使得账本的规模、记账处理的速度、账本的复杂度都有了极大程度提升。数字化账本虽然不容易出错，但其仍是中心化的形式。借助分布式系统的思想来实现分布式账本：由交易多方一起来共同维护同一个分布式账本，打通交易的各个阶段，凭借分布式技术，进一步提高记账的安全和可靠性。

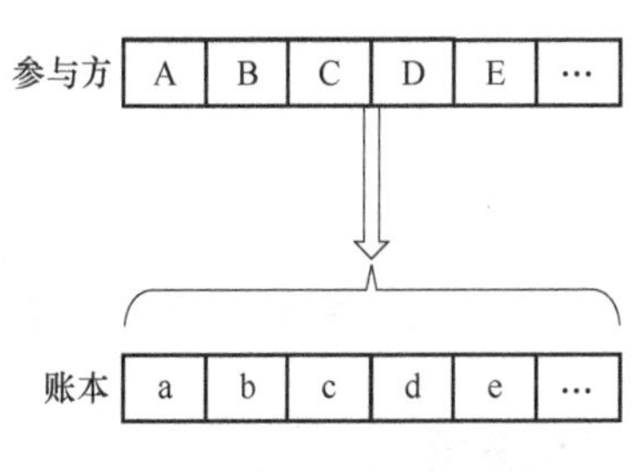

图 2-4　简单分布式账本示意图

根据分布式账本的定义，可以简单地设计出一个分布式账本，如图 2-4 所示。其中 A、B、C、D、E 等代表参与方，其对应的账本分别为 a、b、c、d、e 等。从图中可以看出，所有参与方都可以对账本进行更改与维护。如果所有参与方均可以按照其共同约定进行账本信息的更改与上传，则该账本具有可信性，各参与方也可以正常工作；但如果有参与方违反约定，进行恶意操作，随意更改数据，账本将不具有可信性。

为了防止上述情况发生，需要对图 2-4 简单分布式账本进行更改，加入验证机制，对发生过的交易进行校验，引入数字摘要，形成一种不可随意篡改的分布式账本，如图 2-5 所示。当新的交易信息被添加到账本上时，参与者可根据历史账本信息对新加入的信息进行验证，一旦新写入的信息不符合验证，各方参与者便可以发现，同时可以确定信息位置。虽然此分布式账本解决了交易信息被随意篡改的问题，但是不可扩展的缺陷仍是一个不可避免的严重问题。由于每次验证都需要对所有信息进行计算，随着账本中信息数量的增加，进行验证的成本将不断增加，因此，这种账本对于数据量大的账本并不适用。

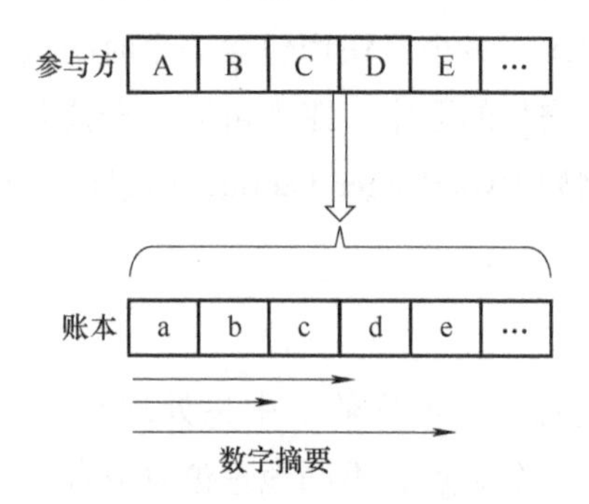

图 2-5　防篡改分布式账本示意图

注：A、B、C、D、E 代表参与方，a、b、c、d、e 代表账本，→代表数字摘要验证区间。

为了解决大数据量账本的问题，对图 2-5 的账本进行进一步改进，得到新的账本模型，如图 2-6 所示。每次验证数据的准确性时，保证从头开始到验证开始位置数据的准确性。因此，每次加入新的交易信息时，只需要对部分历史交易信息进行验证即可，这样既解决了信息篡改的问题，同时也解决了数据的扩展问题，能够对大数据量的账本进行操作。这种分布式账本结构即为区块链结构。

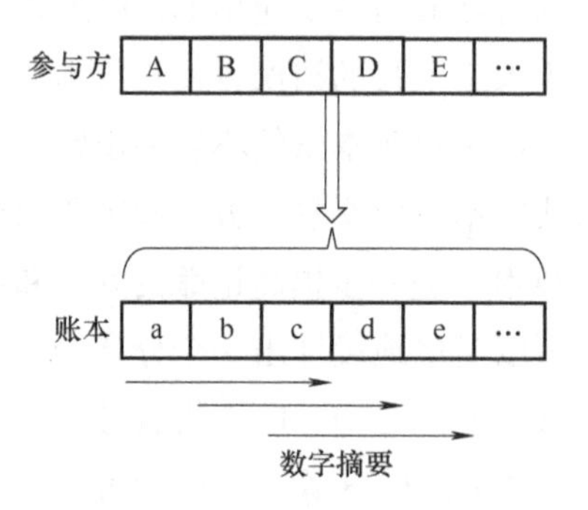

图 2-6　区块链分布式账本示意图

注：A、B、C、D、E 代表参与方，a、b、c、d、e 代表账本，→代表数字摘要验证区间。

2. 分类

目前常见的三种分布式账本技术包括 Hyperledger Fabric，R3 Corda 和以太坊。国内具代表性的开源社区是由中国区块链技术和产业发展论坛发起建立的分布式应用账本（DAppLedger）开源社区。BCOS 是其中重点孵化的开源项目之一。接下来将对以上四种典型开源底层平台进行简要介绍与对比。

以太坊（Ethereum）：开源的有智能合约功能的公有链平台，数字货币[㊀]是以太币（Ether），提供分散化的 EVM（Ethereum Virtual Machine）处理点对点的合约，由维塔利克·布特林（Vitalik Buterin）提出，使用 Solidity 语言开发智能合约，共识机制采用工作量证明（账本级），交易执行需要消耗 Gas[㊁]，Gas 用完后会回滚操作，依据 Gas 价格决定打包优先级，价格越高越早被打包进区块中。

Hyperledger Fabric 是由 Linux 基金会发起创建的开源区块链分布式账本，可用于全球供应链管理、金融交易、资产账和去中心化的社交网络等场景，但无意以此来构建一种加密货币。每个交易都会产生一组资产键值对，可重用公司自带的身份管理功能，硬件安全模块（HSM）支持对保护和管理数字密钥，数据格式是 json，数据库 CouchDB 支持富格式[㊂]和富数据[㊃]查询。

Corda 由分布式账本创业公司 R3CEV 开发，应用于商用 DLT 平台，使用 Kotlin、Java 语言，能够进行并行交易。Corda 舍弃了每一个节点都要验证和记录每一笔交易的账本全网广播模式，仅仅要求每一笔交易的参与方对交易进行验证和记录。这样做的好处主要是解决了分布式账本技术在商业化应用中非常敏感的两个问题：极大地提高了交易的吞吐能力，避开了共享账本能否保证交易数据私密的争议。同时也带来了问题，即如何避免“双花”。在比特币和以太坊等区块链平台上，由于每个节点都拥有整个账本的副本，所以要解决双花问题很容易。Corda 为解决双花问题，引入了 notary 机制，简单来说就是在 notary 节点之间形成更广泛的共识，而 Corda 上的每一笔交易都需要通过至少一个 notary 节点的验证。

BCOS 由微众银行、万向区块链、矩阵元联合开发建设。金链盟开源工作组在此基础上，聚焦金融行业需求，进一步深度定制发展为 FISCO BCOS。BCOS 和 FISCO BCOS 皆已开源并互通，截至 2018 年中期，BCOS/FISCO BCOS 开源社区实名用户已有 1100 余人，有 70 家企业在预研或开发阶段，10 家已经实现应用上线。表 2-1 对典型开源底层平台进行了对比。

㊀ 数字货币简称为 DIGICCY，是英文“Digital Currency”（数字货币）的缩写，是电子货币形式的替代货币。数字金币和密码货币都属于数字货币。数字货币是一种不受管制的、数字化的货币，通常由开发者发行和管理，被特定虚拟社区的成员所接受和使用。欧洲银行业管理局将虚拟货币定义为：价值的数字化表示，不由央行或当局发行，也不与法币挂钩，但由于被公众所接受，所以可作为支付手段，也可以电子形式转移、存储或交易。

㊁ 具体来说，在以太坊网络上的交易产生的每一次计算，都会产生费用——这个费用是以 Gas 为单位来支付的。

㊂ 以纯文本描述内容，能够保存各种格式信息，可以用写字板、Word 等创建。也称富文本格式（Rich Text Format，RTF）是由微软公司开发的跨平台文档格式。大多数文字处理软件都能读取和保存 RTF 文档。

㊃ 对于每类特定的产品，都会有一些这一类产品特有的产品属性，这一类产品属性的数据，被称为富数据。比如，对于相机来说，变焦范围、分辨率等属性，都属于富数据类属性。

表 2-1 典型开源底层平台对比

	以太坊	Hyperledger Fabric	R3 Corda	FISCO BCOS
平台类型	公有链	联盟链	商用 DLT 平台	联盟链
治理	基金会	基金会	R3CEV 公司	微众银行、万向区块链、矩阵元、金链盟开源工作组等
权限管理	非授权	授权	授权	授权
共识算法	工作量证明（账本级）	0.6 版本支持实用拜占庭容错算法（交易级），1.0 及以后版本支持 Solo（单节点共识）、Kafka（分布式队列）和 SBFT（简单拜占庭容错）	公证人（交易级）	PBFT/RAFT
智能合约开发语言	Solidity	Go、Java	Kotlin、Java	Solidity
可扩展性	正在开发分片（Sharding）模型	支持通道设计，区分不同的业务	可并行交易，采用多公证人提升性能	多群组架构，多链平行扩展，支持跨链调用
隐私保护	暂无	用通道隔离不同的业务，1.0 版本后引入了私有状态和零知识证明	采用 Merkle 树结构隐藏交易细节	数据脱敏，分级隔离，并实现了零知识证明、群签名、环签名、同态加密等

在过去几年中，开源社区发展迅速，参与人数不断增加，同时产品的特性也不断发展。截至 2018 年 8 月，Hyperledger 开源社区由初创时的 30 多名成员，增长到超过 250 名成员。Fabric1.0 版本公开的数据表示，共 27 个组织，159 名开发者对代码有贡献。BCOS 平台于 2017 年开源，初始成员为微众银行、万向区块链、矩阵元。其金融分支 FISCO BCOS 依托金融区块链合作联盟（简称金链盟）开源工作组等共 9 家机构共同建设，金链盟目前的成员超过了百家机构。Corda 所在的 R3 联盟初创成员为 42 家，目前已有超过 200 家成员。以太坊社区由全球开发者合作贡献代码，据资料介绍核心开发组织包含 400 多名开发者、密码学者等。随着企业级市场对区块链的需求的增多，于 2017 年应运而生了以太坊企业联盟（EEA），初创成员为 30 家，目前已经超过 500 家机构加入。

除数量大幅增长之外，参与者的角色也在丰富；除了开发者，社区里出现了基于平台产品进行各种商业应用场景落地的参与者，这些参与者包括投资人、集成商、应用开发者、第三方安全审计公司等。包括 DApp 在内的应用生态逐步繁荣。从各开源软件平台的版本发布特性分析，各开发社区重点投入的产品方向包括易用性、隐私保护、可扩展性、安全防护以及整体性的架构优化等。

1）在易用性方面，随着开发者和社区用户的增多，对开源软件的部署、配置、应用开发、运营运维等方面都提出了更多的要求，各平台分别在开发工具、部署工具、数据查询和统计分析、系统运维工具等方面做了大量的建设工作，以降低使用者的门槛，加速开发效率。

2）在隐私保护方面，因为商业场景对商业数据、机构和人员等信息的隐私保护有很高的要求，各平台会通过架构优化或密码学等方式实现不同力度的隐私保护，如 Fabric 在 1.0 版本加入了私有数据特性，在 1.3 版本实现了使用零知识证明来保持客户身份匿名和不可追踪等。BCOS/FISCO BCOS 提供了可监管的零知识证明、环签名、群签名、同态加密等算法，以保护用户隐私。隐私保护的理论复杂性和工程难度都比较高，目前属于起步和探索阶段，还会持续演进，以追求在保护的全面性、性能效率等方面的突破。

3）在可扩展性方面，各平台分别根据自己的架构，提出不同的可扩展性方案。如 Fabric 基于通道的设计，允许机构根据业务类型接入不同的节点，使不同的业务分布在不同的通道上。BCOS/FISCO BCOS 采用平行多链架构支持更多的业务量并发，实现了同构链之间的跨链通信。以太坊目前正在开发类 DPoS 的公式算法，以及推动侧链、分片（Sharding）等可扩展方案的实现，但真正实现还需要较长时间。随着应用场景数量、链的使用者、使用频率的增加，各平台需要在可扩展性方面持续演进，跨链、侧链、分片等技术都会在各社区里逐渐引入和实现，以应对更大规模的网络，以及满足更丰富的互联互通场景要求。

4）在安全防护方面，许可链社区通常比较认可基于 PKI 体系的身份认证、权限控制等措施，持续丰富和细化证书的运用，在身份、网络、数据、交易规则等不同层面加入严密的保护。公有链的安全问题主要体现在网络攻击、智能合约漏洞、恶意分叉等方面，这也促使以太坊社区持续对合约引擎、代码漏洞进行多方查验和修复，并通过社区治理的方式决定如何应对安全漏洞等问题导致的资产损失。

5）在整体的架构上，各社区均推崇插件化的可扩展的设计，通过插件化体系，使得平台产品可灵活地支持不同的共识算法、密码算法、存储引擎，兼容多个版本的网络协议等，使得产品的演进具备更快的速度和更好的灵活性。如 Fabric 支持 Solo（单节点共识）、Kafka（分布式队列）和 SBFT（简单拜占庭容错），BCOS/FISCO BCOS 支持 PBFT 和 Raft 共识算法，Fabric 状态数据库可采用 Level DB 或者 Couch DB，或其他 Key-Value 数据库，BCOS/FISCO BCOS 可支持 LevelDB 以及分布式的关系型数据库。此外，在我国的商业场景中需要实现的国密算法（国家密码局认定的国产密码算法），也可以通过插件化进行支持。

二、加密技术

若某一公司开发了一款软件，该公司可以在该软件流入市场时设定软件只能单机单用户使用，并设定诸多的使用权限。因而只有当用户条件全部符合使用权限时，该软件的用户才能使用该软件产品；换言之，即使用户下载并安装了该软件，但若没有被分配授权或授权无效，那该用户也是不能使用软件产品的功能的。这意味着如果该公司的授权被其他第三方破解后，软件可以无须经过该公司允许而被随意地复制和使用，甚至可能被不法第三方冠名以另一产品的名称，并以远远低于原产品市场售价的形式流通于市面，对投资巨额资金开发该产品的软件开发公司造成不可估量的经济和利益损失。由此可见授权加密的重要性。

（一）基本介绍

为了保证账本的完整性、公开性、隐私保护、不可篡改、可校验等一系列特性，区块链技术高度依赖加密技术。

加密技术是电子商务采取的主要的安全保密措施，是最常用的安全保密手段，利用技术手段把重要的数据变为乱码（加密）传送，到达目的地后再用相同或不同的手段还原（解密）。加密技术的应用是多方面的，在电子商务、虚拟专用网络（VPN）、通信和存储领域都有广泛的应用，深受广大用户的喜爱。

（二）基本特点与分类

加密技术包括两个元素：算法和密钥。算法是将普通的文本（或者可以理解的信息）与一串数字（密钥）结合，产生不可理解的密文的步骤。密钥是一种参数，它是在明文转换为密文或将密文转换为明文的算法中输入的参数。在安全保密中，可通过适当的密钥加密技术和管理机制来保证网络的信息通信安全。密钥加密技术的密码体制分为对称密钥体制和非对称密钥体制两种。相应地可将数据加密的技术分为两类，即对称加密和非对称加密。对称加密以数据加密标准（Data Encryption Standard，DES）[⊖]算法为典型代表，非对称加密通常以 RSA（Rivest Shamir Adleman）[⊜]算法为代表。对称加密的加密密钥和解密密钥相同，而非对称加密的加密密钥和解密密钥不同。

对称加密采用了对称密码编码技术。它的特点是文件加密和解密使用相同的密钥，即加密密钥也可以用作解密密钥，这种方法在密码学中叫作对称加密算法。对称加密算法使用起来简单快捷，密钥较短，且破译困难。除了数据加密标准（DES），另一个对称密钥加密系统是国际数据加密算法（International Data Encryption Algorithm，IDEA），它比 DES 的加密性好，而且对计算机功能要求也没有那么高。IDEA 加密标准被 PGP（Pretty Good Privacy）系统使用。

1976 年，美国学者 Dime 和 Henman 为解决信息公开传送和密钥管理问题，提出一种新的密钥交换协议，允许在不安全的媒体上的通信双方交换信息，安全地达成一致的密钥，这就是公开密钥系统。相对于对称加密算法，这种方法也叫作非对称加密算法。与对称加密算法不同，非对称加密算法需要两个密钥：公开密钥（Public Key）和私有密钥（Private Key）。公开密钥与私有密钥是一对，如果用公开密钥对数据进行加密，就只有用对应的私有密钥才能解密；如果用私有密钥对数据进行加密，那么只有用对应的公开密钥才能解密。因为加密和解密使用的是两个不同的密钥，所以这种算法叫作非对称加密算法。在现实世界

⊖ 数据加密标准（Data Encryption Standard，DES）算法是一种对称加密算法，也是使用最广泛的密钥系统之一，特别是在保护金融数据的安全中时常用。最初开发的 DES 是嵌入硬件中的。通常，自动取款机（Automated Teller Machine，ATM）都使用 DES。

⊜ RSA 加密算法是一种非对称加密算法。在公开密钥加密和电子商业中 RSA 被广泛使用。RSA 是 1977 年由罗纳德·李维斯特（Ronald Rivest）、阿迪·萨莫尔（Adi Shamir）和伦纳德·阿德曼（Leonard Adleman）一起提出的。当时他们三人都在麻省理工学院工作。RSA 就是他们三人姓氏开头字母拼在一起组成的。

上可作比拟的例子是：一个传统保管箱，开门和关门都使用同一把钥匙，这是对称加密；而一个公开的邮箱，投递口是任何人都可以寄信进去的，这可视为公钥；而只有信箱主人拥有的钥匙才可以打开信箱，这可视为私钥。

非对称加密技术工作流程如图 2-7 所示。A 想要给 B 发信息，首先对信息用公钥进行加密处理，形成密文，进行传输；接收者通过私钥对密文进行解密，得到明文信息输出。加密技术在生活中有广泛的应用，例如在网络银行或购物网站上，因为客户需要输入敏感消息，浏览器连接时使用网站服务器提供的公钥加密并上传数据，可保证只有信任的网站服务器才能解密，不必担心敏感个人信息因为在网络上传送而被窃取。

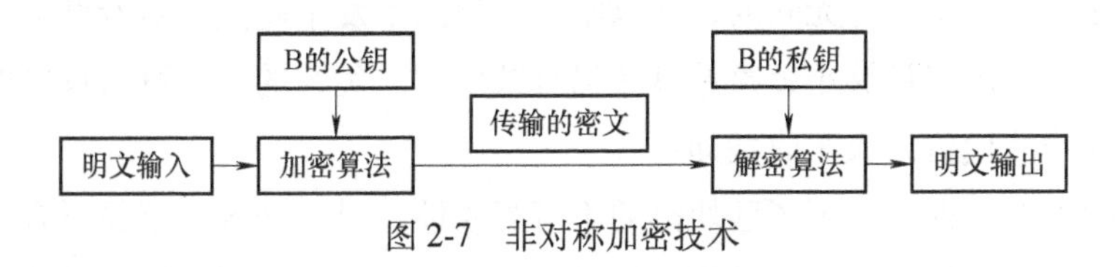

图 2-7　非对称加密技术

在非对称加密中，为了保护隐私，通过签名和验签完成权属证明问题。在加解密过程中发送者用私钥加密，即签名；接收者用公钥解密，即验签。

（三）哈希函数

1. 基本介绍

区块链账本数据主要通过父区块哈希值组成链式结构保证其不可篡改性。哈希（Hash）一般翻译为散列、杂凑，或音译为哈希，是把任意长度的输入（又叫作预映射 pre-image）通过散列算法变换成固定长度的输出，该输出就是散列值。简单来说就是一种将任意长度的消息压缩到某一固定长度的消息摘要的函数。以比特币为例，使用的是 SHA256 算法［是安全散列算法 2（SHA-2）下细分的一种算法］，其哈希值长度是 256 个二进制的字符串，以十六进制数字表示时字符串的长度为 64 位，比如“区块链”的 SHA256 信息摘要为：

6E3110B33188C7A3056CB91E4C35EFE609E8E565DD560300502403EBDE626196

公式表示形式

$$h=H(m) \tag{2-1}$$

式中　m——任意长度消息（不同算法实现时长度限制不同。有的哈希函数如 SHA-3，不限制消息长度；有的哈希函数如 SHA-2 限制消息长度。但即使有限制，长度也非常大，可以认为是任意长度）。

H——哈希函数；

h——固定长度的哈希值。

2. 基本特点

一个优秀的哈希算法应具备正向快速、逆向困难、输入敏感、强抗碰撞性等特征。

（1）正向快速。正向快速是指对于给定的数据，在输入到输出的过程中，能够在极短的时间内计算出哈希值。

（2）逆向困难。逆向困难是指无法在短时间内根据哈希值计算出原始数据。这一特性是哈希算法的安全性基础。

（3）输入敏感。输入敏感是指在输入信息发生非常微小变化的情况下，经过计算得出的哈希值会与原始数据计算得出的哈希值产生巨大的区别。因此无法根据变更数据前后的哈希值推测出原始数据发生了怎么样的变化，同时也是检验两组原始数据是否相同的方法之一。

（4）强抗碰撞性。对不同的关键字可能得到同一散列地址，即 key1≠key2，而H(key1)=H(key2)，这种现象称为碰撞。不同的输入很难输出相同的哈希值。当然，由于哈希算法的输出位数是有限的，但输入是无限的，所以不存在永远不发生碰撞的哈希算法。但只要保证哈希算法发生碰撞的概率足够小，哈希算法仍可被使用。优秀的哈希算法只要保证找到碰撞的输入信息所耗费的代价远大于收益即可。

哈希算法的以上特性，保证了区块链的不可篡改性。对一个区块链的所有数据通过哈希算法得到一个哈希值，但是通过哈希值无法反推出原区块数据，因此区块链的哈希值可以唯一、准确地表示一个区块。任何节点通过简单快速地对区块数据进行哈希计算都可以得到哈希值，流程图如图 2-8 所示。

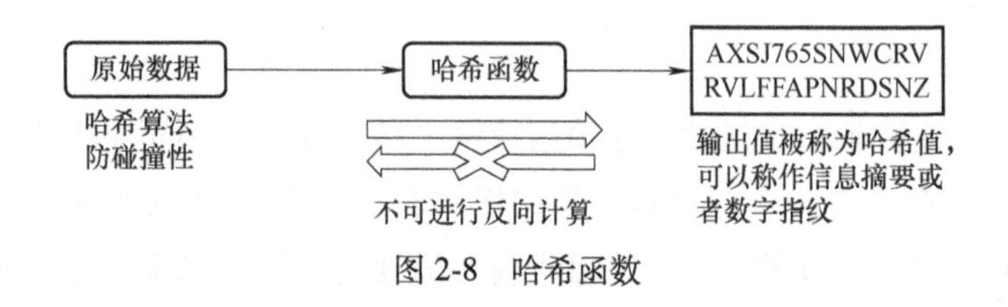

图 2-8　哈希函数

3. 防篡改

区块头包含了上一个区块数据的哈希值，这些哈希值层层嵌套，最终将所有区块串联起来，形成区块链。区块链里包含了自其诞生以来的所有交易，因此要篡改一笔交易就要将其后所有区块的父区块的哈希值全部篡改，运算量非常大。如果要进行数据的篡改，必须要伪造交易链，保证连续伪造多个交易，同时使得伪造的区块在正确的区块产生之前出现。只要网络中的节点足够多，连续伪造的区块运算速度超过其他节点就几乎是不可能实现的。另一种伪造区块链的方式为某一方控制全网超过 50%的算力。因为区块链的特点为少数服从多数，一旦某一方控制全网超过 50%的算力，即可篡改历史交易。但是，在区块链中，只要参与的节点足够多，控制全网超过 50%的算力就几乎是不可能做到的。如果某一方真的拥有全网超过 50%的算力，那么这一方实质上就是获得利益最多的一方，为了自身的利益，该方必定会维护区块链的真实性。

4. 快速检测

在区块链中，除了哈希函数具有防篡改的特性外，基于哈希函数构建的 Merkle 树，还可以实现内容改变的快速检测，也在区块链中发挥着重要的作用。Merkle 树是由拉尔夫·梅克尔（Ralph Merkle）提出的一种用于验证数据完整性的数据结构。

Merkle 树的本质就是一种哈希树。在区块链中 Merkle 树就是当前区块所有交易信息的一个哈希值。其构建示意图如图 1-1 所示。Merkle 树通常包含区块体的底层（交易）数据库、区块头的根哈希值（即 Merkle 根）以及所有沿底层区块数据到根哈希的分支。Merkle 树的运算过程一般是将区块体的数据进行分组哈希，并将生成的新哈希值插入 Merkle 树中，如此递归直到只剩最后一个根哈希值并记为区块头的 Merkle 根。最常见的 Merkle 树是比特币采用的二叉 Merkle 树，其每个哈希节点总是包含两个相邻的数据块或其哈希值，其他变种则包括以太坊的 Merkle Patricia Tree 等。Merkle 树有诸多优点，例如 Merkle 树可支持简化支付验证协议，即在不运行完整区块链网络节点的情况下，也能够对数据（交易数据）进行检验。一般说来，在 N 个交易组成的区块体中确认任意交易的算法复杂度仅为 $\log_2 N$。这将极大地降低区块链运行所需的带宽和缩短验证时间，并使得仅保存部分相关区块链数据的轻量级客户端成为可能。

Merkle 树的叶子节点的值是数据集合的单元数据或者单元数据哈希。由 Merkle 树的构造可知，如果想要知道两个文件是否相同，只需要比较两个文件的根哈希即可；如果想进一步找出两个文件的不同处，则可以根据树节点哈希值从树的根哈希开始，比较左右两个子树的根哈希，左子树根哈希不同的话就比较左子树的数据，右子树根哈希不同就比较右子树的数据。然后以此类推，不断加大比较的深度，直到找到不同的数据块，最终可以准确识别被篡改的交易信息。

在实际应用中，采用这种 Merkle 树来找不同的数据块，可以不完全下载全部数据。在数据访问带宽较低的场景中，例如 P2P 网络下载中，可以较快地比较数据的缺失部分，减少重复下载的数据量。因此，在一些网络传输速率不高的场景中，Merkle 树的应用能有效提高系统的数据交互效率。

（四）数字签名

数字签名（又称公钥数字签名）是类似写在纸上的普通的物理签名，但是使用了公钥加密领域的技术实现，用于鉴别数字信息的一种方法。一套数字签名通常定义两种互补的运算，一种用于签名，另一种用于验证。数字签名，就是只有信息的发送者才能产生的，别人无法伪造的一段数字串，这段数字串同时也是对信息发送者发送信息真实性的一个有效证明。

数字签名是非对称密钥加密技术与数字摘要技术的应用，即每个节点需要一对私钥、公钥密钥对。私钥为发送者所拥有的密钥，签名时需要使用私钥。不同私钥对同一段数据的签名是完全不同的。数字签名一般作为额外附加信息附加在原消息中，以验证信息发送者的身份。公钥即所有人都可以获取的密钥，验签时需要使用公钥。

数字签名的具体流程（见图 2-9）如下：①发送者对原始数据通过哈希算法计算数字摘要，并且发送者使用非对称性密钥中的私钥对数字摘要进行加密，形成数字签名；②发送者将数字签名和原始数据一同发送给验证签名的接收者。

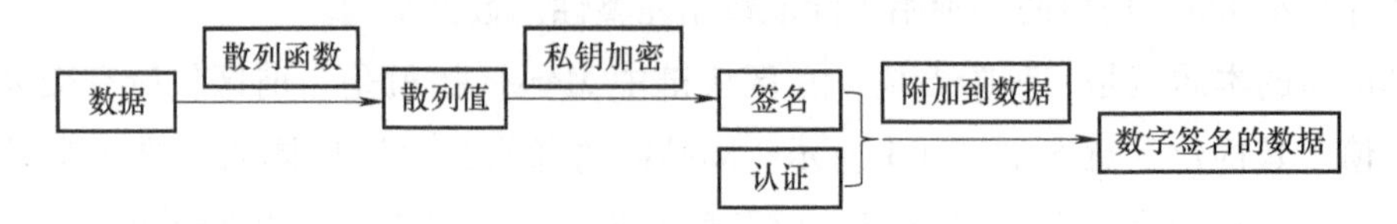

图 2-9　签名过程示意图

验证数字签名的具体流程（见图 2-10）如下：①接收者首先要具有发送者的非对称性密钥的公钥；②在接收到数字签名与发送者的原始数据后，先使用公钥对数字签名进行解密处理，得到原始的摘要值；③接收者对发送者的原始数据用同样的哈希算法计算摘要，将其与解密处理后得到的摘要值进行对比，如果二者相同，则签名验证通过，确认原始数据在传输过程中未经过篡改。

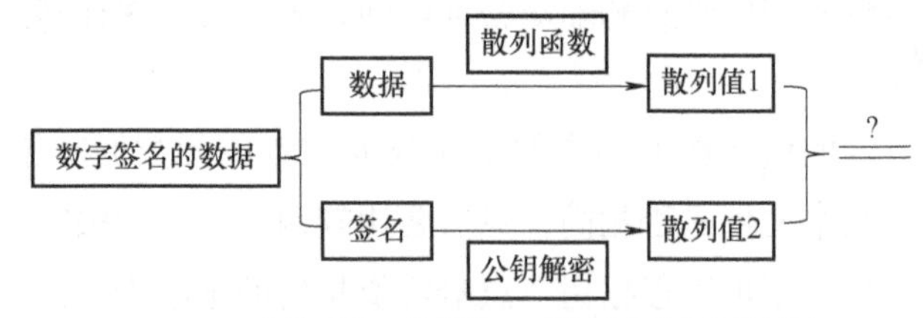

图 2-10　验证过程示意图

（五）多重签名

在数字签名的应用中，有时需要多个用户对同一个文件进行签名和认证。在一个多重签名体制中，所有参与签名的相对独立而又按一定规则关联的实体的集合，被称为一个签名系统。签名子系统就是所有签名者的一个子集合。签名系统中任何一个子系统的各成员按照特定的承接关系对某个文件进行签名，这个承接关系就称为这个签名系统的一个签名结构。

按照签名结构的不同，多重数字签名可分为两类：有序多重签名，即签名者之间的签名次序是一种串行的顺序；广播多重签名，即签名者之间的签名次序是一种并行的顺序。后来，有人提出了具有更一般化签名结构的签名方案——结构化多重签名。在结构化多重签名方案中，各成员按照事先指定的签名结构进行签名。

根据签名过程的不同，多重数字签名方案可以分为两类：有序多重数字签名方案和广播多重数字签名方案。每种方案都有三个过程：系统初始化、产生签名和验证签名。每种方案都包含三个对象：消息发送者、消息签名者和签名验证者。广播多重数字签名方案中还包含签名收集者。

代码示例

不妨通过 OpenSSL 来演示非对称加密和秘钥对以及生成。OpenSSL 是一个开放源代码的软件库包，可以进行安全通信，避免窃听，同时确认另一端连接者的身份。这个包被广泛应用在互联网的网页服务器上。比特币中涉及的哈希计算以及生成私钥、公钥操作都可以用OpenSSL命令完成。

我们选择在Linux发行版Ubuntu的Bash下进行演示。安装OpenSSL命令

~ sudo apt-get install openssl

当安装好OpenSSL后，首先使用sha256sum程序进行哈希单向加密的演示。分别将字符串“Hello，Blochchain!”以及“Hello，blochchain!”写入文本Bc. txt和bc. txt。

~ cat bc. txt

Hello，blochchain!

~ cat Bc. txt

Hello，Blochchain!

然后在文本所在路径输入“sha256sum Bc. txt”“sha256sum bc. txt”。

~ sha256sum Bc. txt

07cbbca7364be23e80da0ccd171a700ff8ad746ea6a7a70e6559c8849b8ad46f　Bc. txt

~ sha256sum bc. txt

27e3697b18399ce8efd826a0858788588282a2db293f23edb4ebe444d10c0d21　bc. txt

可以看出两个文本中的内容被“压缩”成64个十六进制数，并且因文本中字符大小写的差别而产生了哈希值的巨大区别。读者可以拿任意数字资料通过SHA256的算法进行数字摘要操作，例如软件安装包和视频文件。除了SHA256算法，比特币还使用了ripemd160哈希算法，可以通过openssl的标准命令dgst进行操作，不过这种算法的抗碰撞性不如SHA256，具体用法如下：

~ openssl dgst -ripemd160 bc. txt

另外，openssl dgst支持的算法有［-md5 | -md4 | -md2 | -sha1 | -sha | -mdc2 | -ripemd160 | -dss1］。

以RSA密钥对作为示例。首先可以使用openssl中的标准命令genrsa来随机生成私钥，然后再使用标准命令rsa从私钥中提取公钥。

在当前路径下保存随机生成的私钥文件private. key。

~ openssl genrsa -out private. key

通过随机生成的私钥文件生成公钥文件public. key。

~ opesnssl rsa -in private. key -pubout -out public. key

通过openssl使用RSA加密算法进行加密、解密、签名和验证等运算。其标准命令是rsautl，使用示例如下：

使用公钥对明文进行加密。-encrypt表示进行加密，-in message. txt表示输入明文，-in keypublic. key表示公钥文件，-pubin表示根据公钥进行加密，-out encrypt. txt表示输出的加密文件名（合规的文件名即可）。

~ openssl rsautl -encrypt -in message. txt -inkey public. key -pubin -out encrypt. txt

使用私钥对加密文进行解密。-decrypt 表示进行解密，-in encrypt. txt 表示输入加密文，-inkey private. key 表示输入私钥文件，-out message. txt 表示输出的解密文件名。

~ openssl rsautl -decrypt -in encrypt. txt -inkey private. key -out message. txt

使用私钥对明文进行签名。-sigh 表示进行签名操作，-in message 表示进行签名的明文，-inkey private. key 表示输入私钥文件，-out sign. bin 表示输出的签名信息。

~ openssl rsautl -sign -in message. txt -inkey private. key -out sign. bin

使用公钥对签名进行验签。-verify 表示进行验签操作，-in sign. bin 表示输入签名信息，-inkey public. key 表示输入公钥文件，-pubin 表示根据公钥进行验签，-out verify. txt 表示验证结果。理论上是需要明文和签名文件两个，但这里验签所需要的信息都包含在 sign. bin 中。

~ openssl rsautl -verify -in sign. bin -inkey public. key -pubin -out verify. txt

比特币采用椭圆曲线算法的可以通过 openssl 标准命令 ecpam 实现，使用过程与 RSA 一样。

三、共识机制

区块链的信任问题通过分布式账本来解决，而加密技术是区块链数据不可篡改这一特征的技术基础，共识机制则是可以使区块链达成一致性的重要方法。在传统的中心化账本中存在权威中心，各参与者以中心数据为准，对其数据进行复制即可。但是在区块链的去中心化的分布式账本中，并没有这样的权威中心存在，每个参与者都可以进行数据的输入。分布式账本虽然避免了中心化账本所产生的腐败问题，但会引入许多其他问题。比如，参与者来自世界各地不同地区，彼此之间不熟悉，甚至互不相识，参与者可能会上传虚假或恶意数据，企图从中获利，那么如何保证参与者添加的账本数据是正确的、可信的？为了解决这些关键问题，共识机制应运而生。

（一）基本介绍

由于加密货币多数采用去中心化的区块链设计，节点是各处分散且平行的，所以必须设计一套制度，来维护系统的运作顺序与公平性，统一区块链数据的版本，并奖励提供资源、维护区块链的使用者，以及惩罚恶意的危害者。这样的制度必须依赖某种方式来证明：是谁取得了一个区块链的打包权（或称记账权），该参与者可以获取打包这一个区块的奖励；又是谁意图进行危害，该参与者就会获得一定的惩罚。这就是共识机制。

简单来说，共识机制就是面对一个原本并不认识的人，通过一个机制对其进行检测，如果这个人通过了检测认定，那么就基本可以认为这个人是可信任的。

（二）基本特点

区块链可以支持不同的共识机制，但是不同的共识机制需要具有以下两个性质，即一致性与有效性。

（1）一致性。所有诚实节点保存的区块链的前缀部分完全相同。

（2）有效性。由诚实节点发布的消息最终将被所有其他诚实节点记录到自己的区块链中。

（三）评价标准

除了满足一致性与有效性这两个基本特点外，不同的共识机制在区块链上应用时，还会对整个区块链产生其他影响，所以可以从以下四个标准来评价共识机制。

1. 资源消耗

资源消耗是指共识机制在运行的过程中所消耗的资源。共识机制需要利用计算机来达成共识的目的，在分布式账本的各方参与者达成共识的这个过程中，系统在计算的过程中会消耗一定量的资源，例如内存与 CPU 等计算资源的消耗。举例来说，在采用工作量证明机制的比特币系统中，需要消耗大量的计算资源挖矿以及提供信任证明完成共识。

2. 性能效率

在区块链上进行的交易，其性能效率是指一笔交易从交易达成、交易数据信息被上传到分布式账本上，一直到上传的数据交易信息通过认证所需要的时间。与通过第三方平台交易相比，区块链通过共识机制达成一致，其完成交易的性能效率一直备受关注，是当前区块链研究的重中之重。以比特币系统为例，目前每秒最多只能够处理 7 笔交易数据，这种效率远远不能满足现今区块链的需求，所以提高共识机制交易的性能效率是区块链当前亟须解决的问题之一。

3. 扩展性

在区块链中，扩展性也是在设计的过程中需要重点考虑的问题之一。扩展性是指网络节点的扩展。在区块链中的扩展性主要针对两个部分数量的增加，一是参与者数量，二是交易数量。区块链的扩展性需要考虑参与者和交易数量在增加的过程中，系统能否承载大规模数据量的增加；同时还要考虑在传输大量数据时，网络、设备、端口等其他设施能否保持高效传输，这种能力通常以网络吞吐量来衡量。因此，扩展性也是共识机制优劣的评价标准之一。

4. 安全性

安全性是指区块链是否具有良好容错能力。例如，能否有效防止双重支付、自私挖矿等恶意攻击。双重支付与自私挖矿是区块链中存在的两种最大的安全问题。自私挖矿是一种针对比特币工作量证明机制的区块链的挖矿策略，简单说就是挖到区块之后先不公布，而是继续挖矿，以后根据策略择机公布。而这种策略，根据研究者们的探讨，实际上会降低网络验证区块的速度，同时会削弱诚实矿工的盈利能力，而在难度调整之前，这也会对自私矿工本身带来不利影响。除此之外，区块链中还存在其他安全性问题。例如，对交易对象的网络进行攻击，形成网络分区，对交易信息产生阻隔作用；或者通过产生大量的无意义节点，影响系统的安全性。

（四）基本分类

目前，区块链的共识机制主要可以分为以下四类：工作量证明（Proof of Work，PoW）

机制、权益证明（Proof of Stake，PoS）机制、股份授权证明（Delegated Proof of Stake，DPoS）机制、拜占庭容错类（Byzantine Fault Tolerance，BFT）机制。

1. 工作量证明机制

工作量证明（Proof of Work，PoW）机制是分配一段时间内交易信息的打包记账权，从而达成系统共识的机制。最早工作量证明机制的提出是为了防止垃圾邮件。这种证明机制已应用于比特币系统中，其核心就是通过节点的算力选取打包节点。节点通过计算随机哈希散列的数值争夺上传数据的权利。比特币系统中，这种共识机制能够保证所有节点对一个待确认的交易达成一致。只有完成工作量证明的节点才能够产生这一阶段的待定区块，其他网络节点在此之上将继续完成工作量的证明，以产生新的区块。工作量证明机制的基本工作步骤如下。

1）节点对所有的数据进行检测，将通过验证的数据记录并暂存。

2）计算节点通过对不同的随机数进行哈希运算，尝试找到符合指定条件的随机数，该过程需要消耗节点自身的算力。

3）找到合理的随机数后，生成新区块，输入区块头信息后记录其余数据信息。

4）将新生成的区块对外公布，使得其他节点验证数据信息。经过验证后，将这些数据信息添加至区块链中，这些节点继续进行工作量的证明并继续生成新的区块链。

以比特币区块链为例，验证节点通过对随机数进行运算，争夺比特币的记账权，进行运算的过程中需要消耗算力等资源，因此验证节点也被称为“矿工”。尝试不同随机数，找寻合适随机数的过程称为“挖矿”。如果说，两个节点在同一时间找到区块，那么网络将根据后续节点和区块的生成情况决定以哪个区块为最终的区块。工作量主要体现在：要找到合理的随机数需要进行大量的尝试性计算，找到合理的随机数是一个概率事件，在找到合理的随机数之前进行了大量的工作。

工作量证明机制对计算问题的选取，需要具备以下几点性质。

1）伪随机性。保证节点的工作量证明，找到合适的随机数仅依赖于节点自身算力，保证相对公平。

2）难度可控。要根据实际情况，选择难度合适的问题进行计算。如果选择难度过高的问题，会导致计算时间过长，影响效率；如果选择难度过低的问题，会产生分叉，影响系统的一致性。

3）可公开验证。由于区块链是去中心化的，要求计算结果可以通过简洁的操作进行公开验证。

工作量证明机制具有完全去中心化的优点，在以工作量证明机制为共识的区块链中，节点可以自由进出；但同时这种共识机制存在的缺陷也是十分明显的。

1）效率低。产生每个新区块需要耗费时间；同时新产生的区块也需要若干区块，经过后续区块的认证才能保证有效，这将花费更长的时间，严重影响系统的效率。

2）消耗与浪费。在工作量证明机制中，实际工作以寻找合适的随机数为主，并不是记录账本数据，这也就导致了用于计算随机数的资源与能量消耗巨大。此过程的计算都是无意义的，是一种浪费，同时达成共识的周期也较长。

3）算力集中化突显。由工作量机制的运行原理可知，“挖矿”过程本质上就是比拼算力，自然也就导致了算力集中的问题。目前，普通的单个或者几十台规模的矿机由于算力不足，很难挖到矿；这导致了各方联合起来挖矿，这些算力集中的地方称为矿池。以比特币的Ghash矿池为代表，其算力已经接近比特币算力的一半，这使得其他用户很难获得同样规模的算力来维持自身的安全。

2. 权益证明机制

权益证明（Proof of Stake，PoS）机制最早应用于2012年，化名Sunny King的神秘黑客推出了Peercoin。该加密电子货币采用工作量证明机制发行新币，采用权益证明机制维护网络安全，这是权益证明机制在加密电子货币中的首次应用。权益证明机制同样是一种挖矿游戏，但它是通过节点拥有加密数字货币的数量和时间来降低寻找随机数的难度。权益证明机制使系统中具有最高权益的节点（而不是算力最高的节点）获得记账的权力。简单来说，权益证明机制就是一个根据持有数字货币的数量与时间，进行利息发放和区块产生的机制。在这种机制下，产生了一个新的名词——币龄，币龄的值为持有数字货币的数量与持币时间的乘积。在产生新的区块时，币龄就会被清零，同时也可以从区块中获得一定的利息。这样就可以保证区块链的有效性是由具有经济效益的节点来保障的，拥有更大币龄的节点将会有更大的概率决定下一区块。

权益证明机制虽然在一定程度上解决了工作量证明机制浪费资源的问题，同时缩短了区块产生的时间，提高了系统效率；但是，这种共识机制本质上仍需要网络中的节点进行挖矿，并没有从根本上解决工作量证明机制的问题。同时，在网络同步性较差的情况下，权益证明机制产生的多个区块容易产生分叉现象，影响系统的一致性。如果恶意的节点获得了记账的权力，那么就可以通过控制网络通信，形成网络分区，向各网络分区发送不同的区块，造成网络分叉，从而进行双重支付，使系统的安全性受到严重威胁。

3. 股份授权证明机制

权益证明机制使用一个确定的算法随机选择持币节点去产生新的区块，节点的币龄值越大，去产生新的区块的概率就越大。但是这种机制并没有解决区块链的安全性与公平性问题，因为持有币龄大的少数节点会决定新区块的产生，而且如何快速高效达成共识也是一个严峻的考验。为了解决这些问题，产生了一种新的保障网络安全的共识机制——股份授权证明（Delegated Proof of Stake，DPoS）机制。股份授权证明机制与董事会投票机制相似，机制内部存在一个投票系统，股东们投票决定公司决策。在股份授权证明机制下，每个持币节点都可以进行投票选举，选出一定数量的节点作为代表。由这些代表代替全体节点进行投票等操作，维持区块链的运行；一旦产生交易，这些代表们就会获得一定的报酬。同时，如果代表节点的工作中存在危害区块链的行为，所有节点就可以通过投票撤销其代表资格，然后重新投票，选取新的代表。

在股份授权证明机制中，首先要成为代表，这需要在网上注册公钥，然后分配到一个一个特有的标识符；该标识符被每笔交易数据的头部引用。其次投票选择代表，各节点可以选择多个代表，同时可以实时查询所选择代表的操作；如果发现代表的表现过差，错过许多区块，那么，可以再次投票选择新的代表。由于最佳区块链是最长的有效区块链，因而如果错过了产生新区块的机会，就意味着已经落后于竞争对手，此区块链会短于竞争对手。

该机制可以及时发现网络分叉的问题。如果交易被写入区块后有51%以上被生产出来，则可以认为是在主区块链上；如果错过了50%以上，则有可能是在支链上。一旦写入支链，就应该停止交易，解决分叉问题。

虽然股份授权证明机制解决了工作量证明机制和权益证明机制的问题，减少了参与记录数据节点的数量，节省了时间，提高了效率，可以达到秒级的共识验证；但是，这种共识机制一般无法脱离代币运行，而实际商业应用并不需要代币。因此，股份授权证明机制也不能完全解决区块链在商业中的应用问题。

4. 拜占庭容错类机制

前几种证明机制都将其余所有节点视为对手，每个节点都需要进行计算或提供凭证以获取利益。但是拜占庭容错类（Byzantine Fault Tolerance，BFT）机制希望所有节点共同合作，以协商的方式产生被所有节点都认可的区块。

拜占庭容错类问题最早于1982年被莱斯利·兰伯特（Lselie Lamport）等人在*The Byzantine Generals Problem*一文中提出，该文主要讲述分布式网络节点通信的容错问题。针对此问题所提出的诸多解决办法都被统称为拜占庭容错类机制。

在拜占庭容错类机制中，当拜占庭节点（失效节点）不超过总节点的1/3时，拜占庭将军问题[㊀]才能得到解决。实用拜占庭容错机制（Practical Byzantine Fault Tolerance，PBFT）是最经典的一种拜占庭容错类机制。在保证安全的前提下，在有$3n+1$个节点的区块链中，失效节点不超过n，也就是说可以提供n个容错性。

在实用拜占庭容错机制中可以实现区块链的一致性，同时避免多余的计算量，节省资源，极大地缩短了达成共识的时间，可以达到秒级共识，提高了效率，并且系统可以脱离代币运转，基本可以达到商业应用的要求。此外，只有主节点可以产生并发送新区块的信息，其他节点只起到验证信息准确性的作用，避免了分叉。

但是，拜占庭容错机制在安全性与扩展性方面还存在不可避免的问题。其安全性主要依赖于失效节点数量的限制，当有1/3及以上节点失效时，系统将无法正常工作。当系统中存在或超过1/3的节点联合起来发布恶意信息时，会使系统的安全性和一致性遭到破坏。同时拜占庭容错机制依赖参与节点的数量，因此该机制不适用于节点数量过于庞大的区块链，扩展性差。若主节点为了自身利益，散布虚假信息，提出无效区块链，则不会产生新的区块，造成时间的浪费，影响效率。

㊀ 拜占庭将军问题（Byzantine Failures），是由莱斯利·兰伯特提出的点对点通信中的基本问题。含义是在存在消息丢失的不可靠信道上试图通过消息传递的方式达到一致性是不可能的。因此对一致性的研究一般假设信道是可靠的，或不存在本问题。

除了以上四种验证机制之外，Pool 验证池也很重要。Pool 验证池基于传统的分布式一致性技术而建立，辅以数据验证机制，是之前区块链中广泛使用的一种共识机制。但随着私有链的减少，这种机制被使用的次数也逐渐减少。

Pool 验证池不依赖代币就可以工作，在成熟的分布式一致性算法（Pasox、Raft）基础之上，可以实现秒级共识验证，更适合有多方参与的多中心商业模式。相较于其他验证机制，Pool 验证池的去中心化程度不如工作量证明机制等。

工作量证明机制、权益证明机制、股份授权证明机制和实用拜占庭容错机制的性能对比见表 2-2。

表 2-2　常用共识算法性能对比

共识机制	性能效率	资源消耗	容错率（%）	去中心化程度	扩展性	一致性
PoW	低	高	50	高	差	差
PoS	较高	低	50	高	良好	差
DPoS	高	低	50	低	良好	良好
PBFT	高	低	33	低	差	良好

现今，对于区块链而言，还没有一种共识机制可以使其各个方面都完美无缺，各种机制或多或少都存在一些缺陷，在“不可能三角”[⊖]评价体系中，任何共识机制都不能在三个方面都达到最佳状态。因此需要根据该区块链系统需要实现的目标，对比各种共识机制，根据实际需求，选择最适合的共识机制，进行应用。工作量证明机制在去中心化和容错率方面较好，但可用性较低；权益证明机制在节能方面较优，但不够灵活；股份授权证明机制可用性和容错率较高，但去中心化程度较低；实用拜占庭容错机制在去中心化和容错率方面较好，但扩展性较差。

为了更好地应对共识机制在实际应用中将要面临的困难与挑战，采用两种或多种机制相互结合的混合机制，也是解决单种共识机制在某些方面不能够达到完美的有效手段之一。比如，工作量证明机制和权益证明机制结合、权益证明机制和实用拜占庭容错机制结合。

（1）工作量证明机制和权益证明机制结合。2012 年诞生的 Peercoin，采用工作量证明机制发行新币，采用权益证明机制维护网络安全，这是工作量证明机制和权益证明机制结合的典型案例。利用权益证明机制可以减少系统的资源消耗，提高公平性与安全性。简单来说在该机制中，节点先尝试完成工作量证明，提出新的区块，随后由完成权益证明的节点对新区块进行验证。具体来讲，区块持有节点通过消耗币龄获得利息，同时具有生成新区块和用权益证明机制造币的优先权。但与工作量证明机制的区别在于这一过程是在有限空间内完成的，而不是像工作量证明机制那样在无限区域内随机寻找。

这种混合机制的安全性也会得到提高，可以更好地防止分叉问题，每个区块的交易信息

⊖ 不可能三角（Impossible Trinity）是指经济社会和财政金融政策目标选择面临诸多困境，难以同时获得三个方面的目标。在金融政策方面，资本自由流动、汇率稳定和货币政策独立性三者也不可能同时兼得。

都会将消耗的币龄提供给自身，消耗币龄高的区块将在主链上。因此，对于恶意攻击者来说，必须要控制大量的币龄并且同时拥有超过50%的算力，这将大大增加攻击的成本，同时攻击过程中币龄的消耗也会降低进入主链的概率。

在该混合机制中，只要是拥有币龄的节点，无论数量的多少，都可以进行区块的挖掘，避免了矿池的产生，可防止算力的集中。

（2）权益证明机制和实用拜占庭容错机制结合。这种混合机制通过权益证明机制限制参与实用拜占庭容错机制节点的数量，可以提高系统的扩展性。具体工作过程如下：通过权益证明机制选出代表节点，提出新的区块；然后通过权益证明机制选出新的代表节点，对新区块进行验证；经过有限次的重复后，通过实用拜占庭容错机制达成一致。这样既解决了权益证明机制一致性差的问题，也解决了实用拜占庭容错机制扩展性差的问题。

由于每种共识机制都在某些方面存在不足，如何将各种共识机制有效地相互结合，弥补各自的不足，将会是今后共识机制的发展必须解决的问题。

代码示例

比特币中实现PoW共识算法的源码位于/src/pow.cpp，共设置有三个函数CheckProofOfWork、CalculateNextWorkRequired和GetNextWorkRequired，已实现了判断是否挖矿成功和调节挖矿的难度两种功能。其中判断挖矿是否成功通过CheckProofOfWork函数实现，其核心是两次区块的哈希值是否满足前n位为0，这通过与目标值比较大小即可实现。随着新的算力加入，哈希计算难度不变将导致出块速度变快。比特币为了保证出块速度维持在每十分钟打包一个区块，通过CalculateNextWorkRequired和GetNextWorkRequired两个函数提高计算哈希目标值的难度。

CheckProofOfWork函数用来检查nNonce是否符合规则，使得当前区块的双倍哈希值小于目标值，即哈希值uint256 hash前n位都为0；n根据挖矿难度进行调节，使得总出块速度保持在10分钟左右。nBits表示当前的难度值，通过使用SetCompact函数将nBits转换为长度为256的类哈希值。该函数的第一个if语句，用来判断当前目标难度的转换哈希值是否符合要求，例如难度低于设定的极限值，即bnTarget > UintToArith256（params.powLimit）。若不满足第一个条件，则修改nBits。第二个if语句就是判断当前nNonce的哈希值是否合规，只需要判断大小即可。当该函数返回的逻辑变量为Ture时，说明该节点找到了合适的nNonce，挖矿成功。若不满足第二个条件，则换下一个nNonce进行哈希计算再调用CheckProofWork函数进行判断。

```
bool CheckProofOfWork(uint256 hash,unsigned int nBits,const Consensus::
Params & params)
{
    bool fNegative;
```

```
    bool fOverflow;
    arith_uint256 bnTarget;

    bnTarget.SetCompact(nBits,&fNegative,&fOverflow);

    // Check range
    if(fNegative || bnTarget == 0 || fOverflow || bnTarget >UintToArith256
(params.powLimit))
      return false;

    // Check proof of work matches claimed amount
    if (UintToArith256(hash) > bnTarget)
    return false;

    return true;
    }
```

难度的调整是在独立的节点中进行的。在 BIP9（Bitcoin Improvement Proposals，是提出 Bitcoin 新功能或改进措施的文件。可由任何人提出，经过审核后公布在 bitcoin/bips 上）中，选择每 2016 个区块的时间作为参考值，实际时长通过时间戳来确定。难度的调整公式是由最新 2016 个区块的花费时长与 20160 分钟（两周内以 10 分钟一个出块速度所需要的时间）比较得出的。难度是根据实际时长与期望时长的比值进行相应调整的。简单来说，如果节点发现区块产生速率比 10 分钟要快时会增加哈希计算难度，如果比 10 分钟慢时则降低难度。

在 CalculateNextWorkRequired 函数中，与 CheckProofOfWork 类似的，除了调整哈希难度外，其他都是限定条件。“bnNew * =nActualTimespan;”与“bnNew/=params. nPowTargetTimespan;”即为调整难度，当 nActualTimespan 实际时间比 params. nPowTargetTimespan 预期时长大时，将提高 bnNew 的数值，即降低判断当前区块哈希值是否满足前 n 位等于 0 中的 n 的数目。限定条件有限制有保持实际时长在理想值的（0.25，4）的区间内，不低于设置的哈希计算难度最低值等。

```
unsigned int CalculateNextWorkRequired(const CBlockIndex * pindexLast,
int64_t nFirstBlockTime,const Consensus::Params& params)
{
    if (params.fPowNoRetargeting)
        return pindexLast->nBits;
    // Limit adjustment step
```

```
    int64_t nActualTimespan = pindexLast->GetBlockTime() - nFirstBlock-
Time;
    if (nActualTimespan < params.nPowTargetTimespan/4)
        nActualTimespan = params.nPowTargetTimespan/4;
    if (nActualTimespan > params.nPowTargetTimespan * 4)
        nActualTimespan = params.nPowTargetTimespan * 4;

    // Retarget
    const arith_uint256 bnPowLimit = UintToArith256(params.powLimit);
    arith_uint256 bnNew;
    bnNew.SetCompact(pindexLast->nBits);
    bnNew * = nActualTimespan;
    bnNew /= params.nPowTargetTimespan;

    if (bnNew > bnPowLimit)
        bnNew = bnPowLimit;

    return bnNew.GetCompact();
    }
```

GetNextWorkRequired 函数检查是否到了难度调整周期。比特币规定，每 14 天（2 周）调整一次难度；另外也可用来回溯 14 天前的第一组区块，返回的数据将作为 CalculateNext-WorkRequired 函数的输入。

```
unsigned int GetNextWorkRequired(const CBlockIndex * pindexLast,const
CBlockHeader *pblock,const Consensus::Params & params)
{
    assert(pindexLast ! = nullptr);
    unsigned int nProofOfWorkLimit = UintToArith256 (params.powLimit).
GetCompact();

    // Only change once per difficulty adjustment interval
    if((pindexLast->nHeight+1)%params.DifficultyAdjustmentInterval
()!=0)
    {
```

```
    if (params.fPowAllowMinDifficultyBlocks)
    {
        // Special difficulty rule for testnet:
        // If the new block's timestamp is more than 2 * 10 minutes
        // then allow mining of a min-difficulty block.
        if (pblock->GetBlockTime() > (pindexLast->GetBlockTime() + params.nPowTargetSpacing * 2))
            return nProofOfWorkLimit;
        else
        {
            // Return the last non-special-min-difficulty-rules-block
            const CBlockIndex * pindex = pindexLast;
            while(pindex->pprev && pindex->nHeight % params.DifficultyAdjustmentInterval() != 0 && pindex->nBits == nProofOfWorkLimit)
                pindex = pindex->pprev;
            return pindex->nBits;
        }
    }
    return pindexLast->nBits;
}
// Go back by what we want to be 14 days worth of blocks
int nHeightFirst = pindexLast->nHeight - (params.DifficultyAdjustmentInterval()-1);
assert(nHeightFirst >= 0);
const CBlockIndex * pindexFirst = pindexLast->GetAncestor(nHeightFirst);
assert(pindexFirst);

return CalculateNextWorkRequired(pindexLast, pindexFirst->GetBlockTime(), params);
}
```

四、智能合约

在交易过程中，往往会涉及多方参与，在传统的交易模式中，各参与方都将交易过程中的数据信息储存在自己的数据库中，但这往往会导致整个过程浪费时间、冗余复杂、信息公开透明程度低、效率低下；同时，由于各方信息交流效果差，往往会导致参与各方数据不一致，存在某一方随意篡改数据的可能，相互之间信任度下降。区块链技术的存在可以很好地解决这些问题，智能合约的存在，使各程序按照预先设置好的规则自动完成，数据被篡改的可能性大大降低，同时免去许多烦琐复杂的流程，节省时间，提高效率。

智能合约引入区块链是区块链发展过程的一个里程碑。区块链从在最初应用的单一数字货币，到现今融入金融的各个领域中，智能合约一直起着不可替代的重要作用，这些应用几乎都是以智能合约的形式运行在区块链平台上的。

（一）基本介绍

1995年，学者尼克·绍博（Nick Szabo）最早提出智能合约（Smart Contract）的概念，将其定义为一套以数字形式定义的承诺，包括合约参与方可以在上面执行这些承诺的协议。智能合约又称智能合同，是一种旨在以信息化方式传播、验证或执行合同的计算机协议。它允许交易在没有第三方的条件下进行，且交易是可信的，并且交易是单向不可逆的。简单来说，即在满足一定条件的情况下就可以自动执行计算机程序。举个生活中的例子，我们经常乘坐飞机会购买飞机延误险，但是真正延误之后，你可能还要拨打客服电话了解流程、在线下开证明、找保险公司，才能执行完你的延误险赔付。这时候，如果有了智能合约，输入条件，连接航班数据，就能够确保保险公司在航班延误之后自动为你打款。合约的执行不需要第三方参与，是自动执行，大大提高了社会经济活动的效率。

（二）智能合约与区块链

智能合约概念产生初期，还没有一个能够良好运行的平台，而区块链的问世，由于其具有去中心化等特性，很好地解决了智能合约运行的诸多问题。例如确保智能合约一定能够被执行，且不会在执行的过程中被修改。智能合约在区块链上运行，所有节点都会严格按照既定的逻辑执行，如果恶意节点修改了逻辑，那么由于区块链存在验证机制，修改后的逻辑不会被其他节点承认。区块链上的智能合约是在沙盒[㊀]中的可执行程序，智能合约的各种操作与状态均需要通过共识机制记录在区块链上。由于区块链上的所有交易数据都是公开的，因此智能合约处理的数据也是公开的，任意节点均可查看数据。智能合约与区块链紧密结合、相辅相成：智能合约为区块链提供了应用接口，使区块链可以构建信任的合作环境，是区块链的核心技术之一；同时，区块链也为智能合约提供了运行的平台。

（三）运行原理与环境

在区块链平台上运行的智能合约通常包含初始状态、转换规则、触发条件以及相应的操作。上传数据，并经过共识机制的验证后，智能合约将在区块链上运行；区块链实时监测智

㊀ 在计算机安全领域，沙盒（Sandbox，又译为沙箱）是一种安全机制，是为运行中的程序提供的隔离环境。通常是作为一些来源不可信、具有破坏力或无法判定意图的程序的实验环境。

能合约的运行状态。当有新的数据上传至区块链时，一旦满足智能合约的触发条件，就将根据预设的逻辑对其进行运算，即共识机制将对该数据进行验证；一旦验证通过，数据的输入、运行状态及输出都将记录在区块链上。智能合约运行机制如图 2-11 所示。

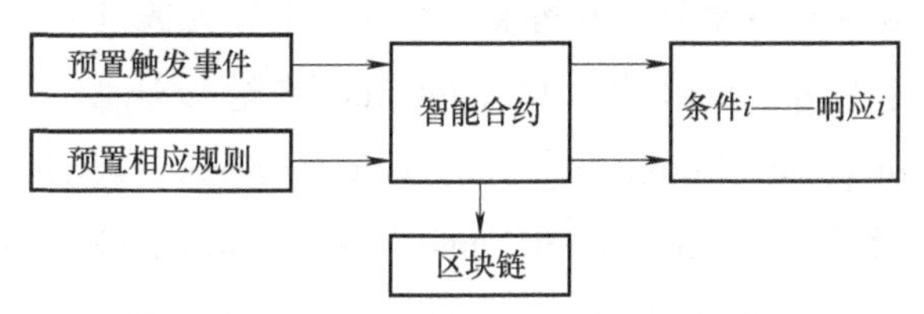

图 2-11　智能合约在区块链上运行机制的示意图

智能合约需要在与外界环境隔离的沙盒中运行，合约运行环境与宿主系统之间、合约与合约之间需要靠沙盒相互隔离，这可提高智能合约的安全性。目前，区块链对沙盒的支持主要包括虚拟机和容器，这两种都可以有效地保证智能合约在沙盒中独立运行，相互不产生干扰。

智能合约是图灵完备的语言，具备强大的可编程能力；支持多种数据类型，如 int、string、map、array 等；支持判断、循环、跳转、分支，且可以应对停机问题；支持接口、继承等面向对象的特性。

（四）安全问题

目前，智能合约还存在诸多安全隐患。现实中的合约通常是由具有法律基础的专业人士编写的，但是对于智能合约来说，大多数智能合约都需由熟悉计算机语言的人员编写的代码，这些人员绝大部分对法律知识知之甚少，因此，编写出的智能合约或多或少会存在一些法律上的缺陷，存在一些漏洞。此外，支持智能合约运行的区块链部分采用 Java 等高级语言编写，这些高级语言会存在一些不确定性，可能会导致分歧，影响系统的一致性。所以，对于智能合约程序的编写一定要慎之又慎，防止上述情况的出现。现今，许多区块链平台都对语言的不确定性进行了改进，比如 Fabric 引入先执行、排序，再验证写入账本的机制；以太坊也只允许各节点使用确定性的语言进行操作。随着区块链技术的不断发展，智能合约的编写会越发严谨与规范，编写人员的协作水平和知识储备量将会得到提升，安全性问题将会得到有效解决。

代码示例

以太坊通过 Solidity 语言实现智能合约，下面是一种实现投票功能的智能合约示例。从示例代码可以看出：智能合约开头标注了 Solidity 的版本号；合约名为 Ballot；名为 Voter 的复合结构体用来表示一个选民，包含了该选民的计票权重 weight、是否投过票的布尔值 voted、选择的提案 vote 三种属性；名为 Proposal 的复合结构体用来表示一个选票，包含了提案名称 name 和计票数 voteCount 两种属性。

函数包括：构造函数 Constructor( )，选择指定节点地址作为选民的函数 giveRightToVote( )，委托他人投票的函数 delegate( )，对指定提案投票的函数 vote( ) 以及统计和现实最高得票数的函数 winningProposal( )、winningName( )。调用构造函数 Constructor 生成需要的提案以供节点投票，指定调用 Constructor 的节点作为“主席”（chairperson），同时通过传递字符串数组设置所有的 Proposal 对象。address 即由公钥计算得到的地址。当“主席”调用 giveRightToVote 函数指定节点作为选民时，需要将节点的地址传入该函数。作为选民的节点可以调用 delegate 函数将投票权授权给其他节点，也可以调用 vote 进行投票。每当选民调用 vote 后，被投票的 Proposal 结构体中 voteCount 将增加计数，同时考虑选民的权重 sender. weight，代码为 proposals [proposal]. voteCount += sender. weight。winningProposal 得到最大投票数的提案的序号，然后 winningName 可通过 winningProposal 返回的序号提取 Proposal 的名称属性，代码为 winnerName_= proposals [winningProposal( )]. name。

从投票智能合约 Ballot 中可以看出，内置的地址变量 address 是区块链中对应的概念，但它更像常见程序语言，例如定义了结构体和函数，用循环语句求最大投票数的提案。可以看出，通过智能合约可以拓宽区块链除了发行通证以外的应用范围，编写去中心化应用的难度也大大降低。搭配以太坊平台，可以大大降低搭建底层区块链平台的难度，使得人们更加专注于扩展区块链的应用价值。

```
pragma solidity ^0.4.22;
contract Ballot {
    struct Voter {
        uint weight;
        bool voted;
        uint vote;
    }
    struct Proposal {
        bytes32 name;
        uint voteCount;
    }
    address public chairperson;
    mapping(address => Voter) public voters;
    Proposal[ ]public proposals;
    Constructor (bytes32[ ]proposalNames) public {
        chairperson = msg.sender;
        voters[chairperson].weight = 1;
        for (uint i = 0; i < proposalNames.length; i++) {
            proposals.push(Proposal({
            name:proposalNames[i],
            voteCount:0
```

```
        }));
        }
    }
    function giveRightToVote(address voter) public {
                        …
    }

    function delegate(address to) public {
                        …
    }
    function vote(uint proposal) public {
        Voter storage sender = voters[msg.sender];
        require(! sender.voted,"Already voted.");
        sender.voted = true;
        sender.vote = proposal;
        proposals[proposal].voteCount += sender.weight;
    }
    function winningProposal() public view
            returns (uint winningProposal_)
    {
        uint winningVoteCount = 0;
        for (uint p = 0; p < proposals.length; p++) {
            if (proposals[p].voteCount > winningVoteCount) {
                winningVoteCount = proposals[p].voteCount;
                winningProposal_ = p;
            }
        }
    }
    function winnerName() public view
            returns (bytes32 winnerName_)
    {
        winnerName_ = proposals[winningProposal()].name;
    }
}
```

第三节　区块链技术特性

一、透明可信

在去中心化的系统中，所有节点都是对等节点，每一个节点都可以平等地接收或发送消息，所有消息对网络中的每一个节点都是公开的；同时，交易的结果由所有节点通过共识保持一致。因此，整个区块链系统对于所有节点都是公开透明平等的，系统中的信息都是可信的。

区块链的这一特性与中心化的系统是不同的，在中心化的系统中存在中心节点，不同节点之间存在信息不对称的问题。权利都在中心节点手上，但是分配模式使用的是链上结构。这样有一个好处，就是共识这个问题很好解决。中心化最典型的例子就是支付宝，支付宝通过一个中心化的机构，解决了线上交易的支付确认问题。

二、防篡改

防篡改是指一旦交易信息在全网范围内公开得到共识，并添加至区块链后，信息就很难被恶意节点篡改。目前联盟链使用的PBFT类共识算法，在设计时就保证了数据信息一旦被写入就无法更改。对于PoW类共识算法，篡改难度与花费极大。区块链里包含了自其诞生以来的所有交易，因此要篡改一笔交易就要将其后所有区块的父区块的哈希值全部篡改，运算量非常大。如果要进行数据的篡改，必须要伪造交易链，保证连续伪造多个交易，同时使得伪造的区块在正确的区块产生之前出现。只要网络中的节点足够多，连续伪造区块的运算速度超过其他节点几乎是不可能实现的。另一种伪造区块链的方式为某一方控制全网超过50%的算力，因为区块链的特点是少数服从多数，所以一旦某一方控制全网超过50%的算力，就可篡改历史交易。但是，在区块链中，只要参与的节点足够多，控制全网超过50%的算力几乎是不可能做到的。假定某一方真的拥有全网超过50%的算力，那么这一方也是获得利益最多的一方，必定会维护区块链的真实性，不可能做对自己不利的事。

三、可追溯

可追溯是指区块链上的后一个区块拥有前一个区块的一个哈希值，就像挂钩一样，只有识别了前面的哈希值才能挂得上去，成为一条完整的链。可追溯性还有一个优点就是便于数据的查询，因为每个区块都有唯一标识。

四、匿名性

区块链技术解决了节点之间的信任问题，由于区块链系统中的任意节点都包含了完整的区块校验逻辑，所以数据的交换和交易都可在匿名的情况下完成。节点之间的数据交换遵循固定且可预测的算法，因此其数据交互是无须信任的，它可以基于地址而不是个人身份来完成，因此交易双方无须公开身份让对方信任，从而保护了用户的隐私。

区块链大多采用非对称性加密，私钥是唯一的身份标识，只要拥有私钥就可参与区块链上的交易，具体哪个节点持有私钥并不是区块链所关注的。因此在比特币系统中，一旦丢失私钥，比特币将会丢失，无法找回。区块链只记录私钥持有者在区块链上进行的交易，并不会记录私钥持有者个人信息，这对节点个人信息起到了较好的保护作用。同时，密码学的快速发展也为用户的隐私提供了更安全、更有效的方法。

五、系统可靠性

系统可靠性是指区块链具有良好容错能力。一方面是指区块链中每个节点均参与账本的维护和共识，即使其中某一节点出现故障，整个系统也仍能够保持正常的运行。因此，在比特币系统中，加入或退出某一节点，系统仍可以正常运行。另一方面，区块链系统支持拜占庭容错。传统的分布式账本虽然也具有较高的可靠性，但是通常只能解决系统内节点崩溃或者网络分区问题，而系统一旦被攻克（甚至只有一个节点被攻克），则整个系统就都无法正常工作。

通常，按照系统能够处理的异常行为可以将分布式系统分为崩溃容错（Crash Fault Tolerance，CFT）系统和拜占庭容错（Byzantine Fault Tolerance，BFT）系统。CFT 系统是指可以处理系统中节点发生崩溃问题的系统，而 BFT 系统则是指可以处理系统中节点发生拜占庭错误问题的系统。

传统的分布式系统是典型的 CFT 系统，不能处理拜占庭错误；而区块链系统是 BFT 系统，可以处理各类拜占庭错误。区块链系统的处理能力源于共识机制，PoW 容错率为 50%，PBFT 容错率为 33.3%等。因此，区块链系统的可靠性不是绝对的，只能说在满足其使用的共识机制的要求下，能够保证系统的可靠性。

第四节 区块链技术常见误区

一、分布式与去中心化

区块链已走进大众视野，成为社会的关注点。对于刚刚进入区块链领域的大部分人来说，虽然常常可以听到去中心化，但却很难理解区块链的分布式（distributed）与去中心化（decentralized）的关系，不知道是否所有区块链都是去中心化的。

去中心化是指在一个分布了众多节点的系统中，每个节点都具有高度自治的特征。节点之间可以自由连接，形成新的连接单元。任何一个节点都可能成为阶段性的中心，但不具备强制性的中心控制功能。节点与节点之间的影响，会通过网络形成非线性因果关系。这种开放式、扁平化、平等性的系统现象或结构，称为去中心化。去中心化，不是不要中心，而是由节点来自由选择中心、自由决定中心。简单来说，中心化的意思是中心决定节点，节点必须依赖中心，节点离开了中心就无法生存。在去中心化系统中，任何人都是一个节点，任何人也都可以成为一个中心；任何中心都不是永久的，而是阶段性的，任何中心对节点都不具有强制性。在计算机技术领域，去中心化结构使用分布式核算和存储，不存在中心化的节点，任意节点的权利和义务都是均等的，系统中的数据块由整个系统中具有维护功能的节点来共同维护，任一节点停止工作都不会影响系统整体运作。

区块链是分布式数据存储、点对点传输、共识机制、加密算法等计算机技术的新型应用模式。分布式网络存储技术是将数据分散地存储于多台独立的机器设备上。分布式网络存储系统采用可扩展的系统结构，利用多台存储服务器分担存储负荷，利用位置服务器定位存储信息，不但解决了传统集中式存储系统中单存储服务器的瓶颈问题，还提高了系统的可靠性、可用性和扩展性，以及有效提升了信息的传递效率[1]。

从技术上说，去中心化和分布式有一定重合，去中心化都采用了分布式网络结构，但是两者仍然存在差别。分布式数据存储是在中心化组织控制下的，只是通过数据分布式存储等做到了架构层面的去中心化，也可以称为“物理区中心”，但从根本上说并不是去中心化的。而我们常说的去中心化，更多是指组织上的去中心化，也就是解决类似中心独裁、抗节点勾结等问题。但是，不得不说，区块链在去中心化的路上还有很多问题有待解决，既包括技术上的难题，也包括与人有关的难题，还包括如何权衡与取舍中心化与去中心化[2]等问题。

去中心化是分布式网络结构中的一种，所有的去中心化都是采用分布式网络结构的，而分布式网络结构可能是中心化的也可能是去中心化的，图 2-12 能够很好地反映中心化、去中心化、分布式、点对点的异同。

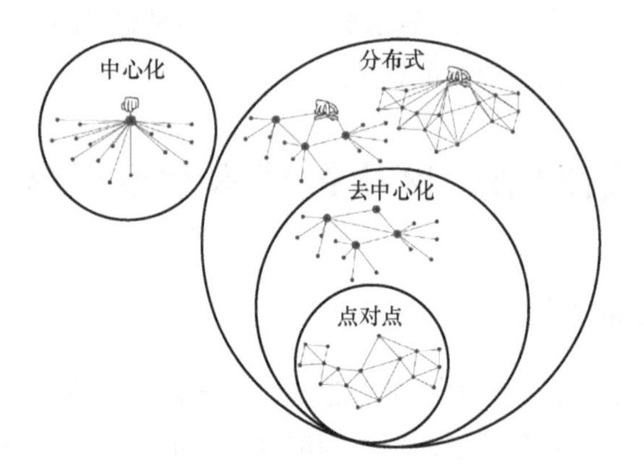

图 2-12　中心化、去中心化、分布式、点对点的关系

去中心化是与区块链技术相生相伴的一个概念，在公链中表现得尤为明显，不同的公链

[1] https://blog. csdn. net/John1688888/article/details/82966807。

[2] https://www. jianshu. com/p/6dd5673026f1。

构架都在效率、安全、去中心化三角关系中寻找着平衡，也反映着人类对于社会政治形态的追求和思考，而其相关理论，或许会在区块链发展的众多实践中得到丰富和发展。

二、区块链与数字货币

近年来，许多人都会将区块链与比特币混淆。虽然区块链技术源于比特币，但并不代表区块链等同于比特币，二者不能混为一谈。比特币英文原版白皮书中其实并未出现 Block Chain 一词，而是使用的 chain of blocks。最早的比特币白皮书中文翻译版中，将 chain of blocks 翻译成了区块链，这是区块链这一中文词最早的出现时间。

从发展历史来看，区块链技术源于比特币，是比特币的底层技术与基础架构，比特币等数字货币是区块链技术最成功的应用，但除了区块链技术外，数字货币的使用技术还包括移动支付、可信可控云计算、密码算法等。比特币的火爆使人们了解到区块链的技术框架及广阔的应用前景。

区块链本质上是一种新兴的数字记账簿，而这个账簿功能强大，能够记录一定时段的所有交易，并且在全部节点上都进行完整拷贝，即一个“区块”。信息不可篡改，因为无法入侵所有节点。一个个区块首尾相连，就构成了区块链。

数字货币可编程，这是它的最大特点。数字货币本身就是一段计算机程序，因为可以编程而成为智能化的货币，正因为智能化，所以当结算-确认，清算交易就在同一时间完成了。货币可编程，就意味着金融可编程，再进一步就是经济可编程。

总体来说，数字货币需要区块链技术的支持。以太坊的概念于 2013 年至 2014 年间由程序员 Vitalik Buterin 受比特币启发后而提出，加入智能合约，形成第二代区块链。具体来说，以太坊通过一套图灵完备的脚本语言（Ethereum Virtual Machinecode，EVM）来建立智能合约，EVM 语言类似于汇编语言。直接用汇编语言编程是非常困难的，以太坊并不需要直接使用 EVM 语言编程，而是用类似 C、Python、LISP 等高级语言进行编程，再通过编译器转成 EVM 语言。目前，区块链的应用已不局限于数字货币，已经扩展至金融、物联网、公共服务、数字版权、保险及公益等诸多领域。由此可见，数字货币是区块链的应用之一，但区块链的应用不局限于数字货币。

在公有链中，很难将数字货币剥离出来，区块链项目核心就是去中心化，背后没有机构在维持，整个网络由全世界所有用户自愿维护。如果没有利益趋使，就不会有用户愿意去开发、维护建设与运行节点。此外，公有链的共识机制也是其离不开数字货币的原因之一。一般来说，公有链的共识机制是通过经济激励系统中各个节点对系统的贡献，以及通过经济制裁恶意节点而实现的，一旦脱离“币”的机制，公有链的各节点将不愿意参与系统的开发及维护过程。

联盟链和私有链与公有链完全不同，参与节点往往希望得到链上数据或者通过合作完成任务，而不以获取“币”为目标，各个节点将会主动承担区块链的开发及稳定运行的责任。这些链大多采用 PBFT 共识机制，因此，一般不会出现“币”的机制。有的联盟链和私人链就没有发布“币”，是因为这类区块链去中心化程度不高，适合小范围的使用，多是在某个公司内部或某个利益共同体中。某种程度上说它们只采用了部分区块链技术，不是完全的区块链。比如，某银行为了提高工作效率、数据安全性等，采用区块链技术，该银行各地的分行都可以成为一个节点，一起来记账并维护整个网络，这种情况下根本没必要发行“币”，因为该银行本来就是一个利益共同体，而且整个区块链网络只在该银行内部使用。

数字货币一定是基于区块链项目产生的。数字货币并不是真正意义上的货币，区块链项目发行的代币作用各不相同，但它们有个共同点，那就是代币的存在有实际的意义和使用价值。一定是先有区块链，再从区块链需求诞生一个代币。如果不是基于区块链所发行的数字货币，那么这个代币就没有实际的意义和用途，没有价值支撑，这个代币就一文不值。

区块链集多种技术于一身，包括分布式账本、非对称性加密、共识机制和智能合约等多种技术；而比特币只是区块链多种技术的一种具体表现形式。比特币的共识机制采用 PoW，而 PoW 只是区块链诸多共识机制中的一种。在隐私保护方面，比特币通过地址匿名实现对节点的隐私保护，而在区块链中同态加密、零知识证明等方法使用得更加广泛，能够实现更严格的隐私保护。由于使用不同的技术组合，因而区块链的应用场景不局限于比特币，而是更加广泛。

资本市场对于数字货币的需求为区块链的进一步发展提供了机会与动力，同时，区块链技术的不断发展与进步又为数字货币提供了更加可靠的技术保障。二者相辅相成，共同发展与进步。

虽然区块链并不等同于数字货币，但是二者关系密切。一部分人更加注重区块链技术的发展，另一部分人更加热衷于数字货币的投资。对于技术人员来说，区块链技术的研究更能激发他们的兴趣，他们更希望通过研究算法提高区块链的性能，或者是加速区块链在不同领域和应用场景的落地。数字货币只是区块链最基础的应用，区块链的潜力远不止于此，区块链将是一场技术革命，能够推动社会的发展与进步。对于以盈利为目的的投资者来说，数字货币例如比特币的投资价值更能激发他们的兴趣，他们期待获取利益。

【本章小结】

本章主要介绍了区块链的技术发展阶段和四种基础技术，详细介绍了区块链中的分布式账本、加密技术、哈希函数、数字签名、共识算法以及智能合约技术，以及这些技术如何实现区块链的诸多优势，例如信息公开、安全防篡改等。

区块链技术伴随着比特币的发展而被人们所熟知、研究与运用。它结合了计算机科学、社会学、密码学等多门学科技术，具有去中心化、开放性、匿名性、信息不可篡改等特点，在社会金融、医疗等多个领域中都有应用。尽管现今的区块链技术研究还多在理论层面，但今后成熟的区块链技术必将会对未来经济产生重大影响。

【关键词】

分布式账本　非对称性加密　数字签名　共识机制　智能合约　去中心化

【思考题】

1. 分布式账本的特点是什么？
2. 非对称性加密与对称性加密的区别是什么？
3. 什么是哈希函数？有哪些优点？
4. 简述 Merkle 树的构建过程。
5. 简述签名与验签的过程。
6. 简述共识机制的基本特点、分类，以及不同共识机制的异同。
7. 简述智能合约在区块链上是如何运行的。

参考文献

[1] CROSBY M, PATTANAYAK P, VERMA S, et al. Blockchain Technology: Beyond Bitcoin [J]. Applied Innovation Review, 2016 (2): 6-19.

[2] MAULL R, GODSIFF P, MULLIGAN C, et al. Distributed Ledger Technology: Applications and Implications [J]. Strategic Change, 2017, 26 (5): 481-489.

[3] 杨保华. 从区块链到分布式账本 [J]. 清华金融评论, 2018 (07): 101-102.

[4] MORKUNAS V J, PASCHEN J, BOON E. How Blockchain Technologies Impact Your Business Model [J]. Business Horizons, 2019, 62 (3): 295-306.

[5] HUGHES A, PARK A, KIETZMANN J, et al. Beyond Bitcoin: What Blockchain and Distributed Ledger Technologies Mean for Firms [J]. Business Horizons, 2019, 62 (3): 273-281.

[6] PEARSON S, MAY D, LEONTIDIS G, et al. Are Distributed Ledger Technologies the Panacea for Food Traceability? [J]. Global Food Security, 2019, 20: 145-149.

[7] 张正, 杨睿哲, 金凯, 等. 面向工业互联网场景的新型分布式账本技术 [J]. 情报工程, 2018, 4 (3): 21-28.

[8] 杨保华. 账本科技演化录 [J]. 清华金融评论, 2018 (2): 97-99.

[9] 张亮, 刘百祥, 张如意, 等. 区块链技术综述 [J]. 计算机工程, 2019, 45 (5): 1-12.

[10] 乔鹏程, 孙海荣. 分布式账本研发的创新驱动和实践路径 [J]. 中国科技论坛, 2019 (4): 58-67, 110.

[11] 朱学军, 沈睿. 密码安全防范相关技术在计算机密码保护中的应用研究 [J]. 硅谷, 2013, 6 (17): 80, 74.

[12] 华为区块链技术开发团队. 区块链技术及应用 [M]. 北京: 清华大学出版社, 2019.

[13] 张成成. 区块链安全技术的研究与应用 [D]. 成都: 西华大学, 2018.

[14] 伊丽江，白国强，肖国镇. 代理多重签名 [J]. 计算机研究与发展，2001 (2)：204-206.

[15] 张浪. 区块链+商业模式革新与全行业应用实例 [M]. 北京：中国经济出版社，2019.

[16] 陈东敏，郭峰，广红. 区块链技术原理及底层架构 [M]. 北京：北京航空航天大学出版社，2017.

[17] 韩璇. 区块链技术中的共识机制研究 [C]//中国计算机学会. 第 32 次全国计算机安全学术交流会论文集. 北京：中国计算机学会计算机安全专业委员会，2017：6.

[18] VUKOLIC M. The Quest for Scalable Blockchain Fabric Proof-of-Work vs. BFT Replication [C]. Open Problems in Network Security, 2015: 112-125.

[19] ZHENG Z, XIE S, DAI H N, et al. Blockchain Challenges and Opportunities: A Survey [J]. International Journal of Web and Grid Services, 2018, 14 (4): 352-375.

[20] DINH T T A, LIU R, ZHANGh M, et al. Untangling Blockchain: A Data Processing View of Blockchain Systems [J]. IEEE Transactions on Knowledge and Data Engineering, 2018, 30 (7): 1366-1385.

第三章
区块链在供应链中的应用

【本章要点】

1. 熟悉供应链的基本概念。
2. 了解供应链的发展和目前存在的痛点。
3. 掌握区块链对供应链的作用。

本章主要介绍区块链技术在供应链中的应用。随着现代工业生产过程的不断优化，产品生产与销售中的各个环节趋向分散化，整个生产链不再取决于少数企业而更多的是形成一种产品供应链的形式。传统供应链在管理过程中存在数据不透明、信任建立难、溯源防伪差等问题，而将具有去中心化、数据不可篡改等特点的区块链引入供应链中，能够有效解决这些问题。本章最后提出了一种将区块链技术、物联网技术、溯源技术综合应用于供应链管理中，形成新型区块链供应链体系架构，实现企业间生产、物流、销售的有效管理的方法。

第一节　供应链的发展现状和痛点问题

一、供应链简介

（一）供应链概念

在现代供应链理论中，供应链是围绕企业，从原材料或配套零件开始，制成中间产品以及最终产品，最后由销售网络将产品送至用户手中，将供应商、物流服务提供商、制造商、分销商直至最终用户连成一个整体的功能网链结构，包含了商流、物流、信息流、资金流四个流程。商流是指买卖流通过程，即接受订货、签订合同等商业流程，物流是指产品从制造到销售再到用户手中的流动过程，信息流是指供应链交易过程中信息的流通，资金流是供应链交易过程中货币的流动，具体情况如图 3-1 所示。供应链管理就是针对供应链上各参与方的合作所进行的管理，强调供应链中各参与方的信息共享，同时保证信息传递的效率和信息的可信度，从而推动业务高效发展，是供应链中所有利益共同者为了提高供应链的整体竞争力而进行的彼此协作和相互努力的结果。

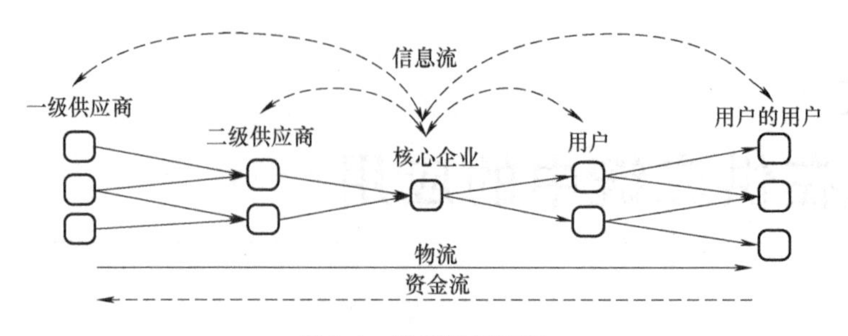

图 3-1　供应链示意图

（二）供应链的特点

1. 交叉性

供应链上的企业一般具有多重身份，也就是说不同的供应链之间存在交叉现象。比如某家企业在这条供应链上处于供应商的角色，但是在另一条供应链上则处于客户角色。这种企业跨接不同的供应链，承担不同的角色和职责，在一定程度上增加了供应链协同管理的难度。

2. 复杂性

一个供应链上分布了成百上千家企业，种类繁多，有些甚至跨地区、跨国家。在习俗、法律、政策等方面的差异，使得供应链的结构十分复杂，例如某些跨国企业的供应链由多个不同类型的上下游企业甚至跨国企业构成，因此在保证供应链高效、高质量、顺利运行的同时还要考虑满足不同地域的法律法规，相当复杂。

3. 动态性

供应链上企业之间的合作关系并不是一成不变的，而是一种处于动态变化中的关系。具体情况会随着各自企业的发展战略或者市场调整而变化。供应链上下游的关系既相互制约又相互联动，供应链上一个节点的变化，会使得其他节点也发生变化，并且会呈现“牛鞭效应”，供应链整体也会呈现明显的动态性。

二、供应链发展历程

从早期的供应链，到当前互联网时代的网状供应链，供应链发生了翻天覆地的变化。早期传统的供应链主要专注于商品传递，更加注重端到端的物流过程。之后，供应链就逐渐演变成了以用户需求为导向的端到端增值链。进入互联网时代后，无论是供应链网络的规模还是复杂度，较以往都有了更为彻底的变化。

（一）早期物流供应链

早期供应链主要是将采购的原材料经过生产加工成零部件并组装成产品，进而作为商品销售给客户的过程。此时，供应链在企业内部主要负责物流过程，涉及原材料采购、库存、生产和销售部门的职能安排与协调，最终目标是在提高经营效率的基础上优化企业内部的业务流程，降低物流成本。

（二）线性增值供应链

进入20世纪90年代，供应链在整个商业环境中的地位发生了改变。随着市场需求环境的不断变化，最终用户的需求被纳入供应链的范围中，越来越多的企业以用户需求为导向，拉动整个供应链的进程。这个时期的供应链不再只是传统承担传递物资作用的生产链路，而是一条涵盖整个产品流通过程的端到端传递的增值链。

（三）网状供应链

随着互联网技术的发展，企业间关系正呈现出日益明显的网络化趋势。人们对供应链的认识也正从线性的单链转向非线性的网状，供应链的概念更加注重围绕核心企业的网链关系，并以企业为核心逐渐向前扩张到供应商的上游，向后延展到客户的客户。供应链不仅是一条销售链条，而且是一种新型的管理模式、思维模式和运营模式，跨越了企业间的界限，助力整个产业链的进化。

（四）数字化供应链

快速高效是传统网状供应链向数字化方向发展过程中遇到的瓶颈，而提高效率是企业不变的诉求。随着各项新兴技术的发展，越来越多的企业亟待向数字化供应链转型。随着移动互联网、区块链、人工智能、物联网、云计算、5G等技术的出现，供应链不再是过去基于实物的价值链，而是运转效率提升了的数字化价值链。高度信息集成的数字化信息系统，将会使得信息流转不再需要完全借助人工完成，这个新趋势将驱动用户、产品、企业商业网络组成的整个生态系统进化。

三、当前供应链存在的痛点问题

供应链由于涉及原材料供应商、生产商、分销商、零售商以及消费者等众多主体，不同主体之间必然存在大量的交互和协作，而整个供应链运行过程中产生的各类信息被离散地保存在各个环节的系统内，信息流缺乏透明度。同时一条完整稳定的供应链需要企业之间长时间的信任积累才能逐渐成形，这消耗了大量的时间成本，且使得各个企业都承担较大的风险。当前供应链主要痛点问题如下。

（一）核心企业对供应链的管理能力弱

在传统供应链中核心企业是整个供应链的主角，但是其对供应链的掌控能力有限，当其将管理范围向上下游扩展的时候，将导致管理效率大幅下降。这是因为随着产业分工的逐级细化，供应商的数量呈指数级别增长，超出了核心企业的有效管理范围。例如对于微软Surface产品的供应链，其一级供应商在5个以内，二级供应商超过了20个，三级供应商更是多达数千个。上下游企业间的协作往往还是由人工操作，通过电话、邮件、传真等低效率、无记录的手段来达成供应链的协同管理，导致企业间协作的时间成本高昂。

（二）信息化程度不高，缺少信息共享

供应链涉及主体多且类型多样，导致整个供应链运行过程中产生的信息种类多样且数量庞大，且企业间相互独立，应用的数据管理系统不尽相同，采购、生产、物流、销售等环节的信息完全割裂，缺乏统一的平台存储、处理、共享和分析这些信息，限制了对这些信息潜在价值的挖掘。另一个限制这些信息发挥潜在价值的问题是：在供应链众多企业中，存在不少企业出于对商业数据隐私和安全性的顾虑，不愿意将企业自身的数据与上下游其他企业共享，阻碍了系统的互联互通。

（三）缺乏统一信息交互标准

技术实力强的企业往往自建供应链管理系统，各家搭建的标准和字段规范千差万别，导致企业间的信息共享缺乏统一的标准。针对每家协作企业，都需要制订特定的信息交互方案，多家供应链企业间信息交互与共享的成本高昂。

（四）防伪溯源问题

现代供应链涉及商品生产到分销的各个环节，从原材料到送达消费者的成品，供应链的范围极为广泛。买方缺乏一种可靠的方式来验证商品的真伪，导致全球假货极为泛滥。猖獗的假冒产品损害了生产者和消费者的利益：一方面，假货伤害了品牌形象，很多大牌厂商每年投入防伪溯源的成本，高达其年营收的2%；另一方面，消费者付出了与商品价值不相符的代价，承担了经济损失，医药、食品等民生产品的假货还会影响消费者健康。市场上现存的防伪溯源平台，由于公信力不够，因而防伪效果不佳。

第二节　区块链+供应链

如前文所述，供应链是一个端到端的活动集合，通常起始于自然资源，经过人类的开采、提取加工，再经过多环节专业的存储、生产转换，最终到达用户手里。供应链活动包括所有参与方在计划、采购、生产、物流等流程中涉及的全部活动。从企业视角来看，供应链不只是企业内部相关的流程和活动，还是企业与合作伙伴之间的协调和协作，这里的合作伙伴包括供应商、客户、渠道、第三方服务商等。供应链集成了企业内部的业务能力和外部的供需网络，负责将企业内外部主要业务流程、功能链接在一个高绩效的业务模型上。从供应链全生命周期来看，供应链实质上是一个连接初级原材料、半成品、成品及最终客户等涉及的所有相关企业、组织和实体活动的网络。

区块链是一种分布式账本技术，利用块链式数据结构来存储数据，利用节点共识算法来生成和更新数据，利用密码学原理保证数据传输和安全访问，利用智能合约来驱动业务逻辑。区块链由分布在不同地点和组织的节点互联而成，节点之间都可进行点对点的对等通信。如第一章所述，区块链技术始于比特币，最初在行业落地时主要关注金融领域，是最流行的金融科技之一。随着业界对区块链技术认识的不断深入，越来越多的传统领域也开始考

虑通过区块链技术改造和驱动业务变革，本节将阐述区块链是如何影响供应链的，并介绍其在供应链中的主要应用。

一、区块链对供应链管理的重塑

（一）数据共享

一个特定产品的供应链包括从原材料采购、制成中间产品及最终产品，至最后由销售网络把产品送到消费者手中；将供应商、制造商、分销商、零售商以及最终用户联成一个整体。这个链上的主体、部门众多，想要链上主体信息协同，就需要对数据进行跨业务主体的传输流通和相互操作，这无疑是极困难的。当前供应链各个主体的信息系统不一致，数据独立存储，彼此间缺乏信任。而基于区块链建立统一供应链协同平台，则可以分布式记录产品在供应链流程中从原材料采购到最终成品销售的完整数字足迹，所有信息可以即时被发送给供应链网络中各方主体，而无须通过可能影响信息质量和透明度的中间方，为产品和供应链流程带来更高的可视性和可控度，避免信息错误传递和不必要的协调。供应链协同伙伴可以及时发现问题，及时了解供应链网络运转情况，做出提高供应链协同效率的更好决策。同时，基于透明可视化的共享账本进行供应链流程的整合，将进一步降低协同复杂度、优化决策同步流程，真正实现供应链高效运转。

（二）数据的可追溯和不可篡改

区块链的数据结构是按时间顺序生成并且以链的形式组合在一起的，一旦共识流程完成，新区块就会被加入区块链中。被记录的数据将不能被篡改和删除，保证了上链数据的完整性。区块链技术能够提供每一笔数据的查找功能，能够随时溯源，对数据的完整性进行验证。这种保证数据完整性和溯源数据的能力充分赋能供应链领域，使得领域中溯源的数据是完整可信的，并确保其没有被篡改。

（三）自动化、高效协同

供应链的复杂度导致各环节错误情况频繁发生，涉及单证问题、运输问题、价格条款、产品标准，并且极难跟踪供应链协同各方达成的共同目标的执行情况和任务进度。而基于区块链的智能合约可以实现条款自动验证和自动执行，其判断基础是区块链上的公共记录，而非任何一方单独控制的数据，因此具备较高的可信度，并可极大提高协同效率。供应链协同伙伴可以将激励机制、履约安排、风险指标侦测等转化为合约代码。当输入新的记录时，智能合约自动检测是否满足相关条款，如提单、装箱单、运单、收货证明上各项数据的一致性及合约条款符合度，进而触发对应合约条款的履行。

二、区块链在供应链领域的主要应用方向

（一）智能仓储系统

智能仓储围绕射频识别（Radio Frequency Identification，RFID）技术，结合物联网感知

技术和区块链技术对仓储货物进行识别、定位、分拣、计量和监管工作。仓储中各个操作步骤都清晰地记录在区块链中，避免了漏记、多记等错误，且仓储货物信息存储在区块链上，信息不可篡改，加强了对仓储货物的监管。RFID 技术是一种非接触式自动识别技术，俗称电子标签，可以通过无线电信号识别特定目标并读写相关数据，可以实现对产品生产、流通、使用环节的追溯和记录，而无须识别系统与特定目标之间建立机械或者光学接触。RFID 技术具有快速读写、非可视识别、移动识别、定位及长期跟踪管理等功能。此外，RFID 标签还具有体积小、容量大、寿命长、可重复使用等特点，不需要人工干预识别过程，可大大提高效率。将 RFID 技术与区块链技术相结合，实现仓储货物信息快速入链存储的功能，大大简化了供应链中商品出入库控制的管理。

（二）物流系统

供应链物流以物流活动为核心，协调供应链领域的生产和进货计划、销售领域的客户服务和订货处理业务，以及财务领域的库存控制等活动。物流过程中的参与者来自物流不同领域的不同实体，在共同协作建立生产关系时需要大量的成本去解决信任问题，比如服务质量的运营成本、结算账单对账成本，还有物流单据的审核管理成本等。而区块链能解决大物流中的信任问题，可以促进物流平台的规模化、低成本及高信任的实现。

正如前面提到的，物流行业有关于“流”的概念，从最初的“商流”，逐渐产生的“物流”，发展到相应的“资金流”和“信息流”。在各种“流”的背后，都存在着一个关键问题，那就是商品所有权的转移。区块链技术所解决的许多问题都与资产所有权转移过程中的信任摩擦有关。所以，涉及多流融合的物流场景是非常适合应用区块链技术的。

区块链技术可以促进物流领域的商流、物流、信息流、资金流四流合一，能够在多方互信的基础上快速聚合优质资源，打造立体化供应链生态服务。通过物联网技术可以确保物流数据收集过程的真实可信。同时，区块链分布式账本打破信息孤岛状态，确保数据存储的真实可靠，促使实物流向信息流的映射速度、广度和深度急剧提升，进一步强化信息流，拉近资金流和实物流的距离。库存持有和现金流是企业财务成长性必须权衡的重要指标。区块链技术能够确保企业财务数据的真实性和实时性，并能够显著提升实体企业融资的便利性，数据的真实性和实时性会缩短结算周期，实现实时结算。

因此，物流企业背靠区块链技术以及现有的物流网络，面向社会上同一商品的制造商、分销商、零售商等商家，提供一体化的物流服务，并针对每一件库存商品，提供生产制造、物流运输、仓储保存、流通监控的全流程监控、溯源以及标准物流服务操作赋能，实现该商品在全渠道库存共享的过程中，来源可追溯，品质可保障，从而降低全社会的物流成本，减少商品的搬运次数，落实“短链”的物流服务模式。

（三）防伪溯源系统

传统溯源产品的数据孤岛现象严重，鉴于数据安全和多主体协作问题，产品溯源覆盖范围有限，数据种类单一，数据质量较差。绝大多数产品溯源只涉及产品深加工阶段，没有延伸到原材料溯源及物流运输溯源领域，有些只是提供简单的产品产地、名称、生产厂商等信息，缺乏检测环节、物流环节和销售环节等的信息。这导致产品出现质量问题时责任难以划分，企业无法自证清白，也无法提供有力的溯源证据。而区块链特有的分布式记账、智能合约、时间戳的存在性证明和信息不可篡改等特点为多主体协作提供了可能，同时也为相关主体的数据互联互通提供了可能，覆盖运营过程，完整地记录各环节的经营数据。消费者通过扫描商品上的二维码可以查看商品的全流程信息，且每个环节上链信息也趋于丰富。区块链溯源信息覆盖了产品全生命周期的每个环节，以实现信息数据的共享与收集，有助于明确事故的主要责任人，服务于终端消费者。

（四）供应链金融

供应链金融是指以核心客户为依托，在真实贸易的背景下，运用自偿性贸易融资方式，通过应收账款质押登记、第三方监管等手段封闭资金流或者控制物权，为供应链上下游企业提供综合性金融产品和服务。区块链的不可篡改、强化多方信任关系等特点与供应链金融也有相当高的契合度，具体的应用模式将在本书金融部分详细介绍。

三、基于区块链的供应链应用架构

（一）应用架构的分类

基于区块链技术的供应链目前还处于发展初期，仍然需要探索，还没有形成统一的应用架构。根据运营方分类，可以分为核心企业主导架构、联盟主导架构和第三方主导架构。

1. 核心企业主导架构

在某些领域的供应链中，核心企业占据绝对主导地位，该种供应链就是由核心企业牵头构建和运营的区块链网络，多由核心企业的集中采购平台或销售电商平台演化而来。在这种供应链中，一方面核心企业对其供应链和销售网络的管理需求可以得到满足，也对提升整个供应链的协同效率有一定帮助；另一方面，技术实现和推广也因核心企业的强势地位而相对容易。但其局限性也比较明显，依赖于强势主体，对供应商和经销商的需求考虑较少。

2. 联盟主导架构

联盟式架构是指由多家企业牵头并共同组建区块链网络，定义相关技术和业务规范，实现某一产业中供应链协同的平台。联盟式架构体现出了区块链的去中心化、分布式治理思想，各方相对更加平等，该架构多出现在供应链中存在多个对等主体、无单一强势方的情况下。但是，正由于无单一强势主体，因而联盟的成立、规范的制定、平台的搭建需要各方达成一致，实施难度也相对较大。

3. 第三方主导架构

第三方主导方式多出现在细分行业中，针对某一类商品的供应链和销售，由对行业具有深刻理解的第三方企业建立平台，并由行业内的企业使用。

（二）应用架构

下面将介绍一种通用区块链供应链体系架构，如图 3-2 所示，该架构分为应用层、区块链层、智能终端层。

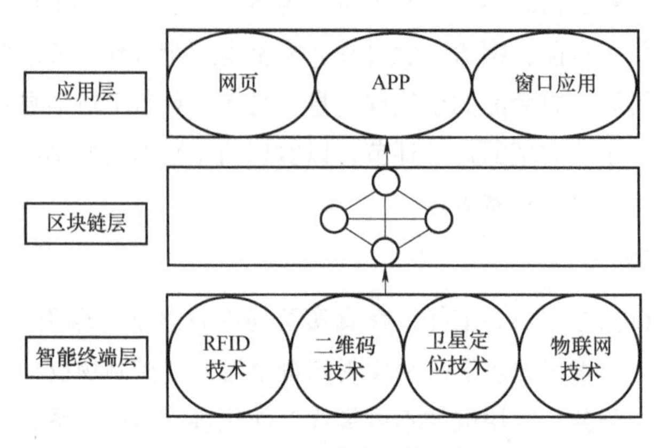

图 3-2　区块链供应链体系架构

1. 智能终端层

智能终端层主要依靠物联网技术和一些溯源技术而组成，主要用于监控获取产品生产、物流、销售过程的各种信息，产品全生命周期的信息数据都将会被收集。工业生产过程中，将 RFID 标签贴在生产物料或产品上，可自动记录产品的数量、规格、质量、时间、负责人等生产信息，生产主管通过读写器随时读取产品信息；物流过程中，通过 RFID 技术和卫星定位技术，获取产品位置，实现物流过程透明化；销售过程中，消费者可通过扫描二维码标签获取存储在区块链中的产品信息，实现产品的溯源。

2. 区块链层

在供应链数据存储中，新产生的交易数据将存入新生成的区块中，并通过共识机制保证各节点服务器上的数据一致。具体流程是：①各个节点产生的新交易数据，通过点对点传输到区块链上；②利用共识机制定时生成新区块；③利用签名算法、哈希算法等进行计算，最先计算完成并广播的节点获取该交易的记账权，并将交易信息、上一区块的哈希值、时间戳等内容打包填充到新区块中；④各节点接收到新区块后，利用签名算法、哈希算法等进行验证，验证通过后，将新区块加入已有区块链的链尾。

在区块链层中，通过分布式网络、不可篡改的密码学及共识机制等技术建立起了各节点之间的信任关系。全网络节点共同维护整个链上的运作，一旦发现有节点试图篡改信息则将该节点踢出网络。根据身份的不同，参与交易的各交易主体扮演的节点身份也不相同，可以有供应商、生产商、分销商、零售商、物流配送、消费者等不同身份。通过智能合约可以实现不同身份的各主体之间的交易行为的自动化，提升效率。各主体对自己的供应链数据享有所有权利，并可对其他主体选择开放全部或部分权利，如查询权等。

3. 应用层

网页、手机 APP 或专用窗口化管理软件，通过接口程序连接区块链层。供应链上的各个主体通过软件层与区块链层交互，实现管理、交易、产品溯源等功能。供应链中各交易主体既相互独立又互相依赖，各交易主体间根据物流和信息流传递形成供应链结构化网络，如图 3-2 所示。信息化和网络化的供应链能及时为供应链成员提供市场反馈信息，提高供应链的运作效率。

四、区块链在供应链中应用的挑战

如前文所述，区块链的去中心、不可篡改、可追溯等特点与供应链领域十分契合，那么采用现有的区块链技术后，供应链领域就能飞跃发展吗？在落地于供应链领域的过程中，会出现什么问题呢？本小节将从政策方面、技术方面、技术推广方面阐述区块链技术在供应链领域中的挑战。

（一）政策方面的挑战

2016 年，区块链技术首次作为颠覆性前沿技术写入《国务院关于印发“十三五”国家信息化规划的通知》中。此后更是日益受到国家的重视，有关区块链的政策指导意见纷纷在各地出台。根据不完全统计，仅仅在 2019 年上半年，就有 23 个省级行政区发布了 122 条涉及区块链的政策信息，极大地推动了区块链技术落地。尽管大部分政策法规对区块链相关技术都持积极态度，但是部分政策法规如欧盟发布的《通用数据保护条例》（GDPR）等法规对区块链技术数据透明共享机制的应用提出了严苛的限制。针对存证等场景，目前采用的应对方式是隐私数据不上链或者 Hash 数据上链。但是供应链领域强调真实业务数据共享，以提升协同效率，所以在该种应用领域中需要提升区块链隐私保护功能以满足政策法规要求。

（二）技术方面的挑战

目前区块链技术尚处于发展前期，技术体系还未完全成熟。根据高德纳（Gartner）咨询公司的预测，区块链技术将于 2023 年趋于成熟，那时有望开始区块链技术的大规模应用。现阶段区块链技术挑战主要体现在如下方面。

1. 区块链技术网络混合部署要求

区块链应用在供应链方向时，多采用联盟链技术体系构建企业级应用。目前已知的一些区块链平台都是在公有云上搭建的企业级应用，但现实中企业级应用对区块链网络的部署方式有更灵活的要求，跨公有云、私有云和企业数据中心等灵活的、可选择的混合部署方式显然更符合企业级应用的要求。目前的技术还不能够实现一种完善的区块链网络混合部署，有待进一步发展优化。

2. 数据共享和隐私保护平衡

如上文所述，采用区块链技术的供应链可以实现数据共享，通过数据的实时共享，消除供应链各个主体之间的信息孤岛，增强行业透明度。但是使用区块链平台进行数据共享时也容易造成数据泄露问题，因此在实际应用中要平衡好数据共享和隐私保护的关系，使用密码学技术提升区块链平台隐私保护能力。

3. 高性能和存储扩容高要求

目前公认的阻碍区块链技术落地的瓶颈之一是交易吞吐量有限。虽然随着区块链技术的发展，联盟链的系统吞吐量（TPS）已经获得了大幅提升，但是在较大规模的供应链协同应用中，仍然存在挑战。在供应链溯源系统中有着大量的 IoT 设备，且上链数据类型广泛，所以有着大规模并发数据上链的需求。另外供应链的业务流程十分复杂，这导致智能合约复杂度较高，将会使联盟链网络性能下降。供应链的不断发展，业务不断扩大，也对系统性能和存储扩容提出了更高的要求。

4. 跨链技术发展

区块链技术的供应链应用在我国刚刚起步，各行各业都在尝试构建自己的联盟链。今后联盟链与联盟链的交易往来将会依赖跨链技术。具体的跨链技术将在最后一章详细阐述。

5. 区块链与供应链的网络规模匹配

当前落地的供应链应用区块链的解决方案，都是一些小规模的、试验性的，但是在实际业务中供应链网络往往是大规模的，一个核心企业的供应链体系可能包含成百上千的参与方。现在主流的联盟链体系架构，如 Hyperledger Fabric 还不能够完全匹配超大规模的供应链网络。

6. 推广新技术的挑战

区块链技术给供应链领域带来了巨大的思维冲击和挑战，基于区块链技术的供应链需要在各个主体之间打破桎梏、共享信息资源，共同建立供应链价值共同体，最终实现链上利益最大化。这对传统供应链的信息传递、价值传导模式带来了冲击。在信息传递方面，各主体之间不愿意从原来的中心化模式改变为分布式数据收集、整合、共享模式，担心存在信息数据泄露风险，不愿做出改变。在价值传递方面，区块链技术使得供应链不再依赖中心化的协同平台，可以降低权力垄断程度，最小化协同风险，带来更多的共同利益，但是当前的经济赢家担心失去利益和当前的优势地位，从而在一定程度上抗拒新模式。

【案例分析】

冷链是特殊的供应链系统，泛指冷藏冷冻类食品药品的生产、储藏、运输、销售等各个环节中始终处于规定的低温环境，以保证质量的一套系统工程。中链科技有限公司和某大型肉类协会及某大型冷链公司合作，针对冷链溯源业务的定制化需求分别提供具有各自业务特点的解决方案，打造基于区块链的全程冷链溯源平台。由于区块链具有打破信息垄断、实现数据共享的特点，因而该平台解决了传统溯源技术中标准不一致、无法体系化，原材料提供商、生产厂家、物流方等多方彼此隔离难以互信的难题，打造了多方参与的生态。该平台通过智能合约实现资源的整合和各方效益的最大化，构筑新型合作共赢的生态场景。

（一）整体方案

中链科技冷链溯源解决方案采用区块链、RFID 和传感技术，以及云计算、大数据等技术手段，打造冷链物流环境监测及溯源平台（见图 3-3），平台主要包括以下功能。

可信溯源：中链区块链冷链溯源解决方案打造冷链溯源生态体系，将冷链关键环节的各方作为节点，实现原料、生产、仓储、批发、零售等各个环节的生产数据、产品数据、卫星定位数据、冷链物流数据，物流运输过程中温度、湿度、光线等数据经哈希加密后全程入链存证，打造可信存证基础设施平台，为溯源提供可信数据支撑。

实时监控：在冷链商品的流通过程中，对流通领域内的温度、湿度等信息进行全天候的实时监控，严格保障冷链商品的环境参数在规定范围内。

预警管理：冷链商品运输中，一旦发现环境中的温度、湿度等参数超标，系统会自动对异常情况预警，及时采取有效防范措施。

查询服务：平台面向各方用户提供高效查询服务，可面向生产商、经销商、零售商、终端消费者等提供不同类型的信息查询服务，让经销商实时掌握冷链商品运输中的状态，让终端消费者买到放心商品。

除以上功能外，平台还提供运输过程中的冷链商品交接管理、实时 GPS 定位、报表分析及管理、用户管理、资产管理、产品档案管理、人员身份管理等功能。

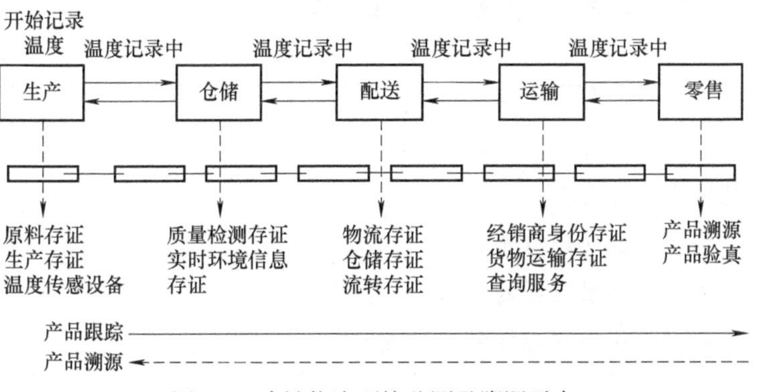

图 3-3　冷链物流环境监测及溯源平台

冷链物流中的温度和时间是必须考虑的两个重要因素，且贯穿于储藏和配送的整个过程中。平台基于 RFID 技术及传感技术进行冷链物流环境监测，可实时监测物品在储藏、运输阶段的环境参数，并通过监控中心判断是否符合标准，以便及时调整，减少损失。平台采用 RFID 标签取代传统的环境监控方法，标签内部装有天线 RFID 芯片、温度传感器、湿度传感器以及光线传感器。标签安放在合适的位置后，传感器将实时采集所处环境的温度、湿度、光照信息，并将信息写入标签的芯片内，按规定的时间间隔将信息传输到阅读器中。阅读器的信息通过无线网络上报监控中心。由监控中心存储并分析收到的数据，如有异常情况，则及时报警，采取措施。其过程中所有的温度、湿度及光线信息全程入链存证，防止数据被删除和篡改，为冷链溯源平台提供了可信数据支撑。

（二）项目优势

基于区块链的冷链溯源系统在建设过程中，打造可信冷链溯源联盟链，将生产企业、冷链物流公司、监管部门、冷链仓储机构、监测机构等部门纳入联盟网络，通过区块链网络进行数据共享和传输，保障各方信息实时同步，有效避免了由于信息造假、篡改等问题给平台带来的失信隐患，打造了各方互信共享的可信冷链溯源生态。

【本章小结】

本章节围绕供应链发展的现状和存在的问题，分析区块链技术如何与供应链管理深度融合。利用区块链技术，在供应链协同管理中，可以提高供应链可视性，提升上下游企业协同运作效率，降低供应链运营成本，共建供应链数字生态系统。供应链的发展已经逐步向智能化，数字化转型。区块链、人工智能和物联网等先进技术正在赋能供应链，其中，区块链技术在供应链协同领域的多方协同、可信加密的特点，成为供应链升级转型的必要技术支撑，而这些技术的融合必将改变供应链领域价值传递的方式。

【关键词】

数字供应链　信息共享　防伪溯源　高效协同

【思考题】

1. 供应链的特点是什么？
2. 传统供应链存在的问题有哪些？
3. 区块链是如何重塑供应链的？
4. 区块链应用在供应链中存在哪些挑战？

参考文献

[1] AHMED S, BROEK N T. Food Supply: Blockchain Could Boost Food Security [J]. Nature, 2017, 550 (7674): 43.

[2] 邢文英. 美国的农产品质量安全可追溯制度 [J]. 世界农业, 2006 (4): 39-41.

[3] 中国信息通信研究院可信区块链推进计划. 区块链供应链协同应用白皮书（2018 年）[EB/OL]. (2018-09-05) [2018-12-01]. https://www.chainnews.com/articles/744092677741.htm.

[4] 王可可，陈志德，徐健. 基于联盟区块链的农产品质量安全高效追溯体系 [J]. 计算机应用，2019, 39 (8): 2438-2443.

[5] YING F, FENG Q L. Application of Internet of Things to the Monitoring System for Food Quality Safety [EB/OL]. (2013-07-01) [2020-03-21]. https://www.researchgate.net/publication/261195960_Application_of_

Internet_of_Things_to_the_Monitoring_System_for_Food_Quality_Safety.

[6] REGATTIERI A, GAMBERI M, MANZINI R. Traceability of Food Products: General framework and Experimental Evidence [J]. Journal of Food Engineering, 2007, 81 (2): 347-356.

[7] FENG T. A Supply Chain Traceability System for Food Safety Based on HACCP, Blockchain & Internet of Things [EB/OL]. (2017-06-16) [2020-03-12]. https://ieeexplore. ieee. org/document/7996119.

[8] Tian F. An agri-food supply chain traceability system for China based on RFID & blockchain technology [C]// IEEE. International Conference on Service Systems and Service Management. [S. I.]: IEEE, 2016: 1-6.

[9] 金凯,杨睿哲,杨兆鑫,等. 区块链在供应链管理上的应用 [J]. 情报工程,2018,4 (3): 29-38.

[10] 林延昌. 基于区块链的食品安全追溯技术研究与实现 [D]. 南宁:广西大学,2017.

[11] 工业和信息化部信息中心. 2018 年中国区块链产业白皮书 [EB/OL] (2018-05-21) [2018-12-01]. http://www. miit. gov. cn/n1146290/n1146402/n1146445/c6180238/part/6180297. pdf.

[12] 中国物流与采购联合会,京东物流,物流+区块链技术应用联盟. 中国物流与区块链融合创新应用蓝皮书 [EB/OL]. (2019-01-31) [2020-09-01]. http://www. 199it. com/archives/925962. html.

第四章
区块链在银行业的应用

【本章要点】

1. 了解区块链技术催生出的新的混合型数字货币体系。
2. 熟悉比特币与莱特币不同的挖矿规则。
3. 了解区块链技术引起银行支付结算方式的变革体现在哪些方面。
4. 了解数字票据的优点。
5. 熟悉区块链技术如何简化票据流转流程。
6. 掌握区块链如何防范票据造假。
7. 了解区块链技术如何强化信用信息可靠性。
8. 熟悉区块链技术如何完善信用建立方式。
9. 掌握区块链技术可以在哪些方面实现银行风险管理升级。
10. 了解区块链技术如何防范商业银行内部经营风险。
11. 掌握区块链技术如何防范商业银行业务风险。
12. 了解银行业应用区块链技术的前景。

区块链技术的研究和开发得到了较多国家和地区政府部门的支持和鼓励。在商业银行基础设施服务领域也得到了相关支持。2015 年 9 月，美国创投公司 R3CEV 联合了 42 家银行机构，包括汇丰银行、高盛、摩根大通等组成了区块链联盟，积极推进区块链技术，并致力于区块链技术的应用研究，旨在建立金融服务领域的区块链行业标准、应用框架。此外，IB、英特尔、微软、伦敦证券交易所、摩根大通、德意志交易所、三菱 UFJ 金融集团、日本软银、埃森哲、花旗银行等多家企业也在积极联合区块链初创公司共同推进区块链技术的应用场景。

面对技术的革新，银行应该以理性的态度、科学的视角、客观的方式研究区块链，为变革升级提前谋划路径。我国企业也在积极推进区块链技术落地，2018 年 3 月 15 日，平安银行在业绩新闻发布会上表示，过去一年平安银行已将区块链技术落地应用，并已实现信息的可追溯、不可篡改，保证了资产、数据安全。邮储银行采用的区块链解决方案可实现数据的多方实时共享，并无须重复校验，将原有业务环节减少了60%~80%，使得信用交换更为高效。

区块链技术将对银行业产生深刻而长远的影响，下面我们将从形成新的混合型数字货币体系、引起银行支付结算方式变革、推动银行票据清算重构、帮助银行形成新的信用机制、推动银行风险管理升级几个方面进行分析。

第一节　形成新的混合型数字货币体系

区块链技术最广泛、最成功的应用场景是以比特币为代表的数字货币。借助这一机遇，积极推行以主权信用作背书的数字货币，可以推进货币国际化进程。

2016年1月20日召开的人民银行数字货币研讨会中，人民银行提出，数字货币研究团队要积极吸收国内外数字货币研究的重要成果和实践经验，在前期工作基础上继续推进，建立更为有效的组织保障机制，进一步明确央行发行数字货币的战略目标，做好关键技术攻关，研究数字货币的多场景应用，争取早日推出央行发行的主权数字货币。

以区块链技术为基础的数字货币更可能是混合型的，其发展前景有以下三种情况。

一、有中心的混合型数字货币

有中心的混合型数字货币是由中央银行发行的，其发行规模和汇率都将由中央银行掌控，形成一个以法币（法定货币）为基础、以数字货币为补充的多元化货币体系，其核心是数字货币的国家主权。以比特币为例，比特币的成功让各类衍生的去中心化数字货币成为现在最火热的区块链应用，各种竞争的数字货币甚至是山寨币数不胜数。鉴于比特币的成功，区块链技术在数字货币上的应用是目前区块链技术的最好体现。

从对比特币的认可度看，德国在2013年承认了它的货币地位。率先研发出“多功能结算币”（UtilitySettlementCoin）的瑞银（UBS），已联手德意志银行（DeutscheBank）、纽约梅隆银行（BNYMellon）、桑坦德银行（Santander）和经纪公司毅联汇业（ICAP）一起向各国中央银行推介多功能结算币这一理念，这是大型银行首次对一种具体的区块链技术联手合作，以充分利用分散化的计算机网络的能力，来提高金融市场运转效率。其他国家的中央银行如英国央行推出类比特币的加密货币RSCoin，荷兰央行正在开发以区块链技术为支持的DNBCoin，我国央行计划推进数字货币DC/EP等，这些都彰显着区块链技术越来越得到各个国家中央银行的重视。各国数字货币发行进程和理由见表4-1。

表 4-1 各国数字货币发行进程、理由和目标

国　家	发行数字货币的进程	理由和目标
中国	政府在积极研究国家数字货币的发行方式，分析影响	降低纸币发行和流通成本，提升交易便利性和透明度，降低监管成本，提升央行对货币供给和流通的控制力
泰国	正在开展央行数字货币项目	目标是让银行间的交易能因为中介过程更少以及加速交易速度而降低成本
俄罗斯	正在开发官方数字货币，有计划推出	在金砖国家内部，加密货币可以取代成员国之间使用的美元和其他货币
瑞典	有研究意向	作为现金的补充，减少国民对于私人支付系统的依赖，以预防危机时期私人支付系统产生故障
加拿大	有研究意向	现金的竞争力在下降，其他支付途径兴起。良好的数字货币有助于促进在线支付供应商的竞争
挪威	研究中	作为现金的补充，以"确保人们对货币和货币体系的信心"
英国	研究中	仍将致力于实物货币，但是也必须跟上经济变化的步伐。数字支付在未来有一席之地，但真正的数字货币还需要一段时间
丹麦	研究中	解决纸币存在的问题
新加坡	研究中，2017 年曾经试发过新加坡元的数字货币	目前 MAS 的 ProjectUbin 体系内的数字货币 SDG 起到银行间流转作用，尚未表明未来向公众开放
厄瓜多尔	已发行	去美元化（非官方说明）
突尼斯	已发行	推动国内金融制度改革

新型数字货币的发行需要有配套的法律法规来明确数字货币的法律地位。近期我国央行对于央行数字货币的表态频率大幅增加，经过多年的研发工作，数字货币与电子支付（Digital Currency Electronic Payment，DCEP）随时可能正式落地。DCEP 是中国人民银行未发行的法定数字货币，是 DIGICCY（数字货币）的一种。支付，通过某种方式传输数字信息而不是纸币，未来的数字人民币，甚至不需要网络，只要下载了钱包、扫描，就可以转账。DCEP 网络的第一层是集中式分布式账本，一方发出的消息，由多方共同编写、认证，打包消息的同时，也完成价值的移转，减少过去跨境交易所需要的中介机构。分布式银行同业分类账系统，也使得跨境支付的清算更快速，可推动本国货币的国际化。

二、不同金融场景下的虚拟货币

虚拟货币是指非真实的货币。知名的虚拟货币如百度公司的百度币、腾讯公司的 Q 币、Q 点，盛大公司的点券，新浪推出的微币，等等。虚拟货币在银行业、证券交易、电子商务、互联网金融等多个金融场景下都有应用。在不同金融场景下使用的虚拟货币有不同的作用：如超市的积分、淘宝商城的淘金币等，可以替代真实货币，达到方便交易的目的；而活力币是乐跑圈运动证明机制下的奖励虚拟货币。这些虚拟货币作为金融创新产品，都可以进

一步繁荣实体经济。

如果你还不能很好地理解融入金融场景的虚拟货币，那下面的例子将对你有一些帮助。淘金币是淘宝网的虚拟积分，淘宝的会员可以用淘金币享受全额兑换、品牌折扣、包邮等权益，可以在购物时抵扣现金、获得折扣和邮费，还可以用淘金币兑换、抽奖以得到免费的商品。对于买家来说，买得越多、成长越快、等级越高，特权也就越大。这不仅使淘宝会员可以获得折扣、免单等实际经济利益，而且能从享有的特权中获得心理满足和精神愉悦，形成一个正反馈刺激机制，使他们孜孜不倦地追求淘宝网虚拟积分的同时，也增加了淘宝网的流量和销售业绩。淘金币还可以通过每天签到、完成浏览商品等任务来获取，而一般任务中的浏览商品则是根据淘宝用户个人搜索而推送的相关商品，淘金币使浏览量和成交量都得到了可观提升。

对于卖家来说，首先可以用淘金币回馈客户，买家购物时可以享受优惠，也就更愿意购买商品，从而提升店铺销量。其次，设置淘金币抵扣可以提升店铺曝光量，参加淘金币活动时商品可在淘金币平台专用的网页上出现，这样可以提高商品和店铺的浏览量和影响力。再次，淘金币抵钱也可以提升全店淘宝成交转化率。最后，设置淘金币抵扣的商店，可以提升收藏量与搜索排名，在参加淘金币活动期间，巨大的销量自然会带来更多店铺收藏与单品收藏，使店铺的流量增加。

再例如超市的积分系统。顾客购买超市的商品可以获得积分，积分与消费金额成固定的比例关系，积累一定积分值可以低价换购超市里的实体商品。一方面，超市通过积分系统回馈顾客，使顾客在消费过程中享受到一定优惠；顾客乐于消费，超市也就扩大了销量。另一方面，超市也以积分兑换的形式低价售出了顾客可能本来兴趣不大的商品，通过刺激潜在消费，扩大了销量。

上文对淘宝的淘金币和超市的积分做了简单的分析。其他融入金融场景的虚拟货币，都是大同小异的，这些虚拟数字货币，可以有效提升成交额，大大繁荣了实体经济。但要在不同金融场景中设置通用的虚拟货币则还需一段时间。目前淘金币还只能在淘宝网使用，得不到银行的支持。即使得到了银行的支持，淘金币可在淘宝之外使用，也会因淘金币的发行数量和获取难易程度而价值不稳定，从而可能影响现有货币体系。

三、规则可变的混合型数字货币

比特币挖矿依托工作量证明。比特币发明者设计了一个软件，这个软件有自己独特的加密方法，生成的随机值基本无法被固定算法破译，只能通过穷举法来试验出正确答案，而穷举法需要大量的算力来不断测试解的随机值。比特币系统规定，把最新生成的比特币发给记帐的节点作为奖励。找到随机值的能力或者速度，叫作算力。算力是计算机每秒产生哈希碰撞的能力，算力越高，挖到比特币的概率越大，数量也就可能越多，回报自然也就越高。然而挖矿的收益并不是稳定且有保障的，电费将成为持续挖矿最大的成本之一。由此可以看出，工作量证明的挖矿方式是极度耗能的，现在人们正在尝试用其他证明方式取代工作量证明，创新地得到了规则可变的混合型数字货币。

规则可变的混合型数字货币主要是指不以挖矿为基础的形式所产生的混合型数字货币，其中比较有代表性的就是莱特币（Litecoin）。莱特币于2011年10月7日通过Github上面的开源客户端发布。在2013年11月不到10天的时间里，莱特币价格完成了超过300%的涨幅。事实上，绝大部分数字货币都曾经历过或者即将经历类似的暴涨过程。

莱特币用权益证明取代工作量证明，是需要通过“矿工挖矿”才能产生的。挖矿是通过计算机进行哈希运算，如果计算到“爆矿”的值（“爆矿”值意味着挖到数字货币），则系统会一次性奖励50个莱特币。目前莱特币的算力增长很快，矿工通过几台计算机已很难挖到矿，因此“矿池”应运而出，矿池集合了众多算力，通过使用“矿池”计算到“爆矿”值的概率更大。

除了莱特币之外，点点币（PPCoin）使用权益证明与工作量证明混合的挖矿方式来维护点点币的网络安全，挖矿证明既包括工作量证明（PoW），也包括权益证明（PoS）。权益证明挖矿让点点币持有者，即任何在其点点币钱包里有余额的节点，可以通过持有点点币的证明来进行PoS挖矿，前提是这些点点币在钱包里最少停留30天，否则无法进行PoS挖矿。

第二节　支付结算方式的变革

现阶段商业贸易交易的清算和支付都需要借助于银行。一单业务的完成需要经过开户行、对手行、央行、境外银行（代理行或本行境外分支机构）等机构协作配合，每一家银行都有自己的账务系统，彼此之间需要有授信额度，需要建立代理关系；每笔交易不仅需要在本银行中记录，还要与交易方进行清算和对账等，这导致了交易速度慢、成本高、清算效率低下。这些问题的最主要原因就是价值无法转移，因此必须借助第三方权威的背书。尤其在跨国界、跨币种或多种经济合约约束下，由于多中心化、交易方式多环节等问题，因而银行结算与清算的速度和效率更低，成本更高。

区块链技术的分布式账本和共识机制等特征，使银行之间的清算可以共用一个账本，只要经过双方银行的验证，这些包含金额、时间节点等一系列重要信息的数据就会被记录到区块链的节点当中，且此数据并不会与除业务双方银行以外的其他银行共享。简单来说，区块链系统就好比是所有银行共同持有的一个账本，只要发生支付结算行为，双方银行就会共同在此账本中做记录，而其他银行的账本会自动更新。区块链中的任何记录均会被加密，没有秘钥的银行无法知晓其中内容，也保证了信息的安全性。

在商业银行支付清算业务中，涉及资金的具体转移，中央银行根据各家商业银行清算的结果将资金在各个商业银行账号间进行划拨。区块链技术的应用，可以允许商业银行在固定的时间上报银行之间清算的结果；中央银行再根据上报内容进行资金的划拨。由此一来，中央银行对于宏观经济以及货币的了解更加直观；而且商业银行之间的清算流程得到了简化，清算成本得以降低，清算效率得以提高。

总而言之，区块链技术通过去中心化和点对点的特征，进一步减少银行间支付结算中间环节，降低交易成本，提高交易效率，简化大量手工金融服务流程。下面是区块链技术对银行支付结算方式具体作用的分析。

一、点对点交易提升效率

随着经济全球化的发展，国与国之间的贸易日益频繁，国际经济往来规模越来越大。根据麦肯锡的报告，在跨境支付收入的构成上，92%是 B2B 支付，而 B2B 支付中有 90%是通过银行进行的。传统银行业跨国支付流程复杂、烦琐，造成跨境支付结算效率低，成本过高。时至今日，尚无一家组织或机构能获得全球的信任，成为国际统一的清算中心。一笔跨境汇款业务，从国内付款行付款开始到国外收款行收到款项为止，中间需要涉及多个金融机构，每笔交易跨机构交易时还需要授信，而且每个机构在中转时都会收取一些费用，尤其是 SWIFT 系统。SWIFT 是国际银行同业间的国际合作组织，在全世界拥有超过 4000 个会员银行，每家会员拥有唯一的 SWIFTCode 作为银行间电汇或汇款的银行代号。SWIFT 跨境支付网络采用代理银行模式，B2B 跨境支付结算的痛点是成本和费用高、便捷性和安全性低、结算流程长、在途资金占用量大。

目前贸易的交易支付、清算都要借助银行体系，开户行、清算行、清算组织、代理机构、第三方中介组织等多个机构有复杂烦琐的流程，并且每个组织结构都有自己的一套清算机制和系统。简单说明如下：A 行和 B 行直接清算支付，至少要通过两家银行各自的一套清算支付系统，如果涉及境外支付转账，那么过程更加复杂烦琐。这种情况导致处理一笔交易花费时间较长，处理成本过高，中间处理过程中遇到问题时追溯麻烦等一系列问题。区块链去中心化、可追溯等特点，使支付双方可以直接交易，不涉及任何中间机构，大大地简化了支付流程，提高了效益效率，进一步降低了交易的成本。区块链的点对点特征可应用于全球贸易、任意币种的交易清算，跨境支付效率将大为提高，交易成本将大幅降低。银行业应用区块链技术构建跨国支付结算系统，可以解决银行业跨境支付效率低、成本高的问题。跨境支付交易双方进行点对点交易在区块链技术的支持下成为可能，交易将摆脱第三方而直接支付、清算、结算，无须重复授信，没有众多金融机构参与，大大减少手续费。另外，跨境支付通过互联网采用区块链技术，可以利用智能合约直接建立信任，避免了缺乏信任的各机构在支付环节反复核验，提高了支付的效率。

【案例介绍】

点对点交易提升效率应用实例 1

2017 年 8 月，浙商银行推出业内首款基于区块链技术的企业“应收款链平台”。

从近几年全国工业类企业应收账款的年末余额来看，每年期末余额都呈递增趋势，浙商银行凭借此开辟出了新的区块链金融方向应用场景——应收款链平台。该平台区别于传统区块链金融方向的应用场景，将目光放在了“应收账款”这个传统企业痛点上。在应收款链平台上，付款人签发、承兑、支付应收款，收款人可以随时使用应收款进行采购支付或转让融资，实现了点对点交易。这个平台利用通证经济和区块链技术背书，将账面的应收账款盘活，解决中小企业资金回流的难题。

点对点交易提升效率应用实例 2

目前，Ripple、Circle、Chain、Ethereum、IBM、Microsoft 等公司都在利用区块链技术发展跨境支付与结算的技术。利用 Ripple 的技术，全球第一笔基于区块链的银行间跨境汇款 8 秒之内就完成了交易，而在传统支付模式中，该交易往往需要 2~6 个工作日。

区块链技术的银行跨境支付结算场景也已被国内多家银行尝试应用。上海华瑞银行尝试将区块链点对点跨境支付运用在小额支付汇款业务上，它与区块链技术的资金支付清算系统 Ripple 合作，提供包括银行间的支付标准和协议、技术中间件等点对点支付的解决方案，汇款快且几乎零费用。2017 年 2 月 24 日，招商银行通过区块链跨境支付应用技术，成功为南海控股有限公司通过永隆银行实现跨境支付，使区块链技术改造的跨境直联清算业务实现正式商用。招商银行也成为首家将区块链技术应用于全球现金管理领域三大场景（跨境直联清算、全球账户统一视图以及跨境资金归集）的银行。也许在不久的将来，现有的传统交易模式将被效率更高、安全性更好、成本更低的区块链技术所替代。

二、提升安全性

在“互联网+”时代背景下，互联网金融的快速发展给传统银行的支付方式带来极大的挑战。银行也开始将支付结算业务转移至互联网上。互联网环境下银行支付结算存在的风险很多，包括信息安全风险、技术风险、诈骗风险、声誉风险、内部控制风险、法律风险等。区块链技术通过加密分类账簿，能够让参与节点实时获得关于资金、财产或其他资产账目的信息，可以更好地规避各类风险。

近年来，一些不法分子利用互联网支付结算存在的漏洞诈骗银行或客户资金，给银行和客户造成了严重的资金损失。除了法规制度不完善、社会民众法制观念淡薄和银行支付结算管理队伍力量薄弱等，主要的原因是支付结算方式与安全技术手段滞后。

近几年来，国家在支付结算方面进行了大量改革，但是发展仍不够平衡。不发达地区的印、押、证等安全管理手段比较落后，票据防伪功能差。编押方法陈旧、落后，支付结算在很大程度上存在安全隐患，不利于防范案件的发生；传统的印章极易伪造，使企业单位、银行很容易被骗。

利用区块链技术，则可以有效规避上述问题。从监管角度讲：区块链低成本的信任构建机制，有助于社会信用体系的快速建设和安全的支付结算手段的快速普及；区块链全网记账、时间有序和不可篡改的特点，使得所有的交易记录都是可以追溯的，所有人的信用情况都是公开透明的，区块链上的交易自带信用体系，不需要额外的成本来建立征信体系；区块链不可篡改的特性也为新型记账流程提供保障，可以直接为监管和审计提供便利；全范围的实时交易系统，有利于监管的进行。从支付结算安全角度讲：分布式网络能够有效降低传统中心化金融体系面对的系统性风险；建立在区块链上的“数字货币”靠数学加密算法来确认和发行，基本上不存在伪造的空间，使得假币犯罪难以发生。

三、降低成本

区块链技术的共识机制特征，弱化了中介作用的交易系统，可以显著降低交易成本。从运行角度来讲，区块链平台通过 P2P 网络传输，可以降低商业银行创建网络架构的成本，简化大量手工金融服务的流程，从而降低交易的成本。现阶段商业贸易的支付、清算都要借助银行体系，需要经过较为烦冗的处理流程。在此过程中，每个机构都有各自的账务系统，彼此之间需要建立代理关系；每笔交易需要本银行记录，并与交易对手进行清算和对账，整个过程依赖多套基础设施和大量人员，导致花费时间较长且使用成本较高。区块链作为一项特点突出的新技术，与传统支付方案相比，在解决一些痛点问题方面，具备独特的优势。在传统支付体系中，为确保真实交易记录的可追溯性，以及确定交易参与者的信用，需要单独支出一部分成本，区块链将这部分成本减少到几乎为零。而且随着区块链技术在各行各业的普遍应用和智能合约的充分发展，甚至可能将不会再有“违约”事件发生。这不仅极大地降低了支付领域的信任成本，对整个社会信用体系的建设也影响深远。

四、建立银行结算联盟

区块链技术拥有的特征，使其非常适合在更广、更深层面上建立无须信任交易对象的信任机制，便于形成利用区块链平台服务于业务目标的联盟。

银行间结算有非常碎片化的流程，每家银行都有一套账本，对账困难，有些交易有时要花几天才能校验和确认。同时，流动性风险很高，在监管报送方面非常烦琐，也容易出现人为错误，结算成本很高。利用区块链技术建立银行结算联盟，可以为成员间的支付结算提供方便。2015 年成立的 R3 联盟，旨在建立银行同业的一个联盟链，目前已经拥有 40 多位成员，包括世界著名的银行（如摩根大通、高盛、瑞信、伯克莱、汇丰银行等）和 IT 巨头（如 IBM、微软等）。联盟链网络由成员机构共同维护，网络接入一般通过成员机构的网关节点接入。联盟链平台提供成员管理、认证、授权、监控、审计等安全管理功能。

利用区块链技术，银行同业间可以共享一个统一的账本，省掉烦琐的对账工作，交易可以做到接近实时的校验和确认、自动结算，同时监管者可以利用密码学的安全保证来审计不可篡改的日志记录。

第三节 票据清算重构

持续发展的市场经济在促进票据市场发展的同时也带来了极大的安全隐患。而近年来兴起的以区块链技术为基础设置的数字票据，在使用过程中充分利用智能合约、密钥加密、数据恢复等先进技术，在创建平稳、安全、有序的票据市场过程中起到了良好的支撑作用，使票据市场获得了飞速的发展，也将有效促使银行票据清算业务的重构。

数字票据是结合区块链技术和票据属性、法规、市场，开发出的一种全新的票据展现形式。它与现有电子票据体系的技术架构完全不同，既具备电子票据的所有功能和优点（包括期限长、流通范围广、假票风险低、满足票据池管理需求等），又融合了区块链技术的优势，是更安全、更智能、更便捷、更具前景的票据形态。这里有必要介绍一下传统票据、电子票据以及数字票据基本概念的演进过程[⊖]。

一、简化银行票据清算流程

承兑、流转和托收是银行票据交易业务中最核心的三个环节，也是风险最高的审计重点。区块链技术将重构这三种业务处理流程，优化票据管理。

在承兑环节中运用区块链技术，当企业 A 向企业 B 采购商品并选择用承兑汇票支付时，企业 A 向承兑行 C 提出申请，承兑行 C 通过制定的算法，明确承兑人对出票人的授信、出票人的票面信息（如指定开户行、出票日期、到期日、承兑形式等），生成相应的数据区块，记录完整承兑环节的交易信息。承兑行 C 与企业 A 双方加密签名，开票给企业 B；通过算法在票据到期后完成承兑行 C 付款，更新区块数据。数字票据承兑环节的管理优化结果可归纳为三点：一是实现了智能合约以及票据自动清算；二是数据记录采用不可篡改的时间戳，为所有参与者提供持票企业的信用，为票据流转提供便利；三是提高数据安全性，每个交易方都有记录全网交易的总账本，任何节点对数据的操作都会被其他节点观察到，从而加强了对数据泄露的监控。

在流转环节中运用区块链技术，根据票据流转、贴现、转贴现、再贴现、回购等一系列业务的特点和要求，在智能合约中制定有针对性的算法，比如做回购业务时约定买入返售到期日，第三方记录信息；在流转时卖出方的公钥与买入方的私钥进行匹配，匹配成功后即完成流转。票据回购可通过编程在约定的买入返售到期日自动执行，减少人为干预风险。随着应用技术和条件的成熟，以及统一的数字票据交易平台的建立，有票据流转需求的持票方可

⊖ 传统票据：票据签发人利用票据下达相应指令，付款人收到指令后需要无条件向持票人支付资金。电子票据：票据完全脱离纸质版本后的成果，将票据信息完全以电子信息形式呈现，其制作、使用等过程均通过网络进行，其票据行为均采用电子化方式进行。数字票据：将区块链技术和电子票据两者的优势相结合就形成了数字票据这一新型票据形式，数字票据以电子信息形式呈现，但其本质则是一种付款指令。由此可知，数字票据属于电子票据的范围，是电子票据重要的发展趋向，两者定义基本相符。

在区块链中公布发起该笔订单交易的公钥，买入方用私钥进行确认匹配即可完成交易，第三方或监管机构可建立合适的信息记录规则来生成数据区块，供需信息变得公开可查询，票据中介失去违规操作的空间。数字票据流转环节的管理优化结果包括：一是实现非中心化的信息流转；二是智能合约可降低人为操作风险和道德风险，自动化操作流程；三是时间戳提供信息追溯的有效途径，为持票方提供信用。

在托收环节中运用区块链技术，票据的到期日、承兑行、承兑金额、收款行等信息可在签发和流转过程中写入算法，所以只需要持票人等票据到期时自动发出托收申请，完成托收后由第三方完成信息的记录并生成数据区块即可。数字票据托收环节的管理优化结果包括托收与资金清算自动化，不仅可以避免逾期，还能帮助银行控制资金流向。

总而言之，运用区块链技术可帮助银行降低检验票据真实性所耗费的时间成本，减少银行承兑的工作量，大大缩短数字票据的流转时间，提高银行工作效率。

二、防范票据造假风险

背景故事1：

擅长伪造文件的少年弗兰克因家庭破碎深受打击，开始了伪造支票以骗取现金的行为。他第一次得逞时，在美国50个州与全球28个国家开出总金额高达600万美元的空头支票，成为美国历年通缉名单上最年轻的罪犯。不久后，他又假冒飞行员，借此乘坐高级飞机和入住高级酒店。此后，他又利用一张伪造的哈佛医学学位证书在佐治亚州一所医院当起急诊大夫。最终，弗兰克没能逃脱法网。从1964年到1966年之间，弗兰克这个离家出走的17岁流浪小子，利用他精湛的伪造技术和巧舌如簧的口才成功地“扮演”了医生、教授、首席检察官助理等各种显赫人物，骗取钱财和信任无数。他不但伪造银行支票从银行诈骗了250多万美金，还冒充航空公司的飞行员免费周游世界。为此，他被FBI列为头号通缉犯——有史以来年纪最小的头号通缉犯。

看过名为《猫鼠游戏》的电影的朋友们可能知道，这是一部根据真实案件改编的电影，其主人公的原型弗兰克于26个国家伪造了250万美元的支票，从而被多个国家通缉。弗兰克之所以能够成功骗取如此巨额的资金，是因为银行一般都是直接承兑保理，没办法识别票据真假；而如果有了区块链技术，那么弗兰克这样的骗子将无所遁形。

区块链由于具有不可篡改的时间戳和全网公开的特性，一旦交易，将不会存在赖账现象，从而避免了纸票的“一票多卖”、电子商业汇票打款背书不同步等问题，促进了银行票据市场的有序发展。

我国拥有数量庞大的中小型企业，但由于它们没有不动产作为抵押，金融组织不愿意接收票据，为其提供时间较短的金融服务，除非有人为票据背书。因此这类企业通常会选用票据转贴现、贴现、质押、转让、背书等方式获取融资，这些融资方式催生了大量的票据经纪人和中介机构，企业、银行、中介机构等各相关方中的不法分子有时为获取高额利益，可能会相互勾结，违规进行票据交易，由此带来较大风险。而且传统银行票据是以纸张为载体的，在实际运用过程中，容易发生恶意更改、伪造、破坏、丢失等问题。

数字票据的出现有效解决了上述问题，因为与交易平台对接的各个部门和机构均会对票据签发和使用的各个环节进行确认并保存，所以，使用数字票据后，银行票据的更改、伪造、破坏、丢失等问题基本不会发生。区块链技术去中心化的技术特点，使数字票据服务平台不需要依靠专门的中心服务系统，极大地降低了泄密、系统瘫痪、黑客攻击等问题发生的概率。私钥与公钥联合签章是数字票据的一个重要特点，私钥与公钥一一对应，用户只有同时拥有两个密钥才能对票据进行签章，这种方式为签章的真实性提供了保障。数字票据通过密钥操作、信息公开的形式限制了中介机构的行为，促进了银行票据有序发展。

背景故事 2：

2016 年 1 月 22 日，农业银行晚间发布公告：农业银行北京分行（以下简称农行北分）票据买入返售业务发生重大风险事件，经核查，涉及风险金额为 39.15 亿元。2015 年 3 月，票据中介王波经人介绍与农行金融市场部人员姚尚延、张鸣结识。王波利用多家银行开展票据买入返售业务。2015 年 5 月，王波与姚尚延共谋挪用票据二次贴现㊀用于购买理财产品等经营活动。此后，姚尚延、张鸣、王冰、刘咏梅共谋，利用审查审批客户提交的票据及资料、办理票据封包移交及入出库手续等职务便利，共同将已入库保管的银行承兑汇票票据包提前出库交由王波使用。据媒体报道，票据包内出现部分票据被报纸替代的怪事，而且票据进出未建立台账，使得票据进出数目、时间都不清晰，部分回购款资金违规流入股市，而由于股价下跌，出现巨额资金缺口无法兑付，因而给农行带来了 39.15 亿元巨大损失。事后证明，农行 39 亿票据案只是冰山一角，案发短短一周时间后，1 月 29 日，中信银行兰州分行再次曝出 9.69 亿票据风险事件。随后，天津银行上海分行（涉案金额 7.86 亿），龙江银行（涉案金额 6 亿），宁波银行（涉案金额 32 亿）、广发银行（涉案金额 10 亿）、工商银行（涉案 13 亿电子票据）等风险事件先后爆发。各路“中介”尽出奇招，利用空壳公司开出商业承兑汇票，经过农信社、村镇银行或某些商业银行背书后，从银行套出资金，金额达百亿级。

在著名的农行票据案中，票据在流转过程中被转出，被票据中介获取后用于与另一家银行进行票据的回购贴现交易，而交易对方在信息审核过程中未能正确识别票据来源的合法性和交易的合规性也是促成这笔违规交易的因素之一。而应用区块链技术，采用数字票据形式

㊀ 农行北分与某银行进行一笔银行承兑汇票（下称银票）转贴现业务，在回购到期前，银本票应存放在农行北分的保险柜里，不得转出。但实际情况是，银本票在回购到期前，就被某重庆票据中介提前取出，与另外一家银行进行了回购贴现交易，而资金并未回到农行北分的账上，而是非法进入了股市。

后，利用互联网传输数据，有助于简化流转环节，解决了票据的交接、票据信息更新与打款之间的时间差问题，降低了操作风险和道德风险造成的票据丢失、损毁和调包等事件发生的可能性。并且，数字票据基于区块链的公私钥不对称算法，使得被原持有方用公钥加密过的票据只能由持有私钥的接收方解密接收；相对于电子票据，数字票据能够更有效地确保票据被合法的持有人获取。应用数字票据，可以通过制定智能合约标记票据是否能够进行交易和交易的具体内容等，交易对方可以利用私钥进行验证，立即能确认该笔票据是否处于可交易状态，从而避免上述事件发生。即使银行中的不法分子与不法票据中介串通，想利用可交易的票据进行贴现，但由于票据可通过智能合约对贴现款的流向进行约定，在没有授权的情况下无法获取和转移贴现款，这些不法分子也没有可乘之机。

三、减少系统中心化带来的风险

以区块链为基础的数字票据，其系统的搭建和数据的存储不需要中心服务器，省去了中心应用和接入系统的开发成本，降低了传统模式下系统的维护和优化成本，并且还减少了系统中心化带来的风险。区块链技术是去中心化的数据库技术，“点对点”传递信息迅捷，过程公开透明。存储在区块链中的所有数据都会被打上一个时间戳，能够准确记录每个交易活动的发生时间，使得所有交易都能够溯源。去中心化系统使得联网传感节点的数据无须经过其他服务商或者个人智能节点即可进行数据传输，降低了数据被非法篡改或者丢失，以及造成系统可靠性下降的风险。区块链上形成的信息记录不可篡改，且几乎不可能受到损害，有效规避了数据篡改、数据泄露、操作风险、系统瘫痪等风险。

四、规范银行票据市场监管

银行用以交易数字票据的专用平台，可选用联盟类型的区块链。在联盟式的链条中，监管部门、交易管理部门等权限较高的部门或机构可与平台对接。区块链还可利用数字技术对各个银行票据行为发生的时间进行标记，各相关部门或机构可利用这一特点查询和监督各个时点上的票据行为，还可通过区块链中自带的智能合约技术自动对银行的票据行为进行监督和控制。由此可知，与平台实现对接的各个部门或机构可对数字票据的签发、流转、储存等各个环节进行实时监督和控制。

第四节　形成新的信用机制

在经济改革过程中，部分行业和企业经营压力增加，信用违约风险加大，受市场风险、信用风险及自身的经营管理不足等原因的影响，企业信用违约风险加大，银行业亦是如此。2018 年我国四大行不良贷款情况见表 4-2。

表 4-2　2018 年我国四大行不良贷款情况

银 行 名 称	不良贷款余额/亿元	不良贷款率（%）
中国银行	3.780	1.42
中国工商银行	5.880	1.52
中国建设银行	7.440	1.46
中国农业银行	3.660	1.59

从表 4-2 中可以看到，工行、建行两大行的不良资产率依然保持在银行业中较低水平，2018 年年末，工行不良贷款率为 1.52%，较上年末下降 0.03 个百分点，连续 8 个季度下降；建行不良贷款率为 1.46%，较上年下降 0.03 个百分点。而根据银行保监会的数据显示，2018 年年末，商业银行不良贷款率为 1.89%。银行在出贷时一定要注意避免不良贷款。采取有效的控制措施有利于帮助银行降低贷款风险，减少不良贷款，促进银行业健康发展。

应用区块链技术，通过建立去中心化的信用创造方式（即确定一套算法，通过技术背书而非中心化信用机构来进行信用创造），降低征信成本、简化征信步骤的同时可以降低违约风险，可以有效促进银行健康发展。这种方式的特点包括强化信息可靠性、完善信息建立方式等。

一、强化信息可靠性

区块链的技术特征可保证借款方数据安全且不可篡改，银行可随时调用数据，可避免人为主观因素在信用评级方面造成偏离，有效防范道德风险。

（一）保证银行客户数据不可篡改

区块链数据库采用分布式记账和分布式存储，没有中央处理节点，区块链内的每个节点都有同等地位来进行数据记录和存储。区块链数据库利用分布式节点共识算法来生成和更新数据，因此能保证数据的实时性和共享性。分布式记账由分布在不同地方的多个节点共同完成，而且每一个节点记录的都是完整的账目。由于记账节点足够多，单一节点数据被黑客攻击或是被恶意篡改都不会影响整体安全性，因而保证了账目数据的安全性。区块链的共识机制具备“少数服从多数”的特点，“少数服从多数”并不完全指节点个数，也可以是计算能力、股权数或者其他的计算机可以比较的特征量。以比特币为例，采用的是工作量证明，只有在控制了全网超过一定比例的记账节点的情况下，才有可能伪造出一条不存在的记录。当加入区块链的节点足够多的时候，篡改信息的成本太高，基本上没有造假的可能。

当下，银行极为重视客户交易数据的真实性。与传统数据中心化记录及存储方式不同，区块链具有去中心化的特点，交易记录分散在所有节点的数据库上，且这些数据都带有时间戳，大大降低了数据篡改所带来的风险。基于此项技术，银行可以方便地得到客户最真实的“一手资料”。有了全面、客观的数据，银行规避信用风险、做出信贷决策将更为有利。

（二）防范道德风险

银行信贷业务环节中，管理人员是贷款业务是否进行的最终决策者。这种决策权力会使管理人员有谋取私利的空间。如果管理人员为了自身利益故意对一些潜在风险视而不见，最终那些没有足够偿付能力的企业就有可能轻易得到贷款，贷款坏账的可能性就会因为人为因素而大大提高，信用风险增大。

与区块链技术的融合将使原有的内部审核机制更加科学规范。在银行业内部可以利用区块链技术建立业务追踪机制，实行信贷业务与管理人员“一对一”模式。每一项信贷业务的数据都如实、及时地记录在特定的区块内，业务完成后可对管理人员的贷款完成质量进行总体评价，确保每名员工在内控和风险管理工作中权、责、利方面明确分工，进而通过合理的绩效考核和激励机制设计保证分工的有力执行，激励银行从业人员规范自身行为，从而降低道德风险。

二、完善信用建立方式

征信工作是信用评级体系建立的前提，商业银行的征信模式目前主要是与中央银行征信中心共享信用数据。由中央银行征信中心集中统一管理信用数据，并向金融机构提供数据查询服务。区块链作为一种共享的分布式记账系统，借助大数据技术，将用户的信用记录录入自身的区块链账户中，存储在区块链节点上，无法篡改、无法修饰、无须经过第三方金融机构。随着区块链技术的发展，更多与征信相关的个人及企业的金融交易数据、商业交易数据等将可能直接部署在区块链上。商业银行可以通过作为区块链节点的方式获得企业征信记录，可有效克服现有征信建立模式下信息不完整、数据更新不及时、费用较高的缺点。

区块链技术下形成的数据库保证银行能够得到更加全面、准确的数据，使银行同步了解不同行业的行情，对各种符合指标的企业放贷，这一技术使得利用分散化控制整体信用风险成为可能。通常情况下，银行倾向于针对某一行业放贷，这种行为在一定程度上可以降低信用风险，却容易受到行业冲击和政策性影响。一些行业，如房地产、金属冶炼等行业的企业可能贷款供大于求；而一些创新型企业，由于资本结构等不符合传统信用评级，很可能被银行拒之门外，新兴行业大都存在贷款供给不足的问题，只能选择一些成本更高的融资方式。银行可以运用区块链技术，核验企业的经营信息，更好地控制风险；同时也可以实时更新企业的信息，让全网用户对其进行监督。时间戳的功能使这些记录不可变更，保证了数据信息的完整，实现了数据信息共享。在区块链技术的帮助下，银行对贷款使用方向的控制问题有望得到解决，银行开展多个行业的贷款业务有利于分散信用风险，而新兴行业也能得到成本更低廉的资金促进自身发展，商业银行与企业建立起的新型信任关系，使得交易的各方不需要私下联系，并且每个参与者均可以维护、跟踪自己的交易数据。达到共赢效果的根本原因就是技术解决了信息不对称的根本性问题，同时简化了追求信息对称的过程、降低了成本。

第五节　风险管理升级

银行在日常经营过程中，一般会面对以下风险：客户资信风险、欺诈类风险、账款转移风险、法律风险、融资企业自身风险、质押商品选择风险和内部管理与操作风险。其中，就法律风险而言，随着社会科技的飞速发展，当前一些新领域业务的法律法规仍不够完善。为了防控法律风险，商业银行多通过聘请法律顾问，来规避合同中可能存在的风险，明确并及时处理潜在的法律漏洞。而针对质押商品选择风险，银行在质押物方面必须考虑质押物的贬值风险，并且确保其具有良好的可变现能力。其他风险如客户资信风险、欺诈类风险、账款转移风险，融资企业自身风险、内部管理与操作风险都可以通过区块链技术得到有效控制。

一、应用区块链技术防范商业银行国际化经营风险

随着“一带一路”倡议的逐步深化，人民币国际化进程加快，我国商业银行国际化也在快速启动。然而，我国商业银行国际化还处于萌芽阶段，国际化经营风险较高。例如，由于商业银行与境外相关机构沟通不畅，导致商业银行境外分支机构难以融入当地监管而引发的监管风险；由于商业银行对海外市场的把握能力有限，搜集和处理信息的成本较高，导致商业银行海外资本运营方面的流动性风险；由于商业银行在国内人才选派方面成本较高，而海外招聘又受到企业文化、风俗习惯不融合的影响，导致商业银行国际化人才队伍建设滞后而引发的人才短缺风险。近年来，随着区块链概念的普及和技术应用的迅猛发展，区块链技术和银行业结合的落地应用，在全球获得越来越多的关注。

例如针对监管风险，区块链帮助建立了满足银行融入海外需求的信任体系。在大数据的基础上完成数学（算法）背书，替代企业或政府背书，达成全球互信。针对流动性风险，与境外客户签订合约前，商业银行海外机构应依托区块链读取客户身份、账户变动、交易历史进行合法性和规范性审查。通过区块链，能查询到海外分支机构每个时间段的实时、全部的交易信息，及时掌握海外分支机构的业务动态，便于及时开展风险控制，制止一切风险操作。针对人才短缺风险，区块链记录着海外分支机构的信息及其招聘要求，还记录着应聘人员的基本信息与历史情况；各节点互相验证信息的有效性（防伪），让供需双方彼此都能了解，准确地匹配合适的人才，最终帮助海外分支机构缩短人才搜索时间、降低招聘成本。

【案例分析】

应用区块链技术防范商业银行国际化经营风险

西班牙对外银行（BBVA）是全世界第一家率先上线区块链分布式账本技术发放贷款的银行，打破了“协商、签署、资格审核、发放贷款、分批到账”的放贷流程。根据银行和借贷人达成的共识，西班牙对外银行构建了一个银行与借贷人信息同步共享的区块链。分布式账本将贷款数据分散存储在全网络的各个节点上，每一个节点都对数据做完整的存储和备份，保存所有信贷记录的副本，保证账本一致性。每条放贷记录都有时间和随机散列的数字签名，借贷人对签名进行检验，能够验证放贷者的信息，但所有信息都通过算法加密，保护

客户隐私。如果贷款单据操作失误或遭到外界恶意攻击，客户的贷款单据和记录也可以在其他节点的交易副本查询到。

与此同时，西班牙对外银行利用区块链建立了满足银行融入海外需求的信任体系。一方面创新了业务渠道，在大数据的基础上完成数学（算法）背书，替代企业或政府背书，达成全球互信。另一方面创新了管控机制。西班牙对外银行通过区块链能查询到海外分支机构每个时间段实时、全部的交易信息，及时掌握海外分支机构的业务动态，能够及时开展风险控制，制止一切风险操作。同样，境外监管机构通过区块链能调查到西班牙对外银行的运作模式、资质、历史违规事件等真实信息，详细了解西班牙对外银行海外分支机构设立的动机、规模、运作模式。

我国商业银行的总行应与境外监管机构在系统之间选择一种基于共识的区块链算法，建立点对点分布式账本，将彼此间的信息互相串成“链条”进行安全加密，防止篡改，同时在每个节点上存储和传输信息，便于共享。由此，商业银行总行既可以全面了解境外监管机构的要求，又能给境外监管机构提供全面真实的信息。当海外分支机构成立之后，我国商业银行应将其纳入构建的区块链系统中，构建分布式的信用网络，让商业银行、监管机构根据需要访问海外分支机构的记录。通过对系统中账户变动、资金流向等信息进行监管，达成互信并进行跨国价值交换。

二、应用区块链技术防范商业银行内部经营风险

信息数字时代，人与技术相融合是金融风险管理的关键，而这恰恰也是银行最可发挥的优势。

1）人与技术融合，夯实流动性风险管理基础。流动性管理不仅要求商业银行持有充足的现金等流动性资产，而且还要求商业银行具有迅速从其他渠道筹措资金的能力，这就需要银行拓宽业务范围、吸引更大更多种类客户群体，譬如打造数字渠道服务民生：加快“互联网+银行”服务与民生服务对接，通过布局医疗、教育、交通、饮食、娱乐等民生服务领域，针对特定客群建立生态圈，依托衣、食、住、行、玩等生活场景打造智能手机、网络平台等数字渠道以开展精准营销获客。不断将证券、信托、资管、保险、基金等业态与电子银行整合，以金融功能为基础，通过对移动支付、云计算、大数据、智能投顾、O2O 等创新业务模式的探索，构建融合标准化、集约化、网络化、智能化的综合化经营服务模式，拓展核心客户、增强客户黏性、克服金融脱媒，有效导流、聚集社会资金稳定存款、优化负债管理，夯实流动性风险管理基础。

2）人与技术融合，防范操作风险。①增加对科技装备的投入。科技技术客观性强，处理标准一经设定，就不容易更改或受到人为影响。对于操作员可以经办哪些类别的业务有严格的规定，利用现代计算机 24 小时运行的特性还可以大大缓解柜面的存取款业务压力。②运用预警模型对操作风险进行计量。建立科学的风险评估理论模型，按照理论模型处理数据，并在数据的支持下确定参数，即依靠理论模型积累数据并更新参数。计量操作风险可以

有效防范信贷风险。银行应不断完善已建立起来的风险预警机制，录入新的数据以使它发挥应有的预警作用。

3）人与技术融合，防范信用风险。实施贷前、贷中、贷后“线下+大数据”一体化风控。线下坚持贷前双人实地调查，风险经理与客户经理平行作业，参与贷前实地调查，负责现场实地审查工作，检查项目是否符合报审条件。风险经理需具备实地见证资格，可承担实地见证工作。设定准入机制，首笔准入授信项目必须经营销机构贷审小组会议集体决议通过方能上报审批，交叉风控，双重审核借款人信息。银行素有“国民经济会计薄”的美誉，记录和服务着千家万户、各行各业的经济活动，积累了众多历史数据，加强数据挖掘，可以发挥大数据风控在贷中、贷后适时监控方面的优势。将借款人申请材料、不良信用记录和多平台借贷记录、支付结算等信息加以整合，构建多维度图谱模型，交叉验证，有效识别团伙欺诈、资金挪用等高风险行为，实现基于客户行为的贷中、贷后风险监控体系，确保资产安全。

4）人与技术融合，强化技术安全。搭建多重容灾架构，提高业务可用性保障率，实现自动备份、多年内数据可恢复、自动监控预警、防止黑客系统侵入攻击、定期性能巡检、资金交易记录防篡改设置、后台管理系统实名绑定单点登录、全日志记录跟踪，确保业务数据安全。

5）人与技术融合，以人为本。人是决定因素，无论技术如何进步，风险管控仍离不开人的专业判断、职业道德和责任感。知人善任，强化人的主体责任，全覆盖防控风险盲点。

建立智能投资顾问的设计开发者和使用者备案制，强化智能投资顾问源代码质量管控，定期进行安全审计和漏洞检查，防范恶意和蓄意漏洞破坏引起的交易风险。建立智能投资顾问异常行为的预防机制，必要时从自动档切换到手动档实施人工干预，保证交易安全。明确风险管理责任主体，建立相应的人工监控岗位并对智能投资顾问行为承担责任，防止“一致行动人”现象操纵市场，以及校正面对小概率事件模型引发的系统性风险。

组建专业化线上客户经理团队，负责推动银行网络营销资源整合，统筹银行网络金融相关平台、产品的营销推广和运营管理。运用技术创新风险管理体系，引入客户行为与交易分析系统，以客户行为分析为基础建立交易风险事中监控体系，为业务发展保驾护航。

区块链技术与智能合约相结合，可保证交易在满足预设条款时，自动完成交易，有效杜绝了商业银行员工的操作风险与道德风险。区块链技术不可篡改、可追溯的特点，有助于对信贷审核人员建立追查机制，信贷审核人员要对所放款项负责，有效降低了信贷人员的信用风险。另外，区块链的非对称加密技术，可提升系统的安全性，有效保障了银行系统的健康运营。

三、应用区块链技术防范商业银行业务风险

区块链技术为信息的实效性提供了保障，可有效拓宽银行的业务范围，也可以实现对银行各项业务的实时监管，降低银行经营业务风险。区块链技术可以实现对银行业以下几种业

务的实时监管。

（一）银行贷款业务实时监督

银行贷款发放后，银行对贷款企业后续的还款能力关注力度不足，如对贷款企业的各项财务指标（资产负债率、现金流等）掌握得不全。对贷款企业受贷后的资金使用情况，如具体用于哪些方面，是否用于企业生产等问题的掌握情况并不理想。而且，受信息不对称的影响，获取银行贷款的具体使用情况难度较大，相关成本也极高。因此，银行很难对企业偿付能力做出准确判断，也无法做出正确的决策，易产生银行信用风险。

区块链对所有参与者平等开放，任一参与者都可查看区块链内的相关数据。同时，区块链内的数据记录及存储具有时间戳功能，任一节点在产生数据信息时都会标记时间及所有权属。因此，当贷款被赋予 ID 后，利用区块链技术，银行可以随时监测、定期反馈这笔贷款的去向。如果贷款与企业原申请所述用途不一致时，银行能够及时掌握最新动向，并采取行动，如要求企业说明情况等，并做出是否撤资的决策，可以有效地降低风险。此外，如果涉及一些机密信息，可以通过选用联盟链来保证哪些信息可以对外公布，而哪些机密信息可以被保留下来。如果信息机密性要求不高，则可以使用公链。

（二）投资监督实时化

目前，我国资产托管人对管理人的法定监督可分为事前监督和事后监督两类。事前监督对于投资运作过程的监控是比较有效的，但是只有少数场外交易和银行间交易可以实现事前监督，绝大部分交易所交易只能实行事后监督。由于场内交易数据不能实时获得，当托管人在监控过程中发现问题时，违规行为已经发生，因而只能采取向管理人出函提示并要求对方进行调整等补救措施。另外，目前能实现系统自动监控的大部分为定量指标，对于一些无法量化的指标只能通过人工判断来进行投资监督，对人员的专业程度和工作经验依赖度较高。

运用区块链技术后，对交易指令的判断不再依赖人工，而是运用智能合约和共识机制将投资合规校验整合在区块链上，每笔交易在满足预置触发条款时才能完成，从而实现投资监督实时化，提升风险管理水平。

（三）完善保理业务

近年来随着国际贸易竞争的日益激烈，国际贸易买方市场逐渐形成。保理业务能够很好地解决赊销中出口商面临的资金占压和进口商信用风险的问题，因而得以迅速发展。

北京众享比特科技有限公司与中国建设银行合作开发的区块链贸易融资平台是业界交易规模最大的区块链贸易金融平台，它通过区块链技术应用实现国内信用证、福费廷、国际保理等贸易金融业务交易信息传递、债权确认及单据转让的全电子化流程，弥补了相关系统平台缺失，规避了非加密传输可能造成的风险，提高了业务处理效率。

2018 年 1 月，中国建设银行首笔国际保理区块链交易落地，成为国内首家将区块链技术应用于国际保理业务的银行，并在业内首度实现了由客户、保理商业银行等多方直接参与的“保理区块链生态圈”（Fablock Eco），成为中国建设银行全面打造“区块链+贸易金融”

金融科技（Fintech）银行的一项重大突破。

本次区块链在保理领域的应用，开创性地将基础贸易的双方同时纳入区块链，并通过智能合约技术实现了对合格应收账款的自动识别和受让，全程交易可视化、可追溯，有效解决了当前保理业务发展中面临的报文传输烦琐、确权流程复杂等操作问题，对防范传统贸易融资中的欺诈风险、提升客户体验具有重大且积极的意义。

【本章小结】

本章主要介绍了区块链技术在银行业的应用，从数字货币体系、支付结算方式、票据清算、信用形成机制、风险管理这五个角度剖析了银行业引入区块链技术后的发展前景。区块链的去中心化、透明性、不可篡改性等特点，有助于减少银行业各类业务的中间环节、降低成本，也将提升交易效率和安全性。然而由于区块链技术尚不成熟，还不能满足商业银行稳健、安全、成本低廉、效果显著的需求，因此，对于大型金融机构特别是商业银行而言，区块链项目的应用会较长期地停留在实验探索和验证阶段。

【关键词】

银行业　去中心化　降低成本　简化手续　实时追踪

【思考题】

1. 现金的竞争力在下降，其他支付途径兴起，良好的数字货币有助于促进在线支付供应商的竞争，请具体谈一谈。

2. 传统票据、电子票据和数字票据的定义分别是什么？数字票据相较于前两种票据有什么区别和优点？

3. 信息的公开透明是区块链技术的特点之一，请就银行业谈谈此特点的优点。对于不能公开的商业机密，又应如何运用区块链技术处理？

参考文献

[1] 徐如志，白沛东，赵华伟. 区块链在商业银行中的应用研究［J］. 公司金融研究，2017（Z1）：128-153.

[2] 李淼. 区块链模式下金融业创新与监管研究［J］. 华北金融，2017，（9）：54～57.

[3] 金宏. 区块链技术在银行业的应用［J］. 银行家，2016（7）：17-19，7.

[4] 金檀顺子，雷霆. 银行应用区块链的前景、挑战和对策建议［J］. 新金融，2017（7）：36-40.

[5] 蔡钊. 区块链技术及其在金融行业的应用初探［J］. 中国金融电脑，2016（2）：30-34.

[6] ANTHONY S，CONSTANCE P S，JOSHUA M. Crypto，Currencies：Core Information Technology and Infor-

mation System Fundamentals Enabling Currency Without Borders [J]. Information Systems Education Journal, 2015 (3): 11-18.

[7] LEE P. Bank Take Over the Blockchain [J]. Euromoney, 2016 (6): 25-35.

[8] WANG R, LIN Z, LUO H. Blockchain, Bank Credit and SME Financing [J]. Quality & Quantity, 2019, 53 (3): 1127-1140.

[9] BOTT J. Central Bank Money and Blockchain: A Payments Perspective [J]. Journal of Payments Strategy & Systems, 2017, 11 (2): 145-157.

[10] YE G, CHEN L. Blockchain Application and Outlook in the Banking Industry [J]. Guo and Liang Financial Innovation, 2016 (4): 5-21.

第五章
区块链在保险业的应用

【本章要点】

1. 了解当下保险行业经营中存在的问题。
2. 掌握区块链与保险行业“基因”的相似性。
3. 熟悉区块链技术运用到保险业务各场景中是如何改善保险行业面临的问题的。
4. 熟悉保险行业由于信任问题带来的业务痛点。
5. 掌握区块链技术如何重塑保险行业信任体系。
6. 掌握区块链技术如何预防保险欺诈。
7. 掌握区块链技术创新保险行业商业模式的分类。
8. 了解区块链技术如何创新互联网保险商业模式。
9. 了解区块链技术如何创新互助保险商业模式。
10. 掌握保险行业智能合约包含的要素。
11. 掌握智能合约在保险购买阶段的流程图。
12. 掌握智能合约在保险合同执行阶段的流程图。
13. 了解智能合约在保险行业的应用场景。

将区块链技术运用在金融领域可以解决金融发展过程中遇到的各种问题。保险行业是金融行业内较具发展潜力的行业，将区块链技术用于保险行业，必将引领整个保险行业向新的发展方向前进。保险行业当下运营过程中面临着较多的问题，严重阻碍了整个行业的发展。区块链技术与保险行业“基因”的相似性，让区块链技术可以运用到保险业务各场景中，解决保险行业业务痛点问题。

本章从保险行业经营问题出发，结合区块链特征，分析区块链技术如何融入保险行业各经营场景中，解决保险行业问题。进一步讨论区块链技术将如何在三大方面即信用体系重塑、商业模式创新、智能合约运用上颠覆传统的保险经营模式，使得保险行业得以革新。本章最后，对区块链技术在保险行业的运用提出展望，并分析当下区块链技术运用在保险行业中存在的挑战和局限。

第一节　区块链促进保险行业改革

保险行业与区块链技术的契合，可以让保险行业充分利用区块链技术的优势，完善当下行业经营中的不足，革新保险行业经营现状。

一、保险行业面临的问题

保险行业发展存在着诸多问题，如业务运营成本高、逆向选择与道德风险事件频发、数据信息公开与保证投保人隐私难以兼顾、顾客满意度较低、保险产品个性化创新不够，行业缺乏吸引力等。

（一）投保人面临的问题

在保险业务流程中，由于无法掌握保险产品的定价权，同时也不具备对保险条款的解释权，投保人总是处于弱势地位。而且保险公司在出售保险产品后，对投保人反馈较少，并经常寻找各种理由拒赔。长此以往，投保人对保险公司的信任缺失，成为制约保险行业发展的重要因素。

（二）保险公司面临的问题

保险公司看似在产品定价上享有主动权，但其在产品设计、销售和理赔等环节都面临着诸多挑战。保险产品的定价需要依靠大量数据，通过模型计算得到合理定价，但有关投保人的真实信息较难获取，保险公司为了获得可信数据，投入较高成本，导致保险公司经营成本较高。另外，目前保险产品的销售以及理赔均需要第三方的介入，保险业“中介化”的特点也增加了运营成本，成为制约保险供给改革的重要因素。

二、区块链与保险行业的“基因”相似性

保险依托于保险合同而存在，保险合同其实是合同双方基于可保利益的一种共识。区块链技术本质上是通过技术来实现全网共识，进而实现信息共享、建立去中心化的信任体系。由此可以看出，保险与区块链有着相同的“共识”本质，两者的“基因”相似性还可从以下几方面中得以体现。

（一）两者兼具社会性

保险的社会性体现在，一种保险产品需要被社会上大多数具备这一风险的投保人购买、缴纳保险金、共同分担风险。保险的社会性指的是社会的互助性，参与到保险业务中的社会群体，达成了一种集体共识。区块链的社会性体现在，平台参与者自动达成一种全网共识，这种社会性是指不再依赖于权威的第三方，参与者可以在共识基础上，实现自我管理。

（二）两者兼具唯一性

保险行业的唯一性主要是指可保利益是唯一的，这是保险行业经营的重点，同时也是痛点。保险行业的骗保行为多是因为唯一性无法实现，比如高龄退休人员的养老金冒领问题，一些保险公司为了规避这一问题，采用物理验明正身方式，但往往会出现卧床老人行动不便，无法验证是否为被保险人。保险行业为了证明可保利益的唯一性，投入了大量成本。区块链分布式账本技术可以记录可保利益的全部数据信息，为可保利益构建数字身份证。用技术来“自证”，不再需要复杂的“他证”流程，这样就可以实现保险行业的唯一性。

（三）两者兼具时间性

在保险合同签署时，会涉及保险合同期限，这也就界定了保险责任的时间期限，而保险赔付也以保险合同生效时间段为基础，可见保险行业管理的风险是基于“时间性”展开的。同时，时间性也是识别保险欺诈的重要依据，比如倒签保单的欺诈行为可利用保险合同签署时间期限加以判断。区块链技术时间戳的特点保证了区块上每一笔交易的信息全部按照时间先后录入，并且每笔交易信息都可以按照时间先后进行搜索。这一特点保证了交易的不可逆转性，能够有效杜绝保险欺诈的发生。

（四）两者兼具安全性

保险行业经营的基础是各种信息，既包含保险公司自身运营的信息，也包含客户的信息，只有保护了信息的安全才可以维持保险行业健康发展。区块链技术利用数字签名、哈希算法等密码学技术来保证数据信息的安全，在实现数据共享的同时，兼顾参与人的隐私安全。

三、区块链应用于保险行业的前景

区块链平台允许任何参与节点的人以数据管理员身份更改信息，不可篡改性使已经确认的变更信息被平台严格保护，篡改信息会面临着高昂的成本。区块链还具有安全性和可追溯性。因为区块链具有这些特征，所以将区块链技术运用在保险行业时，将会在以下几方面改善当下保险行业的经营。

（一）区块链去中心化特征助力保险“脱媒”

传统保险业务各流程均需要可信的第三方机构参与，比如：保险公司为了获得关于可保利益的真实信息，会从权威的第三方数据库中获得正确信息；保险公司销售保险产品，往往依靠专业的第三方代销机构进行产品代售；保险公司核保阶段，往往需要独立的第三方专业机构进行出险校验，并完成赔付。

保险行业中心化现象严重，增加了保险公司的经营成本。区块链技术去中心化的特征可以助力保险行业完成“脱媒”，即从信息获取、保险产品销售到核保，全部实现无第三方参与、去中心化，从而降低保险行业经营成本。

（二）区块链信息共享特征降低保险行业信息不对称程度

当下，保险行业获取的有关可保利益的信息都是投保人出于“最大化诚信原则”酌情告知保险公司的，存在投保人为获取保险赔付金恶意骗保的可能。保险公司为了核实投保人所提供信息的真实性，往往需要投入大量人力、物力。

区块链技术共享特征使得全网参与节点都能查询数据信息，保证了投保人与保险公司信息的可获得性，从而降低了保险行业逆向选择与道德的风险。同时数据的真实性以及公开性有利于保险行业运用大数据、云计算技术获取保险产品合理报价。

（三）区块链信息透明特征提升投保人信任度

传统保险业务存在投保人骗保、保险公司恶意拒赔的个别事件，导致保险业务参与双方彼此不信任，严重阻碍了保险行业发展。区块链平台可以保证信息的透明度，将保险情景以及出险信息实时更新并分发到每个客户节点中，所有人都可知悉交易内容，以此可以提升投保人对保险行业的满意度。

（四）区块链自治特征提升保险理赔效率

传统保险行业在投保人出险后，需要大量人力、财力进行对出险真实性的核实，理赔流程复杂、参与人众多，导致理赔效率低下且操作风险较高。区块链技术可以运行事先设定好的程序，实现合约的自治。一旦现实情况满足保险合同中事先确定的赔付条件，保险合同立即自动执行，迅速完成保险金的赔付，降低人为参与的风险及成本，提升赔付效率。

（五）区块链数据不可篡改特征保障信息安全

传统保险行业在共享客户信息与保护客户隐私两方面较难平衡：一旦数据公开，投保人信息就会泄露，可能被非法使用；当下，客户信息往往被承保公司独有，严重阻碍了保险行业建立成熟、完善的信息数据库，也间接阻碍了保险行业发展。

区块链技术保证了数据不可篡改，交易一旦被确认，就会按照交易成交的先后顺序记录在区块链中。这在实现了保险行业信息公开的同时，也保障了信息安全（由于高昂的攻击成本）。

（六）区块链数据匿名性特征保障隐私安全

保险公司往往将投保人相关信息存储在本公司运营系统中，一旦系统被攻击，就可能会导致客户隐私被窃取。区块链技术虽然会将全网交易实时更新，并发送给全网参与节点，但参与节点只能看到交易内容，无法了解交易主体的真实身份，由此可以保护投保人的隐私安全。

解决保险行业发展的瓶颈问题，离不开技术的进步。区块链具有去中心化、不可篡改性、可追溯性、智能性、交互性等特点，这些都将改变保险行业经营模式。区块链去中心化的特征降低了保险公司的运营成本；不可篡改以及时间戳的特征可确保数据信息的真实性与可追溯性，有效解决逆向选择和道德风险问题，有利于保险欺诈的识别；智能合约可以提升保险金赔付效率，通过提升行业服务质量来提升投保人满意度；交互性体现在区块链通过对大量数据进行处理后，将信息有针对性地发送给目标群体，保险公司利用交互过程的反馈信息和客户信息，得知客户的偏好与需求，为客户制定专属保险产品，提供个性化服务，从而提升保险公司营销水平。

表 5-1 体现了“区块链+保险”的模式是如何解决保险行业各场景中遇到的瓶颈问题，从而提升保险服务价值的。

表 5-1 “区块链+保险”模式解决保险行业发展问题

运用分类	保险行业存在问题	“区块链+保险”模式的运用
数据获得	为了获得投保人真实、准确的信息，合理评估风险，保险公司投入大量成本建立数据库，或依靠第三方评估机构	区块链自证明特征可以将投保人全部资产、健康等信息公开记录在区块链上，供全网用户验证和监督，数据可得性增强，保险公司运营成本下降
数据连续	投保人信息由承保人所有，一旦投保人更换保险公司，新保险公司无法获得投保人之前的数据信息	区块链技术实现了数据的共享，实现投保人信息数据实时更新，有利于保险公司对投保人进行风险测评
智能合约	理赔环节消耗大量人力资源，导致保险公司经营成本上升，大量手工核保校验导致理赔效率低，核赔人员主观决策错误会降低客户满意度，保险金赔付进程缓慢	引入区块链智能合约技术，只要理赔条款被触发，理赔就会自动强制执行，效率高，成本低
特殊风险	对于一些实物资产，比如艺术品的风险评估较难，误差较高	时间戳特征可以将整个交易过程按时间先后记录下来，有助于评估风险
保险欺诈	信息不对称使保险欺诈事件频发，为识别和防范保险欺诈，保险公司花费大量费用进行监督、识别，经营成本上升，但却未较好杜绝保险欺诈	区块链开放分布式网络杜绝重复赔付的发生，共识机制让保险双方彼此信任，保险公司通过检索投保人历史数据，可以识别出骗保行为
保险销售	第三方代销模式是保险产品的销售渠道，保险公司代理成本高，且存在不良中介	基于区块链技术，可以建立自助销售平台，客户自行购买所需的保险产品，实现保险认购去中介化，降低经营成本

区块链技术在保险行业的运用，主要从图 5-1 所示三个方面对保险行业产生颠覆性影响。下文将从这三个方面展开，分析区块链技术给保险行业带来的重大改变。

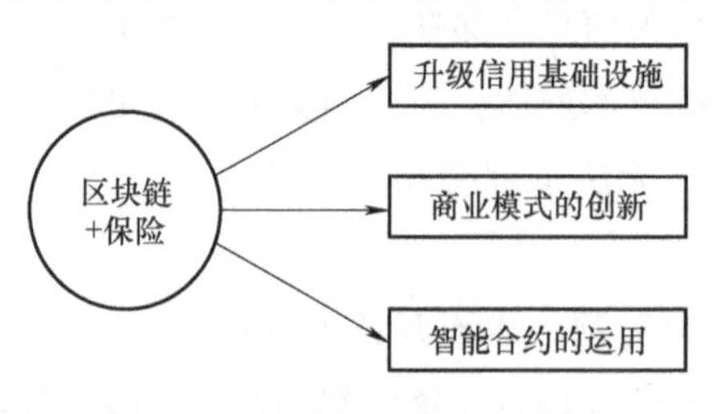

图 5-1 “区块链+保险”模式创新

第二节　升级信用基础设施

如今，社会的透明度极高，保险的支撑型或服务型本质使其依赖于信任机制，保险的发展基于客户与保险企业之间的信任。这就需要在保险合同签署之前，客户可以提供被保险利益的真实信息，增强保险公司对于客户的信任。同样的，随着数字化社会的不断发展，客户可以接触到更多的保险产品，这就使得客户对于保险产品的期望值在不断上升，保险公司的公众信任度也被列入客户的参考标准。为了提升客户的信任度与体验感，保险公司必将会进行技术创新，来增强客户对于保险公司的信任。信任机制得以完善，客户与保险公司便可以在法律框架下达成协议，保险行业也能够更好地发展。

一、信任问题带来的业务痛点

现下，我国保险行业发展受到制约的最主要原因是投保人利用保险来分散风险的意识不强，导致保险需求是一种被动的消费模式，即投保人是在营销情境下被动地购买保险产品，造成这种局面的关键在于投保人对保险公司缺乏信任，导致这种不信任的因素有很多，比如：销售人员重推销、轻服务的态度，以及部分销售人员为了卖出保险产品误导投保人等；投保人无法掌握产品的定价权；投保人没有对保险条款的解释权；保险公司拒赔事件较多；新闻媒体负面宣传；等等。

同样，保险公司在核保以及承保环节也面临着道德风险和逆向选择。比如在保险合同签署之前，保险公司无法全面了解投保人的真实情况进而无法对投保人进行合理的风险评估，恶意投保人通过购买比自身风险低的保险产品来获利，这就导致了保险行业的逆向选择问题。这种先出险、后承保的“倒签单”一直是保险行业发展的顽疾，如果保险公司想最大限度上消除这种信息不对称，那就需要投入较大的人力、物力控制承保环节。比如：寿险公司会通过体检方式，消除投保人带病投保的隐患；财险公司通过核验可保财产的实际价值、所处环境并追溯可保财产的投保历史来降低风险；在保险销售之后，投保人因为在出险之后可以得到保险公司的补偿，所以就降低了对被保财产风险的管理，由此提高了出险的概率，引发道德风险。为了规避上述问题，保险公司往往设置合同的等待期以及赔付的免赔额，但这使得保险公司经营成本增加，也严重损害了保险公司与投保人之间的关系。

在保险公司与投保人日常业务沟通的过程中，骗保行为与纠纷时有发生。常见的案例有：投保人为了获得保险赔付，编造虚假出险信息；保险公司利用专业性词汇拟定法律合同，得以保留对合同条款的解释权，现实生活中经常会出现保险公司以各种理由拒绝赔付的情况；保险业务参与双方对免责条款认定不同而产生纠纷。对于保险公司而言，投保人利用信息不对称进行保险欺诈，大大提高了保险公司的经营成本。对于投保人而言，不理解保险条款以及核赔人员主观判断失误会导致赔付不及时，从而加深投保人对保险公司的不信任，最后导致保险公司客户资源流失。

除了保险公司对投保人以及可保物风险的信任问题、投保人对保险公司以及保险条款的信任问题外，保险业务承保主体之间也存在信任问题。保险业务参与主体除了保险公司与投保人外，也会涉及保险代理人。保险参与主体在数据交换，为了确保双方财产、业务信息一致性所进行的后续对账，以及清算工作流程中均存在信任问题。比如，保险代理人主要负责销售保险产品给客户，后续的核保以及客户服务都由保险公司完成，一旦客户出现保单变更、退保情况，保险代理人无法确认信息的真实性，就会对这些信息产生不信任。消除这种不信任，往往需要双方进行较复杂的对账流程才可实现信息交互，但这样就增加了保险经营成本。

这些问题的关键在于投保人个人信息不完整、不准确、不可追溯，保险业务参与方数据信息分享不充分。如今，随着数字信息化社会的发展，一些权威的数据系统开始出现，将权威数据系统中的数据信息记录在区块链上，便可以让每个投保人拥有一个数字身份，数据的真实、不可篡改、透明性、可追溯性可以解决保险行业由于信任问题导致的业务痛点问题。

二、重塑信任体系

在传统保险行业，往往需要引入可信的第三方作为相关业务交易的见证人，第三方的工作主要是：确保业务交易所涉及物品的合法性、真实性以及安全性；监督交易的进行，防止重复交易的发生；作为交易执行的代理人；如实记录业务交易情况，解决由于双方认知不同造成的业务纠纷。但依靠独立的第三方，往往需要耗费大量人力、物力和时间成本。

重塑保险行业的信任体系，除了需要政府、投保人、保险公司的共同努力，还需要区块链技术的配合。区块链技术不同于简单的安全加密技术，作为一种共享的分布式记账系统，利用数学方法来解决信用问题，且无须第三方机构为安全背书。与此同时，区块链也将夯实信用基础，借助共识机制实现用户互信价值传递，运用基于共识的数学方法，在机器之间建立信任并完成信用创造，通过非对称密钥来解决所有权信任问题。而且区块链借助大数据技术，将用户的信用记录录入自身的区块链账户中，存储在区块链节点上，无法篡改，无法修饰。这一特征有利于催生新的信用评价体系，且整个过程无须经过第三方机构。

综上所述，区块链之所以可以取代传统业务中的第三方，原因在于：数据的无法篡改性，保证了可供交易物品信息的真实性、合法性；全网节点参与者可以对数据进行查询、共同监督，保证了交易记录的准确性，可防止重复交易的发生；交易双方基于共识机制，避免了交易过程中业务纠纷的发生；数据的实时同步，有效地实现了数据信息的同步与共享。

这种去中心化的新模式下，保险公司需要将全部的资产经营活动信息以及所有的保险产品信息记录在政府要求的区块链板块中。确保政府以及投保人能够对保险公司资产和产品真实性进行检验和监督，便于识别存在问题的保险公司；保险公司也可以运用区块链技术，核验投保人的身份以及投保记录，更好地识别投保风险，预防保险欺诈。同时也可以实时更新客户的新投保信息，让全网用户对其进行监督。时间戳的功能使这些记录不可变更，保证了投保人数据信息的完整，实现了数据信息共享。这一新模式较好地解决了信任问题，降低了保险公司经营成本。

区块链技术去中心化、时间戳记账的特点，可以更好地保护客户隐私，也能够降低阻碍保险行业发展的道德风险以及信息不对称风险。在区块链技术架构下，保险行业建立起的新型信任关系，使得保险交易的各方不需要私下联系，并且每个参与者都可以维护、跟踪自己的交易数据。同样，区块链可以改变投保人管理自身信息的方式，人们可以拥有一个储存个人全部数据与信息的数据管理平台，拥有对自身信息访问管理的权利，不再需要一个传统意义上的值得信任的第三方介入。客户可以直接把数字身份证交给第三方认证人在区块链上进行验证，同时，客户的一些信息，如 DNA、指纹等也会存储在区块链中，用来证明其身份，从而降低身份认证欺诈概率。在保险行业，准确的个人数据信息以及精简的数字认证可以让保险公司与客户之间建立更直接、有效的关系。

信任体系重塑后，保险业务的效率会得到较大提升。比如，投保人可以将自己的数据信息提交给保险公司，迅速获得保险产品报价；保险公司也可以通过验证投保人的驾驶记录数据，迅速给予投保人车险产品报价。

三、预防保险欺诈

（一）保险行业存在骗保现象

现代保险业的复杂性使得行业可见度低，索赔从投保人到保险公司和再保险公司，是一个缓慢的、由文件驱动的过程。而且投保人可以在不同的保险公司之间就单个损失提出多个索赔。

保险欺诈使得保险公司每年损失惨重，但除了保险公司利益受损外，投保人的利益也间接受到损害，主要体现为保费增加。如今，保险公司主要从公共领域和私营公司收集数据，来预测和分析欺诈活动。公共数据可用于识别先前交易中的欺诈行为模式，但由于难以在不同组织之间共享敏感信息，因此对共享个人身份信息的限制削弱了全行业欺诈预防的发展。

（二）区块链技术如何预防保险欺诈

引入区块链技术来预防保险欺诈，需要保险公司之间高度协调，但从长远来看可能会给整个行业带来巨大的收益。基于区块链的反欺诈行为可以从分享欺诈性索赔开始，帮助识别不良行为。这将为保险公司带来三个主要好处：一是消除关于同一可保标的物的重复保险订单，或避免同一保险目标物就同一事故提出多个索赔事件；二是通过建立保险标的物的数字证书，从而减少假冒保险欺诈事件；三是保险欺诈的减少直接导致保险公司利润率上升，从而降低客户的保费。

区块链技术通过完善客户信用基础设施，可以较好地识别保险欺诈行为，降低法律合规成本，预防金融犯罪的发生。区块链技术可以将客户以及交易记录等一系列信息分布式存储，这样可以较好地帮助保险公司识别异常交易，杜绝保险欺诈。区块链存储数据的标准化可以改善数据的质量并减少被错误划分为可疑数据的数量，不可篡改的特点可以让保险公司了解客户并使辨别欺诈行为的过程更加流畅，提高监管效率。金融机构评估客户的信用时，可以将有长期不良交易记录客户的相关交易数据上传至区块链，此类信息会不断地更新，避免了保险公司因大量重复性工作而浪费时间，大大提高了保险公司的运营效率。保险公司通过对区块链上异常交易数据的分析和辨别，及时发现并避免欺诈行为的发生。

比如在保险行业骗保事件较多的畜牧业，养牛户为所养殖的其中某头牛投保，但当某头牛出险时，就很难判断该头牛是否为投保的牛。利用区块链技术，将投保牛的照片信息写入区块，就可以利用图片验证码的方式验证出险的牛是否为投保牛，从而更好地预防保险欺诈。

【案例介绍】

区块链技术预防保险欺诈

由麻省理工科学家设立的 Windhover 公司运用区块链技术管理保险行业个人信息，试图建立一个不需政府参与的信任体系。该公司旨在建立一个管理数字身份凭证与相关资料的平台，利用平台创新数字技术，提高隐私管控水平和审计与监管的执行力度，实现开源、包容的系统。Windhover 公司的最终目的在于数字身份可以由保险行业参与主体自己所有，并可实现由保险行业参与主体自己掌控所有，独立于政府以及其他金融机构管理，便于将信息用于保险行业。

中国人保利用区块链技术，建立养殖牛信息库，解决养牛保险的“唯一性”问题。该平台将牛的生物特性、DNA 信息以及所佩戴的耳标信息作为生物识别的基础，结合互联网平台，可以实现线上牛体识别。区块链技术用来记录养殖牛的信息，可以在采买、养殖、屠宰、防疫、销售等各个流程中追踪和识别养殖牛信息，实现连续记录、信息全过程追踪。

第三节　商业模式的创新

区块链与保险在本质特性上存在共性。保险行业为区块链提供了天然的运用场景；区块链为解决保险行业的问题提供了技术思路，助力保险业商业模式变革。保险行业运用区块链技术，可以将客户身份登记管理、数据维护管理以及交易流程管理均授权给客户，完成身份的转变。区块链技术的运用，能提高保险公司对风险的记录能力、识别准确度以及反应速度，保险公司需要做的是及时改变风险策略以及管理策略。在数字化时代，保险公司运用区块链技术可以不断创造出更多满足客户需求的产品，提高服务质量，进行商业模式创新，从而获得长期战略利益。

保险商业模式变革，涉及客户关系、销售渠道、价值管理、风险管理、资产负债管理以及背后的技术支撑，是个系统工程。保险行业利用区块链技术重塑了包括用户信息管理、产品设计、定价、销售、理赔在内的保险业流程，再结合具体场景，实现商业模式的创新。保险行业应用区块链技术，可以在两个方面进行商业模式创新：一方面，保险公司利用新技术，革新原有商业模式；另一方面，保险公司寻求行业内外合作，创造新的商业模式。

一、区块链推动互联网保险商业模式创新

区块链可以打破传统意义上的地理界限，让不同区域的个体之间打交道。“区块链+保险”可以让保险行业在空间上得以重整，让不同地点的人使用同样的区块链。这将推动金融包容性改革，同时也推动互联网保险商业模式创新。互联网保险是保险公司利用互联网通信技术，为客户提供可选的一系列个性化保险产品，互联网保险机构除了保险产品的销售服务外，同时提供保险的售前咨询、售中承保、售后保全以及出险理赔服务，并通过第三方机构的介入完成相关费用的支付。与传统保险相比，互联网保险更加关注用户体验，强调平等、透明、直接、便捷、低成本和高效率。

（一）区块链技术降低互联网保险存在的风险

在互联网保险业务高速发展的同时，金融风险也与日俱增。互联网的经营模式现已被业界普遍认可，但互联网模式暴露的风险也令人避之不及。这些风险都源自于互联网信用基础和安全机制的不完善，同时，还有隐私泄露的问题。

区块链技术采用全新加密认证技术以及全网共识机制，通过构建一个完整的、分布式的、不可篡改的数据账本，使参与者能够确保资金和信息的安全。去中心化、去信任并保证所有交易数据公开、透明，这样可以更好地降低互联网保险业务中存在的风险和解决隐私问题，实现信息的共享。区块链技术的使用有利于保险行业构建基于客观算法的信用机制和安全体系，辅以互联网的高效性，可以大大降低互联网保险业务的成本。

（二）区块链技术衍生规范的P2P/众筹保险模式

P2P/众筹保险模式是互联网保险未来的主流形式之一，将这类保险模式结合区块链技术后，保险公司将不再是风险的承担者，而是提供保险咨询服务、管理保费资金池的服务机构。保险公司的专业能力将更多地体现在供需匹配与风险计算方面，而不是当下的资产管理能力。保险公司可以提供一个保险交易市场，客户在市场中提出自己的保险需求，无论是否为标准化合约，保险公司都可以根据自己掌握的历史数据计算出参考保费以及承保方的预期收益率，后续想参与承保的各方可以竞标这一保单。

在“区块链+P2P/众筹”模式下，资金来源于投保人，保险公司可以降低运营成本，甚至可以在建好交易平台后，将整个平台的管理权外包给其他第三方运营机构以节约时间成本和管理成本。同时，由于这一模式没有形成资金池，保险公司不需要申请合规牌照，从而减轻了运营成本以及合规成本。

这一模式下，投保人不再需要保险公司作为第三方介入来充当组织者，保险公司实现了身份的转换。整个保险行业去中心化，有利于构建透明、安全、信任的互联网保险发展生态圈，让保险公司与投保人可以在彼此信任的基础上，实现共赢。

二、区块链推动互助保险商业模式创新

互助保险也称为相互保险，是由面临着同样风险，有着同样保险需求的人自愿组织起来的，保险的赔偿规则由所有参与者共同商讨决定，每个参与者先预交部分保障金，待后续有人遭受风险时，受难者分摊预交的保障金。

（一）互助保险发展面临的问题

当下互助保险问题逐渐显露。平台运营不规范时，会员不了解会费缴纳流程以及如何申请理赔，会影响会员权益。而且互助保险道德约束力不强，会员之间彼此不信任，会员只能看到平台上不断出险的消息以及不断减少的账户金额，无法核实出险信息是否准确，因此对互助保险平台不信任。同时，保险公司在界定同质风险并确定合理的保费方面容易存在较大问题。

（二）区块链技术完善互助保险商业模式

区块链技术之所以可以解决互助保险运营的问题，因为创新互助保险的商业模式中互助保险与区块链的共识机制有着较大的契合性，保证了各参与节点采用相同的标准对区块链中的信息进行管理，避免了徇私以及欺骗，这是建立保险行业信任机制的前提。区块链技术可以建立一个去中心化的信任机构，分布式账簿技术使全网所有节点拥有相同的数据，让会员了解会费的去向和用途，对资金用途进行监督。区块链技术的信息共享降低了互助保险的信息不对称以及逆向选择风险，交易的可追踪性降低了互助保险的道德风险，这都会在一定程度上减少互助保险的管理费用和降低管理难度。

（三）网络互助保险发展前景

随着互联网技术的发展，互联网模式的互助平台不断涌现。保险业经营的基本原则之一是“大数法则”，这表明某一类风险的分散需要更多的保险参与者共同参与分担，但往往互助保险只有某类风险较高的人群才愿意参加。依托互联网而衍生出的网络互助平台可以借助互联网的高效性、便利性、低门槛，在短时间内拥有大量客户，较低的成本让互助保险产品灵活多样，客户依赖度逐渐攀升。但目前网络互助保险存在运作不透明、对客户隐私保护不足监管、力度不够、效率低下、赔付流程缓慢等问题，使客户信心不足。区块链可以较好地解决上述问题，区块链用户协议、加密技术可以有效保证客户的隐私、资金安全，保险资金流向透明、交易记录不可变更、可供全员监督的特点可预防骗保行为发生。

互助保险本身就是一种互助行为，引入区块链技术后，就不再需要保险公司充当中间组织者，来对保险资金池进行相应投资管理。投保人完全可以自主互助，从而在没有资金池的情况下，更好地达到互助保险的目的。

三、自助化保险商业模式创新

传统的保险行业，从保险的报价到保险的购买、从承保到出险的核保和最后的保险赔

付，以及业务各个过程的合规审查，都需要人的参与。这样就导致保险行业效率低下，消费者满意度较低。

在互联网保险领域，区块链技术尤其是智能合约的运用，能够使保险合同在分布式系统中自动执行，极大提高了保险业务参与方的交互性。同时，大数据技术的广泛使用，可以在极大程度上丰富数据维度以及数据数量，有效淡化数据质量所带来的问题，实现数据的自验证功能。这种自验证以及智能合约的组合应用使得保险行业可以创新自助化商业模式，为投保人承保风险提供自解决方案。这种商业模式的核心是构建一个自定价系统，投保人不再依赖传统的保险中介，可以利用区块链技术，有组织地构建虚拟风险池，更直接、主动地管理风险。并根据智能合约执行情况，不断地调整风险模型，合理调整赔付资金池，确保风险的合理分担。

自助化保险商业模式创新，将实现保险行业各个业务环节的无人操作。投保人可以通过访问区块链相应板块，了解已有的保险产品，通过对比，选择自己需要的品种，并进行保险产品的自助购买。如果投保人在已有保险产品中未找到适合自己的产品，输入相关信息，平台就可以为投保人设置独一无二的个性化保险产品。投保人在选择满意的保险产品后，可以自助签订合约并完成保险金的支付。在投保人出险时，区块链上互联网端口将会实时更新投保人事故信息，投保人无须申请理赔，也不需要保险公司批准赔偿保险金，只要智能合约上相应的理赔条件被触发，就可以在短时间内完成保险的赔付，大大缩短了赔付周期。这种无人化、全自动的自助化保险商业模式将大大提高保险行业效率，降低保险行业成本，为投保人创造新的体验，提升客户满意度。

未来基于区块链技术的保险产品会因为智能合约的运用以及大数据搜索，实现自动化保险投保以及后续理赔程序，完成自助化保险商业模式创新。

【案例介绍】

自助化保险商业模式创新

2016 年 3 月，阳光保险推出基于区块链技术的“阳光贝”积分活动，该活动除了普通积分积累外，还可以通过转赠的方式，将积分发送给其他人。同年 7 月，阳光保险推出了“飞常惠”航空意外保险品种，该险种利用区块链技术，为频繁乘坐飞机的商务人士提供便利服务。该产品在阳光保险官网上购买，购买成功后，客户可以在公众号中查询到电子卡单的相关信息，包括可用次数、有效期等。该卡单可以分享给其他好友使用，只要在微信端输入投保人信息，就可以立即获得保障。利用区块链可追溯的特点，可以追踪卡单交易、流转、使用的全过程。该保险产品价值 60 元人民币，可使用 20 次，每次可获得最高 200 万元保障额度。

四、企业联盟商业模式创新

区块链是一种基于密码学和分布式共识机制来为一个特定用户群提供信任服务的底层技术，这使其非常适合在更广、更深的层面建立无须信任交易对象的信任机制，形成利用区块链平台服务业务目标的联盟。

（一）保险公司技术联盟

各保险公司之间区块链联盟的创建，可以将不同保险公司的数据打通，互相参考。有利于保险公司及时发现投保人重复投保、历史索赔的信息，及时发现高风险客户，制定相应的风险管理措施。当下，保险公司的实力和技术水平参差不齐，建立保险公司之间的联盟，可以消除各自的孤立状态，帮助对区块链专业技术知识掌握程度较低的保险公司提高技术能力，实现各保险公司之间的信息、技术和业务等方面的合作。

（二）保险行业监管联盟

保险公司也可以建立监管联盟，实现一个节点的全行业监管，杜绝欺诈行为，提高风险识别能力。强调价值和协同的强关联性，使每一家保险公司都能获得区块链带来的潜在利益。

（三）跨行业企业联盟

除了保险公司可以成立区块链联盟，不同行业的企业也可以成立区块链联盟，这样就可以共享不同行业的数据，从而提高保险核保的正确性与效率。比如医疗行业与保险行业数据共享，保险公司就可以查询到投保人的就医记录与健康状况，甚至可以对其直系亲属的健康记录进行验证，在充分考虑家族病史的前提下，有效杜绝带病投保。

（四）跨国保险企业联盟

任何行业想要健康有序地发展起来，必须要有明确的行业规则和标准。保险行业引入区块链技术，亟需一套完备的、被所有保险业务参与方认可并接受的行业准则。只有通过成立国际保险企业联盟，推出国家层面最高行业标准，才能被所有参与者接受。同时，可以成立国际企业投资联盟和监管联盟，保险公司可以创造新的价值，从跨国资产投资管理中获利。

保险公司成立企业联盟，可以提高数据的可得性，降低运营成本，提高风险监控与识别能力，促进技术升级，提高客户依存度，创造新的业务增长点。

【案例介绍】

企业联盟商业模式创新

2016 年 10 月成立的区块链全球保险行业联盟（B3i），主要发起人为安联保险、瑞士再保险、荷兰人寿、苏黎世保险、慕尼黑再保险集团，现已有 15 家保险集团加入。该联盟主要是探索区块链技术在保险行业应用的具体场景，制定保险行业国际通行标准，配合跨国监管。Paul Meeusen 表示，B3i 平台运营效率高、风险低，预计可以提高约 30%的交易效率，降低约 30%的交易成本。

友邦保险、美国大都会人寿等保险公司加入的 R3CEV 联盟，主要探索利用区块链技术简化保险业务流程，比如保费收取与管理、业务管理等。

第四节　智能合约的运用

智能合约并非源自于区块链技术，但是两者之间有着较高的契合度。区块链非对称加密技术的引入以及信息可编辑的特征使得合约可以智能化。智能合约基于区块链的信任链以及数据不可篡改的特点，可以自动执行事先设定好的程序、条款。

智能合约是能够自动识别、执行合约条款并完成交付的计算机程序。目前，智能合约主要运用于执行既定条款，还不能自动完成交付任务。与区块链技术结合后，智能合约变成了区块链上的一段代码，能够对外界特定的信息做出反应，实现预先设定好的功能。同时，两者的结合使得智能合约与电子货币产生联系，从而可以实现资产与支付功能。

保险公司在运用区块链技术的同时，引入智能合约，可以极大限度地简化客户投保以及理赔流程。机器自动化运行程序，避免了各个环节人为操作的烦琐流程与操作误差，保险合同各方参与者可以同时操作，并互相监督，提高了操作效率，也杜绝了违规操作的可能。

一、保险业智能合约运行原理

智能合约可以提高保险服务的透明度，代替中介在保险业务流程中所起的作用。保险行业通过引入智能合约，可以将资产以及资金冻结在区块链上，当检验到理赔条件成立时，合约被触发，智能合约的程序代码开始自动运行，以完成保险金的自动赔付。

保险行业的智能合约应包含五大要素：合约发起人、合约购买人、赔付需满足的条件、赔付金额数量、保险金数量。智能合约在保险行业运行主要分成两部分：第一部分是合约的购买过程，第二部分是合约的执行过程。

（一）合约购买阶段

智能保险合约购买流程如图 5-2 所示。

1）合约发起人在合约模板中填入合约要素，生成完整的保险智能合同，并向验证方缴纳保险金、手续费。

2）验证节点对合约发起人的赔付能力进行检验，确保合约发起人有足够的资金对所销售保险产品进行赔付；检验通过后，锁定合约发起人的保险赔付金。

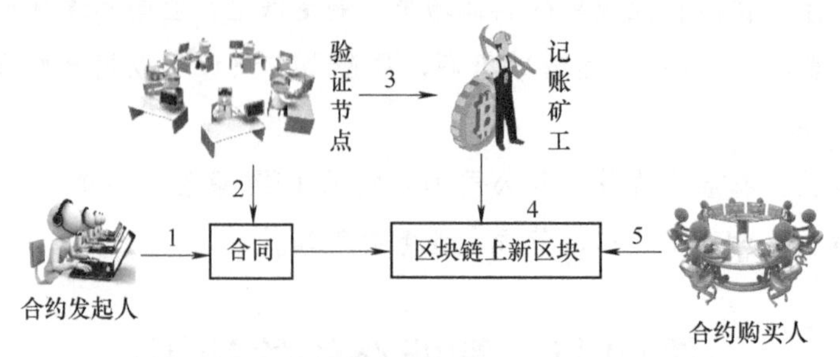

图 5-2 保险业智能合约购买流程

3）验证节点完成验证且验证通过后，会授权给相应的记账矿工。

4）记账矿工会将保险合同固化，并记录在区块链新的区块中。

5）合约潜在购买方会通过访问相应的区块，查看保险合同，核实合约发起人的赔付能力，并购买符合自己需求的保险产品，缴纳保险金。买方缴纳的保险金同样被锁定在账户内。

（二）合约执行阶段

智能保险合约执行流程如图 5-3 所示。

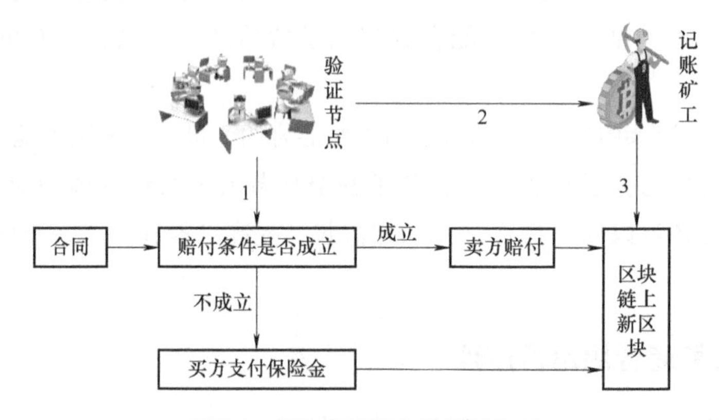

图 5-3 保险业智能合约执行流程

1）验证节点根据可保利益的状态，判断保险合同的赔付条件是否成立。如果赔付条件成立，系统会按照预先设定的赔付金额，将卖方预缴的保证金自动打入买方账户。同时，买方冻结的保险金会自动划入卖方账户。如果赔付条件不成立，卖方预缴的保证金解除锁定，买方冻结的保险金会自动划入卖方账户。

2）验证节点完成验证以及后续赔付流程后，会授权给相应的记账矿工。

3）记账矿工会固化所有的交易流程，并按照时间先后顺序，将交易记录在区块链新的区块中。

二、智能合约运用实例

（一）航空延误险运用场景

将航空延误险的智能合约结合到区块链技术中，接入航空公司互联网端口或是机场端口，这样就可以迅速获得公开、可靠的数据信息。如果航班延误，互联网端口的区块链就会记录下这一事实，并且不可篡改。此时，智能合约会自动判断航班是否延误以及延误的程度，从而触发自动理赔并完成支付。航空延误险的智能合约可以按照延误程度设置梯度赔付金额，这种自动化运行机制可以大幅提高理赔的效率，降低理赔成本，提高客户的满意度。

（二）车险运用场景

将车险的智能合约与区块链相结合，接入互联网端口与车辆行驶系统端口，便可以迅速获取目标车辆的行驶信息以及车体磨损状况。在交通事故发生后，智能合约通过辨别车体磨损程度自动触发理赔行为。另外，为了避免投保人选择较好的修车厂而造成费用超支，车险的智能合约可指定具体的维修地点，避免理赔费用超支行为的发生。

（三）农作物保险运用场景

将农作物保险的智能合约与区块链相结合，实际上是创建一个金融衍生品农作物保险合约。种植农作物的农民只需要根据种植品种的喜雨性，就可以购买降雨量的反向赔付保险。比如：种植水稻的农民希望下雨，那他可以买干旱险，当遇到干旱，农民会收到赔付金；当雨量充足时，农民收成会变好，不需获得赔付。通过在区块链中接入天气数据端口，能够如实获得天气数据信息，一旦降雨量触发事先约定的智能合约条款，就可以自动完成赔付。

除了航空意外险、车险、农作物保险之外，区块链的智能合约技术还可以应用于汽车租赁险、旅游险、智能家庭财产险、医疗保险等多种保险场景中。

【案例介绍】

智能合约运用实例

弗里德伯格（Dauid Friedberg）2007 年创建了意外天气保险公司（Climate Corporation，现已被孟山都公司收购），为投保人提供自助天气保险服务。投保人可以登录公司网站，选择在一定时间内需要承保的天气情况：温度、雨雪、风暴等。投保人下单后，公司会在 200 毫秒内完成天气预报分析，并结合 30 年来国家气象局数据为客户提供保险产品，出示保费价格表。一旦投保人遭受投保天气造成的损失，无须中介审核，也无须投保人提供受损证明，系统会根据气象站的观测数据自动完成赔付。

法国保险巨头安盛保险（AXA）在 2017 年推出的自动航班延误保险平台 Fizzy，被称为可以实现 100%自动化、100%安全的平台。该平台利用以太坊公有区块链技术记录保险产品从购买开始的一系列信息，平台从全球空中交通数据库中获取航班数据。当航班延误超过 2 个小时，赔付机制将会自动执行，赔付金会直接发放到投保人的“信用卡”账户中，整个过程独立于安盛保险。

【案例分析】

Insurwave 航运保险区块链平台

背景介绍

航运保险在保险业务中占据着重要地位，当下的航运业务较为复杂，各式各样的文件准备时间较长、审核流程复杂，需要消耗大量人力、物力、财力成本，也严重影响了航运的速度和效率，尤其是在信息交流方面交流和等待时间都过长，跨国贸易可能会因冗杂的航运流程面临较大损失。跨国航运业务的复杂性导致了其航运保险的复杂，航运保险需要将所有纸质合同从一个港口运送到下一个港口，供审核后签署。航运行业面临产能过剩、成本较高的问题，在保险索赔过程中，则需要处理大量文书工作。所有的合同都必须经过多次多方签署，从船到船、港到港，历时较长。

面临的挑战和痛点

区块链本身是一个账本，可以记录从开始到最后的全部交易信息，并且这个账本可供所有参与者查阅。区块链的存储与计算都依赖“云”来完成，但云存储与云计算在信任和安全问题方面有很大的争议，假冒、伪造与变造电子签名、木马或病毒损毁等影响着云计算的信任与安全。

项目主要内容

安永会计师事务所与区块链技术公司 Guardtime 联合创建基于微软 Azure 云技术的区块链航运保险平台保险浪潮（Insurwave），这是全球第一个保险行业区块链平台，平台于 2018 年 5 月正式投入商用，该平台参与者还有丹麦航运巨头马士基集团（Maersk）、微软、美国保险标准协会、阿姆林保险、信利保险、韦莱韬悦咨询机构等。

平台旨在实现航运保险生态中任意一方都可以利用分布式记账技术记录包含客户信息、风险敞口、保险合同、航运的相关信息，并在需要时自动进行保险交易。该平台首次将保险客户、保险经纪、保险公司以及第三方机构通过分布式分类账户相连，利用微软 Azure 云计算服务，将以上保险生态链中主体分类，统一整理和规划。

平台在运行初始阶段，充分发挥区块链的优势，为航运保险业的各项“端到端”工作提供便利。Insurwave 平台旨在简化跨国航运审批流程，提高审批运输效率，引入智能合约的设计，可以迅速实现损失的自动赔付，自动完成保险交易，从而便于提高行业的透明度。平台可以记录参与方的各项信息，保护资产安全，迅速提供保险产品定价，及时接收并验证客户通知和损失数据信息，并将信息与保险合同相关联，迅速做出回应，自动进行保险赔付。该平台作为案例已被 WTO 于 2018 年收录到《区块链能彻底改变国际贸易吗》（*Can Blockchain Revolutionize International Trade*?）中。

创新点

航运保险生态链较为复杂，往往涉及跨国业务。由于参与方众多，所以信息传输需要时间较长、各类文件和复印件繁多、交易量大、对账困难。这些业务特性均可能导致数据透明度降低、合规与精准风险敞口管理的难度加大。区块链技术的应用在提高保险公司运营效率和风险管控水平、减少成本、改善用户体验方面具有巨大潜力。

项目经济效益

保险公司可以利用区块链平台，提高数据透明度、减少手动数据输入、降低对账难度及行政成本，以提高效率、增加利润。据2017年奥纬咨询的报告，保险公司利用区块链技术缩减结算周期，每年可以节省100亿至200亿美元。

【本章小结】

区块链作为一种底层技术，将助力保险行业信用基础设施完善。区块链技术在保险领域的应用具有信息安全、真实透明、交易数据可追溯、理赔流程清晰、运营成本低等优点，不仅有助于减少保险欺诈、实现保险业务流程自动化，也将带动保险行业完成技术改革以及商业模式的转变，设计出更加符合客户需求的产品，实现价值创造。

但当下区块链技术尚未成熟，保险行业对于区块链技术的研究大多停留在理论研究阶段，大范围应用还需要很长时间。因此，保险行业应积极寻求技术合作，为区块链技术做好顶层设计，不断尝试运用区块链技术解决保险行业业务痛点问题。

【关键词】

重塑信任体系　预防保险欺诈　商业模式创新　企业联盟　智能合约运用

【思考题】

1. 当下保险行业的经营面临哪些问题?
2. 区块链技术如何促进保险行业改革?
3. 区块链技术如何重塑保险行业信任体系?
4. 区块链技术如何预防保险欺诈?
5. 区块链技术可以从哪些方面革新保险行业商业模式?
6. 智能合约引入保险行业有哪些作用?
7. 试阐述保险行业智能合约购买流程。
8. 试阐述保险行业智能合约执行流程。

参考文献

[1] 保险区块链项目组. 保险区块链研究 [M]. 北京：中国金融出版社，2017.

［2］斯金纳. FinTech，金融科技时代的来临［M］. 杨巍，张之材，黄亚丽，译. 北京：中信出版集团股份有限公司，2016.

［3］赵大伟. 区块链技术在互联网保险行业的应用探讨［J］. 金融发展研究，2016（12）：35-38.

［4］姚余栋，杨涛. 共享金融：金融新业态［M］. 北京：中信出版集团股份有限公司，2016.

［5］杨望，郭晓涛. 区块链助力保险业回归互助本质［J］. 金融博览，2017（17）：58-59.

［6］王行江. 区块链保险应用探索［J］. 金融电子化，2016（10）：23-24.

［7］何定，庄伟铭，刘洋，等. 保险行业区块链应用研究［J］. 信息安全研究，2019（3）：207-216.

［8］许闲. 区块链与保险创新：机制、前景与挑战［J］. 保险研究，2017（5）：45-54.

［9］GATTESCHI V，LAMBERTI F，DEMARTINI C，et al. Blockchain and Smart Contracts for Insurance：Is the Technology Mature Enough?［J］. Future Internet，2018，10（2）：20.

［10］RAIKWAR M，MAZUMDAR S，RUJ S，et al. A Blockchain Framework for Insurance Processes［C］// 2018 9th IFIP International Conference on New Technologies，Mobility and Security（NTMS）.［S. I.］：IEEE，2018：1-4.

［11］COHN A，WEST T，PARKER C. Smart After All：Blockchain，Smart Contracts，Parametric Insurance，and Smart Energy Grids［J］. Georgetown Law Technology Review，2017，1（2）：273-304.

［12］ZHOU L J，WANG L C，SUN Y R. MIStore：a Blockchain-Based Medical Insurance Storage System［J］. Journal of Medical Systems，2018，42（8）：149.

［13］LEPOINT T，CIOCARLIE G，ELDEFRAWY K. BlockCIS：A Blockchain-based Cyber Insurance System［C］//2018 IEEE International Conference on Cloud Engineering（IC2E）.［S. I.］：IEEE，2018：378-384.

第六章
区块链在证券业的应用

【本章要点】

1. 熟悉证券登记业务的发展历程。
2. 掌握我国证券登记结算公司登记服务种类。
3. 熟悉区块链技术如何变革证券登记业务。
4. 熟悉现行证券结算流程。
5. 了解当下证券结算流程的弊端。
6. 熟悉区块链技术运用在证券结算流程方面的优势与局限。
7. 了解证券结算的风险。
8. 掌握区块链技术如何降低证券结算风险。

区块链技术作为一项新技术，在降低证券行业风险、提升行业效率、加快证券行业发展方面将发挥较大的作用。区块链技术在证券行业的应用中有着巨大的潜力，可以用于证券市场各个领域，如证券登记业务、证券结算业务。区块链技术独有的特点可以降低证券登记业务成本，简化结算业务流程，降低结算风险。

第一节　降低证券登记业务成本

证券登记业务由证券发行人发起，主要目的是建立证券购买人名册、记录证券变更信息。它既是一个证明证券持有人相应权利的数据信息簿，也是保障证券持有人合法权益的重要凭证，更是规范证券发行和交易过户的关键。证券发行人会依据名册信息，进行后续的分红、配股、派利等，证券持有人也可以凭借名册信息，向证券发行人要求行使证券所有人权力。

证券登记业务的发起人，除了上市公司证券发行人主体外，还包括非上市以及拟上市公司证券发行人。证券登记业务主要涉及三大类服务：股东名册相关服务、权益的派发与配股相关服务、信息披露义务人查询业务。按照证券的交易环节对证券登记业务进行分类，可分为初始证券登记、变更证券登记、证券退出登记以及其他需要登记的交易环节。

一、证券登记业务发展历史

（一）证券登记纸质凭证

在各国证券市场发展初期，投资者在购买证券后，会获得记录证券持有人姓名、购买数量、票面利率、到期日等信息的纸质材料，股票也是通过发行纸质股票来证明股票所有者权益的。在纸质证券凭证阶段，证券交易的双方按照市场价格当面互换证券和货币，证券发行人需要较长时间核实证券交易的真实性，并准确记录每一笔证券交易，这就导致证券登记业务速度慢、效率低、成本高。后来，托管业务出现，证券发行人把证券登记工作交由证券公司代为处理，证券公司主要利用手工输入的方式来记录纸质证券相关信息。

随着证券市场的不断发展，越来越多的公司上市利用证券进行融资来满足日常经营的资金需要，证券交易量的激增使证券公司面临大量的数据核对、整理工作，纸质证券的交易以及手工记账方式非常容易出现错漏，增加了证券发行人以及投资者的成本，严重阻碍了证券市场的发展。

（二）证券登记业务无纸化变革

1968 年美国开始爆发纸上作业危机，交易量的激增积压了大量交易委托单、办理过户手续的文件。为了解决这一问题，纽交所决定每周三休市，并且缩短每日交易时间来保证证券交易所有充足的时间处理积压文件。之后，美国设立了中央证券存管机构，这是一家提供存管服务的机构。该机构利用电子记账簿简化手工记账的过户程序，优化了纸质证券登记的烦琐流程。证券公司将投资者交付的证券统一交给存管机构，由后者负责相关权益事务，证券得以集中管理，不再需要任何物理上的证券移动，存管机构会定期更新证券持有人电子账本，证券登记业务实现了无纸化与集中化管理。

（三）中国证券登记结算有限责任公司成立

证券登记业务需要由具备公信力的权威机构负责，在中心化的证券体系中，登记业务需要实现中心化操作管理。我国的证券登记机构——中国证券登记结算有限责任公司于 2001 年 3 月经中国证监会批准成立，该公司不以营利为目的，总部设在北京，在深圳和上海均设立了分公司。2001 年 10 月 1 日起，上海、深圳两家证券交易所的登记结算业务全部结转至中央登记结算机构，全国统一的证券登记结算体系已初步建立。

中国证券登记结算有限责任公司登记业务分为三类：初始登记、变更登记、退出登记。具体登记业务类别如图 6-1 所示。

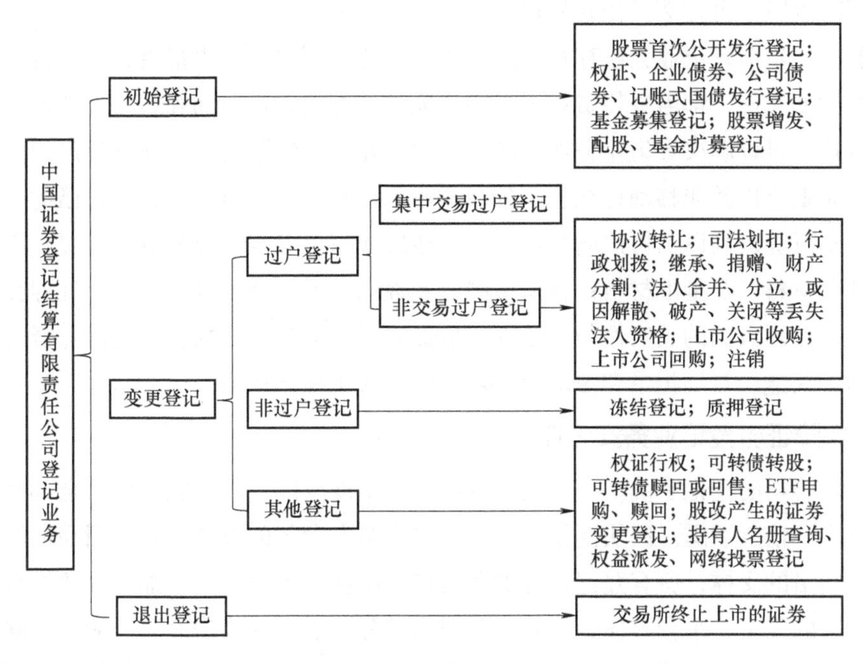

图 6-1　中国证券登记结算有限责任公司登记业务类别

二、区块链技术变革证券登记业务

（一）维护证券登记机构公信力

将证券登记业务整合在一个平台上的任务，需要具有社会公信力的中央机构来完成，设立专门不以营利为目的中央证券登记机构是一个不错的选择。但由于盈利模式的特殊性，该机构需要政府下拨财政资金。区块链技术的共识机制使得全网节点形成去中心化的机器信任，参与者之间无须彼此信任，登记业务的集中有序处理就不再需要传统中央登记机构的公信力。一旦区块链技术替代中央登记机构发挥作用，就可以减少政府为了维持中央登记机构正常运营导致的财政资金支出压力。

（二）简化证券登记业务流程，降低成本

当下，证券登记业务虽然已经交由专门的证券登记机构进行无纸化登记操作，但只是将证券纸质凭证电子化、整个登记业务流程电子化，相应的登记业务流程并未简化。在证券发起人委托证券登记机构办理相关业务时，需要双方签订登记服务协议，来明确双方权利和义务。证券登记业务实行证券登记申请人的申报制，登记申请人需要向登记机构提供申请材料，登记机构在核实申请材料真实、准确、完整后，才可登记。只有登记机构更新持有人名册后，证券新买方才成为证券合法持有人。另外，对于涉及国有股、国有法人股的证券登记业务，需要提供国有资产监管部门的相应批准文件；对于向外国战略投资者发行股份的登记业务，需要提供商务部的相关批准文件；申报或变更的持有人中，类别标识涉及国有股东的，需提供国有资产监管部门出具的国有股东标识加设或变更文件；如果登记机构不具备存

管业务，还需要股东自行选择托管机构。

由此看来，目前登记业务还存在较多问题，签署合同、准备申报材料、材料审核、相关权威部门的批准文件，都需要耗费登记机构与证券持有人大量时间和精力，登记业务成本较高。区块链技术可以解决登记业务成本高的问题，在区块链平台上，任何资产信息都可以实现数字化、无纸化以及非移动化交收。分布式账簿让每个参与节点都会有自己的一份完整账簿；数据的不可篡改性以及可追溯性可以真实地反映每个参与节点的真实情况，不再需要权威机构的证明材料以及批准材料；共识机制以及数据全网可编辑的特点使得证券交易信息可以实时更新，保证数据的真实性与一致性，也保障了证券持有人权益；全网监督可以缩短文件审核时间，快速、自动记录和更新信息可以降低人工操作成本。

（三）保障证券登记业务安全连续

登记结算公司的登记系统，一旦遭受攻击或是出现故障，就可能会导致全部登记业务暂停、网络瘫痪、信息泄露。区块链技术采用分布式节点参与的方式，并利用高性能的服务器作为点对点网络的支撑，所有登记信息被存储在一串使用密码学方法加密的数据块中，可以有效保障信息的安全，平台整体运作并不会因为部分节点遭受攻击而陷入瘫痪，除非黑客攻击超过全平台一定比例的节点，但这一攻击成本较高，攻击者理论上获得的收益会远远少于其付出的成本，并且攻击成本会随着参与节点的增多而攀升。

【案例介绍】

区块链技术变革证券登记业务

首次将区块链技术用于证券行业的是美国的零售巨头 Overstock 公司。2015 年 6 月，该公司利用区块链技术发行了价值 2500 万美元的电子公司债。同年 8 月，该公司推出基于私募、公募股权的区块链交易平台，该平台主要服务于市值超过 10 亿美元且未申请上市的公司。该平台利用彩色币技术来追踪证券的流向，能够更好地登记证券信息。

三、私募证券登记业务电子化

（一）私募证券纸质化流通现状

私募证券发行时，往往需要相应的纸质协议、资产证明或者纸质证券来证明证券购买者所有权，这些纸质材料是维护证券持有人权益的重要凭证。纸质凭证的流转登记给相关登记机构带来了较大的困扰，登记机构需要投入大量时间、人力核实流转信息的真实性，并及时完成私募证券相关登记工作。纸质材料严重阻碍了私募证券的交易流通。从公募证券交易登记相关业务由纸质材料向无纸化电子账簿发展的历史看，私募证券发行、交易、登记业务电子化是一种必然趋势。但当下，私募证券发行还停留在纸质化阶段的主要原因在于技术的局限性。

（二）区块链技术实现私募证券登记电子化

区块链技术可以在证券流通规则不改变的情况下，实现私募证券电子化登记、流通。区块链的分布式账本功能可以准确无误地将私募证券交易信息记录在区块链上；时间戳的特点保证了交易的可追溯性；不可篡改的特点，也保证了私募交易信息的真实可靠性。区块链技术实际上是建立一种不依靠第三方公正机构的机器信任新模式。区块链上记录的相关数据信息可以作为私募证券的电子凭证，交易可以由全网任意节点发起，交易信息被全网监督等特点可以提高私募证券交易效率。区块链技术可以真正实现私募证券登记电子化，只要私募证券在流转交易，区块链上就会形成新的区块，记录这一交易流程，变更私募证券持有人信息，实现登记业务自动化、电子化。

【案例介绍】

私募证券登记业务电子化

2016年1月，纳斯达克（NASDAQ）在拉斯维加斯Money20/20会议上与区块链技术企业Chain联合发布私募股权交易平台Linq。想要发行股票的企业，可自行登录Linq发行股票，投资者也可登录平台购买股票。该平台一方面简化了股票发行企业材料审核流程，使企业能在较短时间内融资；另一方面，企业相关信息公开透明，可供全网点监督核验，股票购买者可查看发股企业历史信息，自行购买股票。该平台减少了内幕交易，实现了私募证券登记业务电子化、自动化。

管理着780亿美元私募股权资产的全球资管巨头北方信托与IBM合作建立了一个私募股权区块链平台，为一家瑞士资产管理公司Unigestion提供服务。现在，企业级版本Hyperledger Fabric正在运行中，IBM主要负责平台的硬件安全。北方信托又于2018年3月与普华永道合作推出了一款新工具，该工具支持私募股权基金的审计人员快速访问区块链上储存的私人数据。

第二节 简化证券结算流程

证券结算在整个证券交易流程中一般被称为后台环节，是交易完成后证券和资金正确转移的过程。现行证券结算机制中，引入中央对手方直接或间接地参与买卖双方的市场交易之中，通过实施多边净额担保结算，显著降低了证券市场的交收风险。随着市场发展，进一步提高交易完成的效率、降低交易成本的需求日益强烈。区块链技术的出现，使得去信任机制可以省去第三方中介（即中央对手方），从而提高资本市场运作效率，尤其是交易结算效率。本节从介绍传统结算流程入手，就区块链技术在证券结算流程中的应用展开讨论，分析区块链技术可能给证券结算带来的改变。

一、证券结算流程

（一）现行证券结算流程

证券结算可以划分为清算和交收两个主要环节。清算是证券交易所按照清算交易规则计算交易各方的证券和资金的应收、应付数额的行为，属于“算账”环节。交收是指根据清算结果，按照先前约定的时间转移证券和资金以履行合约的行为，属于“结账”环节。

按照证券结算过程进行的先后顺序，可以将证券结算划分为交易数据接收、清算、发送清算结果、结算参与人组织证券或资金以备交收、证券交收和资金交收、发送交收结果、结算参与人划回款项、交收违约处理八个步骤（见图 6-2）。

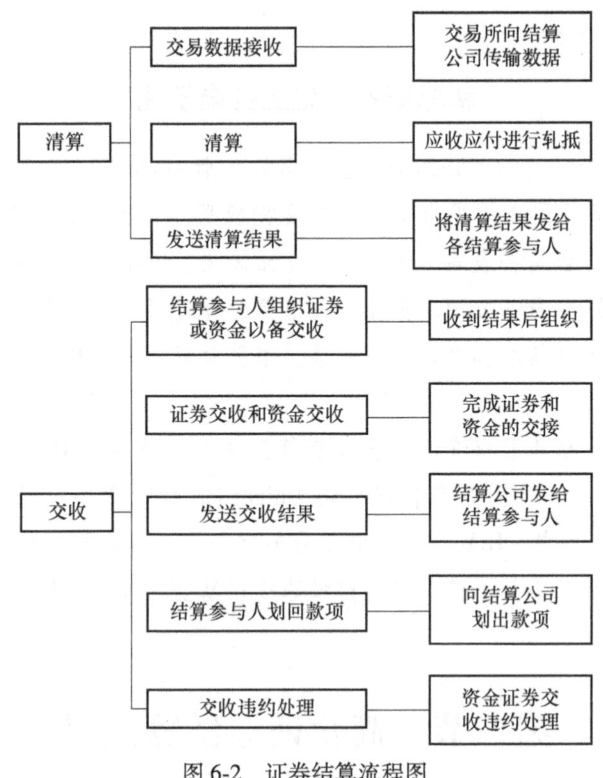

图 6-2　证券结算流程图

深圳证券交易所和上海证券交易所都遵循以上的交易流程和原则，但是具体实施过程中又有各自的特点。在上海证券交易所，两级结算实际上是由中国证券登记结算有限公司上海分公司集中一次性进行的，由结算公司直接完成证券在投资者之间的转移；而在深圳证券交易所，在由中国证券登记结算有限公司深圳分公司集中进行证券结算的同时，由证券商进行与投资者之间的结算，之后通过两级结算来完成证券在投资者之间的转移。

相比于深圳证券交易所、上海证券交易所，香港证券交易所拥有更加完善的交易体系，但在证券结算时也遵循以上流程。

（二）证券结算原则

证券结算遵循净额清算、中央对手方、分级结算和货银对付四个基本原则。净额清算又称差额清算，是指在一定时期内，不按照逐笔交易的发生额而是按照收支轧差后的净额支付的行为，可分为双边净额清算和多边净额清算。目前的证券交易多采用多边净额清算方式，即在一个清算期中，将某一结算参与人所有达成交易的应收、应付证券或资金进行轧差，计算出该结算参与人相对于所有交收对手方累计的应收、应付证券或资金的净额。这种结算方式可以简化操作手续，减少资金在结算环节中的占用。

中央对手方（Central Counter Party，CCP）是指在结算过程中，介入交易双方的交易关系中，作为所有买方和卖方的交易对手，并保证交收顺利完成的主体，一般由结算机构充当。

分级结算是指证券登记结算机构与结算参与人之间进行一级结算，结算参与人与投资者之间进行二级结算。具体来说，证券登记结算机构负责办理证券登记结算机构与结算参与人之间的集中清算交收；结算参与人负责办理结算参与人与客户之间的清算交收。[⊖]分级结算制度减少了证券登记结算机构直接面对交收对手方，提高了结算效率，也有利于结算机构控制交收违约的风险。

货银对付（Delivery Versus Payment，DVP）指的是将证券交收和资金交收联系起来的机制，是指在办理资金交收的同时完成证券的交收，通俗地说就是“一手交钱，一手交货”。货银对付机制对防止买空和卖空行为的发生，维护交易双方正当权益，保护市场正常运行起着关键的作用。

在具体的结算业务中，一级结算由证券登记结算机构负责组织完成，二级结算由结算参与人负责组织完成。一级结算中证券登记结算结构根据业务规则作为结算参与人的中央对手方，采用多边净额清算的方式计算每个结算参与人与中央对手方累计的应收应付证券、资金，得出清算结果之后，按照货银对付的原则，以结算参与人为结算单位办理清算交收。之后再由结算参与人完成与客户之间证券和资金的二级交收。

（三）现行证券结算流程的弊端

现行的证券结算体系保证了证券交易的正常进行。以中央对手方制度为核心的中心化的证券交易结算体系提高了证券结算效率，但是也存在一些有待解决的问题。

1. 信用风险

中央对手方制度将所有结算参与人所面临的信用风险集中转移到了充当中央对手方的证券登记结算机构身上，在这种情况下，风险并没有得到消除或者是降低，仅仅发生了转移。在实际交易中，如果交易的一方违约，证券登记结算机构作为中央对手方

⊖ 中国证券监督管理委员会，《证券登记结算管理办法》，2018 年 8 月修正。

仍然要向交易履约的一方履行应付证券或资金交收义务。这样的制度下，一旦出现大量结算参与人违约的情况，证券登记结算机构为了维持市场交易的稳定需要垫付大量证券和资金。如果作为整个交易核心的证券登记结算机构出现流动性风险，就会引发更大的连锁反应，整个证券交易系统可能会面临崩溃的风险，对整个金融体系和社会经济都有巨大的负面影响。

2. 中心化的系统带来的隐患

中央对手方制度实际上构建了一套高度中心化的交易体系，在提高了交易效率的同时，也带来很多风险。由于所有结算参与人的交易都要由中央对手方来完成，因而整个交易体系形成了对证券登记结算机构交易系统的依赖。证券登记结算机构所指定的结算银行出现资金问题会使得货银对付无法实现；中心化的网络系统中，对中心节点的网络攻击会影响整个交易账本的安全；此外，证券登记结算系统在遇到物理故障、出现人为操作失误等意外情况时，也会影响证券结算业务的正常进行。

3. 中间交易环节成本高

传统证券交易需要经过证券交易所、登记机构、托管银行、证券经纪商（证券公司）、和结算机构的各个环节才能完成，涉及跨境交易时，还会经过国际中央证券存管机构的相关环节。专业化细分使得市场参与各方收获分工收益的同时，也造成市场交易结算业务中间环节多、业务流程长、处理成本高，原因在于证券的交易和结算需要以上这些机构的分工协作才能完成。以美国股票市场为例，美国股票市场交易结束后结算流程涉及的参与方包括买卖双方的经济商（相当于我国的证券公司）、托管银行、交易所以及负责交易结算的美国存管信托和结算公司（Depository Trust & Clearing Corporation，DTCC），从交易指令发出到结算结束需要 T+3 天的时间。而且中央结算机构出于防控系统性风险的需要，对结算参与人提出保证金的要求，也会造成市场参与者资金占用的问题，这无疑也增加了整个交易的成本。

二、区块链技术在证券结算流程的应用

区块链技术将多种技术结合在一起，将自身打造为一台精密的“信任机器”。这种去中介信任技术为解决由中心化交易系统引发的一系列问题提供了一个充满发展前景的解决方案。

（一）应用前景

区块链技术和智能合约技术，能够有效弥补目前证券结算领域的不足。在信任建立机制方面，区块链技术通过电子签名等技术来确认不同结算参与者的身份，搭建分布式结构和结算参与者共识机制，形成不同结算参与者作为节点的共同参与维护的分布式数据库系统，以此实现互不相识的交易各方之间的信任。在减少交易环节方面，区块链技术通过将不同的交易合约转化成智能合约，在符合交易的条件下，自动完成资金和证券的划转。证券清算业务和智能合约技术的结合，可以实现点对点的实时交易，大幅缩短结算所需时间，大大提高结

算流程的效率；交易完成后，系统将交易信息广播到各个节点，信息由系统自动公布，最大限度保证了信息的公开透明，减少了由于信息流转效率低而造成的信息不对称问题。区块链技术使得整个结算流程以一种高度自动化的形式进行，最大限度减少人工操作带来的差错，提高了系统运行的稳定性。

（二）优势分析

区块链技术在结算领域的应用优势，主要表现在以下方面。

1. 降低数据管理成本和协调成本

在基于区块链的结算系统中，所有的交易信息通过系统进行实时广播，每一个参与节点都可以同步更新最新的总账本。这样一来，区块链技术不但实现了价值在全体交易参与者之间的自由流动，减少了各个参与主体之间由于系统不兼容而带来的交易数据协调的需求；还使得集中维护数据的中心化交易体系失去必要性。这些改变可以大幅度降低证券交易成本，提高结算效率。

2. 自动清算并结算

区块链技术通过和智能合约技术结合，可以实现后台大多数交易流程的自动化操作，省去了传统结算流程中的确认和对账环节，交易更加便捷。一笔交易完成并且被录入已经形成的区块中，经由共识机制确认之后就无法更改。随后智能合约根据是否满足交易条件来决定是否执行交易，一旦所有条件都满足，资金和证券等交易标的就会按照合约制定的数额自动划转。清算和结算流程均在算法控制下精确地、自动地执行。

3. 灵活的结算时间

在我国现行的证券交易中，A 股和 B 股都实行 T+1 的交收周期。这种交易模式下，即便是最好的情况，证券参与者的证券和资金也要一个完整的工作日之后才能到账。在美国等境外交易市场进行的交易，甚至需要两个工作日或者更久。在以中央对手方为核心实施的多边净额清算体系中，要想实现 T+0 这样接近实时结算的交收，就需要证券结算机构预先准备大量资金和证券，但这对流动性管理提出了很高的要求。区块链技术的点对点网络省去了中央对手方，交易参与方直接交易，极大地提高了交易的时间灵活性。

4. 安全性增强

首先，区块链技术降低了证券交易中的单方面违约风险。当前的交易模式中，中央对手方承担了所有交易对手的信用风险。在区块链技术得以应用后，系统内的证券和资金可以实现真正意义上的货银对付，或者交易完成——证券和资金同时划转，或者交易失败——证券和资金都不划转，单方面的违约情况得到了很好的遏制。不仅如此，公钥和私钥确保所有的交易记录都无法伪造，幌骗[㊀]和裸卖空[㊁]等违法的证券交易行为也

㊀ “幌骗”是一个金融术语，是指在股票市场或者期货市场交易中虚假报价再撤单的一种行为：即先下单，随后再取消订单，借此影响股价。

㊁ “裸卖空”（Naked Short Selling），是指投资者没有借入股票而直接在市场上卖出根本不存在的股票，在股价进一步下跌时再买回股票获得利润的投资手法。

得以避免。

其次，区块链技术可以提高交易的透明度从而间接增强交易安全性。区块链记录的每一笔交易都是实际进行的交易，同时由时间戳记录交易的先后顺序，保证了证券交易记录不可篡改，对于所有资金和证券的流向均可追溯源头。整个交易账本的公开、透明、可追溯，为监管机构进行监管提供了极大的便利，因此也提高了交易安全性。

最后，区块链上每一个节点都拥有一份完整的交易账本，构成了分布式数据库，有效提高了系统承受单点攻击的能力。一方面，要想篡改账本必须具有一定比例的全网算力，提高了网络攻击者的门槛；另一方面，每一个参与节点都有完整的交易记录，可以很快地恢复交易数据。

（三）局限性分析

区块链技术应用于证券结算可以给证券结算带来根本性变革，但是从设想到成熟的技术落地往往需要很长时间的发展阶段。证券结算是金融行业一个核心的业务内容，只有成熟的、经受实践多次检验的成熟技术才能被采用。区块链技术在大规模投入商用之前，需要解决以下几个问题。

1. 技术发展滞后带来的成本增加

虽然区块链基础技术早已存在，但其仍处在初级发展阶段，实际应用时仍面临着多种需要攻克的技术瓶颈。实际证券交易中每天的交易量十分巨大，然而区块链中每个区块的容量限制了一个区块上可记录的交易笔数，为了记录所有的交易记录就需要产生更多的区块。但是每产生一个区块都需要占用一定的存储空间并且耗费大量时间，最终整个区块链账本所占空间会非常大，带来额外的数据存储成本。

2. 通信延时问题

区块链技术的另一技术瓶颈是通信延时问题。区块链采用网络广播的方式发布交易信息，4G 技术下交易信息发送至全部节点需要耗费一定时间，节点会随着平台参与人的增多不断增加。当网络使用率较高且带宽资源紧张时容易出现信息传输阻塞，导致交易信息不能及时地传递到结算参与人。

3. 监管风险

区块链在越来越多的金融场景中落地，逐渐从小规模的前沿探索走向大规模的商业化应用。在带来便利的同时，也给现有制度和法规带来了全新的挑战。法律法规有着固有的滞后属性，关于金融资产在区块链登记、结算等流程中结算参与各方所拥有的权利以及需要履行的义务，现有的法律并未明确规定。要想健康茁壮地发展，区块链技术需要接受更全面的法律监管。

通过总结以上内容，可以将区块链技术应用于证券结算之后的区块链结算系统和当前未应用区块链技术的结算系统做一个对比，见表 6-1。

表 6-1　现行结算系统与区块链技术结算系统的比较

不　同　点	现行结算系统	区块链技术结算系统
数据存储方式	集中式；存储在各金融中介系统中	分布式；多份副本存储在结算参与方中
数据一致性	各自保存自有数据；后台调整	数据同时更新；自动保持一致
证券持有方式	间接持有	直接持有
结算机制	中央对手方	智能合约
结算周期	T+1，T+2，T+3	近乎实时结算
数据管理	独立的数据库管理系统	由有权限的节点维护
透明度	仅特定机构可见部分交易记录	可追溯券款历史记录

第三节　化解结算风险

证券结算过程中存在许多风险，其中最重要的风险是信用风险。当前我国结算模式下，信用风险主要通过中央存管机制解决，由存管机构担任买卖双方的中央对手方，负责证券结算，承担信用风险。但由于中央存管机制效率较低、信用风险大，涉及法律关系复杂，货银对付原则难以实现。一些国家的资本市场已经开始利用区块链技术改造其证券登记结算系统。

一、证券结算过程中面临的风险分析

结算机构在结算中面临多种风险，根据风险的成因，可以分为信用风险、市场风险、操作风险、流动性风险、声誉风险等八种风险。

1）信用风险指的是交易一方不能履行或不能全部履行证券和资金的交收责任，是由证券交割与资金支付不同步所造成的。这种风险对风险承担者来说，又可分为两个方面：一为本金风险（Principal Risk），是指现期进行证券交割或资金支付的一方未收到对方相应的资金或证券，而造成的全部资本损失的风险，该风险是由证券交割与资金支付不同步所造成的；二为重置成本风险（Replace-cost Risk），是指交易的一方没有履行证券交割或资金支付的义务，也没有采取任何补救措施，而给另一方造成的不能再按已达成的价格进行另一次交易的风险，该风险是由交易达成至交易结算的时间差内的市场价格变化所导致的。信用风险的承担者实际上总是同时承担着重置成本风险和本金风险。结算机构之所以会存在这种风险，是因为在中央存管机制下，中央结算机构介入了投资者的“承诺”，成为证券买卖合同的当事人。

2）市场风险是指因市价的不利变动而使结算机构发生损失的可能。市场风险一般包括利率风险、汇率风险、股价风险和商品价格风险。其中涉及结算机构的主要是股价风险。如结算结构收取用作质押的股票，股价下跌则可能导致担保额不足，从而给结算机构带来损失。

3）操作风险是指因结算机构操作失误而带来损失的可能。2013 年 8 月 16 日，光大证券公司策略投资部的套利策略系统由于设计缺陷出现故障，出现价值 234 亿元人民币的错误买盘，成交约 72 亿元。这一数额远超光大证券公司备付金账户的余额，虽然事后光大证券公司补足了资金，但这一事件说明操作风险的出现无法提前预知并采取防范措施。

4）流动性风险是指因无法及时满足交付资金的需要而带来的损失。如结算机构在特定时期内无法足额拿出现金交付给交易对手方，从而可能给自己带来损失。

5）国家风险是指结算机构在与境外的交易对手方结算时，因对方国家的政治、经济、社会等方面发生变化而导致交易对手方无法将资金汇回而带来损失的可能。目前这种可能性主要发生在 B 股的结算中。

6）声誉风险是指因意外事件、政策调整、市场表现或日常经营活动所产生的负面结果，可能对结算机构的声誉造成影响从而导致的损失。如结算机构出现大量亏损的消息传出，则可能使交易对手方对其信用产生怀疑，从而拒绝与其交易，进而导致结算机构的损失。比如投资者可能在听到结算机构深度亏损传言时暂停交易，从而给结算机构带来损失，这就是声誉风险的体现。

7）法律风险是指结算机构在日常经营中因违法违规而招致诉讼或监管部门行政处罚而可能带来的损失。这种情况在法制不健全时尤为多发。

8）战略风险是指结算机构在发展中因不当的战略规划而给自己带来损失的可能。结算机构在某一区域内对自己将来的定位失误，在结算机构全球化整合的情况下，可能会在将来带来损失。

结算机构面临的风险其实远不仅限于此，但以上八种风险最为常见。在这常见的八种风险中，又以信用风险最多发，给结算机构造成的损失最大。

二、中央存管机制下的信用风险

资本市场中，由于存在众多上市公司与投资者，完成证券的正常交易需要依托第三方存托管机构，第三方存托管机构为交易提供担保，同时完成证券的交割清算，这就是证券交易中的中心化信用。

（一）中央存管机制

中央存管（Central Securities Depository，CSD）机制下，由于涉及多个机构，所以业务程序较为复杂。

1. 中央对手方成为缔约方

中央对手方（CCP）主要为外汇、股票、期权和金融机构的衍生品交易合约提供清算和结算服务，承担交易双方之间的交易对手信用风险。在 CSD 机制下，所有投资者开立的证券账户由 CCP 存管。由于所有投资者的股票账户都在中央对手方保管结算，因而投资者发出买卖股票指令后，只要自己账户的资金或股票足够，就会自动撮合交易，交易结果反映为股票和账户余额的变化，由 CCP 负责结算和清算。在证券结算领域，CCP 作为公共对手方间接将投资者、券商和其他结算参与者连接起来，CCP 根据合同规则与买卖双方做对手方。买方和卖方之间的原协议将被两个新的合同取而代之：中央对手方和买家之间的合同中，卖方是中央对手方；CCP 和卖方之间的合同，CCP 作为买方；股票交易系统中的买方和卖方在证券交易所表示同意后，CCP 自动直接参与它们的交易。由于原来的合同是由新合同所取代，信用的买家和卖家之间的关系转换成卖方和 CCP 之间的关系，以及买家和 CCP 之间的关系，从而降低了整体的信用风险。

2. 中央存托管机制下证券的持有模式

中央存托管机制下，证券的持有模式可分为直接持有与间接持有，以投资者是否以自己的身份信息在 CCP 下开立证券账户为划分标准。在直接持有模式下，CCP 可直接为投资者开立证券账户，相关权责认定直接发生在中央存管机构与投资者之间。在这种情况下，即使证券公司破产倒闭，也不会影响投资者的利益。在间接持有模式下，投资者的证券委托给证券公司保管，中央存管机构的对手方为证券公司形成了二级托管体系，中央对手方只有证券公司的明细账户，而没有股票权益持有人的明细。

（二）中央存管机制存在的风险

在 CSD 机制下，所有投资者开立的证券账户都由中央存管。这种方式既为账户的安全性提供了保证，也为证券交易的顺利进行提供了保障。在很长一段时间内被世界各国的资本市场所采用。不过在 CSD 机制下由于多出一个中央对手方，所以效率变低，信用风险的降低是由效率损失换来的。而且整个交易过程过于复杂，存在以下几方面的风险。

1. 运行效率较低导致的结算风险

在 CSD 机制下，证券的买卖双方在交易后，不能马上履行合同，要等待中央对手方对证券交易进行结算。而且这仅仅是证券账户的变动，如果加上资金的结算，流程将更为复杂，时间成本与经济成本较高。客观来说，风险应该与结算周期成正比，周期越长，证券持有人的风险越大。

2. 无法实现货银对付造成的信用风险

不论是在一级还是二级存管机制体制下，投资者与证券公司都必须在银行开立结算资金的账户，而中央证券存管机构必须将投资者或者证券公司存入的清算备付金全额存入清算备付金专用存款账户。因为证券结算程序复杂，资金收付与证券交割不能同时完成，而是在成交日的下一个或者多个工作日才能完成，所以证券的卖方不能第一时间收到资金，证券的买方不能第一时间收到证券，导致无法实现货银对付。

3. 多个主体导致的信用风险

中央存管机制下，往往涉及多方主体，包括中央证券存管机构、证券经纪商及商业银行等，形成了较为复杂的信用关系，增加了信用风险。

三、区块链技术对 CSD 的改进

2018 年 1 月 16 日，澳大利亚证券交易所（Australian Securities Exchange，ASX）发布公告，称将使用区块链取代其现有清算及结算系统，成为全球首家利用分布式账本技术取代原有 CSD 的证券交易所。

（一）ASX 区块链结算系统的运行机制

2001 年，ASX 在《公司法》（Corporations Act 2001）框架下制定了《ASX 结算和转让私人有限公司（ASTC）结算规则》。该规则详细规定了 ASX 市场的结算流程，ASX 清算公司（ASX Clearing）作为中央对手方，成为每个卖方的买方和每个买方的卖方，处理 ASX 所有证券交易的清算事宜。目前 ASX 结算公司（ASX Settlement）通过运行 CHESS（Clearing House Electronic Subregister System）进行证券结算。结算授权经纪人、托管人、机构投资者以及结算代理人等结算参与人通过 CHESS 结算自己或其客户的证券交易。通常在买方和卖方达成交易后的三个工作日内，实现货银对付。经过近 20 年的完善，CHESS 已经成为世界上较为先进的证券交易结算系统，为 ASX 主要业务的效率提高和交易安全提供了强有力的保障。虽然几经改进，但 CHESS 在交易效率方面仍然有很大的提升空间。例如，CHESS 原有证券结算周期为 T+5，2016 年 3 月缩短为 T+2。CHESS 较为复杂的程序设计以及硬件要求，使得其运营成本比较高。因此，ASX 于 2015 年就开始评估 CHESS 的替代选择。2016 年 1 月，ASX 选择 Digital Asset 作为技术合作伙伴，使用区块链技术开发新的证券结算系统。2017 年 12 月，ASX 完成了对区块链技术的分析和评估。替代 CHESS 的新系统建立在经过许可的分布式账本上，直接参与节点的所有用户都需要接受由 ASX 管理和控制的业务流程。节点允许用户实时查看与其相关的结构化数据，包括客户端和参与者位置数据。用户可以根据需要复制和查询这些数据，从而节省不同来源的外部数据的协调过程。当然，新系统还有很多复杂的技术细节不得而知。不过，它就是区块链技术在证券结算上的应用，区块链技术可以使证券结算流程更简便、更快速和更经济。区块链的分布式账本技术可以使参与者实时访问正确的交易结算数据，而无须咨询证券交易所。此外，基于区块链技术的新系统将降低风险、成本和复杂性。ASX 的首席执行官 Dominic Stevens 预测，新系统可以为上市公司和投资者节约大概 5%的成本，节约的总成本高达 230 亿美元。

（二）基于区块链技术的证券交易信用机制

区块链技术的证券结算系统，因其去中心化的特点，不需要中央对手方，而实现了整个交易架构的扁平化，相关权责关系清晰、明了。信用关系也由“对中央对手方的信任”转化成“对技术的信任”。

（三）区块链本身就是一种信用机制

区块链为代表的分布式账本的技术特点就是可以使处理系统和管理流程公开化、透明化，所有节点均可参与系统信息的录入和验证工作，对系统信息享有充分的知情权。区块链的信用是直接建立在当事人之间的，无须通过第三方机制保障。所有参与者的账户分布在区块链信息链上，无须借助中央银行、商业银行及其他任何第三方组织，即可在交易双方之间直接完成支付。可以说，区块链技术利用分布式账本的记账方式和智能合约的执行，使信用脱离传统意义上的个体证明和第三方认证，而且凭借基于去中心化的多点记账和自动算法构成的共识机制，创造了一个可以避免人为操纵和篡改的资产交易记载和证明体系。

（四）证券持有模式以直接持有为主

区块链中，所有投资者“面对面”交易，其买卖行为无须第三方确认或担保，每个节点的信息在保护当事人隐私的前提下都由本节点直接记录，这就要求证券由投资者直接持有，而无须托管。直接持有模式下，所有信息可以准确地溯源到投资者，证券结算也直接在买卖双方之间进行，无须经纪公司或其他第三方介入。开户银行作为结算参与者，在收到系统证券交易信息后，自动执行资金划拨。这使得证券交收可以实时结算，真正实现货银对付。

（五）证券交易无中央对手方，无须合同替代

CSD 模式下的证券交易是极端中心化的，所有买卖行为都需要中央存管机构充当买卖双方的中央对手方。因此，如前所述，原本存在于投资者之间的一份买卖合同被买卖双方分别与中央对手方之间的两份买卖合同所替代，这在法理上与传统合同法冲突。区块链中，这些问题因投资者之间的直接交易而迎刃而解。区块链中的交易减少了诸多环节，不但节约了成本，还分散了风险，风险承担机制由中央对手方担保变为由交易双方当事人自行承担，以前集中在集中式分类账中的数据和风险分散到了所有参与者（节点）上，既公平合理，又符合法理。

基于区块链技术的结算系统是金融科技在证券交易业务中的革命性创新，颠覆了传统观念和技术，给既有机制带来很大的冲击和改变。当然，CSD 作为成熟的证券结算系统和证券交易信用机制，其安全性和稳定性长期以来已经被验证，短期内是不可能完全被区块链系统取代的。当下，区块链的技术优势已经被各国（或地区）的证券交易所、监管机构所认识，一些 CSD 以及证券结算环节中的参与者正在改变它们对这些新技术及其在区块链世界中未来地位的看法。不断增加的监管、陈旧的系统和成本压力是 CSD 将区块链应用于某些方面的驱动因素。它们越来越多地将区块链技术视为有效处理现有业务和创新服务的推动者，而不是对现有体制的威胁。

【本章小结】

完整的证券交易过程由证券登记和证券结算组成。现行的证券登记业务采用的电子账本，是由传统的纸质登记凭证发展而来的。证券登记的电子化实现了集中管理，提高了效率，但是仍然存在许多可以改进的地方。将区块链技术应用于证券登记业务，可以进一步降低证券登记业务的成本，提高证券登记的安全性，同时有利于推动私募证券电子化的实现，进而推动私募证券登记统一。

现行的证券登记流程经过多年的发展，已经有了一个比较成熟的模式。但是现行的证券结算流程并不高效，并且该模式下存在一些难以规避的风险。区块链技术的点对点分布和去中心化的特点应用于证券结算流程，有助于解决当前证券结算流程存在的问题，降低结算风险。

区块链技术的应用和发展有望为证券业带来巨大的变革，是目前相关从业者关注的重点，但是除了关注区块链技术自身的发展以外，技术发展带来的相应监管问题也不可忽视。

【关键词】

证券登记　登记业务电子化　证券结算　效率　结算风险　中央存管机制

【思考题】

1. 当下证券登记业务存在哪些问题？
2. 区块链技术将从哪些方面影响证券登记业务？
3. 简单介绍现行的证券结算流程。
4. 区块链可以从哪些方面优化证券结算流程？
5. 当前证券结算流程存在哪些风险？
6. 现行中央存管机制的哪些不足会引发信用风险？
7. 区块链技术如何降低证券结算风险？

参考文献

[1] 张瑞平. 我国证券结算的信用风险控制研究［D］. 北京：中国政法大学，2010.

[2] 赵鹞. 区块链技术在金融行业应用研究［J］. 武汉金融，2018（3）：10-15.

[3] 董安生. 证券持有模式及不同持有模式下持有人权利［N］. 中国证券报，2005-12-27（C05）.

[4] WORKIE H，JAIN K. Distributed Ledger Technology：Implications of Blockchain for the Securities Industry［J］. Journal of Securities Operations & Custody，2017，9（4）：347-355.

[5] 赵磊. 信任、共识与去中心化：区块链的运行机制及其监管逻辑 [J]. 银行家，2018 (05)：134-136.

[6] 袁康，冯岳，莫美君. 从主体信用到算法信用：区块链的信用基础与法制回应 [J]. 银行家，2018 (05)：137-139.

[7] DEMEIJER C R W. Blockchain and the Securities Industry：Towards a New Ecosystem [J]. Journal of Securities Operations & Custody，2016，8 (4)：322-329.

[8] MORI T. Financial Technology：Blockchain and Securities Settlement [J]. Journal of Securities Operations & Custody，2016，8 (3)：208-227.

[9] CHIU J，KOEPPL T V. Blockchain-based Settlement for Asset Trading [J]. The Review of Financial Studies，2019，32 (5)：1716-1753.

[10] PAECH，PHILIPP. Securities，Intermediation and the Blockchain：An Inevitable Choice Between Liquidity and Legal Certainty? [J]. Uniform Law Review，2016，21 (4)：612-639.

[11] CULP C L，NEVES A M P. Risk Management by Securities Settlement Agents [J]. Journal of Applied Corporate Finance，1997，10 (3)：96-103.

第七章 区块链在供应链金融的应用

【本章要点】

1. 熟悉供应链金融的发展历史。
2. 了解供应链金融的产业规模。
3. 熟悉制约供应链金融发展的瓶颈。
4. 掌握区块链技术如何完善供应链金融的不足。
5. 熟悉区块链技术在供应链金融中的应用场景。
6. 了解区块链技术和供应链金融资产证券化的结合方式。
7. 掌握区块链技术赋能供应链金融平台的具体结构。
8. 了解“债转”平台的运行流程。
9. 熟悉“债转”平台解决的问题。

作为解决中小企业融资难、融资贵问题的有力手段，供应链金融自诞生以来，其独到的模式得到了市场主体的追捧。近几年各商业银行、行业龙头及核心企业、供应链公司、物流公司、金融信息服务公司等纷纷加入供应链金融业务中。

供应链金融业务的突出特点表现为参与主体多元化，以及具有自偿性、封闭性和连续性。供应链各主体由于交易产生的上下游关系将业务、资金紧密结合在一起，从而使得各参与主体的信用风险紧紧地联系在一起，供应链金融业务产生的各种物流/资金流/信息流的繁芜复杂加剧了供应链金融的风控难度。因此在供应链金融操作中，如何清晰地定义各参与主体的权利，如何识别、控制各操作流程中的风险，如何协调各参与主体在商流、物流、资金流、信息流、单证流管理及流转等方面的权利义务，成为供应金融业务发展中的重要风险控制机制。随着时代的发展，传统供应链金融依靠捆绑单一核心企业的粗放式模式已经不能满足目前金融多元化发展的需求，而且传统模式存在信息不对称、不透明、作假、被篡改的风险，这些风险都成为供应链金融发展的瓶颈。

近年来区块链技术受到全球各界关注和追捧，被称为继云计算、物联网、大数据后最具发展前景的革命性技术。区块链技术通过分布式系统核算和存储，具有信息无法篡改、去中心化、开放性等特征。将区块链技术应用于供应链金融领域，两者紧密结合，可以很好地解决供应链金融中的问题，降低银行的风控成本，解决供应链金融领域中中小企业缺乏信用的问题，将优质核心企业闲置的银行信用额度传递给中小企业，实现整个链条上信任的流通。同时也能够很大限度上规避或控制传统供应链金融业务操作过程中的相关风险，加快供应链金融市场的发展。本章主要介绍区块链技术在供应链金融和供应链金融资产证券化中的应用。

第一节 供应链金融的发展

供应链金融的发展是随着企业发展不断完善的过程，供应链金融概念最先是在西方发达国家兴起的，之后经过多年完善才流行起来。国内对供应链金融的定义为：供应链金融是指以核心客户为依托，在真实贸易的背景下，运用自偿性贸易融资方式，通过应收账款质押登记、第三方监管等手段封闭资金流或者控制物权，为供应链上下游企业提供综合性金融产品和服务。本节将介绍我国供应链金融经历的三个发展阶段。

一、供应链金融的发展历史

供应链金融的第一阶段为“1+N”模式（见图7-1），2006年由深圳发展银行率先推出。“1”表示核心企业，供应链金融围绕某一核心企业，从原料采购、产品生产到销售，形成一条完整的供应链。这条供应链分别连接着供应商、经销商等，并且为上下游企业提供融资服务，由此提升整条供应链上企业的价值。“1+N”模式的供应链结构中，不同的主体对应着不同的金融服务模式。核心企业，由于自身拥有众多资源、竞争力较强，因此其供应链金融一般是企业信用贷款、短期优惠利率贷款。上游供应商依托与核心企业的交易关系而获得信用支持，包括合同、订单、应收账款等。下游经销商与核心企业大多采用先付款后发货的方式，有时采用信用额度内的赊销方式，所以下游经销商一般以动产或者货权质押的预付款融资为主。

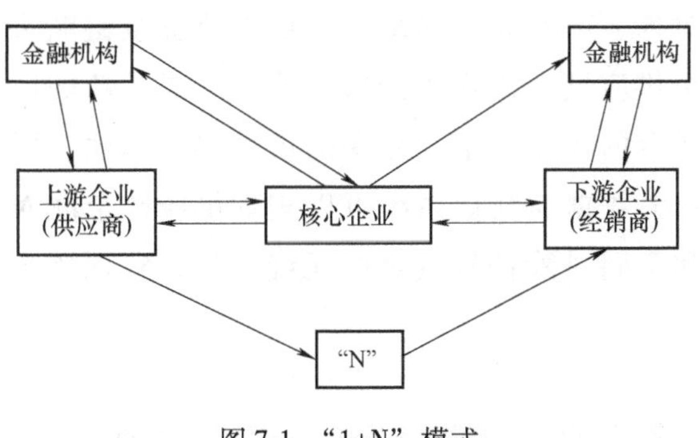

图7-1 “1+N”模式

传统的金融服务模式下，信用评估主要基于单个企业的信用等级、盈利能力和担保抵押等，而“1+N”供应链金融模式授信评估采用新的视角，从整个供应链交易出发，整体的信用等级和盈利实力降低了金融服务中的风险，同时扩大了金融服务的范围，实现了效益最大化。但这一阶段的供应链金融是线下模式，效率低下，不利于供应链金融的发展壮大。

供应链金融第二阶段与第一阶段的最大差别是第二阶段通过虚拟的互联网将物流、商流、资金流、信息流融合到一起，形成了“四流合一”。物流、信息流和资金流等都不再采用线下方式，减小了信息在传递过程中的波动，即减少了牛鞭效应㊀的影响。在供应链金融第二阶段资金提供方得到了极大的丰富，不仅银行、物流企业、大数据互联网公司，所有拥有线上交易平台的企业也都能成为供应链金融资金提供方。在传统金融机构中的应收账款融资产品转变为“池融资”，通过将供应链上各企业的应收账款信息汇聚在一起，得出授信额度。

由图 7-2 中可以看出，供应链金融第二阶段不再拘于一根链条上的融资，而是形成了一张网，产生了多个节点，使得各个节点上的企业都可以获得融资，金融服务面向的对象更加多元。总体来说，供应链金融第二阶段的互联网化使得金融机构获取信息的速度得到了提升，放贷速度加快，操作得到简化。然而第二阶段的供应链金融仍然存在些许缺陷，由于信息的整合依旧处在初级阶段，重要的核心数据仍难以统一，因而没有办法精确评估中小企业的信用风险。

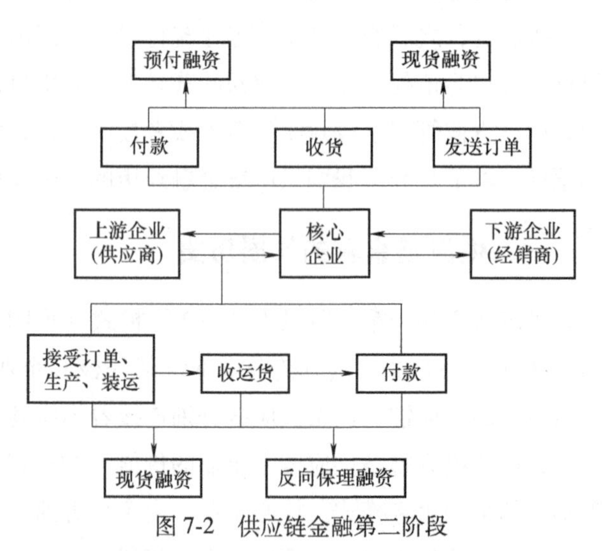

图 7-2　供应链金融第二阶段

供应链金融的第三阶段为“N+1+N”平台发展模式，此阶段互联网技术与供应链金融高度融合。这里的“1”不再是指核心企业，而是指组建的供应链综合服务平台。各产业链的参与主体依托互联网技术组建成平台，进而实现金融借贷的“去中心化”，有效地解决了信息不对称、产能和金融配置缺位以及资金链断裂的问题。第三阶段的区块链不再局限于单个供应链，出现了开放特质，形成了新的商业模式。该种模式可以有效地整合供应链平台的各个环节，更多的场景得以构建，更多的底层数据能被收集，以此为基础构建的大数据与征信系统可以实现供应链金融对企业的全面渗透，从而真正实现中小企业和不同风险偏好资金的无缝对接，实现资金的高效周转，同时提升供应链的运营效率。

㊀ 牛鞭效应：供应链上需求信息在从客户端向上游传递、抵达供应商端的过程中，需求信息不断扭曲，出现较大的波动，这一情形在图上很像一根甩起的牛鞭，故而得名。

二、供应链金融的融资模式

资金流是企业的血液，资金流的状况将会决定企业的命运。因为企业资金的支出和收入不同时进行，资金收入滞后就会导致运作过程中出现现金流缺口。一般来说，中小企业的现金流缺口发生在采购、经营和销售三个阶段，产生相应的融资需求。针对它们无可抵押不动产、无有效担保机构的难题，供应链金融基于真实贸易背景，关注动态交易数据，强调供应链整体观念，围绕核心企业打包授信，发展出基于不动产特点的三种融资模式——预付账款融资、存货融资、应收账款融资，以及一种新兴的供应链金融融资模式——战略关系融资。

（1）预付账款融资。预付账款融资主要提供给核心企业的下游经销商，以经销商对核心企业采购需求形成的预付账款为起点，为经销商提供用于贸易项下的货物采购融资，并以合同项下商品销售回款作为还款来源，通常发生在核心企业对下游中小企业的产品销售阶段。预付账款融资主要分为先票/款后货授信，担保提货授信，进口信用证项下未来货权质押授信，国内信用证、附保贴函的商业承兑汇票。

（2）存货融资。存货融资授信主体一般为下游经销商，通常发生在核心企业对下游中小企业的产品销售阶段。主要为经销商持有的质押存货提供融资服务，并以货物未来的销售回款作为还款来源。存货类供应链融资主要分为：静态抵质押授信、动态抵质押授信、仓单质押授信。

（3）应收账款融资。应收账款融资是指企业为获得运营资金，以买卖双方签订的真实贸易合同产生的应收账款为基础，为卖方提供以合同项下的应收账款作为还款来源的融资业务。在供应链中的应收账款融资，通常发生在核心企业对上游中小企业的产品或原材料采购阶段，应收类供应链融资业务主要分为保理业务、保理池融资、反向保理票据池授信等。

（4）战略关系融资。上面介绍的三种融资方式都是在有抵押物前提下的融资行为，和传统的企业融资方式存在一定的相似性。然而在供应链金融融资模式中还存在基于企业之间战略伙伴关系、长期合作产生的信任融资模式，被称为战略关系融资。这种融资方式的独特之处在于要求资金的供给方和需求方彼此非常信任，通常发生在有多年合作关系的战略合作伙伴之间，战略关系融资更多意味着供需双方之间不仅依靠契约进行治理还需要关系治理。

三、供应链金融发展的限制

理论上，供应链金融的应用对整个产业链的升级有着重要作用，但是供应链金融在市场具体的实际应用和推行发展中，还存在众多不足。

（一）供应链金融信息方面的限制

供应链金融涉及的领域很广，包括物流、商流、资金流、信息流。其中主导供应链金融的关键是对信息流的掌控，信息流影响着供应链金融的各个方面，是供应链金融进一步发展的最主要瓶颈。对信息流良好的把握能够整合供应链，提高供应链的运行效率，促进供应链发展。当下金融机构和上下游中小企业之间存在信息不对称的问题，主要因为我国产业征信制度还不够完善，金融机构很难确认产业链内多级供应商、经销商的信用状况。即便是供应链中核心龙头企业能够获得相对准确的信息，也仅限于与其有着直接接触的一级供应商，无法为有着融资需求的二、三级供应商提供同样的信用担保。产业链越长，信息不对称越严重，信息不完整、不及时甚至不能判断信息的真实性，核心企业的担保风险就会越高。由于交易过程不透明，因而供应链金融每个参与主体只能查看自身参与的交易信息，而对其他环节的信息无从得知或者是事后得知，从而会影响决策。另外，信息孤岛有待整合，供应链企业的信息化程度参差不齐，供应链中各个主体使用的系统也五花八门，特别是中小企业信息管理能力较弱，容易形成信息的孤岛和洼地，无法与供应链上其他主体进行数据共享，不仅影响效率还浪费资源。

（二）供应链金融信用管理方面的限制

与对信息流的掌控一样，企业对信用的管理也是供应链金融中的重要内容，对整个供应链的发展起着十分重要的作用。信用问题可能会引发更大的金融问题，从而会使整个供应链受到影响。

具体来看，信用管理问题主要体现在三个方面，分别是企业和个人的诚信意识不够强、缺少相应的失信惩罚机制、国内信用系统的建设尚处于初期阶段，如图 7-3 所示。

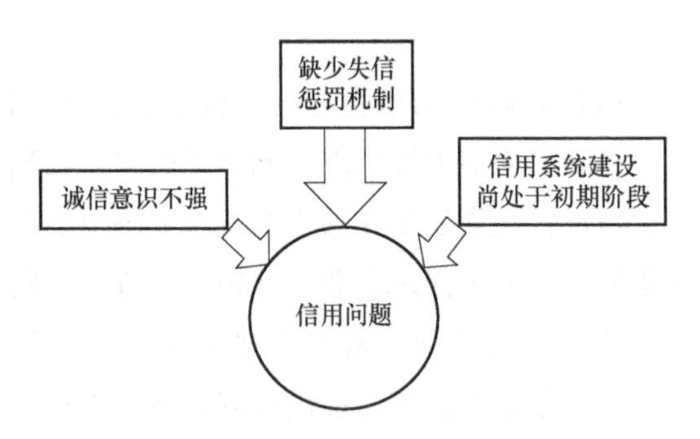

图 7-3　供应链金融信用管理问题

首先，企业和个人的诚信意识不强，并且缺乏相应的信用管理和信用风险防范制度和措施，导致很多中小企业经常出现拖欠债务、商业欺诈等现象。这使得供应链上各主体之间缺乏信任，也没有可靠的信用保障。其次，缺少失信惩罚机制，现存的机制很难对各主体机构形成约束，一旦其忽略失信行为带来的后果，就会对形成健康的供应链关系带来不利影响。再次，社会信用系统建设尚处于初期阶段，没有办法收集个人与企业的信用信息，也就不能准确评估，从而可能引发对失信企业审核的疏漏，增大融资风险。

（三）供应链金融风险管理方面的限制

首先，这与行业特点和供应链管理水平密切相关，只有少数行业的核心企业能够全局掌控供应链业务。其次，供应链金融各参与方之间互不信任，导致风险评估与控制成本居高不下。再次，从传统的融资模式上看，银行作为主要资金提供者和风险管理者，更关注供需企业的信用状况和真实的贸易背景。而在供应链金融中，不仅需要监控供应链条上各环节的风险，关注链上企业的信用风险，还要关注融资审批、信息审核、出账以及授信管理等操作风险以及价格波动的风险等。国内供应链金融的风险管理机制还不健全，难以对上述如此多的风险都做出风险防范。随着风险管理者的多元化，它们在风险管理中的优势和面临的瓶颈问题也各不相同，详见表 7-1。

表 7-1 风险管理中各主体面临的障碍

主 体	风险管理者	风控类型	优 势	瓶颈问题
第三方机构	信息平台	数据风控	具有较强的数据掌控能力	存在资金方信任问题，对行业业务不熟悉
	物流平台	货控风控	对货物监管能力强	资金规模小，对行业业务不熟悉
	综合服务平台	业务风控	业务整合能力强	流程冗长，标准化难度高
供应链	核心企业	掌控力风控	对整个行业掌控力强	覆盖率低，自身存在风险
金融机构	网贷平台	系统风控	效率高	成本高，行业业务不熟，高风险
	商业保理	关系风控	业务专注	成本高，难以规模化
	商业银行	抵押风控	风控能力强	行业业务不熟，成本高，过于保守

（四）供应链金融资金方面的限制

从资金维度来看，供应链金融资金方面的限制有三类。首先，供应链金融资金来源单一、资金端存在较大缺口。银行方面虽然资金成本低、规模大，但是往往过于保守。小借贷公司或者网络信贷方面资金来源成本过高，利息也过高，供应链中上下游中小企业往往不能够负担。保理公司利息合理，但是资金规模却不大，覆盖范围不大。其次，支付环节不能够自动履约，违约的风险高。另外票据融资环节复杂，流程冗长、费时费力，而且有第三方抽取相应服务管理费用，使得成本增加。最后，在应用实践中，由于商票不能拆分支付，使得资金价值传递受限，相比于核心企业，上游中小企业的单笔支付额度更小、对象更多。当核心企业使用商票支付时，中小企业只能做完整的背书转让，不能对商票进行拆分。因此不能进一步为其上游的多级供应商提供融资便利，使得核心企业信用不能传递。

第二节 区块链创新供应链金融业务场景

关于区块链技术的应用场景，目前区块链行业有一个共识——要把技术落在更有价值的应用上。那么什么样的场景适合用区块链技术来实施呢？业界普遍认为这类场景需要符合四个特点：第一，涉及多个联系紧密的信任主体；第二，主体之间有去信任中介的需求，主体之间在中介方面花费巨大，亟需一种减少中介费用的技术；第三，中低频交易，受目前区块链技术发展限制，交易频率过高时不太适合采用工作量证明机制区块链技术；第四，本身拥有完备、可持续的商业模式。

供应链金融是银行、物流公司、平台、核心企业等多方参与的财富管理和信用创造的活动，是不同节点之间的资产交易行为。供应链金融业务需要对链上主体的“责、权、利”做出明确的界定，并且记录主体在融资贸易过程中的行为轨迹作为日后发生争议时维权的证据。供应链金融多属于间接融资，涉及多个机构之间的融资借款行为，比传统信贷更加复杂多样。金融科技的发展目标之一就是降低业务的复杂度，进而降低融资成本，提高融资的便利性，使供应链金融服务能最大限度地满足市场需求。区块链是点对点通信、数字加密、分布式账本、多方协同共识算法等多个领域的融合技术，具有不可篡改、数据可溯源的特性，特别适用于多方参与的供应链金融业务场景。所以区块链技术与供应链金融有着相当高的匹配度。表 7-2 是传统供应链金融和区块链供应链金融的对比，下面将阐述区块链技术对供应链金融业务的助益。

表 7-2　传统供应链金融和区块链供应链金融的对比

类　型	传统供应链金融	区块链供应链金融
信息流通	信息孤岛	全链条贯通
信息传递	仅限于一级供应商	可以到达多级供应商
汇款的控制	不可控	封闭可控
业务场景	核心企业和一级供应商	全链条渗透
中小企业的融资	融资难、融资贵	便捷、低价

一、区块链技术完善供应链金融

（一）区块链简化业务模式，建立强信任关系

传统的供应链金融业务平台数据库，无论是集中式还是分布式，采用的都是中心化管理的技术架构，即存在一个中心节点，通过中心节点对整个供应链链条数据库进行全局管理。数据库的各个参与节点之间的相互信任关系由中心节点维护，中心节点也就成了“中介”。随着参与节点类型和数量增加，融资链越来越长，越来越复杂，依靠一个第三方机构处理交易数据的成本就越来越高且效率越来越低。与传统数据库中心化管理不同，区块链是由大量权利和义务均等的节点共同组成的点对点网络，每个节点都拥有管理数据库的权利；此外，由于各节点数据保持一致，在部分节点损坏的情况下，整个区块链的运作并不会受到影响，其安全性得到极大提升。而且不同的参与者使用一致的数据源，就不用单独去寻找分散在各节点、各系统的数据，避免了反复审查和反复校验的过程，相比于现在的人工流程可以减少 60%~80%的工作量，因此将简化供应链金融的业务模式。

传统供应链金融中，银行需要与供应链条上每家企业打交道，掌握完整、全面、实时的信息，以降低信贷风险。在区块链的架构下，融资业务驱动的数据在全网节点公开，形成包

含基础合同履行、单证交收、支付等结构严密、完整的交易记录。区块链采用一种基于数学算法的共识机制，通过共识机制，参与方不必知道交易对手是谁，更不需要借助第三方机构来进行交易背书或者担保验证，只需要信任共同的算法就可以建立互信、达成共识。此外，基于区块链的广播机制，每个参与节点对区块链的所有管理行为都会传播给所有其他参与节点，这为供应链金融中的各参与银行、政府职能部门和企业等主体提供了平等可信的信息互换环境，提供了强信任关系的保证。

（二）区块链保障数据安全

分布式账本技术可以按照时间顺序记载平台上所有交易，通过区块链加密技术，并且在参与方签署的情况下，在区块链上形成不可篡改的信息记录，记录的信息几乎不可能受到损害。存储在区块链中的所有数据都会被打上时间戳，能够准确记录每个交易活动的发生时间，反映各个交易之间的先后顺序，使得所有交易都能够溯源。可溯源性为风险监控等场景提供有效支撑。由此，区块链技术使得供应链金融中的数据无法篡改且可追溯，使其达到金融级别的安全性，从而解决现实中存在的单证伪造、遗失等问题。

（三）区块链创新供应链金融的交易制度

区块链技术使得全网的每一笔资产交易都由全网节点共同背书，所以交易过程中没有必要进行参与方身份核实、单证审查，由此可以降低征信成本。通过区块链智能合约，将合同和需要执行的条款通过编程的方式编入区块中，在资产交易时，智能合约执行条件满足后，机器就自动执行，可以避免人工执行的误操作风险。智能合约和共识机制确保交易满足合同条款并且达成共识，极大地提高了交易信任度和交易效率，在供应链金融的发展历史上是一种交易模式和制度的创新。将区块链技术作为供应链金融的底层技术，可以为复杂场景下的融资业务构建清晰的业务模式，打造高信用的技术环境，创新供应链金融的商业模式，从而扩大供应链金融的市场。区块链技术的创新能够使供应链金融以更快的速度接近最终的发展目标，从根本上解决小微企业融资难、融资贵的问题。

二、区块链赋能供应链金融的应用

如第一节所述，供应链金融目前在很多方面存在不足，将区块链技术应用到供应链金融中，能够强化供应链结构中的信用价值。区块链可以记录资产交易整个过程中的资产流动，所有参与人实时见证，保证交易的真实性、不可篡改性，不需要第三方机构参与。区块链技术使得交易模式从中心化过渡到去中心化，并且由于记录的不可篡改性和可追溯性，因而可以实时监管资金流、信息流等，供应链上的各个主体不必担心某一方私自篡改合约或者数据库。区块链可以建立机器信用、计算信用，其分布式、可追溯性、自组织性等特性有效弥补了供应链金融信用机制缺陷，是解决供应链金融中融资问题的根本方法。区块链在供应链金融中的运用，主要基于如下方面：基于存证的交易真实性证明，基于加密数据的交易确权，基于智能合约的合约执行，基于账本的信用拆解。

（一）基于存证的交易真实性证明

交易的真实性是开展金融服务和风险控制的基础，它的证明被要求记录在虚拟世界的债券信息中，并且必须保证虚拟世界和真实世界信息的一致性。供应链金融需要确保参与人、交易结果、单证等是以真实的资产交易为基础的。传统的交易真实性证明采用人工方式验证，成本高，效率低下。证明交易的真实性，需要在虚拟的环境下，从交易网络中动态实时取得各类信息，进行信息的交叉验证，这是目前供应链金融的关键技术之一。

信息交叉验证是通过算法来验证并遍历交易网络中的各级数据，各级数据主要包括：各节点计算机系统、操作现场、社会信用系统等截取的数据，中间件、硬件等获取的节点数据。主要的验证方式有：①遍历链上交易节点数据，验证链上数据合理性；②遍历交易网络中数据，验证数据的逻辑合理性；③遍历时序关系的数据，验证数据的逻辑合理性。通过上述三重数据验证，可以全面检验交易数据的真实性，获得可信度极高的计算信用结果。

要验证应收账款的真实性，需要涉及主体、合同、交易等要素。真实性的逻辑关系包括：①主体的真实性，主体必须是真实而且合法的；②合同的真实性，不能是虚假合同，合同必须合法、真实；③交易的真实性，必须发生实质的交易。但是真实的合同也可能产生虚假的应收账款，比如虚开交易单证或者虚报交易金额以获得更多的贷款就是虚假的应收账款。所以在开展线下业务时，需要对主体身份、合同、交易的真实性进行验证，但是签章的真实性、单证的真实性受到技术条件的限制，依然存在风险。

通过将区块链、互联网、物联网与供应链场景结合，基于交易网络中实时取得的各类信息多维度地验证数据，可以提高主体数据的可靠性。比如验证物流数据和采购数据的匹配性，验证库存数据和销售数据，验证核心企业数据与下游链条数据的可靠性。

（二）基于加密数据的交易确权

区块链为供应链上各个参与方实现动产权利的自动确认，形成难以篡改的权利账本，解决现有权利登记、权利实现中的痛点问题。以应收账款权利为例，通过核心企业企业资源计划（ERP）系统数据上链，实现实时的数据化确权，避免现实中确权的延时性，对于提高交易的安全性和可追溯性具有重要意义。基于加密数据的交易确权，可以实现确权凭证信息的分布式储存和传播，提高市场数据信息安全性和可容错性；可以不需要第三方机构的交易背书或者担保验证，而只需要信任共同的算法就可以建立互信；还可以消除价值交换中的摩擦边界，在实现数据透明的前提下确保交易双方的匿名性，保护个人隐私。

（三）基于智能合约的合约执行

智能合约为供应链金融业务执行提供自动化操作的工具，通过高效、准确、自动地执行合约，可以缓解现实中合约执行难的问题。以物权融资为例，完成交货即可通过智能合约向银行发送支付指令，从而自动完成资金的支付、清算和对账。不但提高了效率，也在一定程度上降低了人为操作带来的风险和损失。目前智能合约开发平台有区块链智能合约系统（IBM）、Corda 智能合约平台（R3CEV）、以太坊智能合约平台等。

（四）基于账本的信用拆解

供应链金融目前难以全面覆盖上下游中小企业，融资难、融资贵问题在供应链金融中只有部分得到缓解。一般来说，一个核心企业的上下游会汇集成百上千的中小供应商和经销商。采用区块链技术，可以将核心企业的信用拆解后，通过共享账本传递给整个链条上的供应商和经销商。核心企业可在区块链平台登记其和供应商之间的债务关系，并将相关记账凭证逐级传递。该记账凭证的原始债务人就是核心企业，在银行或保理公司的融资场景中，原审核贸易背景的过程在平台上就能一目了然，信用传递的问题就迎刃而解了。

三、区块链+供应链金融资产证券化

（一）供应链金融资产证券化

供应链金融领域的资产证券化（Asset-Backed Securitization，ABS），指的是以核心企业上下游交易为基础，以未来可以带来的现金流收益为保证，通过在资本市场发行债券来募集资金的一种项目融资方式。供应链金融不同融资方式下的产品很多都可以跟资产证券化产品结合，以期得到更低成本的资金，或者批量操作供应链金融业务。目前供应链金融资产证券化多是应收类供应链金融融资方式下的产品与资产证券化结合的产物。

供应链金融是一种独特的信用风险控制方法，而资产证券化具有很好的金融效应，两者可以很好地结合，供应链上的企业都处在同一个链条上，如果其中一家或几家企业发生了资金流动性危机，就会对链条上其他企业产生传导作用，将危机蔓延至整条供应链上的企业。商业银行提供的金融产品并不能完全有效地规避这些风险，因此需要利用直接融资的优势，将其中的某些资产分散和转移到资本市场中。这个资产转移的过程实际就是资产证券化的过程，券商为供应链企业提供资产证券化服务，这对中小企业的健康发展具有积极意义。总体来说供应链金融的资产证券化能够降低投资和融资的成本，主要体现在降低风险控制成本和规模效应带来的成本方面。同时资产证券化能够降低发起人的准入门槛，吸引巨额的机构资本和民间资本参与，改善资本结构；可快速实现预期收入变现，使企业的财务状况得到改善；可提高资金周转率，使资金能更快、更有效地投入再生产中，进入价值创造的良性循环中。

（二）传统供应链金融资产证券化基本流程

传统供应链金融资产证券化的基本流程中，首先由很多家企业的融资资产构成资产池，可证券化的基础资产包括票据和订单等，当基础资产达到了银行设定的可证券化的标准后，就可以真实出售给特殊目的载体（Special Purpose Vehicle，SPV），SPV 委托银行对现金流和资产池进行管理，银行需要提前把证券化的收益垫付给企业，另外 SPV 对证券化资产进行不同的组合，并且聘请相应的信用增级机构和评级机构对证券增级和评级，然后再通过证券承销商机构发行证券。投资者依据自己能够承受的风险购买相应的证券，募集够资金后 SPV 需要支付给银行转账业务的费用，还需要以资产池中的现金流偿还投资者的本息。

具体的证券化流程分为如下五个阶段。

1. 选择证券化资产

银行从风险防控的角度制定相应的评价体系和可证券化预期收入标准，供应链上的企业按照银行制定的可证券化预期收入的标准，把与核心企业有关的质押合同、应收账款等交付给银行。因为后续证券化发行的成功与否与制定的预期收入的标准有很大关系，并且发行的证券是以合同未来产生的现金流为保证的，所以要考虑合同期限、预期收入特征、支付能力、盈利水平等因素。

2. 创立 SPV

SPV 是特殊目的载体，作为发起人和投资人之间的中介机构，它的职能是购买、包装证券化资产和以此为基础发行资产化证券。SPV 能够保护投资人的利益，实现证券化应收账款与发起人破产隔离。

3. 信用增级

经过证券化的合同收入证券，很大程度上依赖合同收入在未来能否产生相应的现金流。因此风险从发起人转移到了投资者身上。为了控制交易风险、吸引投资人，就需要通过信用增级机构来提高信用级别，信用增级的方式主要有超额担保、现金储备账户和金融担保等。另外 SPV 需要邀请主流的评级公司，对证券进行发行评级，提高证券信用的公信度，以此吸引更多投资者。

4. 证券设计和发行

SPV 委托证券公司进行具体的设计，机构资本和民间资本都可以参与其中。证券市场上存在各种风险偏好和投资目的的投资者，要满足他们差异化的需求就需要对证券产品进行设计，当设计好的证券能够满足投资者的需求时，证券产品的发行成功率会较高。所以证券设计环节应该进行充分的市场调研，了解投资者的投资意向，有针对性地设计证券。另外 SPV 需要选择声望高、经济实力雄厚、经验丰富的证券公司作为承销商，负责证券的发行。

5. 现金流管理和清算

证券发行后，SPV 将会委托服务商对收入款项进行收集和管理，持续为投资者带来稳定的收益，并将收集到的款项汇到指定的受托人的账户，由受托人支付到期证券的本息。

（三）传统供应链金融资产证券化业务痛点

资产证券化是一种复杂的融资形式，具有复杂的交易结构。参与交易的机构很多，并且存在众多机构之间的清算、对账等问题。传统业务模式主要存在以下痛点：

1）资产证券化特别需要信息数据的披露，由此来保护投资者利益，防止出现证券欺骗。根据美国证券交易委员会的规定，需要公布借款人信息、证券信息、机构信息、交易结构信息等，并且要披露基础资产数据。信息披露是识别、分散和防范风险的前提，是有效配置资产的要点之一。但是传统业务模式下披露的信息的质量往往不高，投资人和监管方对基础资产质量和披露信息的真实性等存在疑问。由于资产证券化的信息披露得并不充分，因而一般银行间的资产证券化主要参考中债估值，交易所资产证券化主要参考中证估值，这两个估值工具的偏离度的值有时很大。

2）整个供应链金融资产证券化流程中参与方众多，包括资产方、信用中介、SPV、行业监管部门和资金方等，各参与方之间协同难度大、办事效率低，因此增加了证券化的成本。

3）数字化程度低，底层资产信息没有摆脱纸质验证的束缚。目前很多线上操作仅停留在纸质表单的扫描层面上。

4）传统资产证券化是通过人工，逐笔进行核对。人工核对费时费力，可能产生操作风险和道德风险，而且当交易量增大、交易频次增大时，不能保证信息传输的准确性。各个参与方的业务系统也各有不同，管理不同系统中的数据不仅会增加数据管理成本，而且同样不能保证数据的准确性。

（四）区块链和供应链金融资产证券化的结合

基于供应链金融资产证券化的风险的特点，并结合区块链的分布式、加密、不可篡改、可追溯等特点，可以构建如图 7-4 所示的供应链金融资产证券化联盟，使基础资产端、证券化服务方、投资方等各参与方共同维护账本，从而打通供应链各参与方的信息孤岛，促使信息透明化，提升风险发现与控制能力，实现对底层资产从形成、打包、评级、出售至投后管理的全生命周期管理，实现穿透式底层资产监管。将区块链技术应用到供应链金融资产证券化的价值如下所述。

1. 多参与方共同维护账本，呈现真实的资产

供应链金融资产证券化的各参与方共同维护账本，共同见证资产的形成直至退出。从基础资产的形成切入，进行资产数字化、区块链化，将基础资产对应的贸易交易数据上链，在区块链上实现资产交叉验证，从源头确保资产的真实性。上链后的数据不可篡改，可以确保存续期间资产的真实性。链式存储账本，可以实现资产的可追溯性，从而防止欺诈行为、提高风控能力、增强投资方信心。

2. 穿透式底层资产监管

对底层资产进行穿透式监管，并使资产透明化，可以让各参与方直接面对最底层、最真实的资产，回归资产本质。穿透式底层资产监管可以最大限度地消除投资方对资产的不信任、对评级机构的不信任，同时也可以降低发行方、会计所、律师所、评级机构等服务方尽职调查的难度。

3. 供应链资产数字化，奠定资产证券化的基础

供应链金融资产数据上链后，资产具有了数字化、区块链化等特性，便于资产的流通和监管。同时，通过区块链对资产数据进行标准化，可以满足交易所的监管要求，便于监管审查，为实现资产证券化奠定了基础。

4. 实现供应链金融资产证券化的全生命周期监控

通过管理平台，实现基础资产和资产证券化的全生命周期管理。首先，从每笔进入资产池的基础资产的形成到其退出，全程实时监控各个机构的信息的储存情况和资金的流动记录。通过区块链技术的分布式账本和共识机制保持实时同步，可以有效地解决各机构之间清算方面的问题；其次，对资产证券化的尽职调查、产品设计、审计、评级、发行、购买、存续期管理等环节进行全生命周期的监控，实现对动态资产池的质量、风险的监测。图 7-4 为区块链+供应链金融资产证券化结构图。

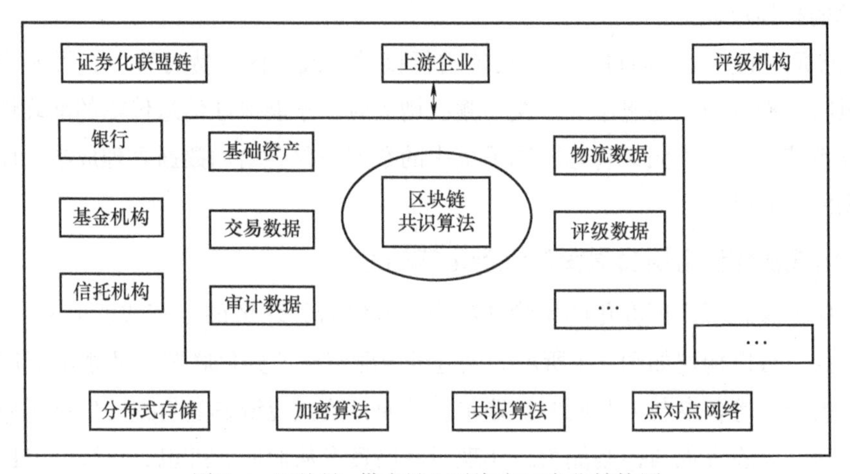

图 7-4　区块链+供应链金融资产证券化结构图

第三节　区块链技术赋能供应链金融平台

供应链金融在企业融资尤其是中小企业融资过程中具有广阔的应用空间，是一个十万亿级的市场。但是由于信息不对称、信任传导困难、流程手续繁杂、增信成本高昂等问题，其发展一度遭遇困境。区块链技术作为一种分布式存储技术，天然具有信息不易被篡改、去中心化、开放化、可视化等特征，可有效解决传统供应链金融中存在的诸多痛点问题。

以区块链技术为基础的"债转"平台，可以穿透贸易过程中各种壁垒，准确、完整地记录企业贸易数据，真正展示交易的具体形态，从而更直观地反映企业运行情况。另外，将应收账款要素提炼并标准化为债权凭证，可以最大限度隐藏贸易双方商业层面的各种数据和机密，兼顾了真实性和私密性，打消了企业的各种顾虑。"债转"平台不仅有效解决了中小企业融资难、融资贵的问题，还提高了它们的资金管理能力，将科技要素融入其生产经营过程中。本节是对"债转"平台结构和模式的介绍。"债转"平台在企业中的实际应用见案例部分。

一、平台结构

"债转"平台是一个开放式的系统架构，供应链上各个企业能够灵活对接，链条上的交易全部被真实完整地记录。“债转”平台根据各个供应商和核心企业在贸易过程中产生的应收账款池情况，结合风控模型，为供应商核定一定比例的动态可用融资额度；供应商也可以根据自己的实际需求，签发债权凭证作为对该笔采购的支付信用凭证，该凭证由“债转”平台提供信用背书。

收到凭证的企业可以等待凭证到期后接受回款，也可以在到期前的任意时间向“债转”平台申请融资。如果该企业同样有采购需求，那么可以将此凭证记载的对应应收账款转让给平台方，获得签发新凭证的额度，在此可用额度内签发新凭证，以此完成贸易中实际的采购支付，实现了凭证在链条上的延展。“债转”平台结构如图 7-5 所示。

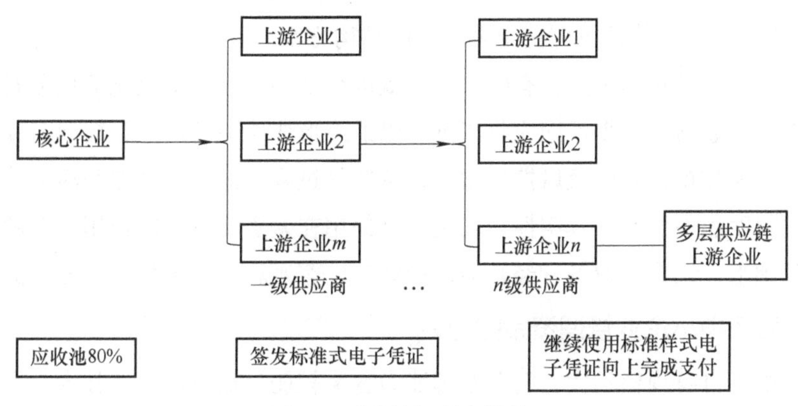

图 7-5　“债转”平台结构

二、“债转”平台运行流程

（一）凭证签发阶段

供应商依据核心企业的应收账款，向平台方申请融资。与平台方签订业务合同，约定供应商可以通过转让核心企业的应收账款签发债权凭证。供应商按照付款需求设定债权凭证的收款人、金额、期限等要素的信息，并签发给其上游企业。

（二）凭证的流转阶段

供应商的上游企业在“债转”平台上接收债权凭证。平台根据上游企业接收到的凭证金额为上游企业核定一定的额度，在这个额度范围内上游企业可按照付款需求要求签发新凭证，完成采购支付。

（三）凭证的融资阶段

债权凭证的持有人可以通过转让凭证对应的应收账款向平台申请直接融资，按照申请日距凭证到期日的时限和凭证记载的融资利率计算利息，平台扣除相关利息后一次性发放剩余金额。

（四）凭证到期阶段

持有的债权凭证到期但还未贴现的企业，将获得签发人支付的应收账款金额。在平台申请融资的企业，到期后，签发人直接向债转平台支付应收账款。

三、“债转”平台解决的问题

（一）为中小企业提供全新的融资渠道

中小企业的融资问题是一个全球性难题。通过运用区块链技术架构的“债转”平台，可以实现供应链贸易过程中的信用传递，成功地将大型企业的商业信用传递到了较为弱势的中小企业身上，为中小企业提供了全新的融资渠道。

（二）全新的供应链金融服务模式

“债转”平台重构了传统供应链金融融资的结构方案。首先，“债转”平台对不同行业、不同规模、不同经营模式的企业拥有的应收账款进行处理，剔除个性化信息和商业机密，保留标准化应收账款数据，使得不同应收账款可以最终形成统一的标准化数据。其次，平台利用区块链技术、大数据技术以及风控模型，筛选贸易过程中的关键节点和活动数据，剔除无效信息，最大限度还原贸易的真实性，弱化主体信用在融资活动中的作用，在确保贸易活动真实有效的基础上，结合企业各种经营活动的凭证，客观科学地评估应收账款的风险。

（三）加强了中小企业管理资金的能力

中小企业由于自身规模不大，资金管理能力普遍较弱。通过区块链技术、大数据技术和风控模型将应收账款标准化，方便企业直观地掌握资金的实际情况，并且真实、可信、不可篡改，同时也可以直接展示资金的使用效率情况，客观反映企业资产及负债、资金周转等情况。企业可以通过定期地统计数据掌握资金流向，避免出现意外，导致资金链断裂。

【案例分析】

联易融供应链金融微企链平台

背景介绍

当前全球应收账期延长，我国企业资金压力巨大。据统计，2017 年全球平均应收账期增长到 66 天，比 2016 年增加了 2 天，相比于其他欧美国家，我国的账期天数最长，企业资金压力巨大。

国内小微金融市场空间巨大，小微企业融资需求强烈。一是国内小微企业融资需求大且复杂，《中国小微企业白皮书》的调查显示：48%的小微企业每年会出现 1~2 次资金缺口，所有小微企业资金缺口总和达到了 20 万亿，融资困难已经是制约小微企业发展的障碍。二是金融机构覆盖有限，受限于小微企业本身信用状况以及传统金融机构服务模式和风险偏好，供应链小微金融服务尚有大量空白待填补。

近几年我国连续出台政策推动供应链金融的发展，并鼓励通过金融科技特别是基于大数据、区块链、物联网的相关技术，创新供应链金融模式，协助缓解中小企业融资难、融资贵的问题。目前众多企业都在布局供应链金融业务，为开展供应链小微金融业务创造了良好环境。

面临的挑战和痛点

1. 供应链上存在信息孤岛

同一供应链上企业之间的企业资源计划系统并不互通，导致企业间信息割裂，全链条信息难以融会贯通。对银行等金融机构来说，企业信息不透明就意味着风控难度大，对企业融资与金融机构渗透都是巨大的障碍。

2. 不能传递核心企业的信用

信息孤岛问题导致上游供应商与核心企业的间接贸易信息不能得到证明，而传统的供应链金融工具传递核心企业信用能力有限。银承准入条件比较高，而商业汇票存在信用度低的问题，因此核心企业的信用只能传递到一级供应商层级，不能在整条供应链上跨级传递。

3. 缺乏可信的贸易场景

在供应链场景中，核心企业只为可信的贸易背景做背书，银行通常只满足核心企业及其一级供应商的融资需求。而供应链上其他中小企业实力不足，无法证实自身的还款能力及贸易关系的存在，在现存的银行风控体系下，难以获得银行融资；银行也很难从供应链获客，更不用说放款了。整体来讲，可信的贸易场景只存在于核心企业及其一级供应商之间，缺乏丰富的可信贸易场景。

4. 无法有效控制履约风险

供应商与买方之间、融资方和金融机构之间的支付和约定结算受限于各参与主体的契约精神和履约意愿，尤其是涉及多级供应商结算时，不确定性因素较多，存在资金挪用、恶意违约或操作风险。

5. 融资难、融资贵

在目前赊销模式盛行的市场背景下，供应链上游的供应商往往存在较大资金缺口。但是，如果没有核心企业的背书，它们就难以获得银行的优质贷款。而民间借贷利息成本往往很高，因此融资难、融资贵现象突出。

项目主要内容

联易融数字科技集团有限公司（以下简称联易融）于2016年2月在广东省深圳前海自贸区成立，并于2018年12月完成超过2.2亿美元的C轮融资。联易融供应链金融区块链服务平台引入众多技术手段，整合多方数据与资源，线上操作，实现资产客户端、资金渠道端在微企链的无缝对接。该平台的大体框架如图7-6所示：

该平台能够使核心企业信用沿着供应链传导到末端，实现债权持有期间的流转、贴现和到期兑付。如图7-6所示，银行首先支付应收款给核心企业，核心企业可以给一级供应商开具债权电子凭证，一级供应商能够将该债券电子凭证拆分，从而转让给二级供应商，二级供应商又可以将从一级供应商得到的电子凭证拆分并转让给三级供应商，一直到 n 级供应商，

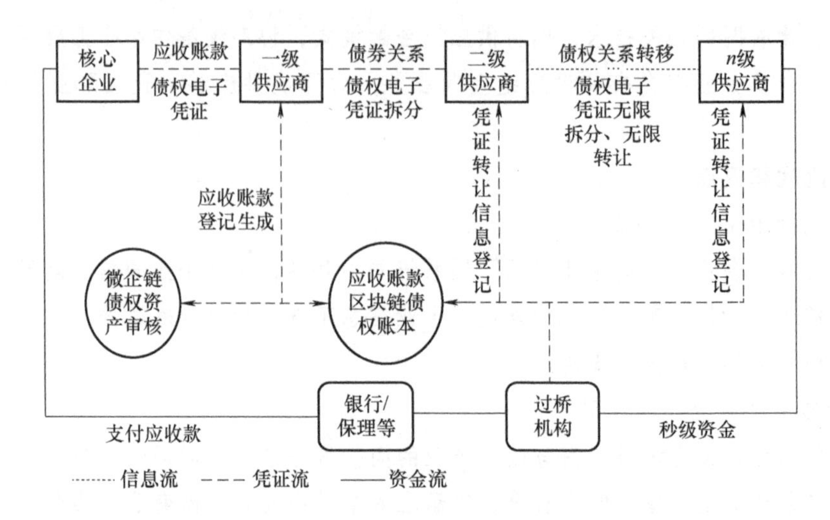

图 7-6　联易融供应链金融区块链服务平台框架

各级供应商通过电子凭证获得过桥资金，从而保证整个链上的供应商都能得到融资，解决了中小企业融资困难的问题。通过区块链技术实现核心企业信用传递保证了整个链上资金的正常流转。同时区块链将所有应收款数据记录下来，确保了链上的每家企业都能实时获取信息，杜绝了供应链上存在信息孤岛的问题。同时微企链债权资产审核系统可以对 n 级供应商出示的应收账款进行资质审核，能够降低平台运营风险。

如图 7-7 所示，某类企业（如车企）中可以将一级供应商（轮胎企业）和核心企业（车企）之间的应收账款，通过资产网关进行全线上电子审核，确保贸易背景的真实性。核心企业对该笔应收账款进行确权后，进行数字化上链，形成数字债权凭证，后面可以将凭证在微企链平台中拆分和转让。每一级供应商均可以按业务需要选择持有到期、融资卖出或转让来满足自己的资金诉求。

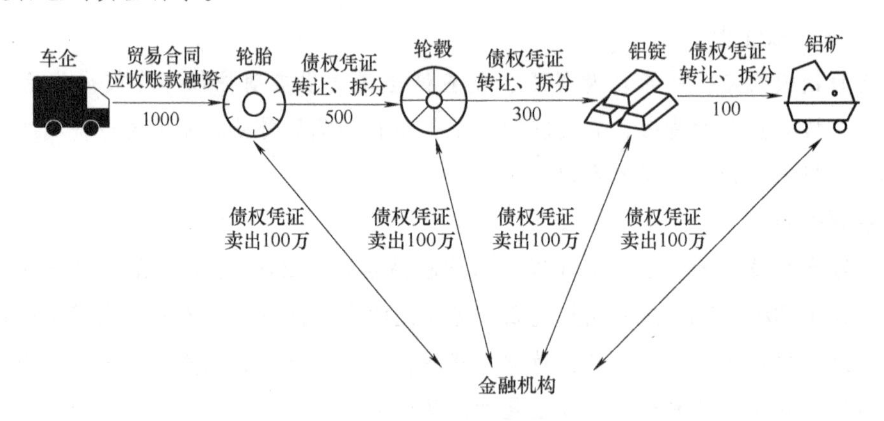

图 7-7　联易融供应链金融区块链服务平台基本模式

创新点

与普通供应链金融服务平台相比，联易融提供的供应链金融区块链服务平台通过引入数字签名、分布式账本协作机制、智能合约，实现了各机构的高效协作和信息共享。同时区块链技术为债权凭证拆分、转让提供了安全技术保障，为各参与方提供公允、有效的账本。区块链技术的去中心化使整个网络由节点集体维护，保证了资金流转过程中的公开透明，同时分布式可靠数据存储使每个节点都能获取完整数据副本。区块链技术为链上各家企业带来了很多好处。

核心企业：①改善了现金流和负债表，使账期充裕、经营性现金增加。②降低了供应商融资成本，提升了融资效率，稳定了供应链条。③核心企业旗下金控、财务、保理等公司，可以通过资金参与实现投资利润。④基于区块链条，可以给供应商画像，加深客户关系管理，优化供应链体系。

小微企业：将借助核心企业信用，降低融资成本，提升融资效率。

银行：银行亟需新的抓手来整合全行金融能力，将服务渗透到核心企业的生态链，微企链成为银行业务渗透到中小企业的战略抓手。

项目经济效益

通过该平台，降低了小微企业融资成本，盘活了小微企业经营所需的资金需求，为银行、保理机构等资金供给方提供了利息收入。联易融通过该平台能够获得链上交易总额1%的服务费。

简单汇供应链金融平台

背景介绍

国家统计局数据显示，我国中小企业占企业总数99%以上，解决了75%的就业量，是我国经济的重要组成部分。但由于企业规模小、资信水平差、可抵押资产少等方面的原因，中小企业的融资难、融资贵，成为其发展的一大障碍。小微企业融资问题更加严重。

供应链金融依托供应链上各个主体之间的真实交易，帮助小微企业盘活流动资产，提高生产效率，有效地解决中小企业融资难、融资贵的问题。

2017年10月13日，国务院办公厅发布了《关于积极推进供应链创新与应用的指导意见》，明确指出要积极稳妥地发展供应链金融。另外，2017年的消费金融风口也因为监管的入场而遭遇阻力，市场逐渐将视线从C端资产移开，转向主要针对B端市场的供应链金融领域。政策红利和市场回归标志着供应链金融迎来全新的发展机遇。

面临挑战

1. 企业无法自证偿还能力

传统模式下，融资人主体信用评审是无法绕过的一个环节。中小企业受制于管理水平、经营规模等因素，往往很难获得较高的信用评级，给应收账款质押融资造成了非贸易因素的干扰。

2. 难以验证交易本身的真实性

除了企业的资质、信用之外，交易本身是否真实存在也是供应链金融提供者特别重视和关心的问题。为了防止企业之间相互勾结、篡改交易信息，金融机构一般不会直接采信企业提供的信息，因而需要投入额外的人力物力校验信息的真实性，从而增加了风控成本。

3. 信息相互割裂、无法共享

在传统模式下，供应链中各个参与方之间的信息相互割裂、无法共享，从而导致信任无法传递。出于风控考虑，金融机构一般仅愿意为核心企业的第一级上游供应商或下游经销商提供融资服务，这就导致了二、三级供应商/经销商的融资需求无法得到满足。

4. 无法有效控制履约风险

供应商和买方之间、融资方和金融机构之间的支付和结算受限于各参与主体的契约精神和履约意愿，尤其是涉及多级供应商结算时，易出现挪用、恶意违约或操作风险。

项目主要内容

TCL是全球知名的家电制造企业，产品销往全球各地，其背后拥有庞大的供应链，因此也具备了做供应链金融的基础。而简单汇信息科技有限公司（以下简称简单汇）就是在产业+金融的基础上孵化出来的金融科技公司，因此天生具备了懂产业、懂金融的基因，其研发的简单汇供应链金融经历了圈内业务的打磨后，逐步向圈外发展，目前已经服务了上万家企业，交易额达到了2400多亿。

简单汇作为一家帮助核心企业把优质信用传递到深层供应链来帮助多级供应商进行融资的科技公司，不断探索新的科技手段，来提高平台的安全性和效率。如图7-8所示，核心企业将贸易合同、应收账款等数据加密后写到链上。简单汇通过对接相关系统，验证工商信息、发票信息并登记到中登网，然后把验证的结果写到链上，以增强数据的可信度（本来

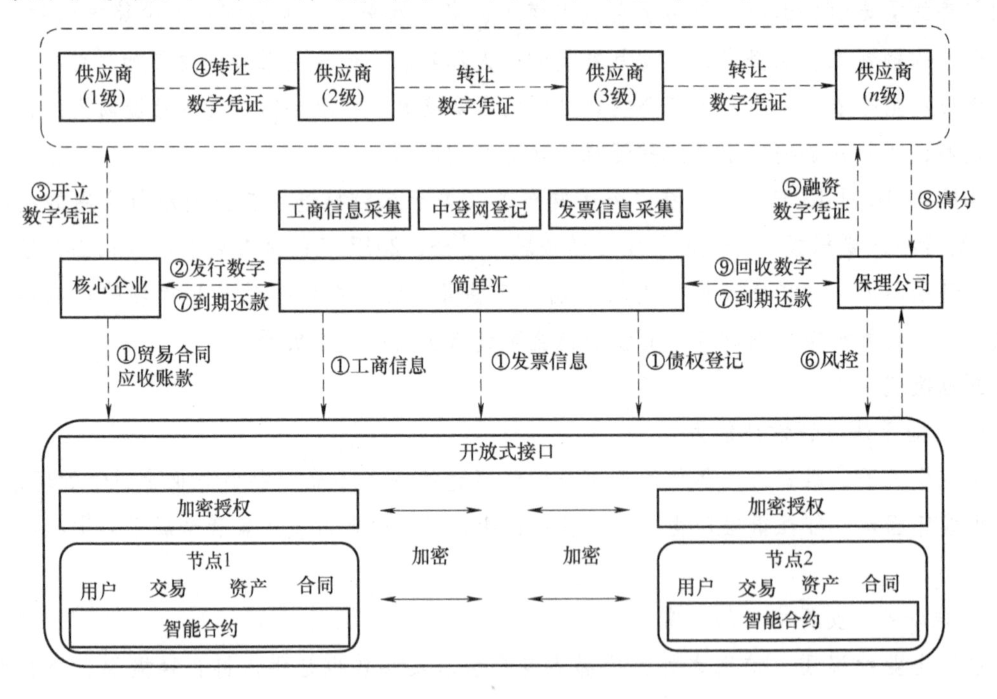

图7-8 简单汇供应链金融平台

工商、发票、债权转让等信息需要由其他可信主体来写入，但由于它们未加入区块链节点，因而由简单汇对接其系统后代为写入)。根据链上验证的数据，简单汇为核心企业发行数字凭证，数字凭证被核心企业开立给供应商后，就可以在供应商之间转让，也可以进行融资。融资时，保理公司利用链上的数据，很容易验证数字凭证的真实性。在区块链架构上还有两点值得关注：①加密。数据在链上是加密的，只有数据拥有者或授权机构（监管机构、保理公司等）才有权查看，可以根据业务需要灵活授权；②供应链金融通用的智能合约。比如实现了 KYC/AML 的资产标准等，提升了供应链金融平台的运转效率。

创新点

1. 降低系统互联成本

传统模式下，系统 A 与系统 B、C、D 有业务交互时，需要彼此开发接口来对接。而在区块链中，节点间是通过 P2P 广播来自动同步数据的，不需要人工干预，业务系统只要对接一个节点，就可以拿到各个系统的数据，而且数据不再需要额外做灾难备份，整个网络天然地具备了灾难备份的功能。

2. 防篡改、可追溯

由于区块间哈希指针的约束，数据的篡改会导致一系列连锁反应，篡改的成本非常高，特别是当可信主体的数量增多时，篡改难度会大大增加。

3. 快速验证

由于每个业务环节的数据是由各个可信主体写入的，根据每个可信主体公开的公钥，很容易验证数据写入者的身份，确定了身份的真实性，也就间接确定了数据的真实性。

项目经济效益

简单汇供应链金融平台全面覆盖上下游中小企业，通过区块链、互联网、物联网与供应链场景的结合，降低了交易真实性证明的成本，节省了大量人力物力，解决了中小企业融资难、融资贵的问题，为满足中小企业运营的资金需求提供了方案，为保理公司提供了利息收入，而且简单汇供应链金融平台能够获得链上交易总额 2%的服务费。

深圳区块链金融服务公司供应链金融平台

背景介绍

深圳区块链金融服务公司是我国首家区块链技术与金融场景相结合的金融科技服务公司，公司的主营业务有区块链技术开发、技术咨询、技术服务、技术转让。该公司已运用区块链技术搭建了国内首家中小银行联盟链，广泛吸纳银行联盟成员，推动构建具有自主知识产权的国际领先中小银行联盟链，并依此设计更多有针对性解决中小微企业痛点的金融区块链应用产品，链接金融机构，践行普惠金融。

该公司选择具有市场空间、落地性强的金融区块链落地场景，设计金融区块链应用产品，以中小银行联盟链的形式为广大中小微企业提供服务，目前主要产品是基于区块链技术的票链平台和供应链金融服务平台。

项目主要内容

供应链金融平台是基于 BaaS（Blockchain as a Service）和分布式账本技术的账款通系统，可以为合作银行提供应收账款管理服务，为核心企业提供权证管理服务，为保理商提供在线转让服务，为供应商提供风险管理服务。该平台分为在线注册、在线运作和业务核销三个业务模块，具体模块与业务如图 7-9 所示。

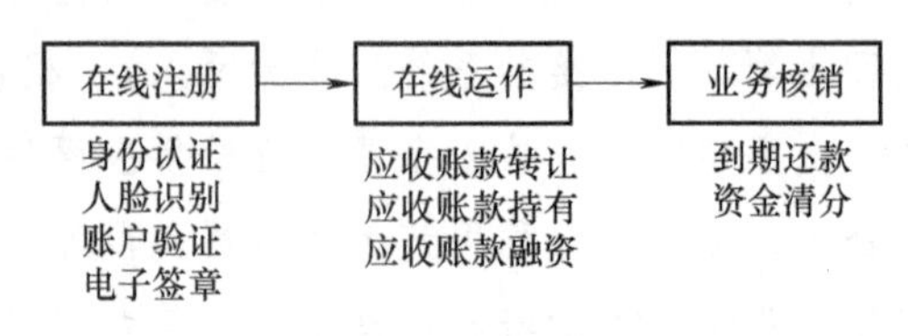

图 7-9　供应链金融平台

供应链金融平台集成核心企业、银行、保理商和供应商等管理模块，为各参与方提供相应服务。平台参与方在获取供应链金融平台准入资格后，在平台在线注册模块进行身份验证、人脸识别与账户验证，并且后续业务的电子签章流程也在该模块下完成。平台的核心业务模块基于区块链技术，主要实现应收账款的转让、持有及融资，该模块涉及开具应收账款的核心企业、提供融通资金的银行以及保理商和有融资需求的供应商，平台通过区块链技术实现了各参与方利益最大化。在应收账款到期时，业务进入核销模块，核心企业偿还到期的应收账款，完成资金清分。

整个供应链金融平台基于 FINCHAIN 金融联盟链，链接相关金融机构。该联盟链是一个多方参与、共建共享的金融同业新范式，以区块链技术为基础，以数据共享和信任协作为导向。供应链金融平台是一个通过联盟链链接大量场景端，通过类金融、第三方金融科技输出高质量黑名单，以银行联盟的形式，为普惠金融提供记账、风险评估、价值共享机制，赋能中小银行、助力中小微企业，服务实体经济的金融科技生态平台。该联盟链重构了用户连接与服务的价值链，具体模式如图 7-10 所示。

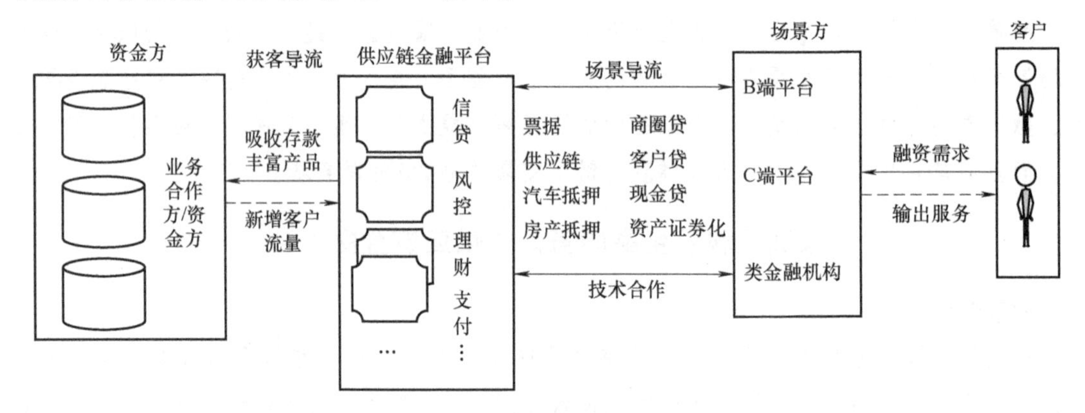

图 7-10　FINCHAIN 金融联盟链

如图 7-10 所示，基于 FINCHAIN 金融联盟链的供应链金融平台，建立了资金方、场景方与客户的联系，平台为供应链条上所有参与方提供服务。当平台客户通过相应场景方入口提出融资需求时，平台会审核客户的融资抵押凭证（票据、汽车抵押、房产抵押等），并根据不同的抵押品类型，为客户提供贷款。平台将从融资客户手中获取的相关凭证打包并重新划分成新的产品（信贷、风控、理财以及支付型产品）；再将新的产品销售给银行，并获得相应的资金，用于满足平台后续客户的融资需求。平台也会通过新的产品吸引新的业务合作方，实现客户流量的增长。

2016年搭建的票链平台旨在解决“四小票”（小银行开票，小额，短期限，小企业持有的银行承兑子票）痛点，相关市场规模已达到上万亿元。该平台现采用城乡行联盟链，链上采用白名单共识机制，白名单内的企业在提出融资申请后免审查，由平台上资金提供方直接发放授信额度内的资金。未来，该平台将会搭建农商行联盟链，扩大资金供给方范围。

创新点

BaaS集成了开发、管理和运维区块链所需技术，支持客户快速部署联盟链和私有链，为企业及开发者提供一站式、安全、简单易用的区块链服务。客户可以降低获取区块链底层技术的成本，从而专注于自身的业务实现。该平台的优点如下。

1. 数据隔离与隐私保护

不同用户及联盟链在逻辑上严格隔离，采用数字证书身份管理、多链隔离、信息加密以及智能合约控制等手段保护私密信息的安全。

2. 合约管理

提供完备的智能合约开发环境，大大缩短了用户开发周期。

3. 联盟链治理

采用邀请准入的机制，仅对成员开放，针对企业级的管理和监控需求，提供对用户的权限、角色以及共识策略、访问策略的设置。

4. 重构风险评估体系

信贷产品风险评估覆盖信贷整个业务条线，实现对受贷企业的贷前审批、贷中检测、贷后催收。通过与工商、税务、司法拍卖、人行征信、互联网、企业等的40多个数据接口，获取海量、多样数据，建立灵活、智能化的风险控制模型来对受贷企业进行实时风险评估。建立黑名单制度，实时在链上披露风险水平较高的企业名单。

平安壹账通供应链金融平台

背景介绍

平安壹账通是平安集团向其他金融机构提供金融科技解决方案的门户。平安集团2018年度财报显示，平安通过壹账通打造商业区块链平台，已经为国内外超过200家银行、20万家企业、500家其他机构提供服务。截至2018年12月31日，壹账通的区块链节点数已超过4.4万个，比2017年同期增长了225.5%。

项目主要内容

壹账通利用平安集团内的技术资产，打造了全球最大的金融科技SaaS云平台，该平台采用基于区块链技术的壹账链来链接资金方、核心企业及其上下级供应商、经销商。

壹账通仅为银行及平台各参与方提供交易平台与解决方案，本身并不参与链上小微企业融资业务。核心企业的上游 n 级供应商可以通过拆分核心企业开具的应付账款凭证，进行信用传递（将应付账款凭证拆分并付给下级供应商）或提前贴现兑付成现金。核心企业的下游经销商与零售商依托与核心企业签订的订单、仓单以及未来的货权可以从银行获取融资，也可以将核心企业开具的应收账款进行拆分，传递给下级经销商或零售商。银行通过对平台上核心企业以及上下游参与企业的资信情况进行审核，授予其一定融资额度，在企业产生融资需求时，为其提供额度内的融通资金。

壹账通作为多层穿透式的供应链金融平台链接了上下游企业，降低了链上企业的融资成本，其企业模式如图 7-11 所示。

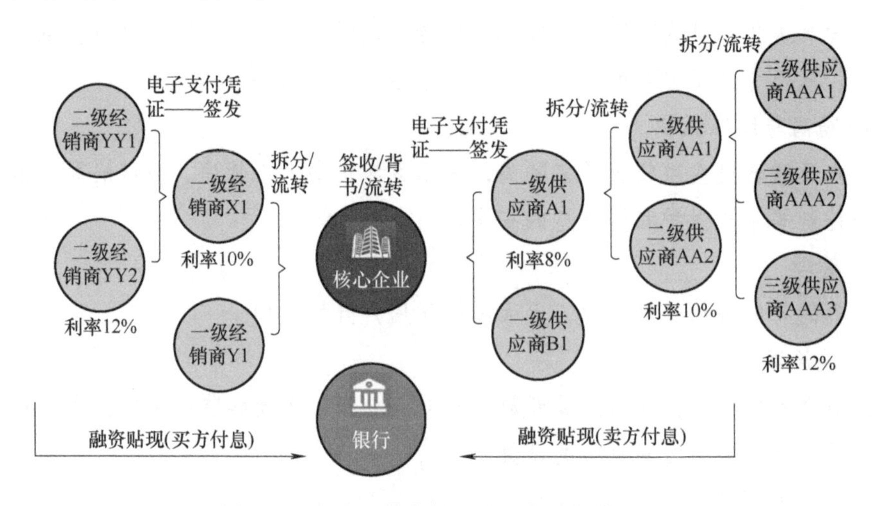

图 7-11　壹账通供应链金融平台链接模式图

该平台链接了核心企业以及上游 n 级供应商、下游 n 级经销商。上下游企业既可以将核心企业开具的电子支付凭证进行拆分并传递给下一级企业，也可以通过向银行支付融资贴现利息，提前承兑电子凭证以获得资金。图 7-11 也列出了各级供应商以及经销商的融资成本。可见，该平台解决了小微企业融资难、融资贵的问题。

创新点

该平台的优点如下。

1）壹账链 FiMAX 底层架构支持多方验证，链接核心企业、供应商、经销商、物流仓储和银行机构，保证供应链金融背景强一致性，避免纠纷，杜绝多头融资、重复使用单据等贸易融资难题。

2）Sparrow 技术保证隐私。银行及核心企业等多方数据的加密上链、零知识认证，解决了各方数据隐私保护及数据验证的核心痛点问题。

3）Concord 技术实现快速上链。一键部署、实时监控和权限管理帮助各参与方将实施部署、网络创建、管理、参与方准入及校验机制、证书授权（CA）对接及证书管理等工作化繁为简。

4）Core 技术提升极限性能。大吞吐量、国密算法、低延迟等，使得普通硬件配置下也可实现高性能吞吐量，支持多银行、多核心企业同时并发高频交易也无性能瓶颈。

基于当前区块链技术的供应链金融平台的不足

供应链金融庞大的市场吸引着各大公司相继推出基于区块链技术的供应链金融平台。深入分析几大典型平台的模式，可以发现目前供应链金融平台存在以下几点共性问题。

1. 联盟链跨链问题

目前，各大供应链金融平台都在搭建自己的联盟链，但联盟链之间无法实现连接和共享。供应链金融平台只依托核心企业业务的特点，将导致整个市场供应链金融业务相互割裂；链上的小微企业只能依托平台上核心企业的业务，使得信用只能在与核心企业有业务往来的企业中传递。小微企业在此类平台中较难将核心企业信用传递到非链上企业，无法实现利用整个市场资源的目的。

2. 链上节点容纳量问题

为了保证基于区块链技术的供应链金融平台的投票和决策效率，当下，各大平台联盟链上容纳节点数量较少。另外，搭建供应链金融平台的企业是商业性质的，这些企业都想通过平台提供服务而获取收益，当下如果其他企业想加入供应链金融平台，就需要安装相应设备与程序，这就导致一些小微企业由于置备成本的问题，难以加入平台当中，无法享受平台带来的好处。

当下平台还存在一个重要的问题，基于联盟链信息共享的特点，以及对商业机密的保护，平台无法整合与链上现有核心企业存在竞争关系的其他企业。

3. 平台风控科学性问题

平台整个业务条线的风险控制均是依托于核心企业的银行征信情况的。银行根据核心企业的固定资产情况，给予核心企业一定的信用额度，只要融资需求在额度内，银行以及保理机构等资金提供方就会对相应信用流转凭证予以免审查兑现。

但银行对于核心企业风险的动态监管程度不够，设置的风险监控指标也仅仅反映了核心企业的资产及规模情况。一旦市场发生变化，核心企业出现经营问题，整个供应链金融平台的风险就将全面爆发。

与此同时，平台对链上 n 级供应商、经销商的风险考虑得较少。应搭建全平台风险实时监控模型，针对链上各个企业的风险变化情况，及时调整业务模式，将平台风险降到最低。

4. 产业链管理与供应链金融发展存在技术脱节

要通过在供应链中部署区块链系统整合交易信息，需要采用多种技术提高供应链整体的数字化水平，如采用供应链管理系统（SCM）、企业资源计划（ERP）等。目前供应链一级、二级供应商和经销商数字化难度较小，三级以上小微企业是目前数字化的难点。例如，银行要求待融资业务整合商流、物流和资金流等信息，但现有水平的线下物流还做不到信息全程透明、可视，存货质押业务的拓展需要新的科技助力。

5. 平台上核心企业参与动力不足

核心企业在供应链中处于强势地位，其确权行为在一定程度上将占用企业自身的授信或资源，增加自身资金成本和管理难度。核心企业参与供应链金融的动力来自以下几方面：一是充足的经营性现金流，二是更低的采购成本，三是稳定上游企业供货，三是加速扩大下游销售规模。核心企业将在优缺点之间选择恰当的平衡点，同时也会受外界和技术推动的影响。

【本章小结】

传统场景下的业务痛点，正是区块链等新兴技术发挥作用之处。区块链是点对点通信、数字加密、分布式账本、多方协同共识算法等多个领域的融合技术，具有不可篡改、链上数据可溯源的特性，非常适合用于多方参与的供应链金融业务场景。区块链技术能够确保链上数据可信、相互流通，传递核心企业信用，防范履约风险，提高操作层面的效率，简化交易流程，降低业务成本。而且在供应链金融资产证券化中，采用去中心化的结构，既能够安全地储存交易数据，也能确保数据的真实性，能够实时掌握并验证账本的内容，在相应的权限内实时披露基础资产信息，能够很大程度上提高资产证券化的透明度和可追责性。这些都对行业具有颠覆性作用。“债转”平台作为将区块链技术应用于供应链金融领域的有益尝试，为区块链技术在金融行业的应用提供了实践经验。相信今后会有更多的落地项目推动科技与金融的跨界融合，助力金融脱虚向实，服务产业经济。

【关键词】

供应链金融　供应链金融资产证券化　区块链的应用　“债转”平台

【思考题】

1. 当下供应链金融面临哪些问题？
2. 当下供应链金融资产证券化面临哪些问题？
3. 区块链技术如何促进供应链金融的发展？
4. 区块链技术如何促进供应链金融资产证券化的发展？
5. “债转”平台如何运行？它可以解决哪些问题？

参考文献

[1] 段伟常. 区块链供应链金融［M］. 北京：电子工业出版社，2018.
[2] 陈晓华，吴家富. 供应链金融［M］. 北京：人民邮电出版社，2018.

[3] 吴俊. 区块链技术在供应链金融中的应用：基于信息不对称的视角 [J]. 物流技术，2017，36 (11)：121-124.

[4] 张庆彬. 区块链技术对供应链金融的优化作用分析 [J]. 河北企业，2018，349 (8)：121-122.

[5] 王玥. 区块链在供应链金融中的应用研究 [D]. 北京：对外经济贸易大学，2018.

[6] THURNER T. Supply Chain Finance and Blockchain Technology：The Case of Reverse Securitisation [J]. Foresight，2018，20 (4)：447-448.

[7] KIM H M，LASKOWSKI M. Towards an Ontology Driven Blockchain Design for Supply Chain Provenance [EB/OL]. (2016-08-28) [2020-03-14]. https://onlinelibrary. wiley. com/doi/full/10. 1002/isaf. 1424.

[8] DUJAK，SAJTER D，DOMAGOJ. Blockchain Applications in Supply Chain [EB/OL]. (2018-08-28) [2020-03-16]. https://www. bib. irb. hr/924745? rad=924745.

[9] BIRGIT C，RUTH B. Blockchain，IP and the Pharma Industry：How Distributed Ledger Technologies Can Help Secure the Pharma Supply Chain [J]. Journal of Intellectual Property Law & Practice，2018，13 (7)：531-533.

[10] WESTERKAMP M，VICTOR F，KUPPER，et al. Blockchain-based Supply Chain Traceability：Token Recipes Model Manufacturing Processes [EB/OL]. (2018-07-03) [2020-03-18]. https://ieeexplore. ieee. org/document/8726739.

第八章
区块链在其他金融相关场景的应用

【本章要点】

1. 了解区块链如何完善会计模式。
2. 熟悉传统审计与实时审计存在的问题。
3. 掌握区块链如何完善审计模式。
4. 熟悉我国征信行业发展存在的问题。
5. 掌握区块链技术如何解决征信行业存在的问题。
6. 熟悉区块链技术在银行资产管理业务的发展前景。
7. 熟悉区块链技术在保险资产管理业务的发展前景。
8. 熟悉区块链技术在信托行业资产管理业务中的发展前景。

除了证券、银行、保险等金融领域外，会计审计应用场景也迫切需要利用区块链提升信息披露质量、风险防控能力、业务创新能力。在金融风险防范体系构建过程中，征信体系发挥着重要作用，但当前我国征信体系存在较多发展问题，想要解决这些问题，也需要区块链技术征信体系赋能。监管和收费压力，以及不断变化的客户需求，也迫使资产管理朝数字化发展，以节约成本、提升效率和提高产品质量。

本章从会计审计、征信、资产管理三个应用场景出发，结合区块链特征，分析区块链技术如何融入以上各场景中，并介绍当下区块链技术运用在各行业的案例。

第一节　开创会计审计新模式

可以说财务和金融是一体两面的关系，金融机构除了常见的银行、证券公司等机构外，还包括财务公司等。金融产业链中，信息是整个产业的重要基础，会计审计所提供的信息能影响整个金融发展生态，是金融市场中两个重要的应用场景。在信息化建设快速发展的今天，会计审计也迫切需要提升信息披露质量、风险防控能力和业务创新能力。区块链技术的出现为会计审计提供了变革机遇，甚至可能重塑会计审计模式。

一、区块链在会计中的应用

会计作为记录、反映、核算一系列经济交易活动和价值运动的重要方式，对人类的生产、生活方式无时无刻不产生着重要影响。随着技术的进步和发展，会计学也在不断完善，特别是随着计算机、大数据、云存储技术的应用，会计领域正进行着一场重大的数字化变革。

（一）传统会计面临的问题

传统会计模式受发展水平的限制，存在一系列“顽疾”。首先，从会计信息质量看，企业内部会计信息的产生流程缺少有效监督，往往存在会计核算不实的问题，披露信息质量差，信息失真问题严重。其次，诸如购物发票、货币收据、银行的支票和汇票、提货单、产品运输单、材料领用单等会计原始凭证杂乱，难以分辨，虚假报账、非法洗钱等不法行为屡禁不止，进一步加剧了市场的信息不对称，投机炒作、内幕交易、市场操纵等不法行为难以遏制。同时，传统会计信息容易受到干扰。有些企业的管理者为了达到偷税逃税、吸引潜在投资者投资、顺利贷款、提高管理业绩、获得上市公司资格、挥霍公款、贪污、行贿等目的，弄虚作假，并滥用职权，教唆、强迫会计人员进行违规操作。

会计信息系统也存在诸多需要完善的地方。目前企业资源计划（Enterprise Resource Planning，ERP）系统普遍采用集中式记账模式。其基本的设计是不同职级和不同岗位拥有不同权限，各级子账本都要接受上级监督，分设各终端、次中心以及总中心的管理职能，这样的架构需要层层授权、审批和复核才能保证可靠性和规范性。在此模式下，节点与节点的地位不平等，权限不相同，有且仅有一个最高权限分派者。所以，集中式记账模式以管理权限设置为基础，通过授权机制发挥作用，并形成中心化账本。此模式虽然实现了从手工账簿到信息化的转变，但自动化程度低，并且管理理念依然以授权和审批为主导。此模式中，报账程序复杂，财务人员工作量大、效率低，并且也没有和外部交易系统建立连接。在技术发展上该模式仍然存在限制，并且在本质上没有跳出传统会计的框架，仍然存在信任风险。

分工协作的大趋势，使会计行为由生产职能的附带部分转变为一种独立的授信行为。会计信息化时代的到来，使得区块链成为针对大数据的一种先进记账方式。分布式记账和存储允许不同地理位置的多个参与者同时开展交易，每个参与者的权利和义务平等，即使某些节点出现问题，也不会影响整个系统的持续运转，极大地提高了系统的容错能力。

（二）区块链对会计的重塑和改善

区块链技术下的集体维护和监督容许每个节点在获得真实的账簿副本后，对每笔会计信息的真实性进行审查和校验，会计信息一经确认，便会在区块链中形成无法修改的数据信息，减少了会计舞弊的空间。非对称密钥和签名可以保护交易者的隐私。利用时间戳，使得区块链记录的信息就像是在时间轴上描点，时间轴随发展延伸，轴线的连续性保证了过去交易数据的可追溯，且留下的痕迹不可擦除，保证了信息的客观真实性。会计工作人员通过对企业发生的经济业务和事件的确认、计量、记录、报告和披露等程序，加工处理信息并传递给信息使用者，信息一经确认就不能修改，永久有效，确保了会计记录的准确性、可靠性和时效性，满足了会计核算要求，降低了道德风险。

基于区块链的分布式会计账簿体系以数学算法背书，免除了第三方授信，降低了信用成本。区块链对会计记账模式的重塑和改善主要体现在以下几个方面：

1. 重塑会计纠错方式

在传统会计中，纠错机制是在双向记账理念下完成的，且依托于人工审核纠错，但人工审核会导致会计记账过程中出现较多的操作失误，而且会计纠错也较为耗时、烦琐。区块链技术可以在时间轴上连续追溯历史交易和无限延展未来交易，所以在基于区块链架构的财会系统中，每个交易节点都保存着完整的数据，数据的可追溯性保证了区块链有强大的纠错机制。每笔交易完成的确认，都须得到系统中全部节点的认可，区块链技术实现了全网参与者共同纠错，这充分保证了会计要素确认的准确和一致。

2. 重塑会计计量属性

区块链技术保证交易的每个节点都独立地保存着与交易有关的所有数据信息，每一笔交易都会经过各个节点的审核，且审核通过之后才会被记录在区块链的分布式账本中。引入区块链技术后，影响会计计量属性的每一个因素在区块链上都变得公开、透明，会计计量工作变得透明，而且同时为历史成本、公允价值、可变现净值和现值等计量属性提供更加全面、准确、客观的信息。区块链公开透明的特点为会计价值计量的公允、合理提供了强大技术支持。

3. 重塑会计记账方式

公司企业用复式记账法记录每一笔交易的借项和贷项，要求会计总账充分反映会计科目的变化，因此会计报表制作、复核等工作需要花费大量的时间。在区块链的网络账本中，通过哈希指针，每个区块都能和上一个区块相连，可以实现每个分账簿与总账的关联。通过对会计对象设计智能合约就可以实现自动记账，只需要系统上的一个按键，就可以实时生成或更新一个不可篡改、全网节点共享的财务报表，缩短了会计信息更新周期，提高了会计信息的质量，降低了会计舞弊和差错风险，极大地提高了工作效率。

4. 完善企业内部控制

企业的管理会计旨在通过分析财务公开报表数据，对企业经营情况进行总结、控制以及考核，进而提供完善内部控制管理的措施。区块链技术的应用，确保了企业可以利用包括财务公开报表数据在内的企业全部经营信息。智能合约的引入可以实现企业会计系统自助数据信息，有效利用相关信息，实时监督企业经营状况，为企业内部控制提供科学、灵活的建议。

5. 转变会计人员职能

企业会计人员基本职能是核算和监督，通过会计确认、会计计量、会计记录、会计报告等环节对经济业务进行核算，并对经济业务的真实性、合法性、完整性进行审查。区块链与会计的结合，使会计人员日常不再需要做会计单据审核、记账、报告、归档等基础工作，基于区块链的新会计系统可以自主完成相关工作，会计人员需要把主要精力放在更有价值的工作上，比如通过对企业会计数据进行分析，提供经营与决策建议等会计管理工作。这就要求新时期会计人员具备使用信息、管理信息、分析信息的能力。

【案例介绍】

区块链在会计中的应用案例

2014 年，德勤公司推出了 Rubix 平台，致力于将创业速度和企业的可靠性带入区块链市场，填补区块链技术在现有企业复杂环境中应用的空缺。Rubix 是专用来使开发者能够在一个全栈区块链环境下进行创建和部署的分布式应用（DApps），该区块链环境可以根据行业和企业的需要进行定制。为了应对企业级区块链系统独特的需求，Rubix 研发团队在底层协议、Web3 API、开发者工具等方面完善了 Rubix 核心（Rubix Core），使开发者可以快速、无缝地设计、开发并测试区块链应用。Rubix 基于以太坊（Ethereum，一个开源平台），在充分利用以太坊协议的同时不断改进，添加企业级的核心功能，使 Rubix 可以适应复杂多变的企业环境。Rubix 提供了运行企业区块链应用所需的工具，其中包括：①控制面板可以通过直观的交互方式查看区块链的网络状态。②区块浏览器可以一键式查寻特定的区块、交易以及地址。③节点监控器能够在任意时刻监控区块链中的所有节点。④利用合约编辑器，在浏览器中即可编写智能合约，并快速部署至区块链上。Rubix 可以说是一个真正意义上走出实验室、投入生产的区块链平台。

在 Rubix 的基础上，德勤公司创建了全球范围内的分布式账簿——Deloitte's Perma Rec，将其与企业内部财务系统（如 SAP、Oracle、用友等）对接，使企业的购销过程透明化。此外，实时审计也取得了突破性进展，Rubix 能够对账簿实施全面审计，并自动进行纳税申报，因此，在提升用户方、监管方和会计师事务所的整体绩效方面起到了显著作用。目前，Rubix 主要用于确认交易对手、进行土地登记、客户忠诚度的积分以及实施实时会计和审计工作。

二、区块链在现代审计业务中的应用

（一）传统审计中的问题

传统现场审计中，审计是以会计信息及其他信息所反映的经营活动为审计对象，以审计人员进驻被审计单位的方式，现场审查和查阅被审计单位的经营管理信息，核查现金实物、有价证券及资产情况，并通过函证方式证实或证伪经济活动的真实性和合法性，对所审计的财务活动是否存在重大错报风险提供合理意见。随着会计的不断发展，传统现场审计的实施过程中暴露出以下问题。

1. 审计时间滞后性

传统现场审计是对过去一段时间内的会计信息进行监督和检查。审核的内容是前几年度披露的财务数据，由于审计时间较数据公布时间滞后，使得存在财会人员非法修饰或篡改会计账簿的可能，进而存在经营活动信息失真的风险，导致审计失真。审计时间的滞后也使得监管部门可能无法及时发现被监管单位的违规违法行为，有监管职能缺失的风险。

2. 会计信息存储的复杂性

随着信息技术在会计工作中的应用，利用财务处理信息系统进行会计记账的方式已经代替手工记账方式，因为每家企业都有自己独立的财务信息管理系统，所以会计资料的形式也要随着所需录入的财务处理信息系统的形式发生变化。因此，当前会计资料呈现存储介质多样化的特点，其中包含纸质、磁介质及光记录介质，这样一来，对多种来源的数据的稽核、检查及校对工作繁复，极大阻碍了审计效率的提高。

3. 审计工作效率低

一方面，随着被审计单位经营业务的逐渐发展，需要列入审计科目的信息变得日益庞大和复杂，如果现场审计中存在管理制度不完善、审计资源分配不足或者人员沟通不顺畅等问题，很可能导致审计工作质量低劣、效率低下甚至发生重大审计失误。另一方面，审计工作流程复杂，各项文件的审核批复效率较低，审计工作长时间进行，可能会影响企业的正常经营。

4. 审计覆盖范围具有局限性

依据统计学理论，在审计中普遍运用抽样方法，是为了更好地控制审计成本，提高审计效率。但审计抽样方法只能依靠数理统计理论来整体评估交易数据的真实性，而不能对每一项交易数据的真实性都进行核查。在审计工作中，审计人员只有在认为内部控制或企业管理规章存在薄弱环节时，才会对相应环节进行细节测试。这种传统的审计程序往往会遗漏审计疑点和审计线索，可能导致审计的经济监督职能、经济评价职能、经济鉴证职能的缺失。

（二）实时审计面临的挑战

目前，实时审计逐渐成为审计活动的主流趋势。实时审计是指运用信息技术构建网络系统，审计机构通过网络系统实时获取审计客户的经营活动信息，并利用相关系统对被审计单位的财务活动进行实时远程监控和审查的经济监督活动。可见，实时审计更有利于审查和评价被审计单位经营活动的真实性、合法性和效益性，以达到查错防弊和明确责任的监控目的。虽然实时审计打破了传统现场审计的限制，利用信息技术实时对被审计单位的财务收支和现金流量进行监控，但是当前在实时审计的具体实施过程中存在以下弊端。

1. 数据易缺失

当前，审计人员主要是通过拷贝和预处理被审计单位数据库中的数据来进行审计，但是在数据拷贝和数据预处理过程中，易造成数据缺失、丢失或损坏等问题。

2. 电子数据易被篡改且不易发现

手工做账已被财务软件取代，使得会计资料的表现形式发生了历史性变化，电子数据成为审计核查的主体。电子数据与纸质资料相比，易于被篡改且篡改之后很难被审计人员发现，因此审计项目存在会计信息失真的风险；而且一旦电子数据被篡改，审计人员无法将修改的电子数据恢复，就不能得到真实有效的审计证据。

3. 数据安全性低

不管是基于云技术还是财务共享模式来构建实时审计平台，业务数据一直存在较大的安全风险。业务数据是被审计单位的核心机密，也是开展审计的基础，一旦中央数据库受到黑客的攻击，业务数据大量泄露，被审计单位就将有不可估量的损失。

（三）区块链对审计的主要影响

区块链自身的技术优势，使得基于区块链的数据处理过程中的去信任化得以实现，区块链技术与审计工作的结合可凭借技术改善和破解审计工作中现存的难题。如果将区块链的去中心化、透明性、匿名性、自治性和不可篡改性等特点，与审计流程相结合，尤其是在识别、评估、应对重大错报风险方面，就可以设计出“区块链+审计”的具体流程。企业内部审计时，可以借用区块链系统，打通总、分公司所属区块链的数据传输渠道，为审计做好准备；在识别、评估、应对重大错报风险方面，可以利用区块链所载信息的透明性和不可篡改性，充分了解审计对象及其环境，评估其内部控制的有效性，并开展销售与收款、采购与付款、生产与存货、筹资与投资、货币资金等业务循环审计。区块链的不可篡改、分布式账本、时间戳、网络共识以及可编程等特性与会计和审计对信息质量的要求不谋而合，有望对审计业务的改善产生深远的影响，主要体现在以下方面。

1. 提高源数据质量

区块链不可篡改的特性在保障会计数据来源唯一性的同时，也为审计业务的开展提供了可靠的数据来源。区块链审计平台会实时更新被审计单位的数据资料，一项交易完成后，被审计单位关于本次交易的数据便被录入区块链网络中，且很难被篡改。实时更新数据信息可以提升被审计单位数据信息的质量，为审计工作的开展夯实基础。

2. 提高审计数据的安全性

分布式账本显著降低了被审计单位数据被攻击的风险。传统的审计资料存储在中心化的服务器上，极易受到黑客攻击，导致文件丢失或者数据被篡改。而区块链将数据分布式存储，全网参加节点均会备份交易数据，即便单个节点遭到黑客攻击，也不会影响数据在全网的共识状态，因此提升了用于审计工作的数据的安全性。

3. 不可篡改数据

时间戳特性能增加了篡改审计单位数据的难度，为审计业务的开展提供可靠的审计线索。在企业审计活动中，虚假交易和账目欺诈是重大错报风险的主要来源。“区块链+审计”平台中，被审计单位要修改交易数据时，需与平台众多个参与者达成共识，使得财务数据造假难度大幅提高，被审计单位数据的真实性和可靠性大幅提高，从而虚假财务信息验证成本大幅降低。

4. 提升审计工作效率

一方面，通过区块链网络获取审计需求信息更加便捷，审计请求实现分钟级甚至秒级响应，能够节省信息收集和整理时间，从而提高审计工作效率。另一方面，区块链的共识机制使所有数据在第一时间得到共同确认，能保障数据的及时性和准确性。“区块链+审计”平台也能够大幅提升数据的真实性和完整度，简化大量询问和函证程序，从而提高审计工作效率、节约人力成本。

【案例介绍】

区块链在现代审计业务中的应用案例

四大会计师事务所之一的安永（Ernst & Young）咨询公司发布了两项新的区块链开发项目，即区块链分析仪的新版本和零知识证明协议。第一代产品仅供安永审计团队使用，以便从多个区块链账本收集公司的整个交易数据。第二代分析工具是 EY Blockchain Analyzer，可作为业务应用程序供安永审计团队和非审计客户访问。

并且，安永咨询公司计划在未来建立一个可用于多种目的的平台解决方案，包括审计、税务和交易监控。新版本的分析仪可根据美国税法自动计算交易的资本利得和损失。

安永咨询公司还推出了一项名为“安永加密资产会计与税务”（EY Crypto-Asset Accounting and Tax，CAAT）的工具，旨在对加密货币持有量进行会计和计税。该工具可以从“几乎所有”主要交易所获取加密货币交易的信息，整合各种来源的数据，并自动生成报告，包括与加密货币相关的美国国税局（U. S. Internal Revenue Service）的纳税申报单。

第二节　创新风控征信新模式

风控是金融业务的核心之一，而征信作为金融风控的基础工具，其重要性不必多言。信贷业务规模的不断增加需要征信体系作为支撑，新型信贷业务的快速发展以及不良贷款等问题的日益显现，也对征信体系的完善提出了更高的要求。

一、我国征信体系现状分析

（一）我国征信行业的发展概况

从全球范围来看，征信行业的主要模式大致分为三类：政府主导型、市场主导型和会员制。我国的征信行业与欧洲大部分国家不同，其模式并不以营利为目的。中国人民银行征信中心主导建设了中国征信系统，从各金融机构、企事业单位等采集企业和个人信用信息，建立了企业及个人信用信息集中档案库，并对外提供有条件的查询服务。在发展水平上，中国征信业发展与发达国家还存在一定的差距。

中国人民银行于1997年开始建设银行信贷登记咨询系统，2002年系统建设完毕，并完成“总行-省市-地市”三级覆盖。2004年到2006年，中国人民银行将银行信贷登记咨询系统改造为企业征信系统，同时建设完成了个人征信系统。虽然中国人民银行主导的征信系统已于2006年上线，但对我国整体征信行业而言，2013年颁布了《征信业管理条例》和《征信机构管理办法》之后，征信行业才开始规范化发展。由于企业征信采取备案制，门槛远低于个人征信业务，于是在2014年，众多企业积极地在中国人民银行各分支机构开展征信备案工作，但首张个人征信牌照直到2018年才落地。

中国信用体系运营采取政府主导型运营模式，即以公共征信为主、社会征信为辅。公共征信即中国人民银行的征信中心，其个人、企业征信系统基本覆盖全国传统信贷市场，是我国征信体系的基础；社会征信即社会第三方征信机构，重点服务于中下游，是完善和补充中国人民银行征信系统的重要组成部分。由于非盈利、非市场化的定位，因而政府主导的征信中心（中国人民银行的征信中心）现有数据的覆盖率比较有限，仍存在许多信用白户。另外，中国人民银行征信中心对于接入机构的要求比较高，多数非银金融机构达不到其门槛，无法接入征信系统，造成中国人民银行征信系统对近年来兴起的互联网金融和消费金融行业缺乏覆盖的现实。但实际上这些新兴金融领域发展时间短、增速快，正处在需要严格的风控来支持其平稳发展的阶段。

同时，由于存在对数据的巨大渴求，而又缺乏相应的渠道获取数据，所以部分金融机构获取的数据存在质量问题，无法满足后续数据分析服务的要求。另外，由于信息不对称，金融机构无法获得翔实的中小企业信用信息，因而中小企业长期受到融资难、融资贵问题的困扰。

我国征信行业未来市场规模将达千亿级，征信市场空间巨大，但目前整个行业征信数据孤岛现象严重，信息不能共享，从而无法产生更大的价值。在目前的征信机构中，无论是资本市场信用评估机构、商业市场评估机构还是个人消费市场评估机构，都需要进行数据的安全共享，同时需要降低数据获取成本，促进整个行业健康、安全发展。通过技术手段有效解决数据共享和存储所面临的问题，更加清晰地了解用户画像，有助于正确判断和决策、降低风险、促进信息共享。以征信行业突出的黑名单共享业务场景为例，在跨领域、跨行业、跨机构的环境下，用传统技术实现黑名单共享难度大且成本高，较难实现多方互信。同时，传统中心化的技术实现共享黑名单还存在信息容易被篡改、数据无法追溯、共享信息的真实性无法得到保证等问题。传统技术实现共享黑名单很难做到数据在各个机构间实时同步，存在数据一致性和实时性方面的问题。

（二）我国金融信用服务模式

信用是金融交易的基础。无论是在传统金融体系下还是在互联网金融体系下，投资者、融资用户和机构都基于相互信任而实现交易。如果缺乏基本的信任和信誉，交易双方都将面临巨大的风险，交易很可能会失败。我国互联网金融的主要参与者是中小微企业，信息不对称和信用评价体系造成的融资困难是这些企业发展的重要障碍之一。

金融信用体系是金融市场的重要组成部分。其实质是共享、整合和处理客户的信用数据和信息，进而达到信息整合和资源共享的目的，实现对客户信用的全面评估。目前，我国金融信用服务主要有两种基本的模式：大数据信用模式，商业信用平台披露模式。

1. 大数据信用模式

大数据信用是指通过技术操作，从征信机构中获取多样化信息，对多元化信贷提供者、电子商务和社交网络等非结构化数据，进行信息清理、有效匹配、数据集成和深度挖掘，来获得准确反映信用状况的数据信息和评估报告。这种模式的数据来源以电子商务平台和 P2P 网络贷款平台为主，例如使用阿里巴巴和芝麻信用系统的电子商务交易数据，运用 Ant Fintech 技术来评估用户信用。

2. 商业信用平台披露模式

另一种类型是以小额信贷信用信息共享平台（MSP）和网络金融信用系统（NFCS）等系统为依托，通过信息匹配来获取相应的征信信息。MSP 为 P2P 贷款公司、小额贷款公司、担保公司和其他小额信贷机构提供诸多服务，包括信用信息查询和报告、借款人黑名单和不良信息共享等。NFCS 收集和组织自然人主体在互联网金融过程中产生的信用交易信息，包括基本个人信息、贷款申请信息、贷款还款信息、贷款公开信息和特殊交易信息五种，再结合从其他领域获得的信用信息，整合为信用报告，提供给企业。

（三）我国征信服务中面临的问题

目前我国金融征信服务中还存在一些问题：

1. 手工审核效率低，成本高

信息收集和验证的手工方式仍然是互联网金融信用审计的主要方式。目前，互联网金融风险控制的核心技术模式类似于德国微贷技术（IPC）模式，应用场景包括反欺诈、贷款前风险评估、信用风险管理、贷后风险评估和收集等。由于没有第三方参与，不能完全保证信息的真实性，因此无法保证可信度。企业必须进一步确认离线信息的真实性，需由专业审计人员拨打电话或进行现场调查确认，所以大大增加了人力成本，降低了工作效率。

2. 严重的信息孤岛

许多金融机构需要与信用信息平台（如 MSP 或 NFCS）合作以获取信用信息。但是，这些平台获得的信息量是有限的，平台和平台之间的信息隔离严重，各方不愿将己方的数据与外界共享，最终导致“数据孤岛”形成，使得“多头贷”“骗贷”等欺诈事件和信用违约等失信事件时有发生，不良贷款率居高不下。

将分散在各个征信机构间的黑名单数据整合在一起，实现数据共享极其困难，需要克服的最主要难题就是各机构间一直以来存在的信任问题。因此，如果能解决信任问题，就可以打通“数据孤岛”，在保证数据所属方利益的情况下，让征信数据在金融机构间规范化地流动、共享。在此基础上开展大数据分析，可以满足行业多元化、个性化的征信需求，这会成为未来我国征信业的发展方向。如果金融机构想要获得更多信息，它们必须与多个信贷平台合作，因此风险控制成本将会增加。除了信用机构不愿意积极共享数据之外，基于传统架构的机构之间数据共享的安全性也是需要解决的问题。

3. 数据源难以整合

数据源是征信行业的基础生产材料。有效数据的采集场景不仅包括银行、保险、公安、公共服务部门等的线下场景，还包括电商、社交等互联网线上平台的线上平台。大部分征信机构通过自行收集、合作、购买等方式，从这些有限的场景中获得数据，然后通过市场化方式进行整合。

4. 数据准确性问题

网络化时代，金融服务通常对客户提交的资料和大数据提供的客户征信资料等进行网上审核批准。但是客户可能通过编造虚假报送资料来获得贷款，由此增加了金融机构贷款风险。此外，信息主体的隐私权与信用征信的公开性存在冲突。一些个体或者企业出于对自身信息安全的考虑，并不希望让其他人共享自己的所有信息，因此征信机构所获得的数据有一定的局限性。

二、区块链推动征信转型

传统技术在数据采集、解决信息不对称问题和数据隐私保护等方面仍存在局限性。具备分布式存储、对等传输、共识机制和加密算法等特点的区块链技术逐渐进入了人们的视野，被视为推动征信体系转型的重要技术。

作为比特币和其他数字货币的基础技术，区块链技术具有信息不可改变和分散存储的特点，利用加密算法、共识机制、激励机制等实现分布式网络中的对等交易，利用智能合约技术为更多在线交易、支付提供了可能性。它是继大型计算机、个人计算机、互联网、移动社交网络之后再次为社会带来信用革命的创新范式，并有可能成为下一代全球信用认证和价值互联网基础设施协议。区块链作为信任问题的新解决方案，引起了征信领域的关注。

征信领域信息孤岛、数据源之争等问题亟待解决，利用区块链的加密安全性、去中心化、去信任、开放自治等特征，能够有效完善大数据征信体系，维护信息安全，增强数据仓库的多样性，建立信息交流新秩序以及良好的互联网内生信用机制。为此，区块链基础共享系统的具体构建便成为征信行业发展的关键。区块链为金融征信共享系统的构建提供了解决方案，具体可以体现在以下几个方面。

（一）区块链使信息主体隐私和权益得到有效保障

区块链通过哈希加密算法进行数据脱敏，可保证数据的私密性以及安全性。数据脱敏是指对某些敏感信息使用脱敏规则进行数据的变形，实现对 敏感隐私数据的可靠保护。通过数据脱敏，个人或企业能够放心地将数据信息授权给征信机构进行信用评估，而在这一过程中，征信机构和其他用户是无法得到该信息主体的原数据的，从而保证了信息的私密性。在数据交易过程中，区块链的各节点中保留着信息主体的摘要，具体的交易信息被加密存储，这样在保护信息不被泄露的基础上，可追溯交易数据的所属权，进一步加强了信息主体的数据安全性。同时，在通信过程中，通过 SSL 协议、点对点传输，增加了多重安全保障。

（二）区块链降低了金融征信信息交易成本

区块链的去中心化将金融服务从一对多模式转化成了点对点模式，扩大信息基础数据库覆盖范围，也就是将金融服务供给分散化，从而降低金融服务成本。区块链技术中没有中心节点，各节点之间可以点对点直接传输交易数据，数据交易流程大幅简化，减少了大量的人力物力投入，降低了征信信息交易成本。基于区块链的征信交易模式的运行效率相比传统的征信体系有了大幅提升。

（三）区块链消除数据孤岛

区块链分布式账本技术的应用，可以及时、完整、真实地记录信用信息，实时进行数据共享与信息交换，并且将数据信息加盖时间戳后，记录在相应区块中，保证了数据的真实性。去中心化的征信模型有助于数据共享，有效地解决了信息孤岛问题。同时，征信机构也能获取各类群体的数据并对其进行信用评估。这使数据库信息更加完整、准确，对大数据征信的发展有较大的推进作用。

（四）征信信息的数据维度和共享性得以提升

区块链技术消除了信息主体数据所有权和安全性等多方面的顾虑，促进了各行业的数据共享，由多方提供数据交易信息，使得征信数据更加可信，数据需求方可以更加快捷、高效地获取多维度的征信数据。基于区块链技术的征信信息共享查询，将各客户每次调用查询信息都记录在区块链账本中，保证不可篡改并可追溯信息来源，各征信系统成员互相开放黑名单中的信息查询功能。

（五）区块链技术可以实现信息透明，提供监管保障

区块链网络是相对开放的，除了对部分涉及参与节点隐私的数据进行加密保护外，所有人均能通过公开的接口找到相关账本数据。利用区块链技术对接各个联盟机构黑名单业务系统，建立联盟机构黑名单平台，将分散在各个征信机构内的黑名单数据整合在一起实现数据共享，建立良性循环，实现系统自洽。与此同时，区块链采用的是基于协商一致的共识机制，任何人无法随意篡改信息，这使得大数据征信系统实现高度透明，并且对数据信息安全有较好的保障。区块链的加密安全性、去中心化、去信任、开放自治等特性的作用下，基于区块链的征信平台可以实现实时监管。

【案例介绍】

区块链推动征信转型

苏宁金融于2018年2月上线了金融行业区块链黑名单共享平台系统，将金融机构的黑名单数据加密存储在区块链上，金融机构可通过独立部署节点接入联盟链，开展区块链黑名单数据上传和查询等业务。通过区块链技术，该平台实现了无运营机构的去中心化黑名单共享模式，解决了黑名单数据不公开、数据未集中、获取难度大等行业痛点，且成本低廉，有效降低了金融机构的运营成本，更保护了客户的隐私和金融机构的利益。

深圳六合数字科技公司基于区块链技术传递信用，将区块链应用于中小企业主体的信用形成和交易环节的“四流合一”验证，解决中小企业评估难题；并与银行等金融机构形成联盟共识，通过区块链的分布式验证，共建信用识别和认定机制，帮助中小企业解决采购与融资难题。

Kredit Chain是欧盟第一个基于区块链技术的征信生态体系，同时也是德国首个世界级区块链应用项目。其目标是通过区块链与分布式存储技术，构建一个欧盟范围内的去中心化征信体系。该项目解决了数据中心化导致的商业场景不统一，并将尝试利用区块链技术准确地、透明地衡量生态体系内每一位参与者的信用。该项目获得了欧洲央行（ECB）与货币基金组织（IMF）的官方支持，在欧盟经济中心内率先进行银行区块链技术改造。

第三节　推动资产管理的转型

资产管理业务几乎在金融行业的各个领域都有涉及，单就这些业务而言，存在成本过高、监管不易、业务流程长等问题。区块链技术的出现，有望给这些问题带来转机。

一、资产管理业务

据中国人民银行颁布的最新指导意见，资产管理业务是指银行、信托、证券、基金、期货、保险资产管理机构、金融资产投资公司等金融机构接受投资者委托，对受托的投资者财产进行投资和管理的金融服务。金融机构为委托人利益履行诚实信用、勤勉尽责义务并收取相应的管理费用，委托人自担投资风险并获得收益。资产管理产品包括但不限于人民币或外币形式的银行非保本理财产品、资金信托、证券公司、证券公司子公司、基金管理公司、基金管理子公司、期货公司、期货公司子公司、保险资产管理机构、金融资产投资公司发行的资产管理产品等[1]。

[1] 中国人民银行、中国银行保险监督管理委员会、中国证券管理委员会、国家外汇管理局《关于规范金融机构资产管理业务的指导意见》，2018。

从以上表述中可以看出，几乎所有的金融机构都涉及资产管理业务。由于不同的金融机构的主营业务各不相同，所以资产管理业务在不同机构扮演的角色也不尽相同。对于银行来说，资产管理业务是谋求转型的新兴财富管理业务，被视为新的利润增长点。信托机构自认为是最符合资产管理理念的金融机构，资产管理业务是其主要的业务类型。随着监管部门放宽了对证券公司、期货公司和基金管理机构进行资产管理业务的限制，这些金融机构资产管理业务的空间也得到了进一步拓宽。

资产管理业务作为金融行业各种机构业务内容中重要的组成部分，与区块链的结合具有巨大的应用前景。J. P. Mogan 公司发布的报告显示，资产管理业务成本可以分解成销售和市场、运营、信息技术、资产组合管理、财务、风险管理和行政费用七个部分，各个部分占资产管理总成本的比例见表 8-1。

表 8-1　资产管理总成本的比例

内　容	销售和市场	运营	信息技术	资产组合管理	财务	风险管理	行政费用
占总成本比例	20%～30%	20%～25%	15%～20%	15%～20%	5%～10%	5%～7%	5%～10%

注：具体比例因规模、业务范围、地区、多元化等的不同而有所差异。

通过自助服务方案，可以节省销售和市场的成本；通过实现更高效的数据管理，如通过智能合约技术实现自动监管报告，缩短处理周期，采用区块链为底层技术的新系统、淘汰落后的基础设施，可以节省运营环节的成本。从节省成本的角度来看，区块链技术可以减少对数据汇总、修改和共享的人工干预，从而在降低成本方面发挥作用。同时区块链技术还有望在监管、业务流程简化、降低风险等方面，对传统的资产管理业务进行优化改进。

二、不同金融机构资产管理业务的区块链应用

（一）银行资产管理业务的区块链应用探析

1. 银行资产管理业务及其产品特征

在当前信贷规模有限、社会投资需求旺盛的背景下，资产管理业务已成为优化资金配置、满足社会投资和实体经济需求的重要途径。这也是个人和企业应对通胀风险、保值增值的重要投资方向。经过十多年的发展和银行长期信誉的积累，银行资产管理业务已成为国内资产管理市场中规模最大、客户最多、最具影响力的业务。因此，资产管理业务是当前银行实现转型的主要业务。特别是近年来，理财收入不断增加，已成为推动业务转型的新的利润增长点。资产管理的业务形式、内容和类型是多种多样的，涵盖个人理财业务、高端客户财富管理业务、企业客户资产管理和咨询服务。银行的资产管理业务不断探索实体经济的服务类型，不仅要满足投资资金对自由、高收益和高风险的要求，还要突破刚性兑付、回归资产管理的本质。银行资产管理产品开始从封闭式和预期收益性产品转变为开放型和净值产品，这些产品迫切需要提高新兴大数据分析等新技术的掌握和应用能力，更加关注整合区块链这一金融前沿和新业务模型的应用和研究。

2. 探索区块链在银行资产管理业务中的应用

银行如果要将区块链技术引入资产管理业务，以区块链中的私有链作为应用架构，建立银行和诸多投资者、资金需求者共同参与的资管业务平台，形成具有个体身份证明的资产组合账本记录和资产管理账本记录。这种建立在去中心化的区块链上的分布式记账机制，能够突出资产管理业务平台上各类产品的信息共享和资产使用情况，吸引更多投资者参与到资产管理业务中来。

银行资产管理业务的运作模式即银行以理财计划、信托计划、资产管理计划等方式，将单个或多个投资者的资金汇集到一个资金池中，将募集的资金按照预定的投资策略和计划运用于确定的对象和用途，以实现募集资金的保值增值，并按照资产管理合同将收益分配给投资者的过程。资产管理业务相关部门可成立研发实验室或携手金融科技公司，首先推进一些小型的试验性应用项目，强化技术储备，有序地推进资产管理业务各系统的应用技术演练。通过应用项目的实践不断加强对区块链技术的深层次的掌握，以期开发银行资产管理业务的区块链应用场景。

一方面，区块链的共享账本、智能合约、隐私保护、共识机制等特点可作为技术基础，应用于资产管理业务运作的每一个过程，并可以突出资产管理业务系列化产品的信息共享和资产使用情况。另一方面，可进一步构建资产管理业务的区块链现实应用体系，需要建立起相应的区块链债券登记和资产公证体系以及风险管理组织体系等，例如可以选择风险较低且投资价值较高的银行信用类资产管理业务产品以及基于区块链的资产配置体系作为起点，并强化跟踪研究。

（二）区块链运用于保险资产管理监管

就保险资产管理行业而言，近年来，监管机构对保险资产管理业务的监管有两个转变：一是从规模监管向全面风险监管的转变，二是由分业监管向全面统一监管的转变。相比原来的监管思路，针对保险公司自有资金的运用，不再是简单地根据保费规模、赔款以及准备金的比例进行监管，而是通过保险资本与相关风险状况的匹配，对保险机构加以区分，从而形成保险机构分类监管机制。针对保险资产管理的多层嵌套、杠杆不清、监管套利严重、投机频繁等问题，监管机构提出“统一标准规制，同时对金融创新坚持趋利避害、一分为二，留出发展空间”。总体监管方案上采用的是“强调事前、加强事中、管住事后”的动态、实时、全面的风险监管。

保险资产管理全面风险监管的技术挑战是：无法获取实时数据，数据造假，风险识别难，风险信息共享难，机构内部管理难。这些技术挑战给监管造成了极大的困扰，使得监管法规较难有效执行。针对保险资产管理全面风险监管遇到的各项问题，区块链可以从以下四个方面在保险资产管理监管中发挥作用。

1. 助力从分业监管向全面统一监管的转变

在分业监管时代，存在管理业务的多层次嵌套和通道业务等风险。通道业务是指券商向银行发行资产管理产品吸纳银行资金，再用于购买银行票据，帮助银行曲线完成信托贷款，并将相关资产转移到表外。在这个过程中，券商向银行提供通道，收取一定的过桥费用。例如，银行，证券公司的财务管理计划、信托计划、资产管理计划等通过保险资产管理计划进行间接投资，保险资产管理公司收取相应的渠道费用。鉴于这种情况，区块链技术可以在央行、银保会、证监会等监管部门中部署节点，形成监管联盟。同时，它可以在多个保险资产管理公司、信托公司、证券公司和银行部署节点形成闭环业务数据。利用区块链的可追溯性，可以实时捕获跨市场和跨区域的投资数据信息，在多个监管机构之间共享信息，达到统一监管的目的，发挥消除通道业务风险和抑制多层次嵌套的作用。

2. 助力监管部门识别关联交易

区块链节点在管理者、投资者、项目方和监管机构中的部署工作，可以借助区块链技术不可篡改的特性，实现反洗钱和身份识别，掌握关联方的身份信息和资金流去向。区块链技术有助于准确定位关联交易是否符合监管要求，解决关联交易非法性问题，例如非法交易、交易关系不清、交易统计不准确、交易报告不及时等。

3. 助力监管部门实时追踪

保险资产管理机构内部管理中的欺诈风险主要是指保险资产管理业务经营过程中，内外部人员不当行为造成的风险，如伪造文件、签订虚假合同等。在与外部机构合作时，将在整个合作过程中产生的产品销售信息、投资者信息、产品份额信息和产品合同信息都置于区块链上，监管机构就可以实时跟踪相关的欺诈风险。对于上述四种保险资产管理业务监管场景，区块链技术满足了保险监管的渗透性、动态性、高效性、准确性、灵活性和及时性等目标的要求，有利于实现真正的全面监管。通过区块链的监督审计功能，可以进一步提高保险资产管理业务的安全性和透明度，从而提高保险资产管理公司的信用，有效防范投机和不当投资行为；可以更好地履行保险机构的职责，保障保险业安全稳定发展。

（三）区块链运用于信托行业

年报数据显示，截至 2018 年年末，我国 68 家信托公司情况如下：信托资产规模为 22.70 万亿元，同比下降 13.5%；固有资产总计 7268.90 亿，同比增长 9.08%；2018 年全年共实现营业收入 1115.36 亿元，实现净利润 569.07 亿[㊀]。信托行业近年来实现了很好的发展，但是也存在一些问题，这些问题往往都可以通过区块链技术加以改进。

1. 提高信托行业利润水平

信托行业资产体量庞大，企业层面实现的利润水平却偏低。以信托报酬率作为指标衡量收益水平，2005 年至 2017 年的 10 多年间，我国信托机构的平均信托报酬率不足 1%。这一方面是由于我国大量开展低技术含量、低回报率的通道类业务，另一方面是由于我国信托机构处于规模膨胀期，长期粗放式发展忽视了对成本的控制。在信托行业盈利能力走低，同质化竞争加剧的背景下，优化成本管理是信托机构脱颖而出的必经路径。信托公司营业成本主

㊀ 用益信托网，2018 年信托行业年报分析，http://www.yanglee.com/Information/Details.aspx?i=64092，2019-05-22。

要包括营业支出、管理费用、研发成本以及员工薪酬福利等项目。区块链由于具有去中心化的特性，可以利用智能合约技术，很大程度上解放信托公司的人力成本、降低营业支出和管理费用，使信托公司拥有更加充沛的资金用于开发市场、强化创新、提升职工福利水平，打开更广阔的发展空间。区块链技术有望节约大量成本，如美国两大证券交易所曾以其清算交收的数字为基础进行测算，测算得到结论：使用区块链节约的交易成本，一天便可达 27 亿美元。我国信托业设立及管理手续烦琐，可以降低成本的环节包括但不限于清结算环节，如果采用区块链技术，将节约大量社会资本，促进经济整体更为有效的运转。

2. 降低信托行业风险

截至 2017 年年末，信托业风险项目数量 601 个，年度增加 56 个，风险资产规模达 1314 亿元，同比增长率为 11.82%；行业不良率为 0.50%，年度下降 80BP。信托行业多年来实行粗放式发展，野蛮扩张的后果就是资产质量难以得到保证，风险事件频发，在打破刚性兑付的趋势下，没有了信托公司的兜底，损失将由投资者个人承担，社会影响的波及面更广，造成的影响将更为恶劣。项目爆发风险主要有以下几种原因：融资项目不确实，项目材料不准确，不法人员伪造公司公章，骗取信托贷款；融资人负有高额债务、挪用信托贷款、无力兑付信托计划；泡沫化的市场行情掩盖了信托风险；信托经理的道德风险。区块链能够保证存储于线上的数字材料既保持了隐私性又可以被验证，技术上不存在被伪造的可能性[㊀]；对交易对手的财务状况可以进行实时查询，第一时间发现财务风险，及时做出应对措施；信托产品引入智能合约，建立基于算法的绝对信任，可以降低信托经理的道德风险，即使在某些必须人为处理的环节发生了偏差，也会由于流程的透明性而很容易被发现，能够尽快补救，最大限度地上减少损失。区块链的引入可以极大限度上地完善信托行业的风险控制。

3. 优化信托业务流程

区块链的引入可以大大加强尽职调查和投后管理中的风险识别能力。在信托业务占比持续走高的环境下，引入区块链以提高信托产品的风险防范能力，能有效保护投资者财产安全，提高社会稳定性。将区块链技术应用于固有投资，有利于保证信托公司资本金安全，加强风险防控能力。同时，还能够帮助业务人员识别低风险、高收益的资金敞口，并实时跟踪风险变化，促使信托行业更好地服务于实体经济。运用区块链技术，将信托业务流程中的原始文件、签名参数等信息加盖时间戳，并不可篡改地记录于区块链链条上，可以用来辅助信托存证场景。投资类信托业务以投资方为主导，首先由投资方发出交易指令，信托公司据此进行投资行为；区块链可以记录这一系列流程，提供信托公司在资产管理过程中按照投资方要求行事、履行了勤勉尽职义务的证明。融资类信托业务以融资方为主导，信托公司按照合同约定向融资方发放贷款；区块链技术能够记录用于贷款的信托资金投放的金额和时间，便于相关人员随时查询，厘清各方责任，避免纠纷的发生。信托财产托管机制实现了信托财产所有权、管理权、监督权的

㊀ 赵文君，蔡梦晓．邮储银行宣布推出基于区块链的资产托管系统［EB/OL］．新华社．(2017-01-10)［2019-07-25］．

分离，由信托公司委托符合要求的商业银行，负责信托财产的保管和核算，以及资金的划付和清算，能够有效改善信托治理结构，提升行业公信力。在信托财产托管制度下，信托公司作为资金的支配者不可避免地需要经常与资金的保管者（银行）之间开展资金支付与清算业务。

金融机构间的对账、清结算需要投入大量劳动力进行人工核查，成本较高，用户端和金融机构业务端产生的支付业务费用高昂，跨境金融机构间支付业务费用更高。区块链网络作为价值互联网，基于数学原理，能够保证系统内价值交易活动的记录都是正确的，不需要对账系统和清算人员就能保证交易的可靠性。区块链技术可以通过资产数据化等手段完成金融机构间线上点对点的价值转移，可以考虑让信托计划相关企业组建联盟链。联盟链的开放程度弱于公有链，但在交易速度和对隐私的保护等方面要强于公有链，未来如果有企业需要加入，则由链上企业共同投票决定。在联盟链上，信息传递的同时即可完成价值转移，这提高了支付及清结算业务的处理效率，保证了资金流向的可靠性。

【案例介绍】

不同金融机构的资产管理业务的区块链应用案例一

当下颇受瞩目的 TrustVerse 公司就是将区块链技术与人工智能相结合，运用智能的深层学习和模仿，为使用者提供数码资产管理所需的最佳财务信息，以及生成全新分散应用软件“Dapp”，全面、有效地解决资产管理问题。

该公司的智能合同系统能够提供稳定的低风险中间收入组合、遗产和继承计划。用户即便经验不足，也可以进行交易及投资。该公司的平台还可以及时提供帮助与支撑，进行资产保护，有效地降低风险，减少资产组合的变动性，尤其是能够有效防备意外的市场变动。

不同金融机构的资产管理业务的区块链应用案例二

中国邮政储蓄银行（以下简称“邮储银行”）是我国领先的大型零售银行，目标客户为我国经济转型中的活跃群体，例如“三农”、城乡居民和中小企业。截至 2019 年 7 月，邮储银行在全国拥有营业网点近 4 万个，同时为 5.87 亿户个人客户提供服务，所持有的资产质量优异，并且拥有极大的成长潜力。

据新华网报道，邮储银行在 2017 年 1 月 10 日宣布推出基于区块链的资产托管系统。在正式推出该系统 3 个月之前，也就是 2016 年 10 月，该系统就已经上线运行。因此到正式推出之时，该系统已在真实业务环境中执行了上百笔交易，经受了实际的考验。邮储银行表示，这是我国银行业将区块链技术应用于银行核心业务系统的首次成功实践。

邮储银行此次推出的资产托管系统，选取了资产委托方、资产管理方、资产托管方、投资顾问、审计方 5 种角色共同参与的资产托管业务场景，实现了托管业务的信息共享和对资产使用情况的监督。

邮储银行认为区块链技术能够“低成本地解决金融活动中的信任难题，将为多方交易带来信用的高效交换”，肯定了区块链技术推动金融业变革的巨大潜力。邮储银行推出的区块链解决方案实现了信息的多方实时共享，免去了重复信用校验的过程，将原有业务环节缩短了60%~80%，使信用交换更为高效。

不同金融机构的资产管理业务的区块链应用案例三

北京能链众合科技有限公司（以下简称能链科技）成立于2016年8月，是一家具备区块链底层技术研发以及分布式应用开发能力的科技公司。在近3年的发展历程中，公司已与政府主管部门、行业协会、经营企业、知名高校、NGO组织和主流媒体等达成战略合作。

能链科技致力于区块链技术的商业化应用，具备高性能区块链底层主链体系——TFiN，打造了金融级分布式资产数字化平台，为广大分布式资产提供一站式科技金融服务。能链科技的商业实践结合区块链和物联网等数字技术，解决中小企业融资难问题，实现企业级普惠金融。

目前该公司的资产数字化平台已签约上链资产规模达200多亿，公布的4个重点案例如下。

（1）瓦瑞科技，通过能链科技金融级分布式资产数字化平台，链接机器人资产和金融机构，实现机器人资产透明化、可视化，以及机器人现金流的可信监控和自动划拨，项目计划3年内布放20万台分拣机器人，预计上链资产规模可达30亿。

（2）云能智慧，通过能链科技金融级分布式资产数字化平台，协助筹集车桩网络的建设资金及进行数字化运营，实现项目的跨越式发展。项目计划3年内布放3万台充电桩和配路2万辆电动汽车，预计上链资产规模超过100亿。

（3）华蜜智蜂，通过能链科技金融级分布式资产数字化平台，引导金融资本高效率注入蜂业。该项目将在全国布放200万个蜂箱，预计上链资产规模达60亿。

（4）海航机场集团，通过能链科技金融级分布式资产数字化平台，实现9大机场共享按摩椅设备现金收入的可信监控和可靠分配，通过运营数据及现金流数据的透明化、可视化，引入社会资本，实现证券化。

【本章小结】

区块链应用在会计账簿体系中免除了第三方授信，以数学算法作为背书，削减了现有的信用成本，可防止对会计记录进行篡改，减少了会计舞弊空间。区块链的去中心化、透明性、匿名性、自治性、不可篡改性等特点，与审计流程相结合，尤其是在识别、评估和应对重大错报风险方面，可以设计出“区块链+审计”的具体流程，实现实时审计。利用加密算法、共识机制、激励机制等特点，实现分布式网络中的对等交易，可以提供更多在线交易、支付和智能合约的可能性。区块链技术可以实现对征信体系的转型升级。区块链技术的共享账本、智能合约、隐私保护、共识机制等应用于资产管理行业，可以推动资产管理实现新的变革。

【关键词】

会计审计　风控征信　资产管理　转型

【思考题】

1. 区块链如何与会计结合？
2. 区块链如何与审计结合？
3. 区块链如何完善征信系统？
4. 区块链推动了资产管理的哪些转型？

参考文献

[1] 吴水澎. 会计学原理［M］. 3版. 沈阳：辽宁人民出版社，2008.

[2] 曾雪云，马宾，徐经长，等. 区块链技术在财务与会计领域的未来应用：一个分析框架［J］. 财务研究，2017（6）：46-52.

[3] 黄敏，陈亚盛. 从信任与效率视角看区块链对会计、审计的影响［J］. 财会月刊，2019（10）：56-60.

[4] 李一硕. 区块链：或将引发会计行业的颠覆性变革［N］. 中国会计报，2016-08-01.

[5] 司淑娴. 大数据时代对会计行业的重塑：基于区块链视角的分析［J］. 财会研究，2017（9）：24-28.

[6] 高廷帆，陈甬军. 区块链技术如何影响审计的未来：一个技术创新与产业生命周期视角［J］. 审计研究，2019（2）：3-10.

[7] 樊斌，李银. 区块链与会计、审计［J］. 财会月刊，2018（2）：39-43.

[8] 黄冠华. 区块链改进联网审计途径研究［J］. 中国注册会计师，2016（12）：84-90.

[9] 陈旭，冀程浩. 基于区块链技术的实时审计研究［J］. 中国注册会计师，2017（4）：67-71.

[10] 巴曙松. 区块链是化解征信市场难题一剂良方［N］. 中国证券报，2019-06-22（A07）.

[11] OLEARY D E. Configuring Blockchain Architectures for Transaction Information in Blockchain Consortiums: The Case of Accounting and Supply Chain Systems［J］. Intelligent Systems in Accounting, Finance and Management, 2017, 24（4）: 138-147.

[12] FANNING K, CENTERS D P. Blockchain and Its Coming Impact on Financial Services［J］. Journal of Corporate Accounting & Finance, 2016, 27（5）: 53-57.

[13] TAN B S, LOW K Y. Blockchain As the Database Engine in the Accounting System［J］. Australian Accounting Review, 2019, 29（2）: 312-318.

[14] APPELBAUM D, NEHMER R A. Auditing Cloud-based Blockchain Accounting Systems［J］. Journal of Information Systems, 2020, 34（2）: 5-21.

[15] SCHMITZ J, LEONI G. Accounting and Auditing at the Time of Blockchain Technology: A Research Agenda［J］. Australian Accounting Review, 2019, 29（2）: 331-342.

第九章
区块链在医疗行业中的应用

【本章要点】

1. 了解医疗领域的传统问题。
2. 熟悉区块链技术在医疗行业的作用。
3. 了解区块链技术如何应用在医疗行业的具体问题上。
4. 熟悉区块链技术对医疗行业的影响。
5. 熟悉区块链技术在医疗行业的发展机遇。
6. 熟悉区块链技术在医疗领域的挑战。

医疗行业正在经历的重大转变是医疗服务模式的“数字分散化”(Digital Decentralization)转型。设备、服务和商业模式的数字化及透明化促进了当前医疗体系向数字化转型，这已成为所有医疗参与者的战略重点，参与者们也在努力寻找数据驱动型和结果导向型转型的方法。

如今，在政府层面上，大多数国家都制定了以数字医疗为目标的政策或战略，大大增加了对数字健康记录（EHR/EMR）、其他健康信息技术（HIT）系统和基础设施的使用。然而，当前个人健康数据的安全性、完整性和访问依然有很多限制，这使得护理服务的创新遭遇瓶颈。数字医疗工作流程的低效，使不同的供应商、医院和付款人之间，甚至卫生系统内部各部门之间产生了数据孤岛，妨碍了医疗协调的正常运行。患者敏感信息的泄漏与多方机构对数据的安全共享问题也是一大痛点。当医疗行业苦苦在风险与回报之间权衡时，区块链技术的潜在应用为缓解行业的迫切需求提供了及时的解决方案。

第一节　传统医疗行业发展以及痛点

随着社会文明的进步，人们关心的不仅仅是治病疗伤，医疗定义的范围得以随之扩大，整个行业的医疗手段也在发生着巨大的改变。从我国古时的“望闻问切”，到如今各类现代化医疗诊断器械，医疗设备的更新换代推动了医疗行业的进步。随着互联网以及移动互联网的发展，远程医疗的发展进程也在加快。到 2018 年，采用移动设备的互动占到医疗机构互动的约 65%，目前约 80% 的医生已使用智能手机和医疗应用程序提供医疗服务。

随着生活水平的提高，人们对医疗健康的需求日益增多，这给现有的医疗系统带来了巨大压力。应对医疗系统面临的压力，迫切需要医疗科技水平的提升以及相关单位的支持，需要医疗行业的快速发展。导致人们“看病难、看病贵”问题的关键因素通常是医疗卫生资源分配不均衡和医疗业务流程冗繁。随着移动互联网、物联网、云计算、大数据等信息化技术的运用，互联网医疗在分配医疗资源和医疗流程优化等方面发挥将巨大作用。在国务院《全国医疗卫生服务体系规划纲要（2015—2020 年）》中明确指出，我国要用 5 年时间完成覆盖全国的人口信息、电子健康档案和电子病历三大数据库的建立和信息动态更新，实现各级医疗服务、医疗保障与公共卫生服务的信息共享与业务协同。

虽然医疗健康领域正在不断地发展，但是发展过程中仍然存在许多挑战和阻碍。根据 2015 年《reMED 中国互联网医疗发展报告（第二版）》，当前医疗行业发展中仍然存在五大痛点。

一、优质医疗资源在一线城市聚集

在北京，每千人有 6 名专家级医生提供医疗服务；在上海或者广东，每千人有 3~4 名专家级医生提供医疗服务；然而在基层农村乡镇，每千人只有 1 名中低水平的医生提供医疗服务。优质医疗资源过度集中在一线城市的现象愈加严重，这种虹吸效应可能引起以下恶性循环：基层农村乡镇群众在当地得不到好的医疗服务，从而涌入一线城市寻求服务，导致基层医院资源利用率低、医疗水平差并且长期得不到提升，而一线城市医疗资源不堪重负。

二、分级诊疗难推行

分级诊疗，已推行了很多年。虽然有医联体、三甲医院、二级医院、社区卫生中心这样的医疗体系和架构，但仍存在医院要向三甲医院发展、患者也要到三甲医院看病的扎堆现象，分级诊疗难推行。具体原因如下：首先是全科医生的问题，北京是全国拥有全科医生最多的城市，但 1 万人只有 4 个全科医生，有些群众甚至不知道有全科医生提供医疗服务。基层医疗水平还是比较低，缺乏从三甲到中间、到基层的统一化信息平台。其次，受“小医院不安全、看不好病”等不良观念的影响，很多群众认为二级医院和社区医院的诊断信息没有三甲医院准确、可信。

近日，国务院发布了《关于推动互联网+行动计划的指导意见》，其中提到支持医疗机构向中小城市、农村地区开展基层检查、上级诊断的远程医疗服务，指出了远程医疗和分级诊疗的关系。

“基层首诊、双向转诊、急慢分治、上下联动”是最终理想目标。我国城市众多，配对关系复杂，分级诊疗难度大，远程医疗模式可以很好地助力分级诊疗。目前已出现了三甲医院、主体医院、社区医院、连锁药房等远程医疗的社区终端模式，为国家的分级诊疗提供了很好的实践经验。

远程医疗也有两个核心的问题：一是医疗服务项目问题，不是所有项目都适合采用远程医疗；二是医保报销的问题，远程医疗服务还没有很好与现有医保体系对接。

三、以药养医问题

数据统计显示，医院有 10%的收入依靠财政补贴，如果医药分开，医药的营收、国家和地方的财政预算、医药电商的发展就都会受到限制。

四、医保系统风险

目前，已经积累了大量医疗保险（以下简称医保）业务数据，并且应用于医保监控的大数据技术已经足以支撑实践应用。但现有医保监控系统确实比较初级，尚存许多问题。比如，数据不完整、时效性不强、准确性不高、质量有待提升，许多地方的医保经办机构缺乏主动应用的意识，跨业务应用的数据更是不足。同时也缺乏实时监管和综合分析的能力，有的地方甚至把监控系统当作一个“花瓶”摆着不用。此外，医保数据的安全体系还不健全，随着数据规模的增长、数据链条的变长，数据来源更加多样，数据流动性也在增强，数据安全防护的难度不断增大，个人信息泄露的风险加大，传统的安全控制措施面临严峻挑战。

随着时间的推移，现有医保监控系统面临的挑战会愈加严峻，只靠单纯的医保政策或临床医学规则来识别违规费用的能力会逐渐减弱。必须加快医保大数据平台建设，加快医保数据的汇聚，重新构建数据安全体系，为医保监管业务提供持续助力。

五、医患关系痛点多

互联网医疗平台产品，如好大夫、春雨医生等，使寻医问诊的流程扁平化，但是没有解决医患关系的信任难题。由于时间分散、平台收入不稳定，平台医生在线服务频率低，有的病情在线询问效果不明显，平台获客能力低。患者医疗数据一般涉及患者的隐私，通常存储在医疗机构中。患者医疗数据的确权不清晰，患者也不能提供自身详尽的医疗数据，导致医疗服务的信息不对称。一旦发生医患纠纷，即使有第三方医疗机构做出公正评价，也很难杜绝医患冲突。

第二节　区块链技术对医疗卫生行业的影响

在本节中我们从四个方面分析区块链在医疗行业中的应用前景，四个方面分别是：药品溯源防伪、医疗保险支出审核、电子病历信息存储及共享、DNA 数据安全维护。

一、药品溯源防伪

假冒伪劣药品，不仅危害人类生命健康的安全，还损害药企的声誉和投资回报。据估计，每年在新兴市场出售的药品中，多达30%是伪造的，每年由于伪造药品而造成的死亡人数约为100万（世界卫生组织，2018）。全球假药业务每年约在75亿美元至2000亿美元之间（Grant Thornton，2018）。美国的《药品供应链安全法案》（DSCSA）和国际上的《全球医疗保健可追溯性标准》（GTSH）都是为了保护消费者免受假药侵害而制定的。DSCSA要求：药品分销商应能够在2019年转售之前核实退回产品的真实性，以及制药公司应能够在2023年之前追踪所有处方药（Enterprise Times，2018）。

目前，药品供应链还没有实施全球可追溯标准。而近年来国内药品安全事件的发生，充分暴露了我国医药行业中存在的两大问题：首先药品安全性难以保证，对假药危害公众安全的事件监管难度大。其次，我国大多数制药企业仍在众多环节中采用人工的形式运作，效率低、成本高，而且制药企业的管理层无法掌握关键信息，无法将原料、生产、仓储、物流、销售等各种信息整合，严重影响企业的竞争力。

区块链不可篡改的特点，既保证了数据的真实性，又确保了数据传输的安全性，同时也可达到降低成本的效果。以区块链为基础的药品溯源系统，每一个按时间标记的交易都将被自动复制到区块链上且不能修改，供应链上所有的合作伙伴以及患者都知道这一事实，这使协作各方以及药品使用者都能轻松地核实信息来源。药品制造商、批发商、终端销售商通过使用药品溯源系统在审计和跟踪库存方面实现信息公开、透明，确保药品安全，杜绝假药进入医疗市场。而在系统用户的需求方面，供应链的可见性是各方共同的需求，该技术能很好地监控药品从生产到运输再到销售的全过程。

二、医疗保险支出审核

自1998年我国政府第一次颁布了《关于建立城镇职工基本医疗保险制度的决定》，并逐步在全国建立城镇职工基本医疗保险制度和城乡居民基本医疗保险制度以来，我国的基本医疗保险已经在全国范围内推行和实践了20多年。各级医保基金统筹单位已经建立起较为系统的基金管理和基金使用的制度，并很好地服务于全国人民的日常生产生活与学习工作。根据统计，2015年城镇职工、城镇居民、新农合的住院费用报销比例达到75%，个人医疗卫生支出占到全社会卫生总支出的比例低于30%，人民群众的医疗福利水平呈现稳步提升态势。但同时，基金管理部门也很担忧医保支出逐年增速过快的问题。我国基本医疗保险基金支出逐年增速可观，但同时也存在基金被滥用或者非法套取的现象。

传统的医保控费手段主要是医保结算时的人工审核与总额预付制的管理模式。但是人工审核模式存在效率低、覆盖面窄、易出错、经验难推广和无法在数据量快速增长的大环境下持续发展等问题；而总额预付制非但不能从根本上解决医保基金违规使用的问题，反而容易损伤医疗机构的积极性。对现行医保运行模式的研究认为，过于中心化的管理模式和医保机构之间“各自为战”的局面，可能才是造成当下医保审核困境的根本原因。而对区块链和智能合约技术的研究发现，区块链技术的去中心化治理机制、信息公开共享等特性和智能合约的可编程化自动执行的机制会成为化解医保审核困境的重要手段。用区块链技术来实现医保、最终解决医保审核困境，具有很明显的几点好处。

（一）智能合约的高效监控

区块链网络上分布的智能合约可以代替人工完成繁重的医保审核工作，可以有效降低人工成本和差错率。智能合约的监控可以发生在就医过程中的任何环节，只要将医院的各类信息系统接入医保链网络，智能合约中预先设定的检查规则就可以自动启动并检查医生和病患的每一个行为，还可以对异常行为发出提醒。智能合约不仅可以定义医保规则，也可以定义合理用药这类医学界的规则，帮助业界综合评定医护人员的行为。在医生开药、病患缴费时，智能合约都可以发挥作用，真正实现事前提醒、事中监控、事后审核的全过程覆盖，并大大缓解事后集中审核的压力。

（二）信息共享

区块链网络信息具有安全共享、不可篡改、数据冗余备份等特性，能有效提升医保业务效率，降低社会沟通成本。

（三）服务器的稳定运行

区块链网络去中心化的弹性和易扩展性，使得它在实施中具有很好的渐进性。代理节点不必一次性全国铺设，可以逐步建设；而且新节点接入也不会像接入传统的集中式网络系统那样，给中心化的服务器带来压力；同样，当个别节点故障时，也不会影响整体网络的运行，曾经接入这个节点的所有业务节点会被整个网络自动分配到其他节点，继续完成工作，而完成这一过程非常快，几乎是感觉不到的。

三、电子病历信息存储及共享

近年来，国务院在政府工作报告中多次提出，要逐步建设和发展各级医联体，使基层群众能够在各级医疗机构内享受到无差别且便利的医疗服务。其中，建设以电子病历为基础的区域卫生信息平台，促进各级医疗卫生机构之间数据共享是首要任务。得益于大数据和云计算对医疗产业的推动作用，为医疗组织收集和处理海量的医疗数据提供了技术上的支撑。但现阶段，这些医疗数据多在医院系统内部流转和共享。一直以来，因为各级医院间的信息不畅通，缺乏正确的数据共享机制作为指导，使得医生不能看到转院病人完整的就诊记录，增加了精准施治的难度。同时病历存储在医院系统内，患者无法查看和使用自己的病历记录，而且中心化的存储方式使得病人的隐私很容易被不法分子窃取。不管是从安全性和系统性上来说，目前还没有一个既能保证病历数据存储安全，同时也能促进电子病历在各个医院间共享传递的模型和应用。

对于中心式孤岛化的医疗系统来说，如果做了高等级的信息安全保护，就很难做到数据的组织间共享。同时，医生对于所开具的病历到底享有怎样的权力一直是业内讨论的热点，能否保证这些记录不被恶意篡改，则是技术方面需要思考的地方。可见，如果实现病历在多医疗组织间的有效共享和流转，就能较好帮助和改善我国居民的医疗就诊状况。传统的技术很难满足这两点要求，但区块链技术的出现很好地解决了医疗信息的安全和共享的两难问题。

区块链技术的出现可以较好地解决上述问题。一方面，区块链数据的不可篡改性，保证了存储在区块链中的数据都是安全可靠的。另一方面，区块链数据的可追溯性，保证每一个写入区块链的数据都是有迹可循的，任何伪造都很难实现。此外，因为区块链中的数据是分布式存储的，不会被某一机构独占，这为组织间的数据共享提供了条件。在基于区块链的系统开发中，可以进一步将智能合约部署到区块链中，使得患者可以直接对自己病历做有效的管理。另外，医生如果可以从就诊患者处查看到患者的完整就诊信息，这为医生的精准诊断提供了科学的依据。

基于区块链技术的电子病历系统，各个医院的患者的病历信息都存储在区块链病历系统中。患者通过自身的私钥对其病历数据进行加密，在患者授权的情况下，医院才有权对患者的病历信息进行修改、新增等操作，从而保证了患者数据信息的私密性。

四、DNA 数据安全维护

对人类甚至他们的宠物来说，DNA 测试是一个蓬勃发展的行业。批评人士指出，人们很容易误解 DNA 测试的结果究竟意味着什么，尤其是在根据它做出医疗决策时。例如，由 23Andme 提供的对 BRCA1 等突变的阳性或阴性检测并不意味着女性会患乳腺癌，这只是在医学监督和基因顾问的指导下可能会解释的许多因素之一。然而，基因测试仍然具有一种诱惑力，是其他任何方法都无法比拟的。

有些基因数据库的使用使我们能够识别杀人犯和强奸犯，而执法部门对 DNA 的传统使用却无法通过现有的法医数据库进行。基因学家正在使用远程家族搜索来识别可能不在 CODIS（DNA 联合索引系统）或任何其他法医数据库中的嫌疑犯。开源基因数据库 GEDMatch 于 2018 年被用于抓捕金州（Golden State）的连环杀手，这名杀手 40 年来一直潜逃，最终基于 DNA 信息，被确认罪犯身份。

消费者基因检测在安全和隐私方面也有缺点。例如，如果你同意将自己的基因信息用于研究，你的信息（尽管是匿名的）将被发送给研究伙伴和盈利性研究伙伴。即使你同意为了研究的目的而分享数据，测试公司也会从第三方那里得到报酬，像 23andMe 这样的公司会从出售数据中获利，目前尚不清楚存在哪些保护措施来防止这些数据被转售。另一个风险是，当你的 DNA 信息被提供给一家私人公司时，它可能会被黑客攻击。在 2018 年，有 9200 万个消费者账户被 MyHeritage 的黑客攻击而曝光。

现存的一项保护措施是 2008 年的《基因信息不歧视法案》（GINA）。GINA 禁止保险公司或雇主基于你的 DNA 证据歧视你。虽然有这种保护措施总比什么都没有要好，但却没有解决隐私问题，它也没有提供一种方法：一旦你的 DNA 信息被公开，你就可以删除它。你需要向执法部门提供 DNA，执法部门也可以要求 DNA 检测公司提供 DNA。

区块链的私钥可以加密一个人的电子健康记录（EHR），并让这个人独自控制它，从而更巧妙地解决安全和隐私问题。如果将区块链用于 EHR，而不是用于存储数据副本的不同医疗服务提供商和测试公司，则可以通过向它们提供公钥，为预先确定的目的授予有条件的、有时间限制的访问。遗传信息和结果将被包括在这个健康记录中，并被放在区块链上。对 EHR 的每个更改都是可审计和安全的。

这将改变与现有 DNA 检测公司的服务条款，以便更好地管理和保护检测结果，防止转售和随后的贩运。从网络安全的角度来看，在区块链上使用 EHR 将消除单个漏洞，因为如果不同时攻击链中所有其他数据，就不可能攻击单个数据点。把区块链引入这个问题的另一个好处是，你可以选择自己赚钱，而不是让基因测试公司从你的基因信息中获利。控制自己的 EHR 意味着你可以直接出售或分享部分 EHR 用于研究，从而消除中间人和数据经纪人环节。

第三节　区块链+医疗卫生的机遇与挑战

区块链技术为医疗卫生行业的健康医疗数据共享提供了一种新方案。区块链技术独特的属性提供了一个不可变的、受信任的工作流，使健康医疗数据交换的网络安全威胁最小化。区块链通过提供一个共享平台，来实现健康医疗数据的交互，同时确保访问限制、真实性以及信息交换的完整性。此外，将区块链部署在现有的医院信息系统（HIS）上可以作为额外的信任和安全层，并通过替换数据交换工作流中传统的管理员和注册会员，来提升管理效率。将区块链技术应用到医疗卫生行业有着诸多机遇的同时，也存在诸多挑战。

一、区块链技术在医疗行业的发展机遇

（一）保障医患数据的安全

尽管医疗行业有严格的合规政策、法规来确保数据安全和隐私，但日益增多的网络安全隐患也为实现新兴数字化工作流程带来了新难题。今天，卫生系统、付款人、药品和设备制造商都需要一个安全可靠的健康信息系统来管理医疗数据，进而促进以价值为基础的护理服务。根据 2017 年 IBM 安全研究机构——波耐蒙研究所的数据分析，医疗机构数据泄露导致成本增加，平均每个记录增加 380 美元。

对医疗设备和科技公司来说，网络安全威胁是一个非常严峻的问题。例如，2016 年强生公司曾警告患者，他们的“One Touch Ping”胰岛素泵很容易受到黑客攻击；美国食品和药物管理局也报告了在圣犹达医学心脏设备中存在的网络安全漏洞。随着越来越多的联网医疗设备的出现，网络安全已经成为医院、设备制造商关切的问题。

与现有的安全系统不同，基于区块链的系统使用分布式网络共识算法，内置的加密技术使所有数字事件的记录都不可变，也几乎不可能被破解。区块链的这些特性可以提供额外的安全保护，以减少对 HIS、联网医疗设备和嵌入式系统的网络安全威胁。通过区块链技术，医疗系统、医疗设备制造商和技术公司可以在设备身份管理方面制定更加安全可靠的策略，促进医疗物联网（IoMT）的应用，从而提升隐私安全性，同时为患者的健康数据提供访问权限策略。

（二）实现健康数据的共享

医疗数据共享非常复杂。随着数字化的发展，医疗数据的共享对促进护理协调是非常必要的。真正的互操作性不仅体现为信息交换，还体现为两个或多个系统或实体相互信任的能力。健康数据共享的真正挑战在于缺乏受信任的框架。

区块链有助于提供一种全新的数据共享模式。区块链技术的独特属性提供了一个受信任的工作流程，具有“单一的事实来源”，以确保健康数据交换的完整性，使网络安全威胁最小化。

（三）创新医疗新模式

以价值为基础的医疗服务模式越来越要求数字民主化，以促进医疗数据的交互，创造新的经济价值。由于越来越多监管障碍的出现和全球降低医疗成本的压力，区块链技术有望通过取代高成本控制者，实现医疗工作流程（如索赔裁定、账单管理、收入周期管理、药品供应链和其他医疗承包过程等）交易服务的自动化，来解锁新的经济优势。

区块链的分布式系统使得创建高效益的医疗商业模式变得更加容易，导向型医疗服务和报销模式可以为整个行业节省几十亿美元。

（四）促进精准医疗发展

根据业界的估计，由于药物对某些基因类型的患者不起作用，不能达到预期效果或导致不确定的副作用，每年约浪费 3000 亿美元。要解决这一风险，未来，制药业将从重视畅销药转向以患者为中心的药物开发模式，实施靶向治疗，实现精准医疗。

区块链技术应用于健康数据安全基础设施，有望推动行业参与者、学术界、研究人员和患者之间进行前所未有的合作，加强医学研究的创新，并实施更大规模的人口基因组研究，从而促进精准医疗的发展。

（五）医疗应急管理

兼具去中心化、可追溯、不可篡改特性的区块链技术是优化医疗应急管理体系的一大关键，能够很好地解决医疗物资涨价、物资紧缺、医疗废物等问题。

利用区块链技术在药企、医院与药店等多点进行信息采集，采集的维度涵盖产能、库存及消耗速度等，借助区块链不可篡改、分布式共享等特点，实现对短缺药品和物资的调配，形成完善、高效、安全的应急管理体系。数据采集示意图如图 9-1 所示。

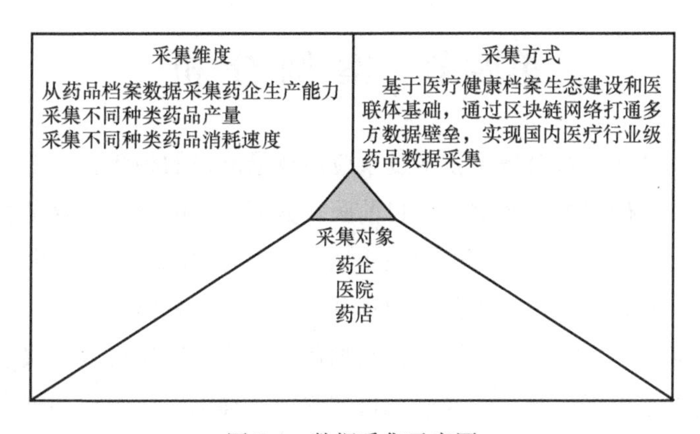

图 9-1　数据采集示意图

二、区块链技术在医疗领域的挑战

虽然区块链技术本身的优势给医疗健康领域带来了新的活力，但是医疗健康领域仍然存在许多问题，医疗健康领域的复杂性在一定程度上阻碍了区块链技术的应用。

（一）行业数字化程度低

从医院角度来看，目前除了一线城市的三甲医院以外，二线城市特别是三四线城市的医院的数字化水平较低。除此之外，各医院的系统以及医疗设备制造厂商的系统各不相同，这加大了数据同步方面的难度。未来要想实现数据统一化，则需要对现有的医疗设备进行更新换代，这会带来巨大的财力物力消耗，所以数字化、标准化的难度很大。从患者角度来看，医疗健康需求最大的人群是老龄人，这部分人群对信息化的认知程度较低，在数字化过程中，老年人的教育成本较高、难度较大。

（二）实现去中心化难度大

分布式存储要求多个节点同时存储和计算各类医疗数据，这会加大各节点的计算压力，导致整体运维成本上升，绝大多数小型医院难以承受。前期可能只能以三甲医院为代表成立相关的医疗联盟链，后续再考虑不断地加入三四线城市的小型医院，从而逐步实现全国层面的数据共享。

（三）医疗数据量巨大

医疗数据相比于交易数据，其结构更复杂，种类更多，需要的存储容量将远远大于现有的数字货币的交易数据量。如果将医疗数据全部作为上链数据，那么海量的数据将导致链上数据过于庞大，储存容量和存储处理速度将面临巨大的挑战。

（四）国家强监管领域

医疗健康数据属于国家重点管控范畴，相关政策也明确表明医疗健康大数据是国家重要的基础性战略资源，医疗健康数据在国家安全、社会稳定等方面有着重要的影响。因此，如果想要将医疗健康数据以市场化方式进行管理运作，风险较大。

第四节 案例分析

区块链与医疗的结合，符合数字技术复杂应用场景落地的趋势，其中，电子医疗数据的共享是当前区块链热点研究的领域之一。目前医疗数据共享的矛盾主要是患者敏感信息的隐私保护与多方机构对数据安全共享的需求之间的矛盾。区块链作为一种多方维护、全量备份、信息安全的分布式记账技术，为医疗数据共享带来了新思路。

区块链在医疗领域的应用场景主要有：数据信息共享使医生可以获取患者历史数据，且支持图像检索；将共享数据信息用于建模和机器学习，辅助医生治疗和健康咨询，智能诊疗可以提升就诊效率。

一、国内医疗区块链案例

（一）慢病管理场景的区块链技术

伴随着人口老龄化进程，心脑血管疾病已成为我国最主要的慢病之一。与此同时，我国还存在心脑血管疾病人群的低知晓率、低治疗率、低控制率等“三低”现象。为提高治疗率和控制率，解决高血压等慢病患者长期复诊和购药不便等问题，国家地方联合工程实验室、中南大学、浙江大学现代中药研究所等8家单位，共同打造了“区域慢病智能化管理与药品配送平台”。

通过该平台，高血压等慢病患者可利用手机App实现线上复诊和处方药物配送请求。即使是对智能手机使用不熟练的患者，也可使用药店的一体机设备在线问诊。而在获得医师开具的电子处方和通过药剂师审方后，即可确定药物配送方案，患者可到药店取药，或选择线上支付后获得药物配送到家的服务。此外，该平台还具有复诊、药物需求等提醒功能。

该平台作为我国首个拥有自主知识产权核心技术的区域慢病管理平台，通过信息技术打造了“医+药”的生态闭环，有效践行了互联网+医疗、分级诊疗、家庭医生签约政策，既解决了基层服务能力不足的问题，也提高了患者的药物治疗依从性，能大大降低慢病治疗费用。

（二）基于区块链技术的医药溯源应用

药品溯源也是区块链在医疗领域的主要落地方向。上海三链信息科技有限公司开发了基于区块链技术的医药溯源应用，主要落地在医药的源地、追溯查询和医药溯源数据交易方面，解决了供应链上下游之间的信息不透明、不对称以及企业间信息共享的难题。

一方面，联盟链上存储的数据在获得各节点授权后，可针对医药供应链全链条数据进行统计分析，辅助计划和策略的制定，简化采购流程，降低库存水平，优化物流运输网络规划，预测商品销售。

另一方面，医药溯源数据交易市场构建了大数据交易平台，提供了溯源数据交易流程和定价策略，促进各企业主体依据自己的安全和隐私要求对联盟内外的数据需求进行响应并完成交易。

（三）基于区块链技术对医疗数据的完整性保障及溯源

莆田学院附属医院是一所集医疗、教学、科研、急救、预防、康复、保健为一体的大型综合性三级甲等医院，莆田学院附属医院信息中心经过多年信息化建设，逐渐建成了以HIS、电子病历、财务、影像归档和通信系统（PACS）、实验室信息管理系统（LIS）、放射信息管理系统（RIS）、居民健康档案等关键业务系统。为了加强在大数据时代的诚信医疗体系建设，莆田学院附属医院认识到：建设医院数字信息系统，首先必须做好数字信息系统中各类数据的完整性和可信性的建设。然而当前医患不信任问题很突出，这是医患关系紧张的主要原因。一方面，由于患者对治疗费用的预期不正确，导致自我感觉费用太高，这个情形主要是因为患者不了解手术或者治疗程序和规范；另一方面，也确实存在治疗或手术过程过度使用耗材或者药品的个别情形。医院和患者其实都希望将资料完整地保存下来，以便在任何时候都可以作为证据。目前医院会保存完整的治疗过程资料；患者只能获得检验报告和病情诊断等部分资料，且对医院公开的资料很不信任。

大部分医疗过程不可避免地伴随着某些不确定性。对患者和家属签字的全部资料不仅需要完整保存，同时保存和展示的方式也要值得信任，对不可篡改的要求非常高。一旦家属告知书和签字文件等完整资料以及治疗过程的记录得到诚信保障，医疗机构在处理医疗事故中就能够获得更多主动权。

基于上述对系统需求的分析，系统需要在签名/验证科室接收设备数据时就对数据谱系有所保护，保障其安全性、完整性、原始性，保障信据的存证安全性，同时还需要对数据提供单一验证帮助。

无钥签名区块链技术能够很好地保障数据的完整性，为数据提供实时、独立、永久的完整性验证与证明，为数据签名、验证提供诸多帮助。去中心化区块链技术也能够很好地保障区块链的可监控性和安全性。

为建设莆田学院附属医院的诚信医疗数据库，浙江爱立示信息科技有限公司利用无钥签名区块链技术为检查检验数据完整性、原始性和安全性提供保障，为各科室在使用诚信医疗数据时，提供签名与验证功能，厘清数据权属责任和证明原始性。

通过无钥签名区块链技术实现莆田学院附属医院“高值耗材”全生命周期内的环节溯源，保证各个节点环境的数据原始性和完整性，厘清各部门各环节操作的责任关系。为每一件高值耗材从进入医院、临床使用到术后跟踪的整个过程建立了一份完整的档案，既为以后的统计分析提供了真实的数据基础，又落实了对高值耗材全过程的跟踪监管。

区块链技术为莆田学院附属医院构建了更可靠的互联网大数据系统，解决了价值交易中的欺诈现象，使经济行为更透明和公正，同时能简化流程、降低成本，改善医疗行业环境。

二、国外医疗区块链案例

（一）沃尔玛区块链医疗案例

沃尔玛在 2016 年 12 月 14 日申请了基于区块链技术的医疗专利，已被美国专利商标局（USPTO）授予批准。该专利旨在将患者的医疗记录存储在区块链数据库中。

沃尔玛专利申请书上显示，这套区块链数据库系统称为“从可穿戴设备上获得存储在区块链上的患者病历信息”（Obtaining a Medical Record Stored on a Blockchain from a Wearable Device）。这个区块链数据系统主要由三个关键部分组成。

1）可穿戴设备手镯，主要作为区块链数据库的本地存储介质。

2）射频识别扫描仪，主要作用是通过扫描患者的手镯来传输病历。

3）生物识别扫描仪。这个扫描仪的作用是用于获取患者的生物特征信号（比如脸、视网膜、虹膜或者指纹）以进行解密。一旦解密，便可以与其他医疗机构共享患者的医疗信息，包括护理人员、医生等相关医疗人员。当然，也包括抢救时医院与患者之间的交易行为。

通过以上三个装置，患者解密后（类似于私钥）便可以将自己的医疗数据信息与医院共享，在患者遭遇车祸等灾害时，也可以快速地进行救治。

医疗数据是医疗领域非常宝贵的资源，包括病人身份、过往病史以及医疗支付情况等，但这些都是患者的隐私数据。当前，患者的私密信息都存储于医疗部门的中心化数据库或者文件柜里，而信息泄露情况时有发生。另外，病历数据的质量问题是医疗行业面临的一大问题。错误的数据很可能会导致误诊，如果同一个患者去过多家医院，接受了多位医生的治疗，那么数据可能就会存在不完整的现象。而区块链数据库上的病历不在医生、医院以及任何第三方手里保存，所有病史和救治方案等都将被存储在链上，供所有节点维护和保存。在患者需要急救时，就可以通过扫描可穿戴设备，获取完整的医疗信息，并且可以保护其隐私。

该项专利其实是医疗数据与区块链和物联网的结合。物联网是通过射频识别（RFID）、红外传感器、全球定位系统、激光扫描仪等信息传感设备，按约定的协议，把物品与互联网相连接，进行信息交换和通信，以实现对物品的智能化识别、定位、跟踪、监控和管理的一种网络。而区块链技术与物联网技术结合，可以在此基础之上，读取历史数据，追根溯源。

（二）MediLedger 区块链平台

2017 年 9 月，区块链创业公司 Chronicled 已正式推出其区块链药品退货验证解决方案——MediLedger 区块链药品追踪项目。

Chronicled 已经开发了工具和协议，使去中心化的区块链网络能够支持多方供应链生态系统。MediLedger 区块链药品追踪项目是 Chronicled 与制药企业、批发分销商和创新行业解决方案提供商合作开发的，将帮助药品供应链利益相关者遵守《药品供应链安全法案》（DSCSA）的销售退货要求。Chronicled 表示，MediLedger 的推出标志着其解决制药行业最具挑战性问题的计划迈出了重要一步。该公司还表示，正在计划新的协议，新协议将遵守DSCSA的要求，并能在行业收入管理流程中显著节省成本。

该项目制药商、批发商和医院等药品供应链上的节点，都能够在区块链上记录药品运送数据。这意味着，在药品运送过程的每个步骤中，区块链网络都能证明药品的原产地和真实性，使得药品盗窃和以假换真变得异常困难。

区块链技术在药品供应链中的另一个优势在于处理速度：当药品运送中断或丢失时，存储在区块链上的数据会在第一时间确定最后接触与处理该药品的相关人员。MediLedger项目已经得到了国际供应链咨询组织LinkLab的支持，并且已经开始使用摩根大通的企业级区块链平台Quorum来开发其区块链医疗应用软件。

通过Chronicled的MediLedger区块链平台，药品供应链的所有节点都将在区块链上记录流通的药品信息，任何药品在区块链上都能够得到验证，最大限度保证了药品的可追溯性，使药品盗窃与假药销售无处下手，进而保证患者的用药安全。并且，这会促使制药公司严格按照《药物供应链安全法案》的要求进行药品生产作业，有可能直接改变全球药品安全现状。

（三）PokitDok与英特尔的DokChain医疗区块链项目

PokitDok是一家提供医疗API服务的公司，它与英特尔合作，推出了DokChain医疗区块链技术解决方案。该方案通过区块链来监控医疗过程，并应用于医疗保健系统中；使用英特尔的开源区块链程序作为底层账本，并使用英特尔的芯片处理区块链上的交易请求。

DokChain平台通过智能合约提供身份管理、验证和交易处理，在医疗保险的索赔处理模式上取得了重大进展，可以实时处理索赔请求，而不需等待90~180天的处理时间，也不需要各种烦琐冗杂的中间程序。DokChain平台同时提供处方透明定价、药品供应链管理、病历数据安全等服务。DokChain平台可以为医患提供身份管理服务，可以验证并记录医患双方的身份信息，验证成功后立即按智能合约执行，将大大提高医疗赔付效率。而用于医疗供应链的验证可以在医生为患者开处方时将处方药记录在区块链上，患者可以实时查看自己的药方以及公开透明的药物价格。

（四）Patientory区块链医疗平台

Patientory发布的区块链医疗应用平台是阐述区块链医疗如何为个人和医护人员工作的典型性范例，Patientory区块链医疗平台为患者和医护人员提供了一个安全的数据存储点，以便他们能够查看医疗保健计划，保证医护人员和患者之间通畅的交流。

Patientory区块链医疗应用将患者信息存储在一个安全的、符合HIPAA法案（健康保险携带和责任法案）的区块链技术平台上。区块链医疗应用程序允许用户创建个人档案，他们还可以查看自己的健康信息，与医护人员取得联系，甚至可以在区块链医疗平台上与医生聊天。区块链医疗应用平台与现有的电子医疗记录系统完全兼容，医院和卫生保健提供者可以继续使用它们的设备和技术，只需要对后端进行微小的调整。

通过区块链来保存医疗健康数据，患者自己就能控制个人医疗的历史数据；对于医疗行业来说，这将使医院、保险公司与医学实验室实现实时连接和即时无缝的信息共享，不需要再担心信息被泄露或篡改。

（五）医源坊（MWS）基于区块链的新医疗平台

医源坊（MWS）运用区块链技术为监管部门、医院、流通药企搭建了一条私有链，它只对单独的个人或实体开放，能够在保障数据及其隐私安全的同时，实现链上数据防篡改、流通全流程可追溯。这就解决了医疗数据安全和患者隐私保障这些医疗行业的核心问题。正是依托区块链等技术应用，医源坊实现了服务、支付、理赔、安全和生态合作的五大升级，为医院带来了创新的智能化解决方案。

医源坊是针对健康医疗提供信息化服务的区块链项目，通过“标准化、数据化、数字化、闭环化”的“四化”标准，打造一个大数据“健医行”服务平台。与大家所认知的第三方平台不同，医源坊平台目前提供两个应用服务：

1）通用的去中心化的医疗信息共享平台。

2）基于区块链的医疗仪器、医疗产品、医疗照护、保健服务等交易平台，其最核心的价值在于实现不可改、安全的分布式记账系统。

总体来说，医源坊是一个信息共享交互平台，也是一个健康医疗、保健、护理服务的大数据共享平台；还是一个产品和服务交易平台，产品生产从原料、加工、成品、流通、购买、使用等形成一条完整的数据信息流，各个环节的人员都通过公用平台来实现功能。在医源坊平台中，数据变得共享和开放，只要用户需要，就可以参与到生态链的共建和共享，其信息交换更高效、更自由、更低价。

由于搭载在区块链下的缘故，医源坊具有完备的数据保护功能，能保障用户的数据在安全性方面具有完整性、保密性以及可用性，有助于实现信息对象个性化、靶向化和精准化。同时，医源坊又是一个优秀的交易链平台，对医疗设备制定统一规范的标准，对药品的交易信息，不同身份的参与者都能够在区块链上记录运送信息。这保障了药品的真实性，杜绝了假冒伪劣药品的流通。如今的医源坊（MWS）已经成为全球范围内最大最完善的医疗服务平台之一。

【本章小结】

区块链技术的基本特性很好地解决了医疗行业长期缺失的信任问题，其可追溯、不可篡改等特性应用在药品防伪溯源和数据共享中的作用尤为突出。它既可以加快数字化进程，又可以解决中心化带来的安全问题。解决医疗行业存在的传统问题将是区块链技术在医药领域应用的必经之路。而信任和管理将是这条路上的关键，因为从概念验证到生产质量技术之间的间隔时间正在逐渐缩短。此外，构建区块链网络还需要软件供应商和医院等机构的大力支持。

【关键词】

分级诊疗 精准医疗 医疗物联网 数据信息共享 药品防伪溯源

【思考题】

1. 区块链主要解决了医疗行业的哪些问题?
2. 区块链如何应用于医药行业?
3. 区块链对医疗行业的影响是什么?
4. 区块链在医疗行业推进中遇到哪些问题?

参考文献

[1] 国务院. 国务院印发《"十三五"国家信息化规划》[J]. 电子政务，2017 (1)：40.

[2] 王晨. 当今互联网医疗领域的机遇与挑战 [J]. 中国医院管理，2017，33 (3)：163-164.

[3] 赵大仁，何思长，孙渤星，等. 我国"互联网+医疗"的实施现状与思考 [J]. 卫生经济研究，2016，34 (7)：14-17.

[4] 李小华. 移动医疗技术与应用 [M]. 北京：人民卫生出版社，2015：6.

[5] 刘西洲. 基于云计算的移动医疗服务平台的研究与开发 [D]. 杭州：浙江理工大学，2013.

[6] 中国医院协会. 三级综合医院评审标准细则：2011 年版 [M]. 北京：人民卫生出版社，2012：191.

[7] Eric Top01. The creative Destmction of Medicine [M]. 张南，魏薇，何雨师，译. 北京：电子工业出版社，2014.

[8] Ekblaw A, Azaria A, Halamka J D, et al. A Case Study for Blockchain in Healthcare: "MedRec" Prototype for Electronic Health Records and Medical Research Data [EB/OL]. [2020-12-31]. https://www.semanticscholar.org/paper/A-Case-Study-for-Blockchain-in-Healthcare-% 3A-% E2% 80% 9C-% E2% 80% 9D-for-Ekblaw-Azaria/56e65b469cad2f3ebd560b3a10e7346780f4abOa? p2df.

[9] Siyal A, Junejo A, Zawish M, et al. Applications of block-chain technology in medicine and healthcare: challengesand future perspectives [J]. Cryptography, 2019, 3 (1): 3.

[10] LIANG X, ZHAO J, SHETTY S, et al. Integrating Blockchain for Data Sharing and Collaboration in Mobile Healthcare Applications [EB/OL]. (2017-06-28) [2020-04-23]. https://www.researchgate.net/publication/320337312_Integrating_Blockchain_for_Data_Sharing_and_Collaboration_in_Mobile_Healthcare_Applications.

[11] ESPOSITO C, DE SANTIS A, TORTORA G, et al. Blockchain: A Panacea for Healthcare Cloud-based Data Security and Pri-vacy? [J]. IEEE Cloud Computing, 2018, 5 (1): 31-37.

[12] CAO S, ZHANG G, LIU P, et al. Cloud-assisted Secure eHealth Systems for Tamper-proofing EHR Via Blockchain [J]. Information Sciences, 2019, 485: 427-440.

第十章 区块链在能源互联网中的应用

【本章要点】

1. 了解区块链技术在能源行业中应用时面临的挑战。
2. 了解区块链技术在能源行业的应用形式与应用场景。
3. 了解基于能量路由器的能源区块链系统的构建。

全球气候变化问题已成为威胁人类生存和发展的全球性问题，并引起了世界各国的广泛关注和高度重视。2015 年，巴黎气候大会针对世界气候变化，为实现人类可持续发展和经济绿色发展，提出了引领全球进入低碳时代的目标。为正确处理好能源开发利用与环境保护的关系，世界各国对可再生能源的应用要求越来越强烈，以光伏发电、风电和生物质发电等为主的新能源技术广泛被使用。面对能源供需格局新变化、国际能源发展新趋势，我国从保障国家能源安全的全局高度，提出了“四个革命、一个合作”的能源安全新战略，能源革命也成为实现低碳、绿色发展目标的主要途径。随着信息与互联网技术的发展与成熟，科学家们通过新能源与互联网技术的融合，提出能源互联网理论，找到了实现低碳、绿色能源消费的有效途径。

能源互联网作为多种能源融合、信息物理融合、多元市场融合的产物，受到学术界和工业界的广泛关注。随着能源基础设施的完善，现代能源互联网试图建立互联网与能源生产、传输、存储、消费以及能源市场深度融合的能源产业发展新形态，实现设备智能、多能互补、信息对称、供需分散、系统扁平、交易开放的模式。区块链技术本身以保障信任为核心，具有促进交易、认证等多方面高效运行的特点，将在能源互联网、物联网时代，以“互联网+电力零售”为基础，促进多形式能源、各参与主体的协同，推进信息通信技术与物理系统的进一步融合，实现交易的快捷与便利。

第一节　能源互联网与区块链的融合与挑战

一、能源互联网

能源互联网就是“互联网+智慧能源”，其中包含了具有互联网商业模式的能源系统和能源互联的技术网络两重含义。其本质是多能融合（Energy on Demand）、能源与信息通信技术（Information and Communication Technology，ICT）的融合。多能融合（或多能互补）是尊重能源禀赋和用能环节的利用需求，采用最合适的能源利用方式，以最经济的方式实现能源互联；能源与信息通信技术是在技术层面上实现信息通信技术与能源系统的多层次深度融合，形成机器对机器通信（Machine-To-Machine，M2M）的能源互联网交易形态。

在传统的配用电环节中电网公司具有“自上而下”的特点，供电用户具有“点多面广”的特性，在交易形态上呈现“小额、高频”特征，所以传统面对面的合同交易模式很难突破边际成本的制约。随着分布式能源[㊀]的快速发展，作为能源互联网重要环节的“互联网+电力零售”，将通过“自下而上”的互联网商业模式发挥“零边际成本”的优势。目前，分布式能源在可再生能源发电领域已经得到快速发展。2016 年，国家发展改革委、国家能源局发布的《能源技术革命创新行动计划（2016—2030 年）》中指出，2020 年我国应初步建立能源互联网技术创新体系，2030 年应建成完善的能源互联网技术创新体系。预计到 2020 年，我国规模以上城市均使用分布式能源系统，装机容量达到 4000 万~5000 万 kW。因此，围绕着电力零售侧的市场化，以分布式发电市场化交易为切入点，未来将逐步实现电力零售交易（售电、分布式交易）、需求响应服务（容量交易、运维服务、节能服务等）、能源投资等都可以通过各种场外的互联网电商平台交易和场外撮合。在“互联网+电力零售”的交易过程中，基于未来信息通信技术与能源系统的完善，区块链的技术特性将在机器对机器通信的能源交易中发挥重要作用。

能源互联网是以现有电网为基础，利用新型清洁能源与互联网技术，通过微电网（也称微网）实现能源存储与共享的多级分布式开放系统。微网之间通过能量路由器实现对等连接，可以将不同区域的能源局域网互联起来。基于能量的交换和路由，可以实现多个能源互联网的互通与关联。基于能量路由器的典型城市能源互联网拓扑结构如图 10-1 所示。

该结构图中，路由器大致分成三层：城市骨干网路由器（10kV 及以上）、区域路由器（380V）和家庭电能路由器（220V）。骨干网路由器的功能、作用大致相当于变电站，主要提供兆瓦级以上的容量，当电压变换到功率较大的 10kV 以上时，可以将主干网的电能分配给下一级用户，也能在需要时将低压端的能量反馈给骨干网。并且，在局域网出现故障时，

㊀ 分布式能源（Distributed Energy Resources）是指安装在用户端的高效冷/热电联供系统，系统能够在消费地点（或附近）发电，能够耦合连接到区域电力系统的发电设施，包含可再生能源系统、热电联产系统、工业能量回收利用系统，并具有需求侧管理功能。

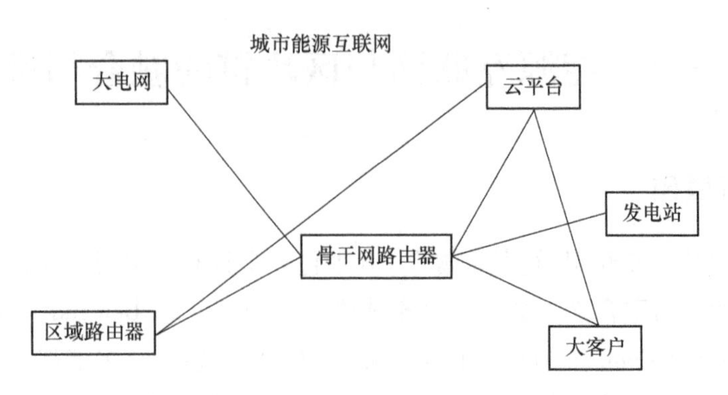

图 10-1　基于能量路由器的典型城市能源互联网拓扑结构

骨干网路由器需具有故障隔离功能，防止故障向骨干网扩散。

配电网的终端，每个家庭用户在入网接口处会安装家庭电能路由器，负责住户的能量管理。其主要端口为输入单相 220V 交流电，功率等级一般小于 20kW。而且每个家庭用户将是分布式能源发电的参与者，形成了一个家庭微电网，并参与配网的能量管理（利用屋顶光伏、微型风电设备和电动汽车电池等储能设备）。为了实现家庭微网内的各发电装置、储能设备及负荷的能量管理可控，需在各发电端与用电器上植入通信模块及控制器。电能路由器将接受用户的指令以管理微网内部的能量，同时将信息传给上层路由器，实现全网的能量管理。因此，家庭微网的能量调度有三种情况，分别是：从配网吸收能量，向配网反馈电能，脱离配网形成自给自足的孤岛系统。

为了能够更好地理解能源互联网的交易机制和交易形态，可以从能源网络中的业务层结构和运行机制来进行梳理。

（一）业务层结构

能源互联网的业务流贯穿于整个电力网络，从发电方的发电业务，到输电、变电、配电方，再到用电业务，形成一条“发、配、售”的业务链。下面就能源互联网业务逻辑单元中的利益相关方、配电业务、售电业务和交易机制进行分析。

业务逻辑单元：尽管电力系统功能分为发电、输电、变电、配电、用电和调度六个单元，但真正的业务逻辑实体仅存在于发、配（包括输、变、配，三者属于同一资产拥有者）、售三个方面。由于智能微网采用了分布式可再生能源发电装置，为实现局部消纳，或与其他微网进行共享，由配电网对其进行管理和控制，增加了新能源接入业务和微网配电服务。因此，在发、配、售三个方面外，增加了与分布式能源销售相关的业务逻辑单元。

1. 利益相关方

发电业务主要的利益相关方有发电方、能源服务公司和用户。传统的电力网络中，利益相关方仅包括发电方和用户，由于发电方追求利润的最大化，而用户追求尽可能小的用电成本去获取尽量多的质量稳定的电能，因此二者会在自由交易的情况下，形成相互的博弈和制约。当有更多的分布式发电方加入时，在发电业务中又会增加两个利益相关方，即分布式发电方和分布式发电相关用户。在最大化消纳自身可再生能源的基础之上，两个利益相关方将会追求自身利益最大化，根据纳什博弈均衡理论，二者的博弈存在一个非合作博弈的均衡点。不同于传统的电力网络，能源互联网实现了微网内的分布式发电，在发电业务中增加了分布式发电方和分布式发电相关用户。这两个利益相关方同样追求利益最大化，但其目标建立在最大化消纳本地可再生能源的基础之上。由于能源互联网售电业务的放开，因而能源服务公司可以充当用户的代理或中间商。

2. 配电业务

配电业务的利益相关方包括配电公司和用户。在传统电力网络中，配电方投入对电力基础设施的建设成本、运营成本。因此，用户通过配电网络使用发电方提供的电能时，相关输电费用一般可由发电方（大客户直供）或能源服务公司代使用用户缴纳，并将其计入卖电价格之中。这种情况在能源互联网中同样存在，同时由于加入分布式发电后，电力的传输和使用可以不经过配电公司建立的输配电网络，因而配电业务的利益可以被合并到发电业务或售电业务中。

3. 售电业务

在能源互联网中，各种能源服务公司均可以开展售电业务，售电业务相对自由、开放，利益相关方扩大到电力生产公司、能源服务公司以及各类用户。

4. 交易机制

传统电力网络中，电力价格一般较为固定，交易机制较为简单，电网公司会承担一定的风险。如果电能传输过程中使用了配电网的基础设施，则发电商或电力服务公司向配电方缴纳一定的网络租用费用，并将其计入最终销售价格中。

随着能源互联网的出现，发电端和售电端均被放开，出现了许多独立的发电公司和能源服务公司。此时，除了能源服务公司可以与发电公司直接签订用能协议之外，能源服务公司也可以与用户签订用电协议（零售），并提供不同种类的用电服务。如果用户与能源服务公司之间采用固定电价，而能源服务公司与发电公司之间采用实时电价，这会给能源服务公司带来一定的购电风险。如果采用电力智能交互终端系统，通过在用户端采用分时电价或实时电价，将电力能源的消费成本与用户的用电成本直接联系，就可以降低能源服务公司所承担的部分风险，并降低用户用电成本。传统电网为保障经济社会、重点区域的用电安全和稳定，发电方会因为出现电力负荷尖峰而采用其他临时性辅助发电设备，辅助发电设备的临时性使用需要增加固定的投入成本和发电资源，从整体上增加了发电的边际生产成本。但在能源互联网中，从需求侧管理和需求响应相关技术出发，通过经济激励手段（可变电价），以用户用电偏好为导向，引导用户改变自身的用电特性，追求可再生能源发电用电，实现“削峰填谷”。在大规模可再生能源发电背景下，提高供需双侧的匹配度，不仅可以提高可再生能源比例，降低用户“逆负荷”特性，还可以降低电力价格。

（二）业务层的运行机制

（1）售电商—客户之间的电能交易（B2C）。能源互联网标志着能源的自由、公平和公开交易。假设交易的能源商品是未来一段时间内能量的总和。为了完成交易，能量路由器融合了先进电子与能源信息技术，能够对未来某一段时间的本地能源生产功率和能耗进行准确预测和精确控制，计算任意两个路由器之间的路由成本、储存能源量，并支持用户查询。

（2）运营商—售电商之间的电能交易（B2B）。运营商与售电商之间的交易过程如下：环节（1）运营商根据自己的设备情况和历史记录给出发电计划，包括供电时间、供电区域、和单价等；环节（2）售电商可以在线查询所有运营商发布的发电计划；环节（3）售电商可以选择一个或多个目标运营商的发电计划并下订单，订单内容包括运营商、供电时间、电量、费用等信息；环节（4）为在线付款，可以利用区块链技术确保交易的安全性；环节（5）交易成功后，运营商需要按照发电计划进行供电；环节（6）运营商可以监控自己的供电情况；环节（7）售电商可以查询运营商的供电情况，并给出评价。

二、能源互联网现状研究

在各种能源中，电力由于其特殊性，适合进行远距离传输，能够高效利用，其使用过程不会对环境和大气造成危害，方便建立网络状电能运输体系，并具有可扩展、可进行电力控制的优点。下面对现有能量路由器、城市能源互联网架构和虚拟电网相关研究进行阐述。

（一）能源互联网与能量路由器研究

由于能源消费模式和物理层支撑方式的变化，原有的能量管理系统（EMS）、交易平台和调度执行层已不能适应能源互联网技术的发展，功能的整合与大量用户的自由接入与交易需求催生了新一代能量管理技术。能量路由器技术就是在这一背景下诞生和发展的，为能源互联网技术在微网层级、广域互联层级提供了能源管理功能。20 世纪 70 年代，巴克敏斯特·福乐（Richard Buckminster Fuller）在世界游戏模拟（World Game Simulation）大会提出："全球能源互联网战略"是能源的最高优选战略。1986 年，由彼得·迈森（Peter Meisen）创立的全球能源网络学会（Global Energy Network Institute，GENI）开始关注国家与国家之间的电力传输网络连接，强调利用丰富的再生能源，利用季节性变化、气候变化和日照变化等的差异收集再生能源，以供全球使用。2010 年，美国沃顿商学院著名经济学家杰里米·里夫金（Jeremy Rifkin）教授在其专著《第三次工业革命》中提出了"能源互联网"的概念。由于"能源互联网"与当前需求和技术发展相适应，因而引起了世界各国的广泛关注，并被看作未来电力能源系统建设的发展方向之一。关于能量路由器，2008 年美国国家科学基金项目"未来可再生电力能源传输与管理系统"（The Future Renewable Electric Energy Delivery and Management system，FREEDM system）希望将电力电子技术和信息技术引入电力系统，构建在可再生能源发电和分布式储能装置基础上的新型电网结构，未来在配电网层面实现能源互联网理念。该项目效仿计算机网络技术的核心路由器，首先提出了能量路由器（Energy-Router）的理念。同一年，瑞士联邦理工学院研究团队开发了"Energy Hub"，并称之为能量集线器，能量集线器的概念是由计算机科学中集线器的概念引申而来的。2013

年，日本科学家提出了“电力路由器”的概念，研制的数字电网路由器可以统筹管理一定地区范围的电力，并可通过电力路由器调度地区电力。表10-1给出了全球范围内能量路由器的主要案例。通过上述归纳，可以将能量路由器定义为：在能源互联网架构下，运用信息与互联网技术，以双向流动、设备接入自由和交易行为多元为管理特征的新一代能量管理系统及装置。可以说，能源互联网理论与技术的发展催生了能量路由器。能源互联网理论及技术被视为能源领域的一次革命性发展，带给人们能源供给的“去中心化”“绿色化”和“用户驱动”理念。能源互联网技术从能源的生产、传输、存储到消费各个环节，系统地提升能源系统信息化和智能化水平。

表 10-1　能量互联网原型案例与定义

研究主体	时间（年）	定义名称	核心特点
美国国家科学基金项目“未来可再生电力能源传输与管理系统”	2008	能量路由器（Energy Router）	固态变压器的应用
瑞士联邦理工学院	2008	能量集线器（Energy Hub）	信息中心+超短期负荷预测系统
德国联邦经济技术部与环境部	2008	电子能源（E-Energy）	信息通信技术+分布式新能源
加利福尼亚大学伯克利分校	2011	智能电源开关（IPS）	以能源信息为中心
Stem	2012	智能电池	从储能的角度实现路由功能
日本 VPEC 公司	2013	电力路由器	基于 IP 地址识别技术

（二）能源互联网与虚拟电厂研究

虚拟电厂（Virtual Power Plant，VPP）是未来能源互联网的重要形式之一，是利用先进信息通信技术，实现分布式能源、储能系统、可控负荷、电动汽车等分布式能源的聚合和协调优化，以作为一个特殊电厂参与电力市场和电网运行的电源协调管理系统。虚拟电厂最具吸引力的功能在于能够聚合分布式能源来参与电力市场和辅助服务市场运行，为配电网和输电网提供管理和辅助服务。

虚拟电厂和微网是目前实现分布式电源并网最具创造力和吸引力的两种形式。微网虽然能够很好地协调大电网与分布式电源的技术矛盾，并具备一定的能量管理功能，但微网以分布式电源与用户应用为主要控制目标，且受到地理区域的限制，对多区域、大规模分布式电源的有效利用及在电力市场中的规模化效益具有一定的局限性。虚拟电厂则并未改变每个分布式电源并网的方式，通过先进的控制、计量、通信等技术来聚合分布式电源、储能系统、可控负荷、电动汽车等不同类型的分布式能源，并通过更高层面的软件架构实现多个分布式能源的协调优化运行。虚拟电厂能够聚合微网所辖范围之外的分布式电源，更有利于资源的合理优化配置及利用。

虚拟电厂在智能电网和全球能源互联网中有着广阔的发展空间，但在实际发展过程中，虚拟电厂的发展存在一定的挑战。一是由于可再生能源的随机性、波动性、间歇性导致的分布式能源动态组合问题。虚拟电厂需合理利用各分布式能源的时差互补、季节互补特性以及通过大数据对其进行预测，从而提高其利用率和整体效益。二是由于虚拟电厂需要聚合不同区域的分布式能源，且各虚拟电厂之间以及虚拟电厂与市场之间存在信息和能源的交互，因此虚拟电厂对通信能力及通信可靠性要求较高，需建立公平、可信、可靠的信息平台，从而保障虚拟电厂能与多种市场进行优化调度与竞价。

从特性角度看，在发展过程中虚拟电厂的控制结构逐渐从集中控制型向完全分散型发展；而区块链去中心化的特点，通过共识算法保证内部各节点协调工作，共同完成任务。同时，区块链内部各区块具有相同的权利与义务，共同协作维护整个系统的稳定运行，与虚拟电厂内部各分布式能源个体之间协调互补、平等参与电网调度的特性相适应。因此，区块链与分散式虚拟电厂在去中心化、分散协同、区域自治等方面相吻合。

从市场交易方面看，虚拟电厂作为能源网络的重要组成部分，作为电网的交易代理者，积极与电力市场、电网公司等能源网络的参与者互动。通过其双向通信技术，实现与发电侧、电力需求侧、电力交易市场和电网调节市场的互联，同时整合、优化、调度各个层面的数据信息，参与电力市场调度。然而，虚拟电厂之间以及虚拟电厂与其他用户之间的交易成本较高，且每个虚拟电厂的利益分配机制不是公开的，分布式能源和虚拟电厂之间无法形成信息对称的双向选择，增加了交易过程中的信用成本。而区块链技术由于其在交易应用方面的优势，能为虚拟电厂提供公开透明、公平可靠且成本低廉的交易平台。首先，区块链中所有交易的清算由系统中所有节点共同分担，无中心化的交易机构降低了交易成本；其次，区块链中的每个区块都存储着系统中的所有信息，所有的交易记录都无法篡改，保证了交易信息的安全性。因此，区块链中信息公开透明且真实可信，保证了交易的安全可靠，能够实现市场的有效性和时效性。

（三）能源互联网与区块链技术研究

区块链是构建比特币数据结构及交易体系的基础技术。相比传统技术体系，区块链拥有三个方面的比较优势：一是相对安全，区块链可以确保交易不可伪造，虚假交易不能记录，并且历史交易不能修改；二是相对透明，为减少信任带来的摩擦，区块链为交易各方提供透明可信的分布式数据账本，相比传统的由业务网络中的单独一方掌握数据，其透明度得以提升；三是相对高效，区块链的智能合约可以减少资金的周转环节以及人工对账过程，业务结算和清算的效率得以提升。数据在业务网络生态圈内的交换和流通，为在生态圈业务网络中进行业务革新和创新提供了可能性。能源互联网系统中，能源交易将呈现“七化”趋势，即交易主体多元化、交易商品多样化、交易决策分散化、交易信息透明化、交易时间及时化、交易管理市场化、交易约束层次化。为使交易更加便捷且低成本，未来能源互联网交易模式趋势之一将是扁平化和去中心化，从这个意义出发，区块链可与能源互联网相结合而构成能源区块链。其中，能源区块链应用最为广泛的场景为分布式能源交易，而其他场景中的能源区块链研究和应用较为均衡，彼此之间相差不大。各典型应用场景的研究比例如图 10-2 所示。

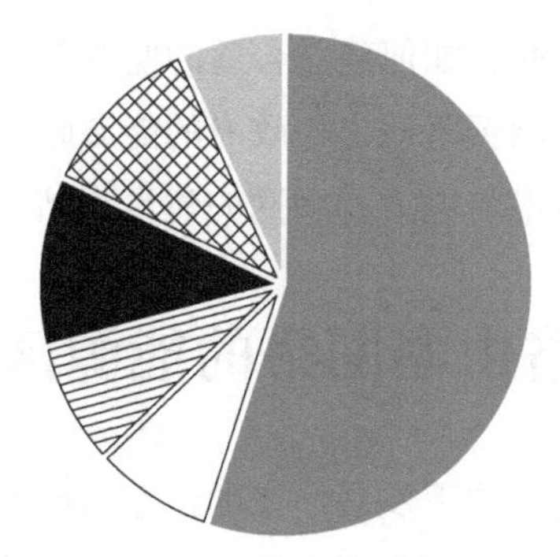

图 10-2　能源区块链的典型应用场景

三、区块链技术在能源互联网中的挑战

（一）能源价格结构非理性

我国电力生产大部分由五大国有控股电力集团完成，电力输配送基本上由国家电网公司与南方电网公司完成，不同能源产品的市场定价差异较大。我国多种能源价格管制程度较高，虽然近年来，中央着手推动电力、天然气、成品油等能源产品市场化改革，但仍有很长的路要走。而且，能源产品价格构成未充分考虑对环境的影响。能源产品的生产、输送与消费存在很大的外部性，资源消耗与环境损失成本在各种能源价格中没有得到合理体现，导致清洁能源的价值和价格优势体现得不充分，不利于清洁能源获得竞争优势，因此也无法大规模应用区块链技术。

（二）运行效率及资源有效利用问题

考虑能源网络的特点以及虚拟电厂的发展目标，去中心化和安全可靠是整个系统追求的主要目标。因此，当区块链技术应用于虚拟电厂时，需要建立实时、动态的技术体系，保障更快的数据通信以及更高效的共识机制等。但是，为了保证系统的去中心化和安全可靠运行，区块链中的所有区块需掌握系统内的所有数据信息，这对区块链技术的计算能力和响应速度提出了较高的要求。而且，虚拟电厂需要处理大量交互的数据信息，对信息的实时性要求也较高，会在一定程度上限制系统对高效率和低能耗的追求。同时，随着虚拟电厂中分布式能源逐渐增多，系统中所承载的数据信息也逐渐增多，这与单个区块存储容量限制之间将会产生矛盾。所以在应用时，需要在运行效率与资源的合理性之间找到平衡点，即在保证较快运行效率的同时，尽量减少资源的浪费。

（三）完善能源政策与监管框架

能源安全是国家发展的重要保证，能源的交易和管理需要政府机构的严格监管。然而目前能源区块链的有关标准和规范尚未完全建立，国内外的能源区块链项目普遍存在应用场景过于理想、规模较小的问题。因此，如何建立合适的监管框架对于能源区块链的广泛应用至关重要。此外，能源区块链项目能否落地也与政府的能源政策息息相关，在电力物联网概念持续升温的背景下，将区块链技术与电力物联网的建设相结合具有重要的战略意义。

第二节　基于路由器网络的能源区块链系统构建

能量路由器是在能源互联网架构下发展而来的信息与能源融合装置或系统，通常在功能设计中都会包含一个重要功能，即局域数据中心，给区块链分布式存储与能源互联网融合提供了途径。

能量路由器网络与区块链存储网络是同一实体，只是功能不同。在进行能源交易行为和能量管理时，可把两类功能结合到同一管理系统中。对局域能源路由网络而言，由于每一个路由器都具备对该区域进行能量管理的能力，并有一个数据中心存储和运行数据，可将其视为一个区块链网络的存储节点。能源互联网所产生的新增信息都可以存储到该数据中心，并按照区块链的技术来运行和管理。与局域能源路由器网络对应，各存储节点一起构成了区块链的分布式存储网络，其组网结构与局域网络类似。

路由网络架构下，分布式存储空间、数据的采集与处理是区块链技术的物理基础。当应用能源互联网体系时，以能量路由器网络的存储空间为物理载体，以能源互联网运行数据为操作对象，以密码学方法按时间序列连接的链式数据库为保障。

基于路由网络的能源区块链应用有一些明显的优势：一是存储可以复用，现有通信网络设施可以复用；二是联盟链为各路由器和运营平台提供更多的数据和决策依据，有利于提升决策效率，优化决策方案；三是联盟链的大数据有助于人工智能等先进技术的推广和应用，拓展能源互联网在供能之外的服务，如信息安全、能源金融等。同时，能源区块链应用也有一些不足，如由路由网络构成的微网数据种类多、迭代更新时间短、业务需求随机性高等，使得数据管理非常复杂。

区块链在能源互联网中已有一些应用，以互联微网为例，表 10-2 给出了能源区块链应用的典型场景。

表 10-2　能源区块链的应用的典型场景

典 型 场 景	能源互联网	能源区块链
能源交易	发电资源	发电/负荷混合管理
能量路由器	区域能量管理	改善决策/精度
虚拟电厂	运营平台执行	智能合约
电动汽车	充电网络/无线充电	智能合约
价值传递	双向传递/模式多元	拓展价值空间
需求侧响应	微网为主体	提升智能化
碳排放权交易	运营平台执行	智能合约/比特币
数据安全	访问受限/标识不唯一	联盟链为基础/不可篡改

第三节　能源区块链的典型应用场景分析

目前，区块链技术有望成为解决能源互联网发展瓶颈问题的重要突破口，并在能源领域的应用中取得了初步的研究成果和实践经验。针对区块链技术在能源领域的应用前景，本节对能源区块链的典型应用场景进行系统总结，并将其分为六类，分别是：分布式能源交易，阻塞管理与辅助服务，需求响应服务，碳排放权认证与绿色证书交易，数据管理与信息安全，能源数字代币的发布与应用。下面以案例形式讲述能源区块链的上述应用场景。

一、分布式能源交易

在传统的能源交易市场上，由于基础设施建设费用较高，因而能源交易由少数寡头掌握。但近年来，以可再生能源为主体的分布式能源逐渐成为交易市场中的重要组成部分，部分拥有分布式能源的用户在满足自身需求的同时，可以作为售电主体参与能源市场交易。目前，分布式能源交易具有分散化、规模小的特点，并且存在多买多卖的情况。而现有能源运营模式采用传统的中心化机构对交易进行管理，存在以下问题：一，未来大量的分布式能源交易将导致交易中心运行成本过高、运行效率低，难以满足实时交易的需求；二，交易中心与交易方之间存在信任问题，难以保证交易的公平性、透明性以及信息的有效性；三，中心化机构在受到攻击或发生数据损坏后会造成整个系统的崩溃，存在交易信息泄露或篡改的风险。而区块链技术因其去中心化、公开透明、不可篡改、可追溯的特点而能够有效解决上述问题，下面对分布式能源交易在几类应用场景下的研究现状进行分析。

（一）微电网分散式电力交易

为促进分布式能源的就地消纳，降低微电网的电力交易成本，布鲁克林微电网系统以私有链在微电网能源市场中的应用，简化了微电网的电力交易模式，实现了点对点交易（Peer to Peer，P2P）。王健、韩冬等进一步提出了基于连续双向拍卖机制的电力交易模式，通过区块链完成分布式电源和用户间的电能数字证明和购电费用的交换，并引入了违约机制和奖惩机制。

（二）电动汽车充放电交易

近年来，电动汽车（Electric Vehicle，EV）作为节能减排和环境保护的有效手段，其保有量逐步攀升。同时，充电桩运营商和支付平台的数量也迅速增加，但是存在收费标准不统一、用户隐私泄露等问题。而区块链技术以其去中心化特性为上述问题提供了解决方案。J. W. Kang 等通过建立基于联盟链的 EV 电力交易系统，采用连续双向拍卖机制优化 EV 间的交易电价和交易电量，并设计激励机制鼓励 EV 参与 P2P 交易，促进富余电力的本地消纳。X. H. Huang 等进一步针对车对车（Vehicle-to-Vehicle，V2V）、网对车（Grid-to-Vehicle，G2V）、移动充电汽车对车（Mobile Charging Vehicle-to-Vehicle，MCV2V）的混合充电场景，提出了基于联盟链的最优充电调度框架以保证电力交易的安全性和私密性。

（三）虚拟电厂电力交易

虚拟电厂聚合可再生能源、可控负荷、储能等分布式能源，并且作为一个整体参与电网运行，能够实现资源的合理、优化配置及利用，但存在利益分配机制不公开、不透明的问题。基于能源区块链网络的虚拟电厂运行与调度模型，通过供电索引区块链和电力交易区块链实时反映需求侧信息，实现公开透明的优化调度，从而实现高效的分布式调度计算。

【案例介绍】

（一）澳大利亚的 Power Ledger 公司致力于实现区块链技术在能源系统中的多种应用。Power Ledger 基于生成有限数量的区块链代币的矿工计算机，将区块链应用于分散的电力交易，可以通过跟踪电力交换和交易，为互不相识的电力交易者提供信任基础。通过在通信硬件上安装一个标准的数字电表，追踪电力的生成、进口和出口，并转换为区块链代币（可以是法定货币），分配给网络内的各个账户中的各消费者和生产者。通过这种部署方式，可以生成交叉引用和特定时间的数据库并存储在云数据库中且不能更改，为交易双方提供支持系统所需的信任。

Power Ledger 正与世界各地的能源供应商合作以促进分布式能源交易和可再生能源投资。泰国可再生能源企业 BCPG 采用 Power Ledger 平台，在曼谷建立了世界上最大的商业 P2P 能源交易试点项目。该项目拥有 700kW 太阳能发电能力，能够实现装有屋顶太阳能光伏发电系统的产消者与其他用户的 P2P 交易，并对交易记录进行追踪和结算，监控参与者的实时发用电情况，大幅降低了电力交易成本，提升了交易效率。但目前 Power Ledger 采用的是内部开发的私有链 Eco Chain，存在扩展性较差的问题。因此，Power Ledger 平台目前正向基于以太坊的联盟链转型。

（二）2016 年 4 月美国的能源公司 LO3 Energy 公司与西门子数字电网（Siemens Digital Grid）以及比特币开发公司 Consensus Systems 合作，建立了布鲁克林微电网（Brooklyn Microgrid）。该项目是全球第一个基于区块链技术的能源市场项目，实现了社区间居民的点对点电力交易，允许用户通过智能电表实时获得发电量、用电量等相关数据，并通过区块链向他人购买或销售电力能源。这意味着，用户可以不通过公共的电力公司或中央电网就能完成电力能源交易。此外，拥有太阳能电池板等能源生产资源的公司，也可以通过微电网将多余的能源出售给社区。

LO3 Energy 的 Exergy 平台的搭建主要包括以下几方面：

1）加密分布式账本技术，以防篡改的方式保护所有数据的安全。

2）可扩展智能合约，自动化处理所有交易流程。

3）链上微电网控制系统，高效管理微电网电流和交易流。

区块链和微电网的结合使得建筑物屋顶光伏系统供应商在布鲁克林能够将过剩电力回馈

到现有的本地电网，并直接从购买者那里收到付款。区块链技术允许在多个参与系统和各种利益相关者之间进行透明、高效的交易，同时也把网格特定的要求考虑在内。

在纽约州，公共事业费用很高，比如财产和营业税、输电线路和变电站维护费用等。这些费用基本上都来自于用户在市场上的能耗支付所得。传统电网通常以净耗电量来计算电费，而且消费者也没有任何选择权。相比于从中央电网购买电力，P2P 能源销售的优势在于价格更加便宜。而有些消费者——比如那些在自己屋顶上安装太阳能电池板的人，可以在区块链技术的帮助下出售自己的多余电能。布鲁克林作为该项目的一个试点，将能够让社区电力的生产者和消费者之间进行基于区块链的本地能源交易，并平衡当地的生产和消费。

（三）Innogy 是德国能源和天然气供应商 RWE 的子公司，开发并推出了依靠以太坊网络来处理其运营的 Share&Charge 区块链平台。德国已建成几百个基于区块链的电动汽车充电站，但在近 50000 个电动车车主中，有 92%在自己的家里为电动汽车充电，Share&Charge 平台提倡以付费方式共享其家庭充电站，从而提高对清洁能源的运用率。同时，区块链技术也显著降低了德国能源公司 Innogy 的运营成本。

一旦用户在平台注册登记了车辆信息，就能把法定货币转到数字钱包里。之后，只要用户连接到充电站，以太坊区块链就会把对应的充电费用转给充电站运营商，并将每笔交易记录下来。旧金山创业公司 Oxygen Initiative 也加入了 Share&Charge，在美国推出了为驾驶员服务的基于区块链的平台，使驾驶员可以处理与清洁能源汽车相关的所有操作，包括允许驾驶员共享他们的充电站、支付通行费和充电电动汽车。

（四）Electron 是一家总部位于英国的公司，旨在利用区块链技术，建立一个分布式的天然气和电力计量系统。该公司已经建立了区块链平台“生态系统”，包括资产注册、灵活交易和智能计量表数据保密系统。最近，该公司正在开展客户公用事业切换工作，使用虚拟数据来测试超过 5500 万个供应点，使客户可以在短短 15s 内从一个供应商切换到另一个供应商。目前，英国没有统一的电力和天然气计量表，用户在两种能源之间的切换服务需要 2~3周的时间，而 Electron 通过区块链技术对能源计量表进行有效的管理，可以把这个能源切换过程缩短至几分钟。

Electron 的终极目标是打造能源界的 eBay。目前该公司正在打造一个新的交易平台，新的交易平台将是“一个能源资产的共享市场，能够快速响应价格信号”。它的目标是支持电网运营商和公用事业公司推出的灵活的产品。Electron 已经建立了一个能源联盟，包括多家英国公共事业公司，比如 Baringa、英国电力网络公司（UK Power Networks）、Northern Power Grid 以及 Open Energy。最近，EDF Energy 和壳牌公司也加入了该联盟。在 2017 年年底 Electron就获得了日本能源行业巨头东京电力公司的投资，双方将共同推进区块链方面技术的研发和应用。

（五）深圳蛇口能源区块链项目是招商局慈善基金会、德国技术监督协会、熊猫绿色能源集团和华为技术有限公司合作在深圳蛇口地区开展的能源区块链项目，以响应国家将区块链作为核心技术推动货币金融、医疗服务、能源互联网等领域发展的战略目标。该项目鼓励蛇口地区的用户参与可再生能源的分布式交易，当用户选择购买清洁电力时，可以获得电子证书，以证明其使用的是绿色能源。蛇口能源区块链项目作为我国能源区块链落地应用的一次尝试，对清洁能源的互联共享具有重要推动作用，但目前仍缺乏激励用户参与区块链平台的有效手段。

二、阻塞管理与辅助服务

电力市场阻塞管理是指制定一系列方案，有效地控制发电机和负荷，使系统的短期运行具有一定的安全和可靠性裕度（指留有一定余地的程度，允许有一定的误差），同时为系统的长期投资规划提供有效信息。考虑到阻塞管理和辅助服务过程中涉及大量的交互性操作，传统的中心化管理方法成本较高，且存在信息安全问题；而区块链作为一种低成本的去中心化技术，采用了连续双向拍卖方式，在高节点成交电价中计入了阻塞费用以缓解阻塞问题，为解决阻塞管理问题提供了一种方案。

【案例介绍】

欧洲输电系统运营商 TenneT 采用 IBM 的 Hyperledger Fabric 私有链软件架构分别在荷兰和德国建立了能源区块链试点项目，以提升电网供电稳定性。在荷兰试点项目中，TenneT 与能源公司 Vandebron 合作，在电力供需不平衡时利用 V2G 技术为电网供电，保持电网频率的稳定性。在德国试点项目中，针对德国北部风电输送能力不足、阻塞管理费用昂贵的问题，TenneT 与储能公司 Sonnen 合作，基于区块链技术建立了虚拟电厂，实现了分布式家庭储能系统的互联互通，并根据电网情况进行实时充放电管理以缓解阻塞。但是 TenneT 区块链项目目前所采用的私有链模式与去中心化的理念有所不同。

三、需求响应服务

在能源互联网背景下，将会出现更多形式的需求侧响应资源，采用集中管理方式难以实现用户的低成本、大规模交互。基于区块链技术建立需求响应服务的分布式管理、控制以及验证模型，通过智能合约实现对需求响应服务中用户交易的追踪和检查，实现交易信息的可追溯和防篡改，并自动计算相关的奖励和罚款。

【案例介绍】

Bitt Watt 需求响应平台针对目前能源生态系统中存在的大量延迟和重复过程，旨在建立一个基于以太坊的智能化需求响应平台。在该平台中，各用户首先必须根据客户身份验证（KYC）规则完成注册，发电商和消费者之间可以通过智能合约进行匹配，并在电力交付完成后实现数字资产的自动转移。为了实现能源供给和需求的实时匹配，提高系统的可靠性，Bitt Watt 通过投标和平衡系统激励发电商在有限的时间内增加或减少其输出，激励消费者在负荷高峰期削减其用电需求从而缓解了电网压力，完成智能需求响应计划。

四、碳排放权认证与绿色证书交易

目前，碳排放市场存在碳排放权认证工作量大、绿色证书交易记录追溯困难的问题。而区块链技术可以通过智能合约实现碳排放权的自动计量认证，并以其特有的链式区块结构保证所有交易信息的可追溯和不可篡改，并结合声誉系统，引入市场细分机制和优先价值顺序机制，解决碳交易管理和欺诈问题。

【案例介绍】

（一）在我国经备案的减排量，核证自愿减排量（CCER），从发起到上市、交易和流通至少需要十个月，复杂而耗时，会给减排企业和控排企业带来不低的经济成本，对未来能源的清洁化、能源的分布化、能源的金融化会造成巨大的挑战。

2016 年 5 月，全球首个能源区块链实验室在北京成立。该实验室通过区块链技术与碳市场应用场景的深度融合，打造了一款低成本、高可靠性的碳资产开发和管理的区块链平台。该平台以基于区块链的互联网服务作为表现形式，是基于区块链的便利化碳资产开发平台。通过发行以核证碳减排量（CCER）为基础资产的数字资产——碳票，平台将碳资产开发各环节的参与方纳入基于区块链的共享协作分布式可信账本，实现基于区块链的文件和数据传递以及评审和开发过程中的参与方互动，通过过程重塑，打造碳资产开发高效协作网络。同时，利用区块链的智能合约功能能够实现碳资产开发流程的自动执行，从而进一步缩短碳资产的开发周期，降低运营成本。但是，由于我国的碳交易市场刚刚起步，需要一定的建设周期，能源区块链实验室的碳资产开发项目尚未大规模推广。

碳资产管理应用仅仅是能源区块链实验室开发的多款应用之一，实验室正携手合作伙伴同时开发多款基于区块链技术的能源互联网应用，包括电动汽车账户管理、分布式光伏售电清结算、虚拟电厂考核计划等，覆盖能源生产、配送、消费、交易、管理等多个环节。

（二）融链科技电证分离平台促进了可再生能源消纳，推动了绿色能源消费。北京融链科技有限公司建立了首个“电证分离平台”，将绿色证书拆分交易，以提高证书的流动性，并结合市场手段调节绿色证书价格，激发市场活力。此外，结合区块链公开、透明的特性，可以实现绿色证书的实时追溯，确保证书数据的真实性和可靠性。

五、数据管理与信息安全

在电力物联网背景下，数据信息与物理系统的融合尤为重要，能够有效提升能源系统的运行效率，但目前的信息系统存在建设成本高、易受攻击的问题。而且，能源系统的实时波动，要求整个系统更高效地运行，但各自独立的分布式能源系统可能无法自动实现效率最优。例如，当每个包含储能或者热电联厂的分布式系统，都希望在能源价格高的时候提供更多能源，这可能造成能源过剩与价格下跌或者反复严重的震荡，而给整个脆弱的智慧能源网络带来更多不稳定因素，区块链的技术共识机制可以更有效地在各个系统间进行能源的调度与分配。区块链的引入，将能源产业链各个参与方的流程数字化，包括采集分析能源制造、能源存储、能源加工与能源安全相关的各类硬件设备等数据，以非对称加密和高冗余存储特性，构建能源智能化安全管理模式，提高交易的隐私性和安全性，避免节点身份信息的伪造和系统数据的丢失。此外，区块链技术对能源生产、存储、消费的全覆盖，有助于能源传输过程的多步共管，实时准确反馈不同阶段能源传递出现的异常，规避了传统的能源故障时逐段排查缺陷，能够及时准确发现能源故障，第一时间修复，降低能源安全维护费用，根本上杜绝偷电行为，构筑能源安全屏障。

【案例介绍】

在能源领域，区块链平台公司 Guard Time 与英国 Future Cities Catapult 合作开发了一种无密钥签名基础设置（Keyless Signature Infrastructure，KSI）的区块链技术，以提高电网在面临网络攻击时的安全性。英国能源部门将 Guard Time 的 KSI 技术内嵌于天然气运输与分配公司、民用核工业等关键基础产业的区块链系统中，从而可以对系统内任意数据或全部数据进行签名，并且可以对历史上任一时间数据的真实性进行独立验证。目前，相关项目以其在安全性上的巨大潜力而成为英国政府产业战略中的重要组成部分。

六、能源数字代币的发布与应用

数字代币作为区块链第一个也是最为成功的一个应用，可以用来建立资产和所有权共享的新型商业模式。在能源领域，数字 NRG 币的价值由交易市场决定，产消者可以实现可再生能源的交易，并且可以与法定货币进行兑换，完成电能资产的数字化。同时通过发行能源币为用户提供激励，以指导用户行为、节约聚合商成本，促进可再生能源发展，激励绿色能源投资，起到市场导向性作用。

【案例介绍】

（一）Solar Coin 是由 Solar Change 发行的基于区块链的数字代币，用于奖励光伏发电，实现全球能源结构的绿色低碳转型。光伏发电商首先需要向 Solar Coin 基金会提出注册申请，并下载 Solar Coin 钱包，用以创建一个充当银行账户的用户地址。Solar Coin 基金会可以通过监测系统对用户的发电量进行验证，并根据实际的生产数据，以每生产 1MW · h 电力奖励 1Solar Coin 的标准将 Solar Coins 发送到用户的钱包地址。用户收到的 Solar Coins 可以长期存储在钱包地址中，也可以在加密货币交易所与政府货币进行兑换以获取收益，具体流程如图 10-3所示。由于目前该项目的参与者有限，Solar Coin 的币值较低，因此光伏发电商所获得收益也较低，但随着用户规模的不断扩大，Solar Coin 的币值会逐渐升高。

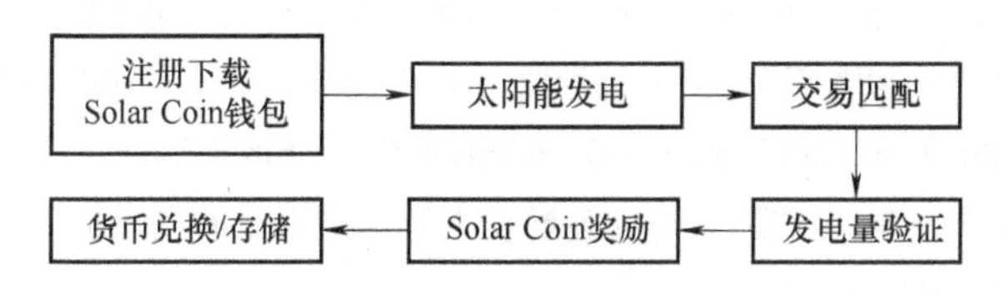

图 10-3　Solar Coin 发布流程

（二）WePower 绿色能源交易平台支持可再生能源生产商发行能源代币以筹集资金。代币持有者可以优先参与平台上的能源代币拍卖，并且能够在能源生产商建成后以更低廉的价格购买能源。WePower 平台一方面为绿色能源生产商提供了快速筹集资金的途径，另一方面也为能源消费者提供了投资机会，旨在以经济激励的方式促进全球可再生能源的发展。但目前该项目仍处于起步阶段，其有效性有待进一步验证。

【本章小结】

在能源领域，区块链因其去中心化、公开透明、不可篡改的技术特性与能源互联网的开放、对等、互联和共享理念相契合，有望成为解决能源互联网发展过程中瓶颈问题的关键技术，而能源互联网也为区块链提供了实现技术价值的应用场景。本章列举了区块链技术在分布式能源交易、阻塞管理与辅助服务、需求响应服务、碳排放权认证与绿色证书交易、数据管理与信息安全、能源数字代币的发布与应用场景，但仍有更多场景等待探索。

【关键词】

能源革命　能源互联网　能量路由器　虚拟电厂　分布式能源

【思考题】

1. 能源行业未来的发展趋势是什么？
2. 去中心化的能源区块链系统可能会遇到哪些问题？
3. 区块链在能源行业还可以有哪些应用场景和突破？

参考文献

[1] 国家发展和改革委，国家能源局. 能源技术革命创新行动计划（2016—2030）[EB/OL]（2016-04-07）[2019-09-12]. http://file.china-nengyuan.com/999/news_editor/files/2016/06/201606011303_41392300pdf.

[2] 代贤忠，韩新阳，董益华，等. 能源互联网多源多层次协调优化方法研究 [J]. 电力工程技术，2019，38（2）：1-9.

[3] SWAN M. Blockchain: Blueprint for a New Economy [M]. USA: O'Reilly Media, 2015.

[4] 工业和信息化部信息中心. 2018 年中国区块链产业白皮书 [EB/ OL]. (2018-05-20) [2019-09-12]. http://www.miit.gov.cn/n1146290/n1146402/n1146445/c6180238/part/6180297.pdf.

[5] 丁伟, 王国成, 许爱东, 等. 能源区块链的关键技术及信息安全问题研究 [J]. 中国电机工程学报, 2018, 38 (4): 1026-1034, 1279.

[6] 周洪益, 钱苇航, 柏晶晶, 等. 能源区块链的典型应用场景分析及项目实践 [J]. 电力建设, 2020, 41 (2): 11-20.

[7] PERROD P F, GEIDL M, KLOKL B, et al. A Vision of Future Energy Networks [C].//Power Engineering Society Inaugural Conf.and Expo. Durban, south Africa: IEEE, 2005: 13-17.

[8] GHASEMI A, HOJIAT M, JAVIDI M H. Introducing a New Framework for Management of Future Distribution Networks using Potentials of Energy Hubs [C]//2nd Iranian Conf. on Smart Grids. Tehran, Iram: IEEE, 2012: 1-7.

[9] GHASEMI A, HOJIAT M, JAVIDI M H. Introducing a New Framework for Management of Future Distribution Networks Using Potentials of Energy Hubs [C]//2nd Iranian Conf. on Smart Grids, Tehran, Iran: IEEE, 2012: 1-7.

[10] 段青, 盛万兴, 孟晓丽, 等. 面向能源互联网的新型能源子网系统研究 [J]. 中国电机工程学报, 2016, 36 (2): 388-398.

[11] 于慎航, 孙莹, 牛晓娜, 等. 基于分布式可再生能源发电的能源互联网系统 [J]. 电力自动化设备, 2010, 30 (5): 104-108.

[12] CAO C, XIE J, YUE D. Distributed Economic Dispatch of Virtual Power Plant Under a Non-Ideal Communication Network [J]. Energies, 2017, 10: 235.

[13] 卫志农, 余爽, 孙国强, 等. 虚拟电厂的概念与发展 [J]. 电力系统自动化, 2013, 37 (13): 1-9.

[14] 佘维, 顾志豪, 杨晓宇, 等. 异构能源区块链的多能互补安全交易模型 [J]. 电网技术, 43 (9): 3193-3201.

[15] 张俊, 高文忠, 张应晨, 等. 运行于区块链上的智能分布式电力能源系统: 需求、概念、方法以及展望 [J]. 自动化学报, 2017, 43 (9): 1544-1554.

[16] 平健, 陈思捷, 张宁, 等. 基于智能合约的配电网去中心化交易机制 [J]. 中国电机工程学报, 2017, 37 (13): 3682-3690.

[17] 李彬, 卢超, 曹望璋, 等. 基于区块链技术的自动需求响应系统应用初探 [J]. 中国电机工程学报, 2017, 37 (13): 3691-3702.

[18] 朱文广, 熊宁, 钟士元, 等. 基于区块链的配电网电力交易方法 [J]. 电力系统保护与控制, 2018, 46 (24): 165-172.

[19] 杨选忠, 张浙波, 赵申轶, 等. 基于区块链的含安全约束分布式电力交易方法 [J]. 中国电力, 2019, 52 (10): 31-39.

[20] 周国亮, 李刚. 区块链背景下虚拟电厂分布式调度策略研究 [J]. 计算机工程与应用, 2020 (15): 268-273.

[21] 何奇琳, 艾芊. 区块链技术在虚拟电厂中的应用前景 [J]. 电器与能效管理技术, 2017 (3): 14-18.

[22] 陈一稀. 区块链技术的"不可能三角"及需要注意的问题研究 [J]. 浙江金融, 2016 (2): 17-

20，66.

[23] XUE L，TENG Y L，ZHANG Z Y，et al. Blockchain Technology for Electricity Market in Microgrid [C]//2017 2nd International Conference on Power and Renewable Energy (ICPRE). New York，USA：IEEE，2017.

[24] DANZI P，ANGJELICHINOSKI M，STEFANOVIC C，et al. Distributed Proportional-fairness Control Inmicrogrids Via Blockchain Smart Contracts [C]//2017 IEEE International Conference on Smart Grid Communications (SmartGridComm). New York，USA：IEEE，2017.

[25] KIM GY，PARK J，RYOU J. A Study on Utilization of Blockchain for Electricity Trading in Microgrid [C]// 2018 IEEE International Conference on Big Data and Smart Computing (BigComp). New York，USA：IEEE，2018.

[26] MENGELKAMP E，GRTTNER J，ROCK K，et al. Designing Microgrid Energy Markets [J]. Applied Energy，2018，210：870-880.

[27] 王冰钰，颜拥，文福拴，等. 基于区块链的分布式电力交易机制 [J]. 电力建设，2019，40 (12)：3-10.

[28] 王蓓蓓，李雅超，赵盛楠，等. 基于区块链的分布式能源交易关键技术 [J]. 电力系统自动化，2019，43 (14)：53-64.

[29] 吉斌，莫峻，王佳瑶. 基于区块链技术的弱中心化电力互济交易通信可靠性研究 [J]. 广东电力，2019，32 (1)：85-92.

[30] 韩冬，张程正浩，孙伟卿，等. 基于区块链技术的智能配售电交易平台架构设计 [J]. 电力系统自动化，2019，43 (7)：89-99.

[31] 王健，周念成，王强钢，等. 基于区块链和连续双向拍卖机制的微电网直接交易模式及策略 [J]. 中国电机工程学报，2018，38 (17)：5072-5084，5304.

[32] 王冠男，杨镜非，王硕，等. 考虑EV换电站调度和区块链数据存储的电网分布式优化 [J]. 电力系统自动化，2019，43 (8)：110-127，182.

[33] DI SILVESTRE M L，GALLO P，IPPOLITO M G，et al. A Technical Approach to the Energy Blockchain in Microgrids [J]. IEEE Transactions on Industrial Informatics，2018，14 (11)：4792- 4803.

[34] SANSEVERINO E R，SILVESTRE M L D，GALLO P，et al. The Blockchain in Microgrids for Transacting Energy and Attributing Losses [C]//IEEE. 2017 IEEE International Conference on Internet of Things (iThings) and IEEE Green Computing and Communications (GreenCom) and IEEE Cyber，Physical and Social Computing (CPSCom) and IEEE Smart Data (SmartData). New York，USA：IEEE，2017.

[35] SHARMA V. An Energy-efficient Transaction Model for the Blockchain-enabled Internet of Vehicles (IoV) [J]. IEEE Communications Letters，2019，23 (2)：246-249.

[36] SU Z，WANG Y T，XU Q C，et al. A Secure Charging Scheme for Electric Vehicles With Smart Communities in Energy Blockchain [J]. IEEE Internet of Things Journal，2019，6 (3)：4601-4613.

[37] KANG J W，YU R，HUANG X M，et al. Enabling Localized Peer-to-peer Electricity Trading Among Plug-in Hybrid Electric Vehicles Using Consortium Blockchains [J]. IEEE Transactions on Industrial Informatics，2017，13 (6)：3154-3164.

[38] HUANG X H，ZHANG Y，LI D D，et al. An Optimal Scheduling Algorithm for Hybrid EV Charging Scenario Using Consortium Blockchains [J]. Future Generation Computer Systems，2019，91：555-562.

[39] 卫志农，余爽，孙国强，等. 虚拟电厂欧洲研究项目述评 [J]. 电力系统自动化，2013，37 (21)：196-202.

[40] 李彬，曹望璋，祁兵，等. 区块链技术在电力辅助服务领域的应用综述 [J]. 电网技术，2017，41 (3)：736-744.

[41] 邰雪，孙宏斌，郭庆来. 能源互联网中基于区块链的电力交易和阻塞管理方法 [J]. 电网技术，2016，40 (12)：3630-3638.

[42] 欧阳旭，朱向前，叶伦，等. 区块链技术在大用户直购电中的应用初探 [J]. 中国电机工程学报，2017，37 (13)：3737-3745.

[43] 李彬，曹望璋，卢超，等. 非可信环境下基于区块链的多级 DR 投标安全管理及技术支撑 [J]. 中国电机工程学报，2018，38 (08)：2272-2283，2537.

[44] POP C，CROARAT，ANTAL M，et al. Blockchain Based Decentralized Management of Demand Response Programs in Smart Energy Grids [J]. Sensors，2018，18 (2)：162.

[45] ZHANG T Y，POTA H，CHU C C，et al. Real-time Renewable Energy Incentive System for Electric Vehicles Using Prioritization and Cryptocurrency [J]. Applied Energy，2018，226：582-594.

[46] MIHAYLOV M，JURADO S，AVELLANA N，et al. NRGcoin：Virtual Currency for Trading of Renewable Energy in Smart Grids [C]//IEEE. 11th International Conference on the European EnergyMarket (EEM14). New York：IEEE，2014.

[47] MIHAYLOV M，JURADO S，VAN MOFFAER K，et al. NRG-Xchange：A novel Mechanism for Trading of Renewable Energy in Smart Grids [C]//The 3rd International Conference on Smart Grids and Green IT Systems. Barcelona Spain：Scitepress-Science and Technology Publications，2014.

[48] YOUNG S J. Hare & Charge [EB/OL]. [2019-07-10]. https://www.cointelegraph.com/news/20-bln-german-energy-company-brings-blockchain-to-cars-for-us-drivers.

[49] 李玉. Share & Charge 平台将区块链融入能源项目 [EB/OL]. (2017-05-31) [2019-07-10]. https://www.wanbizu.com/blockchain/201705319865.html.

[50] 中国日报网. 国内首个能源区块链社区应用公益项目落地蛇口 [EB/OL]. (2018-03-01) [2019-07-10]. https://baijiahao.baidu.com/s?id=1593724757105513898&wfr=spider&for=pc.

[51] 区块网. Bittwatt (BWT) 基于区块链的可持续能源系统 [EB/OL]. (2019-06-06) [2019-07-10]. http://m.qukuaiwang.com.cn/news/9706.html.

[52] 萌大大. 碳资产开发管理新工具，能链科技与 IBM 使用区块链技术助力低碳未来 [EB/OL]. (2016-11-17) [2019-07-10]. https://www.8btc.com/article/109710.

第十一章 区块链在政府职能领域中的应用

【本章要点】

1. 了解公民个人身份验证存在的问题。
2. 了解目前政务建设存在的痛点。
3. 熟悉区块链如何推进政务建设。
4. 了解政府扶贫存在的难点。
5. 熟悉区块链在扶贫中的应用。
6. 了解当前电子存证存在的问题。
7. 熟悉区块链在电子存证中的应用。
8. 了解区块链应用在司法领域中存在的问题。
9. 了解税务场景存在的问题。
10. 熟悉区块链在税务场景中的解决方案。
11. 了解区块链落地于政府领域中存在的挑战。

政府在公共事务方面的投入以及公共服务的能力是社会进步的重要衡量标准。随着经济水平的不断提高，各国政府已经在公共事业方面投入了大量人力和物力，尽管公共服务能力得到较大提升，但是仍然存在着许多问题。

对于政府而言，由于信息不透明所造成的“黑盒业务”一直备受公众质疑，这在一定程度上影响了政府的公信力。而且政府部门由于层级明确，层层审批需要耗费大量的时间，因此指令下达的周期较长。在政府的诸多购买服务项目中，协议内容与责任义务不明确，也是政府服务能力提升的障碍之一。

为落实国家下达的政策，需要尽快建成全国一体化在线政务服务平台。区块链由于具备不可篡改、可追溯、可编辑等优点，给政府提供了一个解决公共事务难题的有效途径。区块链技术可以在很大程度上提高政府数据的公开性，促进跨部门的数据交换和共享，推进大数据在政府治理、公共服务、社会治理、宏观调控、市场监管和城市管理等领域的应用，实现公共服务多元化、政府治理透明化、城市管理精细化。作为我国区块链落地的重点示范高地，政务民生领域的相关应用落地开始于 2018 年，多个省市地区积极探索将区块链写进规划。在政务方面，区块链主要应用于政府数据共享、内部数据监管等；在民生方面，区块链主要应用于精准扶贫、个人数据服务等。

第一节　推进政府数据信息公开

政府数据开放包括两层含义，一是通过公开信息的方法将政府数据传播给社会和群众；二是通过数据库、云端等多个平台实现政府数据在区域间、层级间、部门间的开放共享，使政务服务的质量和效率得到一定程度的提高。

一、政府数据公开存在的问题

我国政府数据开放共享才刚刚起步，跨区域、跨层级、跨部门、跨领域数据开放共享还不够，主要体现在政府内的数据开放共享程度较低与社会间的数据开放共享难两个方面。

政府内的数据开放共享程度较低。如果区域、部门、层级之间沟通不畅将导致政府间的数据开放共享程度较低、协同水平差。政府系统的数据如果不能被多个部门同时使用，数据标准和访问方式没有统一的形式，某个部门的数据想快速用于其他部门就相当困难。而且数据分散在各部门中，难以实现统一的管理模式。

社会间的数据开放共享难。在传统的治理体系中，社会主体的交互行为往往需要政府充当中介组织进行协调或出具证明，使得社会大量数据被政府所掌握。政府数据治理是社会组织向政府数据平台输入数据的过程，同时也是政府将这些数据分析统计之后向外输出新的数据的过程。双向的数据共享过程有助于政府更加全面地掌握社情民意，使政府的服务水平得到提高。但某些时候，从安全角度出发，政府掌握的全部数据在全社会大面积流通是相当困难的，因此降低了公众获取数据的时效性和满意度。

二、区块链的解决方案

为了促使政务服务变得更加阳光、可信，使政府部门的职能公信力与技术公信力得以提升，更好地完成阳光型、服务型政府定位，政务信息公开就成了政府的必然选择。区块链的透明性、开放性以及不可篡改性让其成为保证公民知情权的最佳技术载体，对政府工作实现透明化管理有很大帮助。

区块链凭借其不可篡改性可以保证政府信息公开的完整性和可靠性。政府作为社会治理的主体，将信息数据通过区块链供社会快速查阅、利用。区块链所特有的以时间戳为顺序的链式结构可以使公民能够检验过往每一笔数据记录，对审批流程进行实时追踪，找到相关负责人，形成真正的证据，便于公民履行相应的基本权利。另外区块链所固有的时间轴特性，使系统中的每一次操作都能精准溯源，每一次新的操作都会形成新的数据记录。使政务信息数据的收集更加便利，使信息的真实性以及完整性得到一定程度的保证。这对公民履行检举权、政府履行监督权都是有利的。

区块链中的点对点技术允许每个参与主体都能单独地写入、读取和存储数据，并在全网迅速广播和及时查证。经区块链上的全体成员确认核实后，某一事件的真实数据信息能在全网共享，从而摆脱了传统模式对第三方的依赖。政府各部门也可以在区块链中部署它们的节点，保证数据的时效性，公民也可以随时访问数据系统，将自己的社会活动记入区块链，使有关社会事务的事件、信息能在短时间内在全网快速广播、匹配、核查和认定，保证数据得以及时更新并快速地在全网流通。

此外，相关系统作为政府与公民沟通的窗口，要避免存入的信息遭到恶意篡改而导致与政府想传达的信息不一致。利用区块链的溯源性、不可篡改性可以建立一个良好的机制，实时监控数据的状态，一旦数据被录入区块链中，就很难被篡改，从而提升政府形象。

当然，利用区块链也能够将上级政府部门的指令快速高效地传达到基层部门，同时政府部门也能迅速收集基层部门发送的真实反馈信息，使传递的数据信息真实且实时。这有助于政府部门及时从社会中获得大量真实有效的信息，为政府更好地了解民意社情、实时精准掌握社会需求、制定相关决策提供信息支撑，并快速地将决策反馈给公民以及社会。

【案例介绍】

领英公司正在与芬兰农业生产者和林主联合会试点开发一个电子政务项目

部分政府已经表示有兴趣利用区块链技术将公共记录存储在去中心化的数据管理框架中。著名的领英（Essentia. One）公司正在与芬兰农业生产者和林主联合会试点开发一个电子政务项目，该项目旨在打造服务型政府，提高政府部门在城乡居民中的公信力。它不仅使芬兰各地的城乡居民都能获取公共记录，还能用在教育、公共记录和投票等政府应用中，可以极大提升政府的服务质量，充分满足居民和雇主需求，提高就业率。另外，利用区块链技术还能提高政府运转效率，让居民能方便地查询教育和投票等各种信息。

北京海淀区首次利用区块链技术打破信息壁垒

近年来，北京市通过大数据与区块链技术的结合，打通了政务服务与公共服务两个领域，提高了信息共享的程度，减少了群众跑腿的次数。

海淀区决定将区块链技术运用于“一网通办”建设，加快“一网通办”的进程。海淀区在推动不动产登记与用电过户一并办理过程中，核心就在于利用区块链技术打破了政府相关部门存在的信息壁垒。

“政企联动、一站办理”举措推出之后，用电过户与不动产过户可以同时办理，客户只需要提供一个人资料，并且在用电过户窗口签字确认之后，即可成功办理用电过户，体验

“一签即成”的高效服务。之前群众办理用电过户业务往往需要携带相当多的证件，办理工作时间也长达数天。区块链技术通过打通政务服务和公共服务之间存在的数据壁垒，实现了用电过户业务办理时间不超过5分钟。

第二节　助力政府扶贫

为实现全面小康生活，扶贫一直是我国政府改善民生的重点项目。近年来，我国金融管理部门通过加大政策实施力度、创新金融产品和服务、夯实基础设施等方式，推动金融机构增加对扶贫开发服务的供给，确保贫困地区金融服务水平得到提升。

一、目前扶贫过程中的主要挑战

扶贫机构在开展金融扶贫过程中面临诸多挑战，使得我国金融扶贫在当前脱贫攻坚中的作用难以充分发挥。主要表现在如下方面。

（一）难以精准识别金融扶贫的帮扶对象

一方面，由于金融管理部门与政府相关部门间尚未建立较为完善的协调机制，部门间显性和隐性的信息壁垒使得金融机构掌握的帮扶对象信息难以动态调整、实时跟踪。另一方面，金融机构对贫困地区特色产业、主导产业的激励措施和激励手段效果不佳，运用传统技术对平面数据信息进行挖掘难以找到切入点。总而言之，金融机构与帮扶对象之间的信息不对称，使得金融资源与帮扶对象难以有效对接。

（二）金融扶贫资金拨付效率较低

目前，扶贫资金由国家发放到各省，各省根据当地情况使用。一般是由贫困乡镇、贫困村、贫困户自行提出申请，经县扶贫办审批，决定是否立项扶持，如果被扶持，将会进入后续程序，即扶持名单逐层上报、扶贫办审核批准、发放资金。程序复杂，扶贫资源投放的效率较低。

（三）难以全程跟踪和监管

扶贫的过程中，难以全程跟踪和监管，存在资金不到位、扶贫资金的使用情况未完全透明化、政府间的协调不到位等风险。

二、区块链的解决方案

区块链技术的全程记录、顺序时间戳、不可篡改、可追溯和防伪造等特性，在破解不能精准识别帮扶对象、资金使用不透明、监管中断等难题上有着天然的优势。

（一）实现对扶贫对象的精准识别

区块链技术有助于打破金融机构与帮扶对象之间信息不对称的瓶颈，实现对帮扶对象金融需求的精准识别。区块链技术的信息共享、持续跟踪等特点，有助于消除金融管理部门、政府相关部门、金融机构与帮扶对象之间的信息壁垒，将帮扶对象的各类信息在数据库中进行筛选比对，以便能够及时、精准地识别出有真实金融需求的帮扶对象。

（二）确保帮扶资金的透明化，提高拨款效率

在区块链中，可以通过节点实时追踪其中的数据，将资金信息录入区块链，一旦金额发生改变，就可以沿着信息改变的脉络追踪到作弊节点，这可以有效防止资金挪用、滥用等现象的发生，可以使扶贫资金使用过程透明化，以防违法行为的发生。另外，区块链系统中，扶贫项目的拨款条件、用款范围等都可以通过智能合约的形式自动形成，提高了资金的拨款效率。

【案例介绍】

贵州省贵阳市区块链助困系统

目前贵州省已经在部署相关区块链工程，其中以贵阳市红云社区为试点的区块链助困系统已投入使用并取得了不错的成果。助困系统主要为贫困人群、残疾人群提供相应的资金帮助。整个系统以区块链作为底层技术，打造基础区块链平台。在存储基础信息的模块中，录入需要救助人员的信息，并且利用区块链的不可篡改性对被救助人员信息进行长期的保存。每位被救助人员的身份信息独立，从一定程度上避免了资金被他人挪用的情况。在服务模块中，政府可以对相关人员的身份进行验证，实时监督整个拨款的进度以及使用情况。在资金使用情况管理模块中，对接扶贫基金的发放系统对被救助人员的贫困情况做出相应评估，按照评估情况发放资金。每一笔资金的来源以及使用都是公开透明的，用户可以在相应模块追踪资金的使用情况。结合大数据技术，分析困难群众的贫困原因、类型、需求等，为政府制定扶贫政策提供数据支持。

第三节　区块链在司法存证领域中的应用

随着信息技术的不断发展，传统的存证方式高成本、低效率等缺点逐步显现出来。现在诉讼流程中的大量证据以电子数据存证的形式呈现，电子证据在司法实践中扮演着越来越重要的角色，电子数据存证在司法实践中的使用频次和数据量都显著增长。各种各样的电子数据都具有易消逝、易篡改等特点，与传统实物类证据相比，在真实性、合法性等方面并没有优势，司法审查认定难度较大。此外在司法实践中，当事人普遍欠缺举证能力，提交的电子证据多存在一系列问题。

电子数据存证是非常重要的区块链技术应用落地领域，区块链技术的不可篡改、不可抵赖、多方参与等特性与电子数据存证的需求天然契合，区块链技术与电子数据存证的结合能够有效降低存证成本，提高诉讼效率。

一、电子数据存证现状

移动互联网的普及带来了大量电子数据存取证的需求。截至 2018 年 12 月，我国网络新闻、网络购物、网络支付、网络视频规模都达到了 6 亿多，网上外卖用户规模也高达 4 亿。随着微博、微信等网络通信工具的普及，电子数据存证已成为现今社会的实际要求。

电子证据在确立了其作为独立证据的地位后得到快速发展。2012 年《中华人民共和国民事诉讼法》的解释中，明确了适用电子数据的规定。2018 年，人民法院新收知识产权民事、行政和刑事案件数量达到 334951 件，比 2017 年增加 97709 件，同比上升 41.19%。其中，知识产权行政一审案件和民事一审案件呈大幅上升态势，增幅分别达到 53.57% 和 40.97%。据中国裁判文书网数据，对近 3 年约 500 份知识产权民事判决书进行统计：约 89%的案件使用了电子证据。《2018 年中国电子证据应用白皮书》中数据显示，电子证据被认定为法律事实的案件越来越多，涉案保全金额年增长达 15%。全国民事案件超 73%涉及电子证据。电子证据被应用于各种商务纠纷、离婚财产、证券纠纷、互联网金融等高达 43 种不同类型的场景。

虽然在司法解释和相关规定中，对电子证据的范畴、原件形式、取证手段等做了一些规定，但电子证据在司法实践中（包括存证环节、取证环节、示证环节、举证责任和证据认定）依然存在痛点。

（一）存证问题

电子数据具有量大、依赖电子介质、实时性、易篡改、易丢失等特性。在存证中有如下问题：一是传统存证方式如本地存证、三方存证等都为中心化存证方式，由单独一方控制存证内容，如果该方遭受网络攻击，数据容易丢失或被篡改，使得数据不具有可信性；二是考虑电子数据的存储方式，为了存储安全，经常需要多次备份，存储成本较高。

（二）取证问题

电子数据的原件与设备不可分离。在对某些本地产生的电子数据，原件只能留存在产生电子数据的设备当中，证据原件和设备是不可分的。证据原件一旦要离开设备，就变成了复制品而不能成为定案依据。因此，在民事诉讼中，经常发现当事人需要向法院展示手机等设备，迫使当事人本人必须到庭亲自操作；在刑事调查和行政调查中，因查封电子数据原始载体是取证的首要手段，被调查人的计算机硬盘、服务器可能被全部拿走用于调查，导致被调查人正常业务被迫停止的情况发生。

无法确定取证的电子数据原件是否被篡改。在目前的互联网软件上形成的数据原件，都是基于当事人在互联网软件服务商处注册的用户名下的行为所致。在这种数据逻辑结构下，基于对隐私权的保护，当事人对自己数据进行删改是其固有的权限。那么，所谓的原件到底是不是事件发生时真实、原始和完整的数据，互联网软件服务商也无法给出确切的答案。即使互联网软件服务商给出了它所留存的数据，也无法证明这个数据是否经过了互联网软件服务商的删改，不能完全保证相关数据的真实性。严格来讲，相关数据只能作为线索和间接证据来使用。

（三）举证问题

在诉讼中，原告方和被告方都会提交自己留存的电子数据作为证据。在各个当事人分别控制自己的数据的情况下，非常容易发生双方提交的证据有出入，甚至是矛盾的情况。在没有其他佐证的情况下，证据的真实性认定非常困难，双方提交的电子数据都无法成为断案依据。在这种无法判断案件事实的情况下，法官很可能需要依赖分配举证责任来断案。而一般的举证责任分配原则是“谁主张，谁举证”，无法举证则承担败诉的后果。那么在这种情况下，积极篡改自己数据的一方可能在这种举证责任的安排下获利。

（四）证据认定难

一切证据必须经过查证属实，才能作为定案的根据。证据的认定，通常是认定证据“三性”的过程，即证据真实性、合法性和关联性。电子数据作为证据也需要经过“三性”判定。电子数据因为数据量大、保存成本高、原件认定困难等原因，所以对证据的“三性”认定依然较困难，电子数据经常因为难以认定而无法对案件起到支撑作用，这对法官和当事人都造成了较大压力。

二、区块链的解决方案

将区块链技术与电子数据存证结合，利用区块链技术，可以在电子数据的生成、传输、存储的整个周期中，对电子数据进行安全防护、防止篡改，并将数据操作和审计流程记录上链，从而为相关机构审查提供有效手段。以区块链的链状存储方式进行电子数据存证，将需要存证的电子数据以交易的形式记录下来，打上时间戳，记录在区块中，从而完成存证流程。在数据的存储过程中，多个参与方之间保持数据一致性，极大降低了数据丢失或被篡改的可能性。

（一）区块链在电子数据存储中的应用

电子数据上链以后可以在未来任意时间段验证电子数据的原始性、完整性。使用对等网络技术，每个节点都无差别地储存一份数据，具有良好的容错性；使用哈希嵌套的链式存储结构，能够使得每个区块内容的更改都需要更改其所有后序区块，保证系统数据安全、难以篡改；数字签名技术能够记录每条数据的出处，不可抵赖；时间戳技术对每条数据的生成时间有明确认定；使用智能合约技术，可自动识别和处理每类电子数据，减少人为干预。采用区块链技术的电子数据存证具有十分规范的存证格式、高安全性并且可追溯。

（二）区块链在电子数据提取中的应用

电子数据的取证过程不仅需要有电子物证司法鉴定资质的机构和鉴定员来取证，还需要专业的律师共同进行，以保证技术的可行性和取证的合法性。电子数据取证需要保证获取的是电子数据原件，而且要保证电子数据的真实性。在基于区块链技术的存证系统中，数据都是经过各节点共识后上链的，节点之间相互备份。因此上链后的区块链电子数据均可通过技术手段认定为原件。整个数据记录了数据来源、时间戳、流转过程等，可用于认定电子数据的真实性。

（三）区块链在电子数据质证中的应用

质证是指当事人、诉讼代理人及第三人在法庭的主持下，对当事人及第三人提出的证据就其真实性、合法性、关联性以及证明力的有无、大小予以说明和质辩的过程。当前审判人员在司法实践过程中对电子证据多持怀疑态度，有时不得不将电子数据转化为书面材料，甚至要获得公证机关公证和司法鉴定机构鉴定，书证化的电子证据作为间接性示证也在一定程度上降低了质询环节的效率。基于区块链技术的电子数据存证系统因为优化了取证和示证环节，也消除了质证环节对于取证和示证的争议问题，使得审判人员更多地关注于证据本身对案件的影响，提高了司法效率。

三、区块链司法存证存在的问题

司法领域相比于其他区块链技术应用领域存在一些特殊性，具有权威性和强制性。如上所述，区块链技术在司法存证上的应用具有很大的潜力，但是也存在一些问题和挑战。

（一）司法认定规范有待明确

传统业务模式下，对电子证据的认证非常困难，直接影响了审判中的采信比例。例如电子证据不同于传统物证，在证据法上都要求提交原件或者原物，而电子证据是以电子数据形式存储在电子介质之中的，传统的原件概念会对电子证据证明效力的实现造成障碍。示证中，通常电子数据的展示方式是转化为书证，由于纸张的表现力所限，这种模式无法表达电子证据的多样性。区块链系统出现后，因其存储的数据是多方共有、多方维护的，中心化存证其数据原件的认定方式不再适用。区块链这种示证方式是否符合示证业务需求，暂无依据可循。因此，传统法务形式向新法务形式转变存在一定的挑战，若将电子证据仍置于传统证据的视角下，则无法有效缓解电子数据存证中存在的问题。

（二）针对司法业务场景，区块链有待细化

区块链技术自从被中本聪提出以来，就保持着极高的技术热度，部分区块链项目已经成功落地，但就整体而言，区块链技术的发展尚处于初期、快速发展的阶段。区块链技术依然存在技术门槛高、使用成本高等问题，还不能完全胜任各种各样的业务场景需求。区块链技术良性发展的必要条件是具有各种各样、实实在在的应用场景，然而司法业务天然具有业务逻辑复杂、情形多、容错率低等特征，这对应用的技术提出了更高的要求。区块链技术需要发展和细化自身，针对司法业务场景，进行特定的模块化与合理封装，以便更适应司法存证的业务场景。

（三）民众接受程度有待提高

虽然电子证据已经广泛存在，但是民众还没有充分的电子证据的意识，对于电子证据作

为独立证据的司法效力没有确切的认识。区块链技术起源于2008年，技术和概念都比较新，将区块链技术用于电子数据存证也是全新的尝试。因此基于区块链的电子数据司法存证，在民众电子证据意识的普及和民众对区块链电子存证系统的认识和接受程度方面，存在一定的挑战。

【案例介绍】

四川省成都市郫都区人民法院电子证据平台

四川省成都市郫都区人民法院电子证据平台借助区块链技术，在电子证据存证、取证环节，诉讼当事人可将电子合同提交、维权过程等中的行为全程记录于区块链，各机构节点可以进行全流程跟踪。该平台可对证书内容与电子签名、当事人信息及哈希值等方面进行核验。打开当事人提交的“司法电子证据云《电子证据保全及认证证书》”（以下简称证书）对当事人身份进行验证，确认当事人已通过实名认证。通过多方证据核验平台，确认当事人提交的电子数据就是证书中所述电子数据，以此保证了电子数据的原始性。在多方证据核验平台的证书核验中对可信时间进行核验，在提交可信时间凭证编号与哈希值（数字指纹）验证后获得了“时间与事件对应关系明确，并且时间被认证是来源于国家标准时间，权威可靠、真实可信”的结果，以此确认当事人提交电子证据时间来源可信、可追溯、可查验。

京东区块链数字存证平台

京东区块链数字存证平台是电子数据存证的一站式服务平台，具有简单易用、开放灵活、多场景适用、可信保障等特征。平台依托于京东丰富的区块链技术研究及落地实践经验，通过电子签名、可信时间戳、哈希、区块链等技术保障电子数据完整可信、不可篡改，增强电子文件法律效力。电子协议、合同、订单、邮件、网页、语音、图片等各类电子数据均可存证，适用于多个行业。用户无须关心区块链底层细节，即可快速实现基于区块链的数据存证。

京东区块链存证底层联盟链正在完善之中，正在联合互联网法院、司法鉴定中心、公证处、CA机构、大型企业等组建联盟链，多方对数据进行共识、存储、背书，可以使电子证据更为可信，缩短法官在数据真实性判断上所需的时间，减少司法鉴定或者公证的需要，有效提高当事人的维权效率。以电子签名的区块链存证为例，研究表明：通过电签+区块链存证可将仲裁从60天缩减到7天。

目前，“京小租”信用租赁平台已利用京东区块链存证服务对各类电子数据进行保全。用户在“京小租”信用租赁平台进行商品租赁时，平台通过自动化流程获取租赁业务中订单、协议等重要电子数据文件，通过哈希算法提取用户的数字指纹，在京东区块链存证平台进行存证，并记录在区块链中，利用区块链的去中心化、不可篡改等特点，结合电子签名、时间戳等技术，保证电子数据的完整性和可信性，保障平台及用户的司法权益，提升当事人维权效率．

北京互联网法院“天平链”电子证据平台

“天平链”是北京互联网法院以“开放、中立、安全、可控”为建设原则，以主动式规则前置、司法全链条参与、社会机构共同背书、构建丰富应用为建设内容，以支持创新互联网审判模式为建设目标而建设的司法区块链。自2018年9月9日“天平链”上线以来，已完成跨链接入区块链节点18个，已完成版权、著作权、供应链金融、电子合同、第三方数据服务平台、互联网平台、银行、保险、互联网金融9类25个应用节点数据对接。“天平链”在线证据采集数超过472万条，跨链存证数据量已达上千万条，案件审理中验证跨链存证数据945条，涉及案件58个。截至2019年4月17日，基于“天平链”认证判决案件1件，促成当事人和解的调解案件41件。

第四节　区块链在税务领域中的应用

税收是政府公共财政最主要的收入形式和来源。税收的本质是国家为满足社会公共需要，凭借公共权力，按照法律所规定的标准和程序，参与国民收入分配，强制取得财政收入所形成的一种特殊分配关系。它体现了一定社会制度下国家与纳税人在征收、纳税的利益分配上的一种特定分配关系。

一、目前税务场景存在的问题

近年来，税票在各领域中的作用日益突显，纳税人办理各项事务时，经常需要提供完税证明。过去，这些税票必须到办税服务厅申请开具，办理时间、地点受到很大限制。除此之外，在以票控税的情况下，政府主要依靠发票来证明业务的真实发生，但大量的虚开，甚至是暴力虚开会给税务管理带来极大的挑战。自然人税收管理的难点在于税务机关对自然人基础信息掌握得不全面、不精准。

（一）电子发票成本高且存在安全隐患

税收与发票紧密联系，目前电子发票逐渐取代纸质发票，预计在未来几年中，将会掀起一波不可阻挡的浪潮。相比于纸质发票，电子发票没有印制环节，大大降低了发票成本，提升了节能减排的效益；纳税人申领发票的手续得以简化，不需要往返税务机关领取纸质发票，降低了纳税的成本；纳税人开票数据实时上传税务机关，税务机关可以及时掌握纳税人的开票情况，对开票数据进行查询、统计、分析，加强了税收征管和发票管理，提高了信息管税水平；受票方可以在发生交易的同时收取到发票，并可以在税务机关网站查询和验证发票信息，减少接收假发票的损失。

但目前，电子发票，还依然分散存储在不同的电子发票供应商中，构成了分散的数据孤岛。这些数据之间的集成、验证、追踪较为复杂，造成了大量浪费。电子发票管理系统由开票子系统和查询子系统组成，在进行系统设计时，应当充分考虑可能发生的违法犯罪风险，按照法定程序建设完成后再确保唯一性和权威性，需要的时间成本及人力成本非常高。此外，安全问题也是电子发票中的一个重大隐患，电子发票的安全性不仅关系到纳税人的经济利益，而且关系到整个市场经济的稳定发展。现如今，所有电子发票内容全部存储在计算机中，一旦计算机被黑客入侵或者发生其他技术问题，就有可能导致电子发票消失，极有可能造成税务风险和信用风险，给企业带来损失。

（二）电子发票监管问题

首先，电子发票难以确认交易者的真实背景。在电子票据的流转过程中，由于系统缺乏对交易企业信息的披露，没有为相关操作设定限制门槛，致使电子票据交易的参与者鱼龙混杂，令电子票据的使用者无法判断可靠的交易人。其次，对电子商业汇票纠纷的取证较为困难。例如，对于银行的客户来说，由于处理电子票据的具体操作方式可由商业银行自行调整，并且银行拥有掌握及管理相关电子数据的权利，当发生纠纷时，客户无法判断电子数据的真实性，也无法了解操作中可能存在的漏洞。再次，政府机构对于电子商业汇票的监管成效仍有待提高。政府机构对于企业的业务模式、具体流转无法快速进行全流程的审查与调阅，仍需要现场审核以获取大量完整信息，使监管效率与效果大打折扣。

（三）工作效率低下

企业税额的计算是基于发票数据的，目前发票数据主要还是通过手工录入方式存储于系统中，工作效率低，此外人工方式录入时会造成人为的错误，导致税收系统与业务系统的进项税额和销项税额出现不匹配的情况。

（四）存在偷税漏税现象

存在个别企业乱开、错开发票，甚至利用传统记账系统存在信息不对称的缺陷而偷税漏税。

（五）信用评级自动化周期长

由于税务部门需要获取大量有价值的数据，并且需从多角度对企业信用等级进行分析和评估，因此我国税务部门的信用等级评价工作每年 4 月开展一次，且评价周期过长，导致一些企业无法顺利使用等级信息。

二、区块链的解决方案

从信息处理角度看，税务管理可分解成交易过程记录、交易要素记录以及交易后的归档等步骤，涉及业务、财务、审计和税务信息转换的系统性循环过程。基于区块链的税务管理系统将是多主体、分布式参与的经济链，其中参与主体的税务信息记录更具真实性，自我约束机制更强，这些技术特点可以解决税务管理的传统弊病。

（一）区块链助力电子发票的发展

电子发票交易是区块链技术的极为天然的应用场景。使用分布式账本，可记录跨地域、跨企业的电子发票信息，对于电子票据商业背景的追溯、背书连续性、交易主体身份真实性以及电子发票在中小规模业务中的普及都有重要意义。使用区块链技术，通过其互联互通的优势，建立相应的联盟链或公有链，可以有效地整合这些信息孤岛中的数据。同时，还为链中的所有数据提供了透明、安全的分布式存储方案。而且，这些集成后的数据，具有可信度高、不可篡改、可验证性强等特点。

运用区块链技术，基于其分布式账本的原理，纳税人的交易信息将是真实、有效、不可篡改的。因此，纳税人的每一笔业务将不再需要用发票来证明真实性，所有交易信息的记录均是真实、完整的，从而实现以账管税、以数据管税。可以将电子发票数据存储在区块链上，结合交易数据的区块链技术，就可以使得交易数据与电子发票拥有公开、透明以及可跟踪性，使交易数据与发票数据能够保持一定的匹配关系，进而能够快速鉴别虚开发票的现象。区块链技术不但可以大大降低电子发票管理系统建设的成本，并且基于区块链技术的系统具有非常高的权威性。

电子发票一旦在区块链上被确定，票据的后续操作就都会被实时记录，其全生命周期可溯源、可追踪，这为财税全业务流程管理提供了一种强大的技术保障和完整的数据支撑，结合区块链技术的不可篡改等特性，为电子发票的安全性提供强有力的支撑。

使用区块链技术来管理发票数据，将会使得这些发票数据可以快速地在所有节点中被记录，所有安装了客户端的企业都可以及时查询到这些发票数据。同时，由于区块链技术拥有透明、去信任化的特点，使得只要是能在区块链中查询到的发票数据，就都是真实的发票，一并解决了假票难查、慢查的问题。

（二）智能监管

数字票据通过智能合约在整个区块链链条中建立共同的约束代码，政府可实现对数字票据交易的智能化以及全流程监管与控制，从而弥补电子商业汇票在监管方面的不足。

第一，政府利用数字票据可以限制交易中的参与对象。通过编制程序，对特定节点间交易双方的信息、交易记录等设定相应的约束条件。比如在提现时，票据持有者拥有过往的真实交易记录，对交易者身份进行判断。在某一笔交易的流程中，票据卖出方利用公钥公开、票据买入方利用私钥进行匹配，再按程序中的既定规则由第三方记录交易信息并形成区块，保障了交易的真实性与公平性。

第二，数字票据的合约可自动履行。在交易之初可通过编程设定交易期限，到达期限时，程序自动向银行发出托收申请，在托收完成后，同样按既定规则由第三方进行记录并形成数据区块。如此通过代码的控制，使交易票据不再局限于原先的纸质合同，从一定程度上避免了违约的风险。

第三，数字票据的交易记录更为完整、可靠。其信息在区块上被永久保存，按照交易时间先后顺序依次链接。其中，区块结构包含区块头与区块尾，区块头负责与之前区块相连构成时间戳，用以保障票据历史信息的连续性与完整性，同时，在本区块创建过程中的所有票据交易信息只要通过程序验证，都将包含在区块体中。区块链技术保障了票据交易数据的完整、真实与难以篡改。在发生交易纠纷时，区块链中的交易信息将成为政府可靠的取证来源。

第四，数字票据的监管模式更高效。政府可以作为区块链中的一个节点，随时从区块提取需要的数据，使管理的效率提高；同时也可以设立一个特殊的节点，负责建立智能合约中的规则，并且实时监控区块中的记录。

（三）区块链提升工作效率

通过区块链技术可以实现物品交易、数据采集和可信、可靠和不可篡改的财税管理；利用区块链技术将涉税会计中的发票管理转化为对交易系统的增值税进项和销项发票的数据采集，区块链系统还可以记录每笔交易的收、付款凭证；区块链系统能够根据税号、企业名称和业务系统中的用户信息以及供应商发票信息进行比对分析，为税额计算做好准备，以此提高税务工作效率和数据准确性；区块链系统还可保障财税信息的不可更改性和完整性，实现实时审计，提高审计和税务工作效率；企业交易可以集中记录并储存在内部的区块链中，不需要专人审计内部账本；由于区块链具有时间戳和不可逆性，监管机构和税务管理人员则可以通过跟踪区块链数据，实时监控企业经济活动。

（四）区块链技术有效防止偷税漏税

在区块链系统中，每个区块都包含上一个区块的哈希值，从初始区块开始链接到当前区块形成区块链。由于每个区块都是按时间顺序在上个区块之后产生的，随意篡改数据将导致与上一个区块的哈希值不匹配。此外，因为区块链中所有交易信息都是对外广播的，所以只有当包含在最新区块中的所有交易都是唯一且以前从未发生过的，其他节点才会认可新的区块。区块链采取的单向哈希算法使得其具体时间具有不可逆性，可以追溯任何篡改区块链内数据的信息，从而限制了不法行为的产生。随着区块链的推广和应用，税务系统将逐步实现自动化，即当纳税人的纳税信息广播给网络中的所有节点后，该笔交易将在智能合约的控制下自动完成。因为税务部门处理的每一笔税收都可追溯，使得偷税漏税问题得到有效控制。

（五）区块链技术推进信用评级自动化

利用区块链技术可以实现信用评级过程的自动化，区块链系统对相关活动进行记录，可以有效提高信用评价的水平。通过区块链技术建立联盟链和私有链，利用公示机制和密钥技术，实现税务管理机构和纳税人之间纳税信用的互联互通；纳税人可通过区块链节点实时查看信用评价，防范纳税风险；税务管理部门也可以通过联盟区块链将各个部门联系在一起，实现部门间信息的互联互通，及时采取相关激励与惩戒措施，实时反馈处理结果，有效发挥税务信用体系的监管作用，有效解决部门间信息不对称和处理结果反馈不畅通的问题。

三、应用案例

“外汇+税务+银行”上链央行区块链

2019年7月4日，中国人民银行深圳支行、深圳市税务局在深圳签署战略合作框架协议，在中国人民银行贸易金融区块链平台实现自动税务备案。在该模式中，企业在线上提交税务备案申请后，中国人民银行、税务局和付汇银行可在该平台上查询、核实相关的税务信息，并且完成付汇和监管工作。同时，该模式利用区块链的统一账本、实时共享的特点，由企业源头录入跨境交易信息，使相关银行和中国人民银行可实时获取信息并追溯，杜绝了人工核验存在的诸多问题，提高了核验的效率。

广州发出首张“区块链+AI”企业营业执照

2019年4月22日，全国首张通过“区块链+AI”平台办理的企业营业执照在广州市黄埔区发出。申请人只需要在微信小程序上录入、申办，即可同步完成开办企业所涉及的营业执照、刻章备案、银行开户以及税务发票申领等操作。

据悉，利用“区块链+AI”技术，广州市黄埔区试点上线了“商事服务区块链平台”，率先开启企业开办服务新模式。此外，利用区块链技术，并通过对接公安部的身份认证平台（CTID），建立可信的数字身份信用体系，可防范“被法定代表人”“被股东”的现象。利用区块链技术，可以打破信息壁垒，提高电子数据使用效率，实现身份信息“一次认证，全网通办”。

深圳市税务局着手研发“区块链+电子发票”方案

2018年3月，深圳市税务局着手研发“区块链+电子发票”方案，并依托深圳丰富的互联网经验，引入腾讯公司的技术力量，快速推进并发布了全国首个“区块链+电子发票”的技术方案。

按照国家税务总局对试点推广工作的要求，从未纳入增值税税控开票系统的部分纳税主体入手，项目一期邀请了停车场、餐饮行业等部分企业参与试点，在不增加纳税人负担的前提下，打通从消费环节到报销环节的发票流转全链条。在推进过程中，深圳市税务局选择了迭代开发、逐步完善的技术路线，边试点、边总结、边完善，确保试点风险可控。

1. “区块链+电子发票”的主要特征

与国内其他公司提出的区块链发票方案相比，深圳市税务局研发的“区块链+电子发票”试点实施方案与它们有共同之处，其共性都是将区块链技术的优势与电子发票相结合，参与区块链的企业和税务部门共同维护一个高安全性的、不可篡改的、符合一致性要求的数据库，破除了单点系统的壁垒，实现了多点系统之间的一致性合作，以及对节点作恶的防范。深圳市税务局研发的“区块链+电子发票”试点实施方案与其他方案又有着明显的区别，这一区别被业内专家概括为“区块链（上）（开）发票与（开）发票（上）区块链”。具体而言可以概括如下：

（1）交易即开票，“资金流、发票流”二流合一。通过“资金流、发票流”的二流合一，将开具发票与线上支付相结合，实现“交易数据即发票”，结合实名制，有效解决实时开具发票的填写不实、不开、少开等问题，通过一键报税，实现税款及时足额入库。

（2）全信息上链，全流程实时监管。通过区块链管理平台实时监控发票开具、流转、报销全流程的状态，发票全流程实时可查、可管，通过发票限额实时调整，对发票实行精细化管理。企业注册上链时，就将开票限制规则上链，消费者向企业请求开票时，“区块链+电子发票”系统自动判断开票企业的开票额度是否用完，实现开票的条件限制。风险企业被发现，经过系统同步，“区块链+电子发票”系统就能对风险企业进行限制和管制，紧急停开，在事前完成风险控制。

（3）全流程打通，形成业务线上全闭环。通过多节点的参与，打通发票的全流程——领票、开票、流转、报销、申报，发票的整个生命周期都可以在线上完成，实现了业务全闭环。通过接口开放对接财务系统等服务商，查询发票真伪更方便。与报销服务商打通后，即可实现线上报销还款，形成从领票、开票到报销的线上全闭环。

2. 创新点分析

1）通过区块链平台，经设定的开票路径，到达第三方开票节点或者自建节点。作为用票人的消费者，在链上认领并更新链上发票信息（用户身份及相应发票信息）。

2）根据企业财务规则，企业内部进行报销，并更新链上发票状态。

3）企业财务（税务）管理系统上链，与开票方的财务（税务）系统交换相应的发票信息，根据相应的规则，进行增值税发票及纳税申报事项，并更新链上状态。在区块链平台中，申报事项的主要意义是多方主体对涉税事项及信息的确认，其必要性在涉税主体（不限于法定纳税人）与涉税事项（信息）分离的前提下，仍有必要。

第五节　区块链应用于政府部门中的挑战

作为一种新兴的互联网技术，区块链不仅会对政府数据治理模式产生颠覆性影响，而且会导致政府管控机制和业务流程发生重大变革。与过去的技术革命一样，一方面区块链的技术特性和应用优势提升政府数据治理的质量和效率，给政府数字建设带来发展机遇；另一方面，区块链技术在政府数据治理的理念、机制、制度等方面存在一系列不同程度的风险，要求政府不断推进改革，应对挑战。

一、安全监管挑战

区块链的去信任化表现为整个网络中的参与者不再需要传统的第三方充当媒介，不再需要政府出具相应的信用背书就可以实现信息的交互与传递。作为一种拥有多个网络节点进行数据记录和存储的分布式共享账本系统，区块链的每个参与主体通过密钥可以读取存储在全网的信息，且区块链通过多个网络节点的集体保护，保证数据的真实性以及安全性。由于个人的数据在区块链中记录后便会及时地在全网进行广播，并且区块链上的节点访问区块信息的过程都是公开、透明可见的，所以个人的私钥不小心暴露时，参与者的个人信息将会全部在网络上公布，严重影响了链上参与用户的个人隐私。如果个人的私钥丢失，那么个人将无法再访问存储在区块链中的信息，同时也无法取得个人的证明信息，从而在一定程度上对用户的有形资产归属造成影响。在传统的政府治理体系中，政府作为存储、收集、传递信息的主要权威机构，承担着保护公民数据安全与保密的责任。区块链的去中心化的存储方式，意味着没有任何节点将对信息泄露承担相应的法律责任。区块链平台的运营管理是由全体网络节点集体维护和监督的，这意味着政府的监管只作用在宏观层面的组织管理上，而区块链技术管理只存在于集体网络节点的本身。如果将政府监管权力运用到区块链内的信息管理中，那么区块链技术与大数据、云计算等新型技术的应用模式就没有差别了。

二、法律秩序挑战

区块链是一种新兴的网络技术，被社会适应、被运用，并且政府制定出相关的监管措施以及法律手段都需要一个漫长的过程。伴随着区块链技术的迅速发展与推进，现有法律文件政策和监管的制度不能适应区块链技术快速发展的要求，区块链的创新技术和应用范围已经拓展到诸如数字货币金融、供应链、医疗、能源等社会的各方面，亟需全新的管理模式以及相应的法律政策。由于数据信息的价值在于交换、复制、记录和使用，与传统物权法领域的实体物品的差别较大，且政府在数据、信息与虚拟财产等方面的相关法律政策建设有待完善，因而难以进行有效的确权登记和知识产权保护。另外，区块链的应用理念与现行法律制度存在一定的不相容性。例如，智能合约是基于计算机的合约，可以在限制条件满足后自动执行和监督，这与合同法等传统法律语言规定的条款中的对合约主体及主体间行为约束的相关性冲突。因此，区块链的迅猛发展与广泛应用都面临着制度不健全等多重障碍，需要政府建立全新的立法理念，科学立法、规范立法。可见，这确实还有很长的路要走。

三、人才建设挑战

由于技术较新、历史沉淀较少，拥有相关知识结构和工作经验的存量人才凤毛麟角。目前，相应的人才培养标准、人才培育培养机制依然有待完善，仅有个别机构推出了区块链人才认证，行业缺乏统一标准。

无论区块链技术有多么广的应用前景，其兴起和发展所需要的人才数量是很庞大的，而且对于人才的质量要求较高。没有相应的人才建设机制，区块链技术很难发展，至少发展过程中会受到很多约束。因此区块链技术的复杂性使得人才建设成为其未来发展的一大重要挑战。

【本章小结】

本章综合介绍了区块链在政府部门领域的应用。区块链的去中心化、去信任、透明、开放、不可篡改以及可追溯等特性，可以重塑社会的信任体系，具有重大的意义。区块链技术有助于：推进政府信息公开化，打造“阳光政府”；打造一个安全可信的金融扶贫生态系统，加速实现脱贫攻坚；使电子存证数据可信，更好地帮助公民追权溯责；规范政府财政税收，解决传统税收的弊病。

虽然区块链技术在政府部门领域有着广阔的发展前景，但是目前区块链技术在监管层面、法律层面、人才建设层面都还存在着亟待解决的问题，解决这些难题使区块链更好地应用于政府中还需较长的时间。

【关键词】

数据公开　信息壁垒　精准扶贫　司法存证　电子数据　电子发票　监管　税务　智能合约

【思考题】

1. 目前为什么存在政府数据公开、共享难的问题，区块链为什么可以推进政府数据公开化？
2. 目前政府扶贫存在哪些方面的痛点？基于区块链的解决方案是什么？
3. 电子存证在司法实践中的痛点有哪些？区块链可以为电子存证带来什么？
4. 当前税务场景存在哪些问题？区块链应用于税务场景中能带来哪些改善？
5. 区块链在政府领域应用中存在的挑战有哪些？

参考文献

[1] 赵鹞. 区块链技术在金融行业应用研究 [J]. 武汉金融，2018（3）：10-15，20.

[2] HELO P，HAO Y. Blockchains in Operations and Supply Chains：A Model and Reference Implementation [J]. Computers & Industrial Engineering，2019（136）：242-251.

[3] 鲜京宸. 我国金融业未来转型发展的重要方向：“区块链+”[J]. 南方金融，2016（12）：87-91.

[4] 中国信息通信研究院，可信区块链推进计划. 区块链司法存证应用白皮书（2019 年）[EB/OL].（2019-06）[2020-04-24]. http://www.btb8.com/blockchain/1906/54325.html.

[5] 王畅，范志勇. 互联网金融案件中电子证据制度的适用 [J]. 法律适用，2018，(7)：109-115.

[6] 潘金昌. 基于“区块链+电子认证”的可信电子存证固证服务平台 [J]. 网络空间安全，2019（3）：85-88.

[7] 邵淼，蔡京露，张妍. 可靠电子签名在仲裁领域中的应用研究 [J]. 信息安全研究，2016，2 (6)：519-522.

[8] 京东集团，京东区块链技术实践白皮书（2019年）[EB/OL].（2019-04）[2020-04-01]. http://blockchain. people. com. cn/n1/2019/0409/c417685-31020539. html.

[9] TAPSCOTT，DON，EUCHNER，et al. Blockchain and the Internet of Value [J]. Research-Technology Management，2017. 62 (1)：12-19.

[10] AINSWORTH R T，ALWOHAIBI M. Blockchain，Bitcoin，and VAT in the GCC：The Missing Trader Example [J]. Ssrn Electronic Journal，2017，32 (1)：13-16.

第十二章 区块链在其他场景中的应用

【本章要点】

1. 了解区块链技术在数字身份、数字版权和公益慈善领域存在的挑战。
2. 了解区块链技术能给这些场景带来什么。
3. 熟悉已经落地的区块链项目。

本章主要补充介绍区块链技术的其他应用场景。在个人领域中，如何建立一个更完整、更安全、具有自证能力的数字身份，如何更好地保护自己的创作成果，如何让公益捐赠资源能够去到最需要它的地方，区块链对这些问题都能给出更好的解决方法。本章将重点介绍区块链在数字身份、数字版权和公益慈善领域中的应用。

第一节 区块链技术在数字身份领域中的应用

数字身份是指通过数字化信息将个体可识别地刻画出来，也可以理解为将真实身份信息浓缩为数字代码形式，以便对个人实时行为信息进行绑定、查询和验证。数字身份不仅包含出生信息、个体描述、生物特征等身份编码信息，也涉及多种属性的个人行为信息。比如微信、淘宝、脸书存储着大量社交信息，微信支付、支付宝、亚马逊存储着大量交易信息，游戏公司、视频软件公司存储着大量娱乐信息，等等，这些不同属性的数字信息都是个人数字身份的一部分。互联网时代，由于信息获取和存储的媒介众多，因而数字身份信息也相对分散，数字身份信息的属性越全面，身份信息才越完整。通过不断整合新的数字身份信息，可以对用户实现一个更为全面的刻画。

个人数字身份是进入数字社会的入口，影响着未来社会运转和经济运行，建立完备的个人数字身份体系的需求越发迫切。如今数字身份已在各个生活场景中得到广泛应用，但数字身份碎片化、分散化的特点以及对有效性、真实性、唯一性的合理验证，为其应用和管理带来挑战。主流的身份集中管理手段需要完全信赖服务商的自律，在传统身份管理模式下，个人身份经常遭遇身份泄露、身份盗用、身份欺诈等问题，使得个人利益得不到有效保证。区块链以其独有的特点和优势，可以将身份控制权由第三方管理机构重新返回个人手中，为用户塑造完整、可信的“自主身份”，该种身份是不依赖第三方的。区块链成为构建数字身份的最佳技术手段。

一、数字身份面临的挑战

如今国民经济和社会发展各领域正经历着数字化变革，数字信息成为经济社会的发展动力和方向。然而数字身份要真正形成完备、全面的系统还面临着许多挑战。

（一）身份多重建立，维护成本高

在中心化的账户管理方式下，用户没有自己完整的数字身份，只有几十或几百个分散在不同中心机构的碎片数字信息，控制、更新和维护这些信息只能基于该中心机构的应用逐个展开，重复而烦琐。例如，人们需要在各种业务系统里提交相同的身份信息，重复相似的身份认证流程。伴随大规模应用，对于个人而言，基于应用账户的身份管理方法的维护难度大，安全性弊端也日益明显；身份的认证方（如政府、金融、社会基础服务部门）和依赖方（服务提供方）需要为同一个体的身份认证服务付出重复的时间成本和经济代价；从各个中心机构来看，数百万家机构和组织获取、存储、管理和保护大量用户数据的成本不断增加，数据重复和数据间不一致性导致身份认证流程存在巨大的浪费。

（二）数字身份隐私数据保护困难

在目前数字身份的模式下，个人身份信息由其所依赖的应用提供，各个应用都建立各自的用户数据库来管理用户身份数据。资金雄厚和技术领先的机构组织拥有更好的数据库，储存了更全面的用户数字信息。不同组织间可能会发生数据的相互访问，将用户数据信息从一个孤岛传递到另一个孤岛，这甚至可能在用户不知情的情况下发生，这个过程中常常会伴有无意或不希望出现的用户身份数据泄漏。例如，在 2018 年，脸书就数次爆出了严重的用户数据泄露问题，其中就包括脸书主观提供访问接口，允许微软、亚马逊、声田、奈飞和苹果等各大公司读取、发送和删除用户的私人信息，也包括其程序漏洞造成用户上传的私密照片被第三方应用程序访问；谷歌也曾出现过因访问接口出现问题而导致用户资料泄露的事件，谷歌因软件故障导致谷歌+（谷歌公司旗下的社交网站）的用户私人资料库可被外部开发人员访问，并最终以关闭谷歌+这一软件来平息泄露事件带来的纷扰。2017 年 10 月，据安全研究机构 Kromtech Security Researchers 披露，一家医疗服务机构存储在亚马逊 S3 上的大约 47GB 医疗数据意外对公众开放，其中包含 315363 份 PDF 文件，这些文件至少涉及 15 万名患者的医疗数据。

目前虽然有很多国家出台用户数据保护政策，例如欧盟为了保护个人隐私泄露所推出的《通用数据保护条例》（GDPR）规定：企业在收集、存储、使用个人信息时要取得用户的同意，用户对自己的个人数据有绝对的掌控权。然而，当下的情况则是用户的个人隐私数据很容易被获取，低价出售，从而让不良利益集团有机可乘，它们利用数据分析和精准营销，定位目标用户，进而对其进行诈骗，从而使用户财产及相关利益受损。

（三）认证流程复杂，系统容错性低

用户在使用不同的服务时，需要向不同组织进行多次重复的认证，且主要通过复杂、低效的手动流程，用户体验十分不友好。并且传统的中心化身份认证依赖于单一系统的稳定性，一旦宕机，就会影响系统响应服务，容错性过低。

二、区块链+数字身份

2018年达沃斯世界经济论坛提出，一个好的数字身份应该满足五个重要的要素。①可靠性。好的数字身份应具备可靠性，有助于他人建立对其所代表的人的信任，行使其权利和自由，以证明本人有资格获得服务。②包容性。任何需要的人都可以建立和使用数字身份，不受基于身份相关数据的歧视风险影响。③有用性。有用的数字身份易于建立和使用，并且可提供对多种服务和交互的访问。④灵活性。个人用户可以选择如何使用他们的数据，共享哪些数据以进行哪些交易，与谁交易以及持续时间。⑤安全性。安全性包括保护个人、组织或各种设备免遭身份盗用及滥用，不会出现数据泄露和侵犯人权等行为。区块链能够在一定程度上满足这些要素的要求。

（一）更好的隐私保护

身份信息上链，有利于打破壁垒，区块链上的机构和企业可以直接通过索引来认证身份。相较于传统的加密技术，区块链所用的哈希算法等技术可以加强用户信息的安全性，在区块链上，人们的身份证明将是由一串数字、字母和符号组成的字节，而这些字节本身不带有任何个人信息，即使黑客窃取了这些数据，也得不到任何个人信息，使得数字身份信息变得安全。

（二）更统一的身份信息系统

区块链的技术特性是多个组织共同维护统一的账本，如果使用区块链技术来链接管理身份信息的机构，如公安、工商、司法、医疗等，将身份信息同步至统一的账本中，利用密码学算法保证各个机构只能拥有自己管辖范围内的数据的查看权限，身份所有者拥有全部数据的查看权限，这样去中心化的系统便有效地解决了身份信息孤岛问题。

（三）更可信的身份信息

区块链的技术特性，使得身份信息上链后，无法再对其随意进行修改操作。对于正常的信息更新，区块链会将数据更新记录与更新人员关联起来，形成完整的信息更新记录，这无疑增加了身份信息的可信程度。在传统技术条件下，很难保证身份信息不被篡改；因此，在隐私及数据安全高于一切的情况下，监管机构很难提供源头数据。而在区块链技术的帮助下，监管机构可以将身份信息存储在区块链上，经过加密后的数据很难被窃取，同时也无法随意篡改。区块链技术能为数字身份的安全提供保障，可信的数字身份信息也为市场提供了快捷的身份验证方式。

三、区块链数字身份存在的问题

区块链技术是属于时代前沿的新技术，虽然区块链与数字身份有很高的契合度，也得到政府的推行、业内的探索应用，但是实际上区块链技术依旧存在很多需要改进的地方。从目前区块链技术和数字身份的特点来看，二者的结合仍存在着一些阻碍和限制。

（一）上链数据的真实性难保证

区块链技术可以很好地保证链上数据的真实性、有效性，但是上链前数据的真实性以及向链上传递的过程可能存在风险。线下的数据需要有权威机构来认证，基于其认证结果，将通过认证的信息上链，从而有效保证初始信息的准确性。

（二）各国身份系统管理存在限制

区块链网络是一个全球性网络，由于各国之间在社会、政治、技术等方面存在着明显的差异，所以数字身份系统的全球化会受到一定限制。在本国内，政府认证用户身份信息，并且可以访问、监督用户数据信息，但是跨国时系统是否能够相互连接，信息是否能够相互补充，都是不确定的。

（三）相关法律法规体系不完善

基于区块链技术的数字身份系统需要有区块链技术背景的组织来搭建，法律对数字身份系统搭建者的法律地位和责任界定是否足够清晰，在系统运行过程中出现难以解决的纠纷问题时相关法律责任如何区分，这些问题应在平台搭建初期就充分考虑好。

（四）保护措施不完善

对于数字身份而言，要想保证绝对安全，仅靠某一种技术是无法实现的，这需要多种技术进行优势互补，形成软硬一体的完备的解决方案。虽然区块链的分布式账本是安全级别较高的技术，理论上账本不会轻易受到破坏或者篡改，但不法分子会将攻击重点转向用户和设备，因此仍需要强化上链前的安全措施，例如加强对区块链参与者的身份验证，提升设备和执行环境的安全性等。随着技术的发展，这些安全隐患事项一旦得到有效解决，区块链技术必将充分发挥潜力，成为数字身份的坚强护盾。

【案例介绍】

目前做数字身份的区块链公司有很多，各家都有自己不同的切入点，包括个人数字身份、企业数字身份以及物品数字身份等。比如 uPort 是基于以太坊的数字身份应用，它可以进行用户身份验证并且与以太坊上其他应用交互，可以免密码登录；Civic 则是从生物识别出发，打造多因素身份认证系统，准确安全地识别用户身份。

可信身份链为北京公易联科技有限公司旗下项目，由北京中电同业科技发展有限公司与北京太一云股份有限公司等共同建立。项目依托于 eID 技术产业联合实验室、数字身份技术应用联合实验室等多家重点实验室的相关技术经验积累，是在公安部第三研究所指导下的eID网络身份运营机构与公易联共同研发的新一代电子认证服务平台。

eID是以密码技术为基础、以智能安全芯片为载体、由“公安部公民网络身份识别系统”签发给公民的网络电子身份标识，能够在不泄露身份信息的前提下在线远程识别身份。eID在多个方面具有很强的优势，可满足公民在个人隐私、网络交易等多方面的安全保障需求。

eID技术具有如下功能：①权威性，eID基于面对面的身份核验，由“公安部公民网络身份识别系统”统一签发，可进行跨地域、跨行业的网络身份服务；②安全性，eID有一对由智能安全芯片内部产生的非对称密钥，通过高强度安全机制确保其无法被非法读取、复制、篡改或使用；③普适性，eID不受载体物理形态的限制，载体中的安全智能芯片符合eID载体相关标准即可；④隐私性，eID的唯一性标识采用国家商用密码算法生成，不含任何个人身份信息，有效保护了公民身份信息。

可信身份链是将eID与区块链相结合的创新应用，采用区块链技术来增加eID的服务形式、扩大eID的服务范围、提高eID的服务能力，为各类应用系统提供有等级、分布式、防篡改、防抵赖、抗攻击、抗勾结、高容错、安全高效、形式多样、保护隐私的可信身份认证服务，将身份认证服务从单点在线服务向联合在线服务推进。

我国数字身份领域典型案例见表12-1。

表12-1　我国数字身份领域典型案例

领　域	时　间	项目简介
个人身份认证	2018-02	佛山市启动“社区民警智能名片”区块链应用项目。该项目对社区民警和驻校民警进行数字身份认证。基于区块链的三级身份验证系统，给民警佩戴有防伪身份证二维码的智能民警联系卡
	2018-12	中移物联网公司联合货币中国等共同建设“联核云”项目。这是中国首个基于区块链和物联网技术的身份共享核验平台，在快递、租房、旅游实名制等领域有广泛的应用价值
	2019-01	深圳市推出了全市统一政务服务APP——“i深圳”，利用区块链技术，打造区块链电子卡证平台
设备身份认证	2018-02	基于区块链技术的商品ID管理云平台——唯链，更适合个人用户、企业和政府用户在日常的商业/金融活动中使用
	2018-04	中科物安物联网安全研究院推出了基于区块链的物联网设备身份管理与认证技术。该技术利用区块链的去中心化特点实现物联网设备的身份管控、跨域认证和细粒度访问控制
	2018-08	轻资链公司基于区块链打造了一个移动资产管理平台，使用基于ISO—81346国际标准建立资产编码，确保一物一码，通过将编码信息上链，实现了可验证的资产确权存证
	2018-12	阿里云宣布推出新版物联网设备身份认证Link ID². 它是物联网设备的可信身份标识，具备不可篡改、不可伪造、全球唯一的安全属性，是实现万物互联、服务流转的关键基础设施

第二节　区块链在数字版权保护中的应用

在我国古代的文化圈，维权意识就已经出现了。可以说，维权的阵痛伴随着中华文化的发展与兴盛。我国到了1910年的《大清著作权律》才形成了能够专注于维护版权的律法。时至今日，《中华人民共和国著作权法》，根据当代各类作品的特点、社会情况、科技发展，进一步完善了对版权的保护法则与方式，维护了创作者的利益。

一、数字版权行业发展现状

数字信息技术的不断发展让数字出版业迅速成为一个新兴业态。在数字出版过程中，需要借助数字技术形成数字内容、实现数字内容管理并实现数字内容的网络传播，由此产生的作品也被称作数字版权作品。作者及相关权利主体对这些作品在数字化复制、信息网络传播等方面依法享有的各项权利的总和被称为数字版权。

我国主要的数字版权作品包括电子书、期刊、音像、原创音乐、影视等。产业总体发展呈现多元化趋势，尤其是短视频、视频直播等为代表的新型版权产品已经逐渐成为当今版权产业支柱，互联网技术的发展使得每个人都能成为版权内容的创造者，通过互联网进行版权产品消费的群体日益庞大。目前，版权产业能够为我国经济增长提供强大的驱动力，同样数字版权产业已成为我国版权经济增长的重要引擎。在我国，数字版权产业经济贡献逐年提升。

数字信息技术的不断发展，使得数字化产品不断膨胀。网络信息技术的出现使得传统版权制度不再适用，版权法在侵权认定等方面发生着重大变化。其中无成本复制、急速传播和盗版技术的不断革新使得数字版权行业遭遇了多重挑战。

（一）版权登记缺点

依据我国现行版权法，作品自动取得保护，登记并非版权取得的必要程序，且作品实行自愿登记制，无论作品是否登记，均不影响作者或其他著作权人依法取得版权。但版权登记确实有助于在版权纠纷中解决其产生的作品归属问题，并为此提供初步的证据。而一般情况下，版权登记从提交申请到获取证书需要一个月的时间，费用约为1200元每件，在美国也是高达30~50美金。在这个流程中，需要政府机构（各级版权局）受理并登记版权，但目前的版权登记机构只进行形式审查，不会对权利人提交的相关材料进行深入的实质审查验证。所以，在版权纠纷发生时，版权登记证书所能提供的法律效力十分有限。

传统的版权登记呈现出如下明显缺点：第一，成本高昂，较长的受理期限、烦琐的准备材料时间以及较高登记费用；第二，借助第三方平台，这种依赖第三方平台的方式会增加登记成本，登记效果也容易受到第三方平台发展变动的影响；第三，法律效力不够，版权机构只限于形式的审查，缺乏专业人员的实质审查验证，使得版权纠纷的解决仍然需要法院的进一步认定和审理，也在一定程度上使得权利人的举证能力不足。

（二）权利人常忽略维权

近些年来数字版权侵权行为时有发生，但维权的权利人却并不多，大部分普通创作者或中小机构会忽略维护自身权利，主要原因包括以下几点：第一，维权对象难以确定或呈现规模化，例如在网络中，网络传播的及时性和广泛性决定了数字作品直接侵权者人数众多，不仅包括其他平台机构，还包括许多个人，创作者难以追究所有侵权者责任，这在一定程度上加剧了维权难度；第二，维权成本高但收益小，网络侵权行为具有隐蔽性和无限制性等特点，使得权利人在数字版权侵权诉讼中举证能力不足、时间和经济成本高，同时即便权利人诉讼成功后，侵权者卷土重来的概率依旧很高，使得维权的效果堪忧。第三，创作者被侵权后，维权渠道有限，例如对于网络文学作品的盗版问题，在司法资源有限的客观条件下，如果仅仅通过司法途径维权，不仅成本非常高，而且也难以根治，亟需综合治理。

（三）群众版权意识有待提升

目前发生的网络侵权案件，与群众版权意识有待提升存在密不可分的联系，尤其部分网络用户在潜意识中并不认为在网络上仅仅点击一下鼠标滥用他人作品是一种侵权行为。“什么都可以网上寻找”的观念在一段时间内不断地危害数字版权业的发展，网络盗版也导致部分网民出于自身利益实施盗版行为，享用免费的盗版，甚至借以“知识传播自由、资源共享”等名号来为其盗版行为辩护，使得创作者在维权时困难重重，甚至有人给作者按上“贪财”的帽子。我国数字版权令已明确规定网络用户需要先得到平台授权之后才能使用，但总有用户不遵守。平台用户往往在下载 APP 后或成为平台会员后能获取平台各类资源，但有些用户除了个人使用外，还将此类资源在未经创作者或者平台的允许情况下，私自发送给他人或传播到其他（如微信、微博等）媒体平台中。显然已超出著作权法规定使用的边界。

二、区块链+数字版权

区块链作为一种极具颠覆性的技术，正在加速向各行各业延伸。区块链与数字版权行业的融合能够极大地推动版权保护的发展，为文创经济发展提供新的活力。虽然区块链技术仍然处于起步探索阶段，但区块链技术的核心技术特征为数字版权保护提供了新的思路。

（一）链式结构、加密算法进行版权注册存证

版权注册存证是数字版权保护的基础，能够在一定程度上提升创作者的举证能力，并且为其作品提供初始依据。一旦出现纠纷，存证内容就成了处理版权归属的重要证据。区块链本质上是一种安全性极高的数据结构，采用链式链接和加密算法来记录、存储作品信息，与版权注册存证具有天然的契合度。一方面，区块链系统是多方参与维护的技术机制，每个网络节点都存储了完整的区块数据，相邻区块之间通过时间戳技术确保版权信息登记在时间上的不可逆转性。另一方面，区块链采用安全度极高的密码学哈希算法对版权信息进行加密，

使得每个作品均能获得如DNA般一直携带且不可改变的印记，印记是独一无二的，并被存入区块链中。一旦某个作品数据被篡改，就无法得到与篡改前相同的哈希值，从而能够迅速被其他网络节点所识别，保证了版权数据的唯一性、完整性和防篡改性。因此，区块链技术可以打破目前在网上单点进入版权数据中心进行注册登记的模式，可以实现多节点、多终端、多渠道接入。

（二）区块链版权的溯源能力

区块链数据结构具有的溯源功能，能够对作品的创作、改编、传播、售卖等一系列环节进行跟踪记录。从整个版权流通环节看，版权溯源首先是对原创作者进行溯源。如果侵权者抢先完成作品的版权登记，原创作者要举证维权将会非常困难。引入新的基于过程的区块链版权注册机制，将有利于改进和完善作品版权的登记模式。总体来说，就是原创作者直接在区块链应用程序中进行创作，区块链创作程序会忠实记录作者每次的创作时间和原创内容，把每次创作的时间戳、作者和作品关键信息等打包写入区块链存证。最后存在区块链系统里的作品存证序列能完整反映整个创作过程，由此能为原创作者维权举证提供更多的可以检索和验证的证据。除了真实记录作品创作流程，区块链还可以完整地记录整个作品版权的流通环节和流转过程。在传统互联网环境下，作品流通过程中的验证、取证非常困难，缺乏成熟可行的技术机制，而利用区块链技术能够对作品版权的生命周期进行全流程追溯。从作品确权开始，版权的每一次授权、转让，都能够被精准地记录和追踪，这不仅有利于创作者对作品的管理，也能够为各类纠纷提供准确的司法取证。

（三）智能合约的应用

版权注册存证不等于确权。注册存证是对用户上传作品的行为进行存储性的证明；确权是确定作者和作品之间的权属关系，需要对作品内容进行鉴定取证，以证明版权的有效性。传统作品确权流程烦琐，耗时较长。依靠区块链智能合约技术，能够实现对数字作品版权的快速、实时确权，并且能够对作品版权实现智能化监测和交易管理。智能合约在前两章已经有了具体介绍，我们只需了解一旦在数字作品文件中嵌入具有版权管理功能的智能合约程序，作品就变成一种可编程的数字化商品，与大数据、人工智能、物联网等其他新兴技术结合后，能够自动完成作品版权的确权、授权，实时地对全网版权侵权行为进行监控反馈和自处理，自动完成各类版权交易活动。所有处理过程都是在智能合约内置程序被触发时完成的，无须第三方平台的介入，这在解决数字版权问题的同时，能大大降低交易成本，实现数字版权管理的自动化、智能化和透明化，帮助原创作者获取最大利益。

三、区块链对数字版权行业的影响

（一）助力资产增值

利用区块链的智能合约技术和相应的激励措施可以打造出一个智能化数字版权交易系统，能够带动现有巨大的存量资源，使整个文化资产增值。整体上看，区块链技术能够解决传统数字版权行业中作者弱势、收入少等问题，构建出一个让多方受益的出版生态。加快传统数字版权业的转型，得到区块链保护的版权将会极大地激发原创作者的创作热情，整体激发文化创作产业的活力。反过来，文化创作产业的兴盛必然带来出版业的繁荣；会出现更多的优质原创作者，出版商有机会与其签约、出版，或者从图书音像市场中买到更多的优质版权。而且，区块链数据对包括广告商在内的所有用户透明，广告商可在区块链上获得真实的作品阅读和广告浏览数据，从而为广告效果评估和广告经营决策提供准确依据，提升用户体验。此外，版权管理者还能够进行实时监控，智能合约技术能在第一时间确认侵权主体，并对侵权行为高效执法，从而构建一套多方满意的数字出版生态系统。

（二）提高版权法律保护能力

随着数字技术的不断发展，网络世界的规则和现实世界法律法规的边界日益淡化，法律法规也日趋程序化。网络世界通过合同协议和技术规则来规范人们的网上行为。例如，区块链智能合约技术可以将法律转化为可以执行的代码，模拟法律合同的功能。网络应用程序可以作为执行规则的方式，即劳伦斯·莱斯格（Lawrence Lessig）在《代码 2.0　网络空间中的法律》当中所说的“代码即法律”，代码是数字技术体系的基础，可以通过技术手段规范人们的行为。传统环境下，只有在违法行为产生后，司法部门才会介入。而在区块链的环境下，智能合约可以事先对侵权行为加以限制和约定，在人们实施违法行为之前进行预警和提示。一旦侵权行为真正发生，就会立即触发并执行违约程序，整个过程甚至不需要任何个人或第三方机构来参与。这种侵权事前预警和违约实时执法的形式，从根本上解决了“执行难”的问题，提高了版权法律保护能力。

（三）创新出版模式

区块链技术能够使原创作者获得更大的利益，鼓励原创，区块链数字版权应用能够使作者成为整个出版流程的核心。基于区块链技术的自出版平台可以极大地改变传统出版行业以出版社为中心的出版模式。例如，获得 2018 年数字图书世界大会“最佳区块链出版应用奖”的区块链图书出版项目 Publica 就是一个典型案例。在 Publica 区块链出版平台上聚集了来自世界各国的编辑、作者、插图画家、图书推广机构等各类群体。对于作者而言，Publica 是一个新书众筹平台，作者一旦在 Publica 众筹成功，即可获得创作出版的初始资金——PBL 数字代币。由于直接面向读者，作者可以获得比以往传统出版环境下更高的分成比例。对于读者来说，PBL 数字代币是在 Publica 出版平台下载、阅读图书的通行证。Publica 希望通过区块链独有的公开透明、无须第三方即可建立信任、智能合约等技术优势，来打造一个人人都可以轻松进行图书出版发行的平台。这极大地创新了传统的出版模式。

四、基于区块链的数字版权管理服务平台

将区块链技术应用到数字版权的保护中是非常契合的，区块链不可篡改的特点可以记录作品全生命周期的变化过程，可以实现版权交易的透明化，版权购买者不用怀疑交易记录的

真实性。智能合约技术的应用可以极大地规范交易流程，提高交易效率。一个统一的区块链管理平台可以让原创作者获得更多利益。综上所述，构建基于区块链技术的数字版权管理服务平台对于解决我国数字版权保护面临的问题是非常有利的。下面将介绍一种基于区块链的数字版权平台设计架构（见图 12-1）。

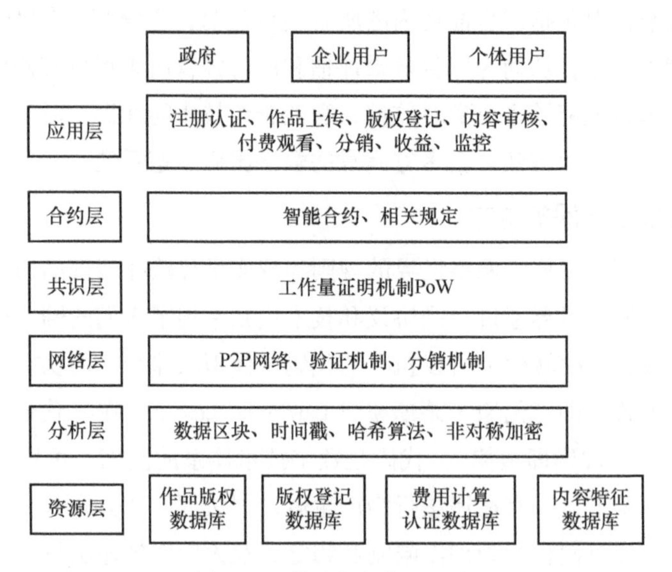

图 12-1　数字版权管理平台

基于区块链技术的数字版权管理服务平台共包含了资源层、分析层、网络层、共识层、合约层、应用层等。其中，资源层由四大数据库组成，分别为作品版权数据库、版权登记数据库、费用计算认证数据库和内容特征数据库；分析层由数据区块、时间戳、哈希算法、非对称加密等构成；网络层采用的是 P2P 网络、验证机制和分销机制；共识层采用的是工作量证明机制；合约层由智能合约和一些相关规定组成，可以提升处理效率；应用层主要由三条区块链共同组成，这三条区块链分别负责账户、版权和交易三个方面。

（一）账户模块

账户模块的区块链主要包括两个功能模块，用户注册模块和钱包模块。用户想要登录平台以获得版权管理服务，必须先进行实名注册，提供一些必要的材料供平台审核认证。通过审核后，用户可以在钱包模块实时查看自己作品的分销收益，并根据平台合约进行相应的充值或者提现，这些操作流程数据都被记录在区块链上防篡改。

（二）版权模块

版权模块的区块链主要包括四个功能模块，即作品上传模块、版权登记模块、授权模块、内容审核模块。首先，作者在注册登录后可以上传自己创作的作品，包括图片、音乐、文字或者视频作品等。其次，如果创作者的作品已经在版权保护中心登记过，可以直接上传版权登记证书，该系统会自动将数字版权唯一标识符（DCI 码）嵌入数字证书中，如果创作者的作品还未进行版权登记，就可以直接通过平台进行版权登记。再次，作者将作品上传成功后，可以根据自己的想法设置作品的授权方式、分销渠道、分销价格和分销规则。最后，经过平台最终的审核，审核通过后，创作者的作品就可以在平台上进行传播。

（三）交易模块

交易模块的区块链主要分为五个功能模块，分别为渠道分销模块、付费模块、智能合约模块、数据统计模块、监控模块。首先，平台根据创作者设置的授权方式对作品进行分销推广，并且根据具体收益付费给创作者。创作者也可以自行将作品分享到诸如知乎、豆瓣、微博、微信等社交媒体进行推广。其次，想要观看作品的人可以直接登录平台，点击感兴趣的作品标题进入作品的信息页面，这些内容需求者可以清楚地看到作品的版权和版权授权信息，直接支付相应费用即可观看。整个过程都是写入区块链中且不可篡改的。不论是版权作品的上传、点播、转发、支付，还是分销奖励规则和平台运营管理费用等具体条款，都是靠智能合约技术自动执行的，高效便捷。最后，数据统计模块负责实现平台和不同用户之间的清结算、对账等操作，监管模块实时监控平台侵权行为，并自动完成侵权证据的保全，及时通知涉侵主体，便于权利相关人采取法律措施。

五、区块链技术在数字版权行业中应用时存在的问题

虽然区块链技术在版权行业中的应用有各种各样的优势，但是任何技术都不是万能的。区块链技术尚处于发展初期，仍然存在很多问题。将其应用在数字版权行业中时，需要我们谨慎地评估分析，才能使得区块链技术更好地落地在数字版权行业中。

（一）区块链技术的限制

区块链尚处于发展初期，缺点较为明显。一是区块链技术效率不高，难以应对海量的数字版权信息。二是传统区块链技术会耗费大量算力资源。更多的技术限制在其他章节中已经有详细介绍，在此不予赘述。

（二）跨链问题

目前已知的区块链数字版权保护平台，大部分是基于平台自身对上传的作品进行版权的认证。例如所有区块链数字版权保护平台都会给上传的作品生成一个哈希值，我们可以称作数字 DNA。但是由此会产生一个问题，由于每个平台都是独立认证的，因此互相之间认证割裂、不能兼容操作，即区块链技术应用中的跨链问题，这对于数字版权保护的长远发展是不利的，目前跨链技术将在本书最后一章详细介绍。

（三）难以解决的侵权问题

区块链技术确实是解决数字版权问题的一个理想的工具，但是从实际应用情况来看，仍然有些技术难关。例如在原作品上进行轻微更改，如果不符合形成新作品的条件，仍然属于原作品版权控制，不应该登记为新的版权，但是其哈希值与原始作品相比是完全不同的。所有权的认定并不能完全遏制盗版泛滥。通过在区块链系统内追踪相关信息和版权举证，能为版权人提供技术支撑，从而帮助其在版权侵权诉讼中掌握主动权，但数字作品易被复制、易

于传播的特点决定了其更易发生盗版情况。要从根本上解决盗版问题，不能仅依赖于区块链技术，还需要法律和社会教育等综合治理。

【案例介绍】

安妮股份版权区块链系统

厦门安妮股份有限公司（以下简称安妮股份）开发的版权区块链系统采用联盟链形式，可以高效地处理各种数字作品品类（文字、图片、视频等）的版权业务，具备更加高效的业务数据吞吐能力，可达到实时业务处理的水平，使海量的互联网创作及时、低成本确权，快速交易流通成为可能。安妮版权区块链系统通过和CA数字认证服务、国家授时中心可信时间服务、司法鉴定中心等具有公信力的机构对接，提高了版权权属和授权的法律效力。如发生版权纠纷，相关机构或个人可以在任意区块链节点提取多个公信机构的多种证据证明，优化了举证维权环节。安妮股份首先推出了基于区块链的版权存证服务，为海量数字内容版权存证提供解决方案。在数字作品存证功能上，安妮版权区块链系统首先通过对内容的数字摘要的计算和数字指纹提取上链，保证了内容的完整性与原创性；其次使用国家认可的数字证书机构颁发的证书，提供数字签名，结合国家授时中心可信时间实现数字作品的存在性证明、权属证明、授权证明和侵权证据固定。安妮版权区块链系统参与者采用完全的实名数字身份认证机制，并结合可信时间服务保证了作品的权属与存在时间。安妮版权区块链已经做到完整记录用户的整个创作过程，而且在需要的时候可以作为法律证据提交，提升了原创性证明的法律证明力。

无钥签名版权云平台

国家数字音像传播服务平台（版权云）是基于无钥签名区块链技术的版权综合服务平台，在版权登记阶段利用无钥签名区块链技术对版权进行存在性证明。基于无钥签名区块链技术的版权云平台，能够为数字作品提供高效、简单、易操作、成本较低的版权登记服务。原有版权申请过程长达30个工作日，成本相对较高，以文字作品为例，每百字以下为300元，而一件美术作品收费则高达800元。而版权云数字版权登记平台提供了双证服务，即申请人通过平台上传作品5秒后即可获取数字版权存证证书，以及根据需求申请获得贵州省版权局的作品自愿登记证书。该平台同时提供版权监测维权服务，通过全网实时监测、跟踪版权内容的传播记录数据，用大数据分析进行锁定，为侵权维权提供证据支持。

在版权交易环节，作品在线登记后可由权利人直接明码标价（标准授权或扩展授权价），在平台中展示、交易，为供需搭建桥梁，促进版权更快变现。据统计，截至2018年4月，版权云线下累计已完成400件作品登记，线上登记达到1.3万余件，版权登记数量呈现高速增长态势。

在维权环节，现在面临着维权成本高、难以追溯侵权者等问题。借助区块链的不对称加密和时间戳技术，版权归属和交易环节清晰、可追溯，版权方能够第一时间确权或找到侵权主体，为维权阶段举证。

第三节　区块链在公益慈善业中的应用

随着我国经济不断发展，人均可支配收入稳步提升，我国公益行业也迎来了快速发展期。近年来，我国接收款物捐赠的金额和增幅上屡创历史新高。公益行业的快速发展代表着我国经济社会环境发展走向健全，有益于解决社会问题，减小贫富差距。

公益事业是社会保障体系的重要组成部分，公益文化是传统文化和社会核心价值观的重要构成。公益事业的发展将会在现代化建设中处于战略性位置。加快发展公益事业并发挥其在社会治理现代化中的作用，是全社会的共同责任。随着物质基础的更加坚实和社会公众的意识提升，公民、企业和慈善组织等多元主体有爱心、有能力参与公益事业和志愿服务，为进一步发展公益事业提供了丰富的资源条件。

近年来，我国的公益事业整体呈现出良好的发展趋势，尤其是随着互联网的发展以及公益众筹平台的上线，社会公益捐赠在互联网环境下更是飞速发展。越来越多的人关注并参与到社会公益领域中，但也存在一些不和谐的事情，公众捐赠款项到达某些公益组织账户后，诸如资金流向不明、捐赠详情不公开等现象时有发生，这也暴露出我国社会公益行业目前存在的一些问题。

尽管政府监管、社会监管力度持续增强，但仍需耗费多方人力、物力、财力；区块链上存储的数据，高度可靠且不可篡改，天然适合应用在社会公益场景中。公益流程中的相关信息，如募集明细、捐赠项目、受助人反馈、资金流向等，均可以存放于区块链上，在满足项目参与者隐私保护及其他相关法律法规要求的前提下，有条件地公开公示，方便公众和社会监督，助力社会公益的健康发展。

一、我国社会公益行业现状及问题

近些年来，我国虽然在公益慈善事业上取得了诸多可观的成果，但同时也伴随着新的问题和挑战。虽然我国社会捐赠总量较大且在不断增长，但在有效使用和透明化管理方面也存在一系列问题。社会捐赠及使用情况的公开透明程度需要进一步提升，以增强公益慈善事业的公信力。公益慈善专业教育也有待进一步发展。

（一）公益组织公信力不足

相关调查显示，有79%的公众希望了解慈善组织的业务活动信息，73%的人希望慈善组织公布财务信息。公众开始关心公益慈善组织在组织公益行为前是否做足了调查，能否确保把公众的爱心行为真正用于有需要的人们身上。可见，公益慈善组织的公信力对公益慈善事业发展影响较大。

（二）公益捐赠结果不透明，资金流向不公布

随着互联网技术的发展，社会公益在规模、形式、公众参与度等方面都得到了飞速提升，新型的“互联网+公益”的公益慈善模式逐步走进大众视野，社会公益信息的传播速度产生了质的飞跃，越来越多的公民开始参与社会公益捐赠。如果社会公益行业时不时爆发“黑天鹅”事件，资金流向缺乏监控、公益捐赠结果不完全公开就会遭受到广大群众的质疑，在一定程度上会影响社会公益行业的发展。

（三）信息披露成本高昂

在总结了部分组织的经验以及吸取社会公益行业的一些教训之后，虽然有部分社会公益组织采取了向公众公开大量捐赠信息以及资金流向信息的措施，但这需要大量的人力、物力、财力做支撑。同时，二次统计信息难免存在差错，使得公益机构在提升透明度方面面临着风险。

（四）公益领域不同主体需加强协作

资源类组织多在争夺或占有公益资源，而较少开展面向专业服务机构的资助活动；服务类组织目前难以实现公益服务的有效供给；倡导类组织战略高度和影响力有待提升；各类公益组织间同构性多于差别性，尚未形成彼此依存的生态链。

二、区块链在社会公益行业中应用的优势

区块链技术公开透明、不可篡改的特点，可以将社会公益行业信息进行整合，力求做到资金的透明流动、资源的合理配置，从而提升民众的社会公益参与度，提升公益组织的公信力。基于区块链技术的优势主要体现在以下几点。

（一）区块链技术能有效降低成本

区块链技术应用在公益行业中的成本优势主要体现在交易成本和信息披露成本方面。传统的金融交易方式不可避免地要依赖第三方平台进行交易，比如银行，但是这种传统的交易方式难以让货币像其他信息那样免费传输。区块链技术正是基于这些问题而建立一个去中心化、无第三方的信任桥梁，所有的参与者也是交易的监督者，交易在无须第三方的情景下即可完成，并实现价值的转移。这在一定程度上减少了社会公益项目的交易成本支出，同时，区块链技术还降低减轻信息披露成本的优势。

（二）提高透明度

区块链技术的应用将为慈善组织带来极高的透明度和严明的问责制度。由于记录在区块链上的每一笔交易都可以被用户查阅并追溯，慈善捐赠人和感兴趣的社会大众将可以自行监管慈善款项的来源和流向，而无须像以前一样由慈善组织公布各项信息。区块链技术的高度安全性可以保证记录于其上的每一笔交易都真实可信，因此公众也无须质疑慈善组织是否在

公布信息时有隐瞒或欺骗的行为。这些特点都有利于消除慈善捐赠人和社会大众对慈善组织的怀疑，提高慈善组织的信用水平，从而帮助慈善工作的开展。

（三）区块链技术能提升社会公信力

当前，社会公益行业最大的挑战就是公益组织公信力不足，很多公众因为担心资金没有真正用于有需要的人。公益组织本身是不以营利为目的的志愿性组织，在解决社会性问题和致力于社会公益事业上起着重要的作用，是捐赠者与需求者之间的桥梁，它自身的公信力必然会影响它的运营效果。

区块链是由去中心化网络中的各个节点共同维护的分布式数据库，这一特点也决定了区块链不同于传统的数据库所具有的增、删、改、查的特点，区块链技术摒弃了删、改的特点，并重新赋予其不可篡改的特点。采用分布式信息存储，区块链上各个节点的权利和义务都是平等的，系统中的数据块由整个系统中所有具有维护功能的节点来共同维护，不需要采用第三方机构来监督和维护。因区块链的数据信息全网备份，只有掌握整个区块链网络半数以上的节点才可以更改，捐赠信息、资金流向等信息整合并在区块链中产生记录，就“一言为定”了，各机构与个人相互监督，确保整个资金从上链到完成使命的信息内容严谨、真实可靠，让民众真真切切知道公益组织将经手的款项流向了哪里，这样能够极大地提高社会公益组织的公信力，同时提高民众参与的积极性。

（四）信息安全性更高

如何在保证公益组织的资金信息公开透明的前提下，确保部分捐赠者以及受助者的个人隐私不被泄露，是社会公益领域另外一个的难以解决问题。而区块链技术可以很好地解决匿名保护和信息安全这两个问题。一方面，由于区块链节点之间进行数据交换无须互相信任，因此交易双方之间不需要公开身份，在系统中的每个参与节点都保持匿名。另一方面，区块链技术采用非对称秘钥加密技术对交易信息进行加密处理，同时借助工作量证明机制保证数据难以被篡改，从而保证链上所记录的数据都是安全可靠的，并且其破解条件极为苛刻，大大增加了攻击者或是其他想要非法获取公益组织数据的人员攫取公益参与人员隐私的难度。尽管区块链系统上各节点拥有所有的数据信息，但它们也只能访问自身权限内的数据，而无法访问被保密的那部分数据，这在一定程度上保障了社会公益参与人员的隐私。

三、区块链在公益慈善行业中的应用

（一）社会公益信息安全上链

在区块链上，除了交易双方的私人信息被加密之外，其他数据信息都是全网公开的，任何人都可以随时通过公开接口查看，打破了传统的信息机制不对称性。可以根据公众需要来利用区块链平台，做到最基本的公开透明，以便获取社会公众的支持，将公益流程中的信息，比如捐赠项目、募集明细、资金流向、受助人反馈等，均存储在区块链上，在满足项目参与者隐私保护及其他相关法律法规要求的前提下，有选择性地公开公示。同时，利用区块

链的非对称加密的特性适当保留捐赠人和受益人的隐私权。

（二）区块链联盟架构助力公信力

为了进一步提升社会公益组织的透明度，让区块链技术真正助力社会公益组织的健康快速发展，可以将公益组织上下游的一些组织机构加入进来作为区块链的节点，比如将公益组织、支付机构、审计机构加入进来以联盟的形式运转，从捐赠、支付、受助到审计真正形成公益“一条龙”，以区块链共信力助力公信力，使区块链成为真正意义上的“信任的机器”。

联盟机构助力外部监督。外部监督机制是社会公益市场有序运行的前提，也是公益组织获取社会信任的重要支撑。但长期以来，公益组织不仅要接受登记部门的管理，同时也要接受挂靠单位的管理，因此存在各个部门监管程序、标准不统一的现象。基于区块链技术的公益组织、支付机构、审计机构的三方联盟以联盟形式的运转促进公益组织从独立账本向分布式共享总账的转换，捐赠者（支付机构）的捐赠信息、受助者的基本信息、审计机构的审计结果以共享总账的形式记录于区块链中，区块链平台上的信息公开透明，方便相关人员查看，也是提升外部监督的一个有力途径。

（1）资金溯源。借用区块链技术建立一套公开、透明、可追溯的系统，这个系统里面捐赠方和受赠方（相关方）可以查询每一笔款项的流动。例如资金发放的次数，以及使用方式，落实到哪些具体环节。区块链技术将所有的捐赠信息上链而形成的这套系统可以有效降低分歧，提高效率。捐赠资金流动生命周期如图 12-2 所示。基于区块链平台的公益组织详细地记录了每一笔资金的流向，而且是无法更改的，加盖时间戳的交易信息让公众对捐赠金额、受助情况、资金余额等交易信息有一个连贯性的了解，这使捐赠者能更清楚了解自己的爱心行为是否发挥作用，在一定程度上避免出现某笔资金未能流向受助者的现象。另外，区块链技术还可以利用不可篡改的特性，对受赠方进行身份认证，防止一些不怀好意的人通过伪造信息，来骗取慈善组织的捐赠。区块链的不可篡改的性质，会不断地提高诈骗者的作恶成本，从而抑制这些现象的发生，把善款发放给真正需要帮助的人。

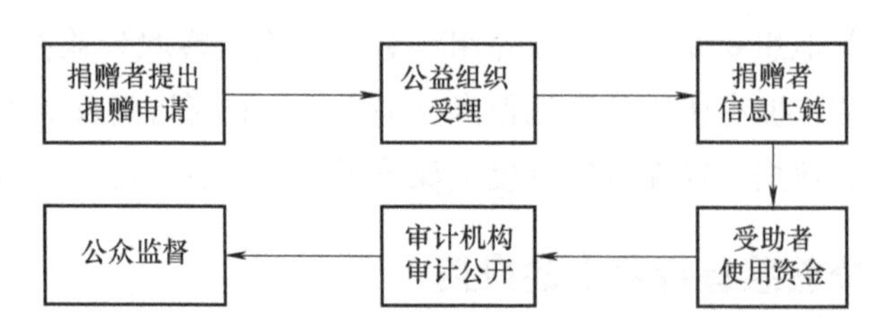

图 12-2　捐赠资金流动生命周期

（2）财务审计。社会公益组织需要建立起较为系统的财务管理制度，以便及时、准确地向社会公众披露组织的财务信息，实现网络共享社会的信息公开、透明化。同时，组织自身的运营成本，诸如宣传成本、办公用品的支出也应通过区块链信息平台具体公开，而不仅仅是笼统地以其他支出的形式向社会公开。基于区块链平台的社会公益组织联盟，组织机构的每笔交易都会在区块链上进行操作，因此，利用区块链设计出的解决方案毫无疑问将会加快审计速度。另外，区块链的不可逆性以及时间戳功能对于需要审核的企业或是组织机构而言，能够方便审计机构核查其在区块链上的全部交易信息，这也将加快审计进程，降低成本，提高透明度。

区块链智能合约提升资源配置效率。区块链技术中的智能合约技术适用于一些较为复杂的公益场景，能解决公益慈善资源配置失衡的问题。定向捐赠（见图 12-3）、分批捐赠和有条件的捐赠等，用智能合约来管理就相当方便。智能合约能更好地解决因资源配置不均衡导致的过度救济和无人救济的问题。

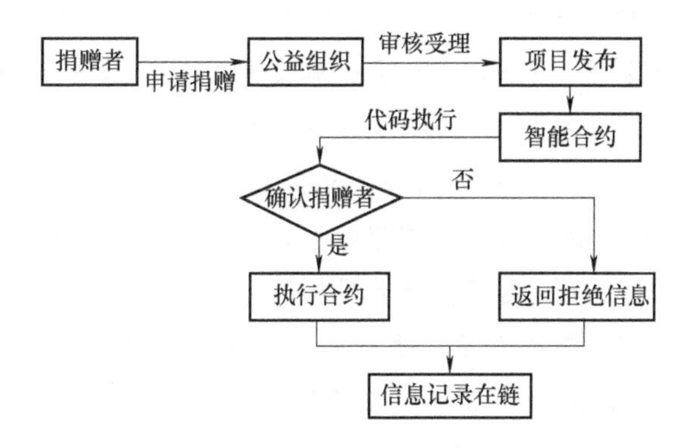

图 12-3　基于智能合约的定向捐赠

【案例介绍】

滇西北支教教师经费补贴项目中区块链技术应用

2018 年 11 月 12 日，度小满区块链携手百度公益发布的滇西北支教教师经费补贴上链项目正式上线。该项目是度小满区块链溯源服务应用于公益的首次尝试，有助于追踪善款去向，帮助公益提升信息透明度及公信力。

度小满是百度旗下金融服务事业群组拆分融资后，独立运营的全新品牌。度小满区块链溯源服务平台则是基于区块链技术推出的应用型服务平台，相关服务可被广泛应用于食品、饮品、药品、危化品、母婴用品、艺术品、公益等多领域的商品或信息溯源追踪。

在滇西北支教教师经费补贴上链项目中，从捐款开始，到善款到达受助人手中，其间所有关键节点的数据全部上链，实现了善款的全流程追踪。

同时，度小满区块链实验室自主研发的区块链通用溯源 SaaS 服务平台还支持用户自定义项目结构和溯源流程，所有信息的上链可通过溯源应用进行，区块链通用溯源 SaaS 服务平台提供了数据校验、数据管理以及数据检索功能，B 端用户只需通过简单的配置即可完成一个溯源项目的接入。

针对公益项目多流程、持续时间长的特点，区块链通用溯源 SaaS 服务平台除了提供对接区块链网络的服务之外，还针对公益项目的共有特点，提供了一些适配的功能。例如多流程定义，公益项目一般会有多个参与方，善款的流通过程也会涉及多个机构，用户可根据实际情况定义整个公益项目的完整流程，并定义各流程的依赖关系，从而保证公益流程的合理性和完整性。而对于持续时间长、甚至涉及多期的公益项目，其项目管理的成本也会随之变大，为应对此问题，区块链通用溯源 SaaS 服务平台提供了完整的公益项目状态管理功能，简化了公益机构管理公益项目的流程，降低了管理运营成本。

英国慈善事业

在国际援助系统中，欺诈一直是一个严重问题。2012 年，联合国 30%的发展援助都被腐败行为吞噬了。为了化解这一难题，由 42 个知名慈善机构组成的 Start Network 与创业公司 Disberse 建立了合作关系，使用区块链追踪资金的流向，以透明、迅速的方式减少资金损失并降低资金滥用的风险，使慈善资金能够最大限度地发挥作用。

Disberse 平台使用区块链技术来减少因银行手续费、低汇率和货币价格波动而造成的资金损失，名为“Positive Women”的英国慈善机构已经完成了一个试点项目，Positive Women 通过使用 Disberse 平台来减少转账费用、提升转账速度，以资助其在斯威士兰的教育项目。Positive Women 最终通过区块链技术节省了 2.5%的费用，这笔节省下来的费用可支付 3 名学生一年的教育经费。下一步，Start Network 还将使用该平台为现有项目处理一系列小额支出。

光大银行区块链系统

光大银行科技创新实验室一直专注于新技术的研究与拓展。此次推出的区块链孵化项目，选择尽可能对银行现有重要业务系统影响和冲击小的业务领域，在不打破银行现有技术和业务架构的前提下，充分借助区块链技术的特别属性为项目本身创造突破性的业务价值。

现有问题

对“母亲水窖”项目不忘初心、始终如一的坚持，彰显了光大银行支持慈善事业的力度和承担社会责任的决心。但普通民众对慈善事业公信力的质疑也不容忽视，银行作为国内公信力极强的机构，通过技术手段将普通民众对银行的信任无递减地传导到慈善机构，通过对慈善基金来源和使用进行更加有效的监管，达到提升公益捐款透明度的目的，有助于树立国内慈善机构良好的社会形象，推动国内慈善事业健康发展。

解决方案

光大银行充分利用区块链技术透明、安全、可追溯等特点，以分布式账本和智能合约为核心功能，确保慈善机构的账务透明和专款专用。使用区块链的分布式账本对慈善捐款业务进行记账，将客户每一次爱心付出都记录在册，并确保账本不可被篡改。同时，在区块链慈善捐款业务中加入智能合约，对捐款进行编程，从技术角度实现专款专用，提升社会公信力。

首先，在光大银行和参与公益活动的企业（至少四家机构/用户）之间以验证节点的方式架设分布式账本网络，同时可以在公益机构、第三方机构架设非验证节点。验证节点用于交易与智能合约的执行；非验证节点用于简单的交易验证、审计及交易查询，节点共同组成一整套向全社会公开的区块链网络，使得账务信息公开透明，交易清算更加高效。其次，智能合约的加入实现了对捐款货币的编程，使得公益活动在真正意义上实现专款专用，交易全程可追溯。智能合约同时可以约定捐款提现触发条件，在业务逻辑上对参与各方提出了更高的透明化业务要求。

项目意义

通过本项目的孵化，实现慈善捐款项目环节中真正的账务透明、专款专用、账务可追溯，有效解决慈善事业中公信力不足的顽疾。在实现银行公信力和技术可信力结合的同时，也将公众的爱心安全可靠地传递给慈善机构，从而达到信任传递的效果。净化了社会慈善环境、重塑了公益慈善品牌，推动了社会慈善事业的发展，使光大银行能够在践行社会主义核心价值观方面充分展现自身的社会责任。

蚂蚁区块链利用区块链技术实现捐赠善款追溯

蚂蚁金服公益运用区块链技术追踪筹款，通过建立起第三方公示体系，为公益机构进行数据统计、项目执行跟踪提供便利。区块链具有不可篡改的特性，任何写入区块链的记录均不能更改，可以供公众监督及审计。而“区块链+公益”正是利用这一特性，发挥公众账本的价值，不论用户是捐 10 块、20 块还是几百块，将用户献出的每一笔都记录在区块链上，有迹可循，持续追溯。

2016 年 7 月，蚂蚁区块链公益正式上线，“让听障儿童重获新声”成为试水项目。2017 年 3 月，支付宝爱心捐赠平台全面引入区块链技术，所有捐赠数据上链。截至 2018 年 1 月，被区块链技术记录的捐赠信息，已涵盖 2100 万用户向 831 个公益项目捐款的 3.67 亿元，捐赠人次达到 2.2 亿。捐赠人可在蚂蚁区块链公益平台上随时查询项目筹款情况及善款使用情况。

区块链技术在信息追溯场景下的优势：在资金捐赠方面，由于捐赠款项本质上具备金融属性，天然满足区块链数据化的要求，区块链不可篡改的时间戳可以有效解决慈善捐赠中善款追溯的问题，保证善款使用的公开透明；在物资捐赠方面，配合物联网技术的普及和广泛应用，线下捐赠物资的数据化和可追溯化也变得更加简单。

Amply 数字身份系统为各方提供信用背书

由联合国儿童基金会创新基金投资的区块链数字身份系统——Amply 平台，通过记录南非儿童的基本情况、教育经历等信息，为他们提供可信的电子身份验证，从而使政府、企业和社会服务机构能够更准确、更有针对性地提供服务，也消除了欺诈的可能；通过使用智能合约进行自动支付，也确保了服务提供商能够即时收到款项。同时，政府和捐赠方也能通过该系统查询提供服务和使用款项的真实情况。

区块链技术在增信场景下的优势：区块链技术的去中心化存储机制确保没有一个机构可以任意篡改数据，提升了信息的可信度，也为身份信息和其他证明凭证提供了信用背书。同时，也能够帮助各相关方在不依赖中心机构的情况下，在数据传输过程中对数据真实性、原始性进行验证；由于验证所需的数据在所有业务发生时即完成了同步，因此对数据的验证环节能够实现完全在验证部门本地完成，从而提高了验证效率。而非对称加密算法的安全机制，也让凭证验证和管理更加容易。

【本章小结】

随着区块链技术和应用的快速迭代，区块链向传统行业的扩展进程将进一步加快，未来区块链企业以及区块链领域项目与传统产业场景结合的需求将持续增多，随着区块链技术创新发展及逐步成熟，产业应用的实际效果越来越突出，区块链的应用已从金融领域延伸到其他领域，本章主要介绍区块链给个人相关领域带来的改变。数字身份、数字版权和公益慈善都是与个人切身利益息息相关的领域。数字版权的管理和交易、数字身份领域和公益慈善领域也都与区块链技术有着很强的、天然的契合性，区块链技术开始与这些领域深度融合，形成一批产业区块链项目，迎来区块链“百花齐放”的时代。

【关键词】

数字身份　数据泄露　数字版权　数字版权管理服务平台　公益慈善

【思考题】

1. 数字身份、数字版权和公益慈善领域目前存在的挑战是什么？
2. 区块链如何赋能数字身份、数字版权和公益慈善领域？
3. 区块链数字身份存在的挑战是什么？
4. 区块链数字版权存在的挑战是什么？

参考文献

［1］京东集团. 京东区块链技术实践白皮书（2019 年）［EB/OL］.（2019-04）［2020-03-11］. http://www.cbdio.com/image/site2/20190411/f4285315404f1e19523705.pdf.

［2］叶纯青. 区块链与保护数字身份安全［J］. 金融科技时代，2016（12）：92-93.

［3］刘千仞，薛淼，任梦璇，等. 基于区块链的数字身份应用与研究［J］. 邮电设计技术，2019，518（4）：87-91.

［4］中国信息通信研究院，可信区块链推进计划. 区块链白皮书（2018 年）［EB/OL］.（2018-09-05）［2020-04-01］. http://www.caict.ac.cn/kxyj/qwfb/bps/201809/P020180905517892312190.pdf.

[5] 工业和信息化部信息中心. 2018年中国区块链产业白皮书 [EB/OL]. (2018-05-21) [2018-12-01]. http://www.ctea-ctea.org/zcfg/201805/P020180523409862613483.pdf.
[6] 黄龙. 区块链数字版权保护：原理、机制与影响 [J]. 出版广角，2018，329 (23)：43-45.
[7] HIGGINS S. How Ascribe Uses Bitcoin Tech to Help Underserved Artists [EB/OL] (2015-07-03) [2020-03-21]. https://www.coindesk.com/ascribe-bitcoin-tech-underserved-artists.
[8] 赵丰，周围. 基于区块链技术保护数字版权问题探析 [J]. 科技与法律，2017 (1)：65-76.
[9] 李绍民，姚远. 区块链多媒体数据版权保护方法研究 [J]. 科技资讯，2015，13 (35)：13，15.
[10] CORNISH W. Intellectual Property：Patents，Copyright，Trademarks and Allied Rights [M]. London：Sweet and Maxwell，1999：87.
[11] GSMA. Blockchain-OperatorOpportunities [R/OL]. (2018-07-14) [2019-01-09]. https://www.gsma.com/newsroom/wp-content/uploads/IG.03-v1.0_Whitepaper.pdf.
[12] YAN Z，GAN G，RIAD K. BC-PDS：Protecting Privacy and Self-Sovereignty Through BlockChains for OpenPDS [EB/OL]. (2017-04-06) [2020-04-09]. https://ieeexplore.ieee.org/document/7943304.
[13] 周平，杜宇，李斌. 中国区块链技术和应用发展白皮书 [R]. 北京：工业和信息化部，2016.
[14] 龚鸣. 区块链社会：解码区块链全球应用与投资案例 [M]. 北京：中信出版社，2016.
[15] 张偲. 区块链技术原理、应用及建议 [J]. 软件，2016 (11)：51-54.
[16] 益言. 区块链的发展现状、银行面临的挑战及对策分析 [J]. 金融会计，2016 (4)：46-50.
[17] SWAN M. Blockchain：Blueprint for a New Economy [M]. USA：O'Reilly，2015.
[18] 黄洁华，高灵超，许玉壮，等. 众筹区块链上的智能合约设计 [J]. 信息安全研究，2017 (3)：211-219.
[19] 李奕，胡丹青. 区块链在社会公益领域的应用实践 [J]. 信息技术与标准化，2017 (3)：25-27，30.

第十三章 区块链与其他新技术的融合

【本章要点】

1. 了解人工智能的定义、发展现状、核心技术和要素特点。
2. 熟悉区块链+人工智能的融合优势与发展前景。
3. 熟悉区块链+人工智能在金融智能、数据获取等方面的具体结合。
4. 了解区块链+人工智能目前面临的风险和困难。
5. 了解物联网的含义、发展历程、关键性技术和发展瓶颈。
6. 熟悉物联网、区块链各自特点与融合优势。
7. 熟悉区块链+物联网常见的几种应用场景。
8. 了解区块链+物联网所处阶段和发展挑战。
9. 掌握云计算的概念、服务模式、部署模型和技术特点。
10. 了解区块链促进云计算发展的原理及特点。
11. 掌握区块链+云计算的特点和融合应用场景。
12. 掌握大数据的概念、特点、技术框架和基本应用。
13. 掌握区块链+大数据的特点和融合应用场景。

随着比特币的涨跌起伏，区块链技术大火，与人工智能、物联网一样成为技术“风口”。当前的人工智能强调智能的个体，能够智能地实现单点决策，并且拥有持续的学习和迭代能力。物联网所倡导的万物互联，本质上是解决单点个体的通信能力问题。万物互联让所有个体可以相互连接，个体与群体之间形成了可协同的底层基础。区块链本质上则是机器之间自然形成的群体性契约。区块链的创新之处在于由中心化转为去中心化，并不需要一个集中并且可信的单点来做决策和下发指令，仅通过不可信的或平等的多个单点就能形成共同契约，而这个契约是参与者可信、不可篡改的。

因此，在当前环境下，区块链技术的应用和发展需要以人工智能、物联网、云计算、大数据等一批先进技术作为支撑。同时，区块链的发展也对推动这些新技术的产业发展具有重要价值。有人将这些技术的结合称作“区块链+”，这类融合式的发展将渗透到各个技术领域中去。本章解读了区块链与这四种信息技术之间的关系。面对数字化时代，区块链已经和人工智能、云计算、大数据并肩成为“第四次科技革命”的核心支柱，也就是“ABCD”（A 代表 Artificial Intelligence，人工智能；B 代表 Block Chain，区块链；C 代表 Cloud，云；D 代表 Big Data，大数据）四大技术。

第一节　区块链技术与人工智能的融合

区块链和人工智能是促进当今各个行业转型和创新的重要技术，也是科技行业中非常前沿的两类技术。不同的技术所拥有的技术复杂性（Technical complexity）和企业价值（Business values）各不相同。实现区块链和 AI 技术的成功融合，将会对人类社会的发展有着重要意义。

当前，业界已有公司尝试将二者融合。区块链的初创公司 Everledger 正忙于探索将区块链与人工智能、物联网等技术结合起来的途径，计划打造出一站式的珠宝追踪与鉴定平台：利用区块链技术的特点实现珠宝流通记录的真实、可溯源，并通过人工智能实现追踪的自动化。人工智能以其独有的技术优势正在占领着科技发展的制高点，而区块链的加入势必会带来技术方面的突破。随着科学技术的发展，我们将能更快体验到区块链+人工智能所带来的好处。

一、人工智能技术

人工智能（Artificial Intelligence），通常简称 AI。从学科的角度来说，它是计算机科学领域的一个分支，是主要涉及研究、设计和应用智能机器等方面的智能科学。从能力角度来说，人工智能是智能机器所执行的与人类智能有关的智能行为，包括学习、感知、思考、理解、识别等活动，是对人的意识、思维的信息过程的模拟过程。1956 年，在美国的达特茅斯学会上首次提出了“人工智能”的基本概念，但在 1975 年之后学者们才开始重视人工智能并着手研究。1986 年后，很多学者研究并实现了 BP 网络[㊀]，同时期伴随着计算机硬件能力快速提升，BP 算法在实践上得到长足进步。2006 年之后，随着移动互联网的发展，海量数据爆发，深度学习算法在图像和语音识别上实现突破，人工智能开始商业化高速发展。

人工智能应用的场景很多，目前主要有金融、公共安全、教育、交通、医疗、智能家居等领域，算法工程中的机器学习（Machine Learning）和深度学习（Deep Learning）承担了其发展的重要角色。机器学习是人工智能的核心，主要是设计和分析一些让计算机自动“学习”的算法，并通过已有数据建立模型，掌握某些事物规律，对未知数据进行预测和模

㊀ BP（back propagation）神经网络，是一种按照误差逆向传播算法训练的多层前馈神经网络，是目前深度学习应用最广泛的神经网络。

拟等。深度学习是机器学习的高层次表达，它的特点是可以建立模拟神经元，设计神经网络模型来模仿人脑机制解释数据；它是目前计算机视觉和语音系统的主要实现方法。

人工智能技术具有自动、简便、高效、精准等数据处理和预测特点，包括三大要素：数据、算力和算法。大多数人工智能应用都要求以高质量的、大量的数据为基础，通过高效、精确的算法进行模型设计，再通过云平台或高性能个人计算机进行模型训练，最终获得能够实现某种功能的模型用于解决实际问题。一些互联网巨头如苹果、谷歌、阿里、腾讯等拥有海量用户的公司，标注数据工作多为外包项目，标注数据的质量对其人工智能模型的正确有较大影响。另外，在工业领域，往往需要对大量图片、视频、场景等进行训练，这导致巨大运算量的产生，许多公司不惜重金配置了图形处理器（GPU）、现场可编程门阵列（FPGA）等硬件，资金负担过重。由于算法方面的专家较少，这可能导致更好的算法程序没有被开发出来。这些问题都成了人工智能行业发展中的重点和难点，至今没有得到有效解决。

二、人工智能+区块链融合

从技术特点上看，区块链是由共识算法来生成和存储数据的，通过智能合约等来操作数据，通过密码学技术保证数据的安全性、可靠性，并且具有去中心化和不可篡改等特点。AI技术则涵盖三个关键要素，即数据、算法、算力。这些是促进AI发展的核心动力，能够帮助构建更加开放、高效、经济的数据、算法以及计算能力市场。因此，根据二者的特点可知，区块链和AI能够在数据、算法和算力等方面相互融合、赋能发展，开拓更广的技术前景。

2018年，国家互联网金融安全技术专家委员会联合上海圳链网络科技有限公司推出的《“区块链+AI”行业研究报告》也曾指出，“区块链+AI”是新兴技术之间的通力合作，充分结合二者的技术优势，通过AI让区块链更智能，利用区块链让AI更“自主”。若两者有机结合，将会创造更大的价值。区块链+AI的优势和创新如下。

（一）区块链为AI提供了高质量数据来源

AI技术的应用离不开可靠的、高质量的数据基础，但目前AI建模中的数据收集和运用存在多方面的问题，如数据来源不可信、数据质量差和数据难共享等。AI在大数据时代引发了数据交易市场的风潮，许多互联网公司都争先恐后抢买、收集各类数据。但这些数据往往来路不明，其真实性和可信度普遍较差，更有一些数据商贩将一些过期失效的数据篡改后反复售卖，造成市场上许多“脏数据”流动。这些数据实时性很低，会造成数据精确标注和AI建模的效率低下，影响AI预测的准确性等。

区块链则以其安全、可信和不可篡改等优势，在对数据操作时，能够在保证可信度、质量、隐私安全的前提下，充分实现数据之间的共享和计算，从而为AI提供强有力的数据支持。

具体而言，区块链的可追溯性和不可篡改性使数据从采集、交易、流通再到计算、分析的每一个步骤都留有记录。任何使用者在区块链中都不能随意更改数据内容和制造伪劣数据，一定程度上提高了数据信用值，有助于 AI 进行高质量的建模操作，从而训练出更优秀模型。由区块链密码学的差分隐私、同态加密、零知识证明等技术能实现多方数据共享中的数据隐私安全和保护功能，这让多方所有者可以在不透露数据细节的情况下进行相关的协同计算。例如，IBM Watson Health[⊖]基于区块链构建了一种安全高效、可扩展的医疗数据交易方式，能实现患者的隐私数据共享，包含电子病历、临床诊断、生理数据以及移动设备的医疗数据等，这些数据能为 IBM 的建模分析提供来源，有效推动基于 AI 的医疗诊断应用发展。基于区块链的激励和共识机制，极大地拓展了获取数据的来源渠道。在确保隐私安全的前提下，从全球的区块链网络参与者处，以预先约定的规则收集数据。通过共识机制，剔除不符合要求的无效数据，将有效数据则以 Hash 值的形式记录于链上。个人可通过公私钥拥有数据控制权。数据参与贡献者，可获得 Token 等形式的激励。

通过区块链和 AI 技术的结合，区块链能够进一步规范数据的使用，精细化其授权范围，有利于打破信息分散和孤立的局面，在隐私安全得到保护的前提下实现信息的共享；AI 技术基于可信和高质量数据开展计算和模拟，在区块链技术支持下能够更好地发挥作用，可以拓展区块链数据的使用空间。

（二）区块链为 AI 提供分布式算力

在算力层面，AI 通常更倾向于个体自建或通过大型云计算平台进行模型计算训练。而随着数据量增大和计算复杂度的提升，对传统的中心化云计算平台服务器的计算能力要求更高，这样的结果是企业资金投入越来越多，才能满足更好的硬件设备和维护成本要求。这种庞大的电力消耗方式必然不是最终的可行之举。随着共享经济的到来，结合全球闲置的计算机算力则可使 AI 建模成本降低，并提高资源的利用率。

区块链则是一种分布式的网络结构，能够实现算力的去中心化，可以更好地管理和共享计算资源。不仅可以利用数据中心的计算资源，还可以将闲置的、分散的计算资源协同和共享起来，既包括云计算资源也包括离散的计算资源，构建起更庞大、交易更便利的计算资源池。同时随着 5G 以及 IoT 发展，边缘计算、雾计算等离散的计算资源需要一种更广泛、更可信的管理网络，区块链提供了一种共享、透明、可交易的计算环境，可以将这些资源组合起来。区块链有助于搭建去中心化的 AI 算力设施基础平台，转变传统的、以提高单个设备的性能来提高算力的方式。在全球的去中心化海量节点上运行神经网络模型，利用全球闲置节点的计算资源去计算，同时依靠智能合约动态地调整计算节点，可控地为用户提供所需的算力。因此，结合区块链后，AI 行业能解决其面临的计算资源昂贵、训练时间长、训练数据多、开发去中心应用困难等诸多问题。

⊖ IBM Watson Health，即认知医疗保健解决方案，是 AI 在医疗领域的广泛尝试，拥有整个跨医疗健康产业链的整体解决方案。官方网址为 https://www.ibm.com/watson/cn-zh/health/。

（三）区块链让 AI 市场更加安全、公平和开放

区块链可以帮助构建去中心化以及更高效、安全的身份标识系统，实现万物互联设备的安全认证。依托于区块链，人工智能的安全机制将得以提升，AI 可以实现契约型管理，以提高友好性。例如让 IoT 的设备使用者在区块链上登录，通过智能合约实现用户不同层级的访问，为各层用户提供更加个性化的功能。这种用户分层级访问，不仅可以防止设备被滥用，还能防止用户权益受到侵害，例如信息泄露、越权访问等。区块链发挥了基础作用，基于区块链构建的信用系统更加有效和可信，因此，AI 结合区块链的管理会给 AI 的发展注入更加健康的因素。基于区块链构建更加透明的交易市场，会更加公平。基于全民参与的特点，更为广阔的平台被建立起来，这有利于价值的对等交换。AI 与数据的交换以及价值体现，在区块链中更容易实现，因为区块链消除了交易的信息不对称以及壁垒（例如现在的比特币）。AI 产品交易等价值交换会因为区块链的加入而更加安全且有效。

（四）AI 助力于提升区块链智能合约的智能化

智能合约是一种计算机协议，目标在于以数字化的方式促进、验证或执行合约谈判和履行协议，在无第三方参与的情况下为可信交易提供了保障。区块链技术出现后将智能合约的内涵进一步具体和深入：智能合约是一种具有状态、事件驱动、遵循协议标准、运行于区块链上的代码程序；在一定触发条件下，以事件/事务的方式按规则处理区块链数据，并以此控制和管理区块链网络数字资产。这种代码形式的合约可以自动处理区块链上不同节点间的交易，如为传统金融资产发行、交易提供自动化工具，为数字票据的全生命周期流程实现自监管和自交易等。智能合约能够应用于社会系统的合同管理、监管、执法等各类事务中。但智能合约有时也只是一个事务处理模块和状态机构成的系统，不具有法律约束力，功能上也并非智能。这源于其代码缺乏真实合同的基本要素，如条款、条件、争议决策等。另外，合约代码过于单一化，因此在实际应用中缺乏灵活性，这种确定性的合约处理缺乏真正的智能。

AI 为区块链的功能相对简单的智能合约技术提供更多可能性。改进智能合约原有的算法程序，有助于实现真正的智能化，构建全新的区块链技术应用能力。一方面，AI 帮助智能合约量化地处理特定领域问题，使合约具有一定的预测和分析能力。例如在保险反诈骗应用中，基于 AI 建模技术构建出风控模型，以运营商电话号码不同数据组合作为变量，进行发欺诈预测，依据合约规则来解决。这种基于 AI 的智能合约，能够处理金融专业人士也无法预见的金融风险，并在风险评估、信用评级等方面拥有更大优势。另一方面，基于 AI 的智能合约能在仿生思维性方面进化和完善。例如在图形界面的模板和向导程序向导下，可以将用户输入信号转化为复杂的智能合约代码，即形成了符合用户和商业中的“智能协议”。此外，AI 还可以通过不断学习和应用实践来形成更好的公有化算力，这也有助于区块链合约的不断更新。

区块链的交易中大量使用智能合约，这种机制非常适用于 AI 相关产品的交易。例如，

将提供的数据放入算法或模型，在不同的AI模块计算后的结果也同样数据化。整个交换的过程通过智能合约自动地执行，显著优化了交易过程，使其更有利于AI价值的交换。同时区块链本身具备的激励机制，通过Token等也容易实现价值的度量。区块链+AI技术特点见表13-1。

表13-1　区块链+AI技术特点

	区块链	AI	二者融合
数据	数据可信度保证 数据隐私安全与保护	依赖于高质量、高可靠的数据 需要多数据主体下的多维数据	区块链为人工智能提供了高质量的数据来源，同时保证了数据的安全和共享
算法	智能合约自动化监管 智能合约智能化欠缺 智能合约灵活性不足	有助于建立复杂智能合约代码 有助于解决人脑弱势领域中的预测和分析问题	人工智能为区块链智能合约增添智能化效应，改善合约代码的单一功能性
算力	去中心化分布式结构 共享计算资源环境	传统中心化计算成本过高 资源利用率低，代码漏洞易被入侵	在保证安全性前提下，区块链的分布式结构为人工智能提供更多分布式算力，减少了多余成本

综上，区块链和AI的结合主要体现在七个方面：一是区块链可以提高AI数据的完整性、保密性和安全性；二是区块链能加速数据的积累，给AI提供更多、更好的数据支持，提升数据可用性，解决AI数据难供应的问题；三是AI帮助提高了区块链智能合约的智能化；四是AI可以减少区块链过多的电力消耗和资金成本；五是区块链使得AI更加可信；六是区块链帮助AI缩短漫长的训练时间；七是区块链有利于打造一个更为开放和公平的AI市场。

三、人工智能+区块链应用

AI和区块链技术是我国经济转型升级和应用技术创新发展的核心关键，二者的成功融合与应用将对社会发展产生深刻的影响。从2017年开始，AI在汽车、城市、教育、金融、销售、医疗、家居等诸多行业的应用场景逐年增多，AI+区块链+教育、AI+区块链+医疗、AI+区块链+汽车、AI+区块链+金融都在逐渐开展并实现多元技术融合。下面列举几类AI+区块链的实际应用和项目。

（一）区块链与金融智能

目前，金融智能主要涉及数据和信息的大规模交换、客户背景调查以及事务的实时处理等领域，通常会涉及多个合作方，对数据和信息处理的安全性有较高要求。随着全球贸易和人员流动的加剧以及智能投顾的规模化应用，金融行业对效率和稳定性的要求大大提高。现有的金融系统大多缺少多方参与的同步机制，各方独立存取自己的数据和信息，造成数据和信息交换时的额外代价，进而影响其他业务的效率。区块链的参与将会使这些问题得到解决，具体的结合方式已在前面有关金融领域的章节中讲述过，这里只举一些典型的应用示例。

1. 票据交换

票据交换是金融智能的潜在应用领域，大多数金融应用都会涉及票据的交换。利用区块链技术，金融应用的相关方接入区块链平台（同一个区块链平台或者不同区块链平台），就可以实现实时、定点交换票据以及交换记录的可追溯性。

2. 跨境支付

跨境支付是全球化的重要产物，也是金融智能的一大应用领域。目前，全球各类商业活动的开展、各类跨境商品的流通、各类跨境服务的获取等，都需要高效的跨境支付技术的支持。跨境支付中的各参与方，包括金融机构、支付网关、监管机构、收款方、付款方等，都可以通过区块链平台共享支付信息，实现资金流通以及对交易的记录和监管。

3. 交易行为

交易在金融应用中非常普遍。任何交易的开展过程都可看作执行某一合约的过程，交易各方需要遵守预先的规定，任何一方都必须在约定的条件下从事既定活动，不遵守约定的行为均被视为违反规定。区块链中的智能合约技术可以被用于各类金融交易，确保交易合规并符合监管要求。

4. KYC 环节

KYC 是 Know Your Customer 的简称，即了解你的客户。KYC 是金融业务开展的重要准备环节，是其他后续业务的基础。在 KYC 环节会面对多个机构或部门的零散信息。通过区块链平台，客户的零散信息可以被获取并重新整合，使每部分的零散信息都可以被验证。

5. 供应链金融

供应链金融是全球化的产物，主要解决供应链中的资金融通问题，减轻企业现金压力，优化和提高供应链的效率。利用区块链的通证系统，供应链上下游的双方可以先用下游企业通证结算，以下游企业的信用作为抵押。这一措施在一定程度上减轻了下游企业的压力。

6. 市场情绪分析与去中介交易经纪人

关于市场情绪分析及去中介交易经纪人（IDB）方面，利用 AI 进行深度学习和时序分析，再与区块链技术保护下的个人数据相整合，为个人提供更精细的交易服务。具体来说，就是从用户面板上采集及处理大数据，通过 AI 分析用户情感数据，对市场波动进行估算，最后自动化下单。利用机器取代人，提升效率，降低了 IDB 佣金。

7. 检测金融欺诈行为

使用 AI 开发的交易机器人，在区块链上实现高频、加密的交易，其弱中心化特点大大降低了人为操控的可能性，降低了金融欺诈风险。此外，AI 监控加密市场，让黑客的恶意攻击变得更难。目前有 Aigang、Autonio、Endor、Numeraire 等项目涉及该领域。

当前，一些企业和组织已经将 AI 引入区块链中，并已产生成效，已经有数个有前景的项目采用了跨领域的技术。如基于区块链的 Cortex 宣布推出了一款基于 AI、面向 DApp 并有助于优化金融服务的网络平台。Cortex 公司希望利用该技术为去中心化的金融服务生成信用报告，构建更好的反欺诈系统，甚至以此协助游戏产业和电子商务。在金融服务领域，诸如Peculium（一家储蓄管理平台）、AIX（一家可供交易员直接交易的金融交易平台）和Autonio（一个便于加密交易的交易终端）等公司都提供了对现有解决方案和工具的改进。我国的互联网公司中，百度的AI技术落地于农业银行、中国人寿、百信银行、浦发银行、银联商务、泰康保险等，与合作伙伴一起推动智慧金融的建设。在智能生活领域，百度与海尔结成链盟，依靠百度的“ABC+IoT”技术，共同推动百度云天工和海尔U+在技术和产品上深度合作，从而探索智慧家庭新商业模式。

（二）区块链+AI数据类项目

有关数据服务类的项目涉及数据来源、数据存储、数据安全保护、防数据造假和数据清洗标注等。现已经有不少公司和团队开始对数据项目进行主网上线，如Bottos、AIChain、Data、Atn等，它们有的提供协调AI服务的协议，有的帮助用户自定义AI服务（AIaaS），有的利用去中心化实现广告监管和奖励分发系统的公链。

1. Bottos

Bottos（BTO）项目采用数据挖矿的方式实现用户数据变现。用户不需要将大量的算力投入挖矿中，只需要拥有所需的测试数据（测试数据可以是方言、一些鸟类的照片或者叫声），就可以获得代币。Bottos项目构建的数据交换市场，提供了基础的存储服务，可以帮助用户存储、短时、少量的数据，数据交换市场为有大容量、长时间存储需求的特殊客户提供了储存交易市场的可购买的服务。

为获取优质训练数据，Bottos项目采用社区节点多角色参与清洗和标注，但其清洗和标注落地方案作为技术保留，没有在项目白皮书中披露。其底层技术是通过对当前区块链技术栈的总结，首创了一种积木式动态节点模型（见图13-1），以实现动态编排区块链节点，让系统支持不同节点类型，构成不同的服务网络，实现分层和模块化构架。

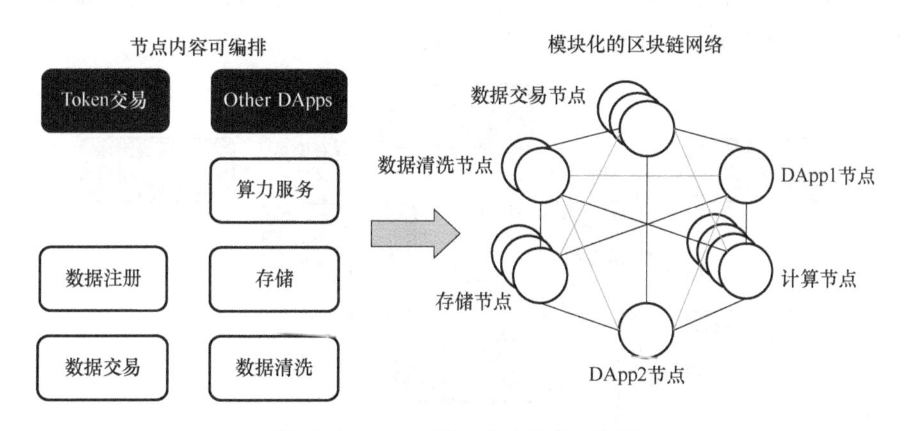

图13-1 Bottos积木式动态节点模型

2. AIChain

AIChain（AIT）希望冲破全球的数据垄断壁垒，打造由区块链驱动的人工智能生态系统，让数据资源方、应用开发方、运行平台资源方和用户方在此链上自由发布和使用各自的资源和应用，让用户以更低的技术门槛和成本将 AI 应用生态建设到区块链平台之上，打造去中心化的、无须授权的、用户自定义的人工智能服务的公链。其资源分享平台示意图如图 13-2 所示。但分享平台存在两个技术落地的难题：一是链上资源如何安全保存，二是如何撮合资源所有者和资源需求者交易。

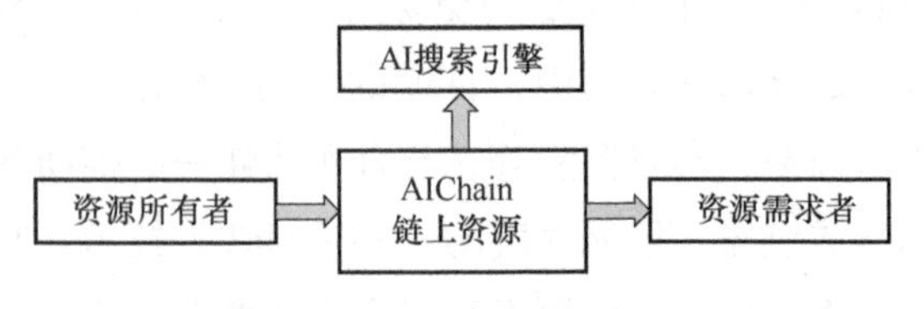

图 13-2　AIChain 资源分享平台示意

（三）区块链+AI 算力类项目

算力类项目涉及算力交易以及算力分配。算力交易是指公链中的节点通过安装挖矿（Mining）软件及基础人工智能运行环境，参与算力的贡献，然后算力购买方与算力出售方通过任务竞价等模式进行交易。算力分配中，区块链本身是分布式的计算资源，算力分配的做法是将计算任务拆解分配给大量计算机并行计算。目前常见的算力类项目有深脑链、Hadron 云、Hypernet 等。利用区块链技术，把分布式计算与人工智能结合，将大型 GPU 或者 FPGA 服务器集群，把各类企业空闲的 GPU 服务器、个人闲置 GPU 甚至是 TPU 作为计算的节点，利用区块链技术共享算力，为人工智能提供算力供给。

1. 深脑链

深脑链[⊖]是一个由区块链驱动的人工智能计算平台，致力于成为“人工智能界的云计算平台”。深脑链通过智能合约在交易平台上进行算力交易，运用动态计算协同计算节点，利用闲置计算资源降低成本。算力分配模式采用竞争部署挖矿，拥有节点分散、去中心化程度高等优点，其挖矿节点架构如图 13-3 所示。但是深脑链暂时还未公布算力分配技术等内容。2018 年 8 月 8 日，深脑链 AI 训练网络正式网上线。

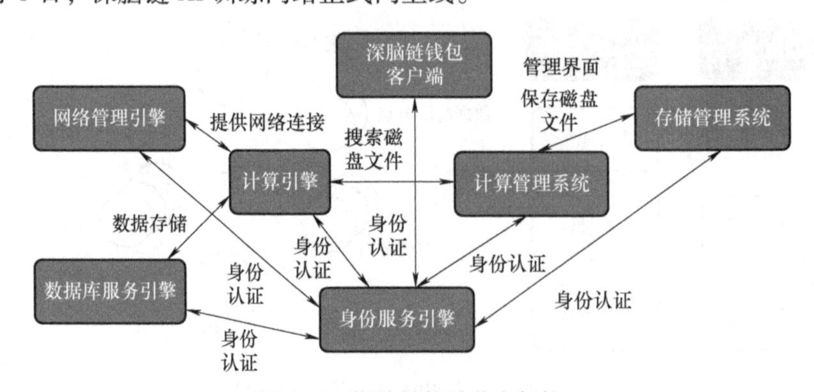

图 13-3　深脑链挖矿节点架构

⊖ 深脑链官方平台为 https://www.deepbrainchain.org。

2. Hadron 云

人们可通过计算机、便携式计算机和大多数移动设备，向基于 AI 计算的浏览器或线上平台提供算力，并将算力数据通过 Hadron 出售给客户，以此得到 Hadron 令牌作为报酬。Hadron 的算力分配是通过在区块链层下面创造新编程模型，解决连续的通信进程计算有关问题。目前在区块链行业里，用全新的区块链协议有效支持百万级任务分发和协作，是一个新颖的做法。此项目的主要亮点是：①每秒数百万次的任务，专为全球用户群设计，Hadron 用全新的区块链协议有效支持百万级的任务分发和协作，这远远超出了现有的区块链；②一个简单的应用程序，可由许多方法来赚取，即用户可以安装 Hadron Workforce App，通过在类似游戏的环境中执行人工智能任务来赚取闲置设备的收入，并积极获取收入；③无信任、无状态、可扩展的支付，即与支付渠道和团体彩票不同，Hadron 的支付协议是无信任的、无状态的、可扩展到无数的工作人员。目前 Hadron 已与谷歌、美国航天局（NASA）、区块链上的全球经济操作系统（AIKON）等合作，通过令牌交易的方式，为它们提供算力数据。

3. Hypernet

Hypernet 于 2018 年 1 月创建，着重介绍了算力分配的安全保护机制，但没有提及如何进行算力交易。Hypernet 意图建立一个去中心化的全球算力市场，用户通过提供存储、CPU、网络宽带等获取代币激励，代币可以用来支付云服务费用。相比传统云计算厂商，该项目有望为云计算需求方提供性价比更高的算力资源，在边缘计算和并行计算领域有优势。

为促进算力买卖双方之间的交易，Hypernet 设计了复制过程（Process Replication），这可以确保计算过程的损失不会影响整个作业。当一组节点被分配相同的一种数据时，各节点可以通过哈希的运行结果，保证任何参与人不会被骗。这种过程跟已使用在其他分散式项目（Proof of Spacetime）一样的结构。Hypernet 软件基础架构（见图 13-4）包括三个主要组件组成：区块链资源调度程序、基于分散平均分配规则的 API、Hypernet 的运行环境。目前该项目还处于隐私保护沙盒开发环境。

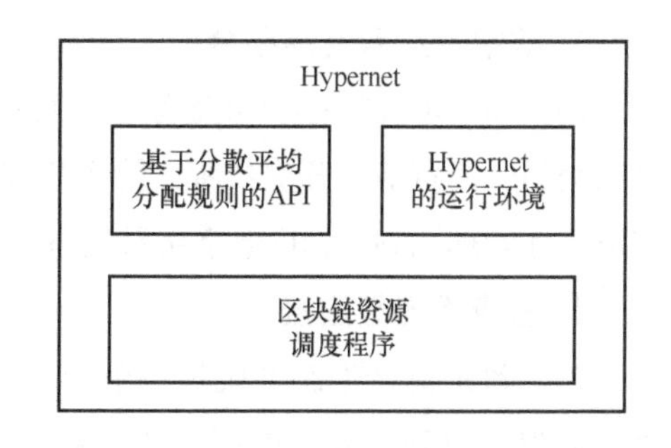

图 13-4 Hypernet 软件基础架构（算力平台）

（四）数字资产生态系统

AIC（Artificial Intelligence Coin）是数字资产生态系统中的基础代币，用于数字资产交易、数字资产支付、区块链交易手续费支付等，是数字资产生态系统中的交易媒介。

由 AIC 构建的数字生态系统，是全球第一个让区块链的可信价值能够传递到日常场景的智能系统。以区块链技术和人工智能技术为基础构建的智能化的可信体系，结合 AIC 的智能数据分离和价值数据共享机制，能让用户数字资产得以确权流通、创造财富。人人都可以利用 AIC 构建自己的数字资产价值体系，并在此基础上创造新的数字价值。AIC 的目的不是打造单一的数字资产确权、交易、消费的体系，而是利用人工智能和区块链构建新的资产价值应用体系（线上互联网数字资产+线下实体数字化）。目前数字资产领域都是各自为营，很难形成一个有效的、彼此价值可以互相传递和转换的生态系统。而 AIC 将区块链技术和人工智能技术相结合，构建符合当下和未来发展需求的数字资产生态系统。AIC 数字资产生态系统可以解析成四个层次。

1. AIC 为数字资产确权

AIC 构建可信体系，为用户的每份数字资产进行标记确权。用户对其创造的数字资产享有所有权和收益权等权利。如果这种权利得以实现，就可以大大减少现在互联网中直接复制别人创造的价值为己用的现象，保护了原创者的价值，减少了侵权行为。

2. 区块链和智能合约

智能合约的内容需要在节点之间相互计算、印证，而存储数字内容的有限性和计算力的不足无法满足人们的需求。AIC 采用人工智能技术对数据进行挖掘（Data Mining）、智能化分析和筛选，提炼出有价值的数据进行存储和印证。对于节点资源的优化和升级，可以采取集群式节点，随着科技的发展，手机等智能设备的计算能力得到飞速提高，但是很多时候这些算力都处于闲置状态。AIC 充分利用普通用户智能设备的闲置算力作为节点算力资源。节点的印证关系采用“多主链”+“多维度”相互印证的方式，避免了单一主链拥堵的现象的发生，确保数据安全、真实、有效、快速地存储和印证。

3. 数字资产和交易平台

用户用 AIC 数字资产生态系统，可以创建自己的数字资产和交易平台，用户的数字资产可以交易、消费等。开交易所，就像开淘宝店一样简单，无须付出高昂的技术服务费，也无须招聘人才管理网站。AIC 数字交易生态系统一站式解决方案，让用户轻松创建自己的交易所。

4. 多应用无缝连接

AIC 数字资产生态系统是一个开放式的生态系统，技术人员无须利用新的编程语言就能进行开发；只须将有的应用与 AIC 接口连接在一起，同步生成唯一的会员身份 ID，相关数字资产将一键式转换和确权。将应用上的会员、信息、财产区块链化，实现应用的价值化，从而创造更多的财富。

四、人工智能+区块链落地与发展前景

（一）目前发展现状

全球技术研究公司 Gartner 预计，在 2022 年，全球范围内的人工智能将创造突破 3 万 9 千亿美元的商业价值。在我国，人工智能的发展受到高度重视，2017 年 7 月 8 日国务院发布了《新一代人工智能发展规划》的战略部署，明确了我国新一代人工智能发展的三大战略目标：到 2020 年，人工智能总体技术和应用与世界先进水平同步，人工智能产业成为新的重要经济增长点，人工智能技术应用成为改善民生的新途径；到 2025 年，人工智能基础

理论实现重大突破，部分技术与应用达到世界领先水平，人工智能成为我国产业升级和经济转型的主要动力，智能社会建设取得积极进展；到2030年，人工智能理论、技术与应用总体达到世界领先水平，成为世界主要人工智能创新中心。前瞻产业研究院发布的《中国人工智能行业市场前瞻与投资战略规划分析报告》统计数据显示：截至2017年我国人工智能市场规模达到237.4亿元，相较于2016年增长67%，其中以生物识别、图像识别、视频识别等技术为核心的计算机视觉市场规模最大，占比34.9%，达到82.8亿元；2018年中国人工智能市场规模达到415.5亿元，同比增长75%，远高于全球12%的增速水平；2019年我国人工智能市场规模达到554亿元；预计在2021年，我国人工智能市场规模将突破千亿元，并预测在2023年我国人工智能市场规模将突破2000亿元，达到2364亿元左右，2019年—2023年年均复合增长率约为43.73%。2019年，中国科学院大数据挖掘与知识管理重点实验室发布了《2019年人工智能发展白皮书》，对人工智能关键技术（计算机视觉技术、自然语言处理技术等）、人工智能典型应用产业与场景（安防、金融等）做出了梳理，同时强调了人工智能开放平台的重要性，并列举了百度Apollo开放平台、阿里云“城市大脑”等典型案例。

相比于人工智能技术，区块链技术目前起步仅十余年，经历了三个阶段，即起步期（2009年—2012年）、雏形期（2013年—2017年）、发展期（2018年至今）。预计在2023年，区块链的市场价值将达到约230亿美元。目前区块链技术发展仍处于初期阶段，大规模的应用落地仍然需要长时间累积。“区块链+AI”是新一代技术相互赋能的代表，区块链技术在AI领域的探索，有助于加快新兴技术的落地实践，并在实践中不断完善。但当前的“区块链+AI”项目绝大多数还处在概念验证或早期应用阶段。日前，在上海，由易方达基金管理有限公司、易方达资产管理有限公司主办的“2020人工智能产业投资峰会”聚焦AI+区块链、AI+制造、AI+金融等5大领域，有专家认为在区块链技术发展中的AI应用中金融可能成为AI+区块链最先落地的领域。虽然现在我国关于“AI+区块链”的相关政策还很少，但是全球范围内已经在算法、数据等项目上有了一些重要文件和报告，如Cortex白皮书、SingularityNET白皮书、DeepBrain-Chain白皮书、Cindicator白皮书、Bottos白皮书、NebulaAI白皮书、AIChain黄皮书、Atn白皮书、Alphacat白皮书、Matrix技术白皮书、ProjectPAI白皮书等。在我国，应用落地还处在初级阶段，未来区块链结合AI的应用空间非常大。随着应用间的协同和互操作越来越深入，行业间的协同越来越普遍，区块链与AI结合的应用将向上行至体系结构中的协作机制层与智能社会层，届时区块链与AI结合所能发挥的作用将不可限量。

（二）未来发展趋势

在商业趋势上，初创企业与BAT等大企业相比在资源方面处于劣势。初创项目未来会着力解决长尾市场[1]的痛点，当市场处于熊市时，更看重项目方的盈利能力。未来去中心化

[1] 少量需求会在需求曲线末端形成长长的“尾巴”，被称为长尾效应。长尾效应在于其数量方面，即所有非流行的市场累加起来会形成一个比流行市场还大的市场，称作“长尾市场”。

的算法交易市场更易落地，用物质奖励来刺激机器学习专家开发模型，性能最好的模型会获得更高比例的收益。要让去中心化的AI市场发挥作用，就需要运用各种安全计算技术，包括联合学习等，保证个人和企业提供的任何模型参数都能以完全私密的方式被处理。

在技术趋势上，总体的趋势是利用Token模型构建底层价值网络，保证区块链节点的积极性，提升区块链的可扩展性，扩大整体容量和性能；具体还有存储、硬件和AI算法安全性趋势等。

（1）建立相关的经济模型。区块链+AI项目中包括数据的提供方和购买方、算力的提供方和购买方、算法的提供方和购买方。如何协调AI生态中各种角色的经济激励，使更多的数据、算力和算法在平台上交易，是未来研究的新理论方向。

（2）存储趋势。未来会出现更好的垂直性储存。在训练AI模型的过程中，要训练属于自己的模型就需要提供自己的数据。为了保障数据共享，会出现专门应用于AI领域的数据存储协议，借助区块链存储大量数据。

（3）硬件趋势。未来会出现适用于区块链+AI的专用芯片及手机等硬件，因为深度学习训练算法的不确定性，以及深度学习以GPU计算为主的特性，简单的硬件无法支持矿工所做的深度学习训练。未来的硬件配合专用的协议，可以解决均等分配计算任务的难题，使得在矿工挖矿、区块链记账的同时，也能帮助解决AI计算问题。

（4）AI算法安全性趋势。区块链是去中心化的组织形式，AI算法如果架构在去中心化的区块链上，就没有任何一家公司能控制它，随着被用在各种区块链上的重要场景中，AI算法容易失控，所以一定要高度重视AI的行为安全。

（三）面临的问题

“区块链+AI”面临的问题主要包括两方面：一是AI和区块链自身的局限性，在融合后可能依旧无法突破；二是AI和区块链的融合可能使得各自独特的优势被削弱。当前显而易见的是，“区块链+AI”面临政策性风险、技术融合的不确定性、大规模的社会应用面临挑战、发展不可控性等四方面问题。

1. 政策性风险

区块链目前的服务应用在全球都面临着一定的政策风险——例如是否采用区块链技术的通证来鼓励AI的开发或节点管理，区块独特的代码行为缺乏相应的法律规定等。无论是在经济上还是在政策上，如何定义通证仍有一定的不确定性。

2. 技术融合的不确定性

作为两个前沿的新兴技术，尚都处于待成熟的阶段。无论是从当前区块链的技术指标，还是从AI的实际落地性来讲，两者真正的结合并实现落地，仍存在一些不确定性因素。目前区块链的主要问题为扩容、隐私和计算能力，主流的公有链难以支撑AI的链上实现。

3. 大规模的社会应用面临挑战

数据共享威胁大型企业利益，弱化数据的中心化会降低大型企业相对于小公司的竞争优势。如果任何人都可以访问这些数据集和计算，那么任何人都有机会与世界上最大的公司竞争。从技术领域中去除这些阻碍将会促进社会发展，但共享市场的尝试可能会让大公司感到担忧。如果任何人都有能力在世界上制造出最好的人工智能产品，那么市场将是许多大型企业、初创企业和小企业共同分享的。之前使用用户数据来制定广告或业务策略的公司和组织将再次被迫以间接的方式获取其数据。因此大公司可能会阻挠数据去中心化进程，并可能努力维持 AI 模型开发方面集中式数据集的现状。

4. 发展不可控性

当使用了“一旦运行就不可停止”的智能合约时，如果合约代码存在的缺陷被黑客利用，黑客就将通过智能合约漏洞图利，因为在区块链上运行的事件和交易不可撤销，可能会给企业和个人造成不可补救的损失。

第二节　区块链技术与物联网的融合

物联网和区块链的融合具有广泛的应用前景，其相关技术的研发在国内外学术界和产业界掀起一股又一股的热潮。它们的融合实现技术优势互补：物联网提供了丰富的数据和环境，但存在较大的安全和隐私风险；区块链技术保障安全和隐私，提供多主体之间共享和交易的平台，但是缺乏大量实时的、有效的数据作为支撑；物联网和区块链融合将互相弥补不足，有利推动两者在行业中深度发展和高效应用，但同时机会与挑战并存。

此外，物联网行业的应用对新兴的区块链技术还处于探索阶段，两者的融合还处于产业前期。但是，随着物联网、区块链技术的迅速发展，区块链开源社区创建和技术普及，以及国内外企业对商业模式的不断创新探索，相信在不久的未来，物联网和区块链融合必将形成共同促进的态势，对行业进步、社会发展带来巨大的影响。

一、物联网

物联网（The Internet of Things），简称 IoT，是指通过各种信息传感器、射频识别（RFID）技术、全球定位系统等装置技术，实时采集需要监控、连接、互动的物体，收集声、光、热、电学等各种信息，然后通过各类网络接入，实现物与物、物与人的泛连接和对物品的智能化感知、识别和管理。它是一种“万物相连的互联网”，是将各种信息传感设备与互联网结合起来而形成的一个巨大网络，能实现在任何时间、地点，人、机、物的互联互通。作为一个新兴的技术，物联网正在扮演自己的角色。追寻它的历史我们可以知道，“物联网”的概念最早出现于 1995 年比尔・盖茨的《未来之路》一书中。1998 年，美国麻省理工学院创造性地提出了当时称作 EPC 系统的物联网构想。1999 年，美国 Auto-ID 首次提出物联网的概念，它主要是建立在物品编码、RFID 技术和互联网的基础上的。在我国，物联网被称为“传感网”，中科院于 1999 年启动了对传感网的研究，并以取得的一些科研成果为基础，建立了一些适用的传感网。2003 年，美国《技术评论》（*Technology Review*）提出传感网络技术将是未来改变人们生活的十大技术之首。在2005年突尼斯举行的信息社会世界峰会上，国际电信联盟发布了《ITU互联网报告2005：物联网》，正式提出了“物联网”的定义。物联网是人类社会螺旋发展的再次回归，是信息产业发展的第三次浪潮，也是第四次工业革命的核心支撑。

近几年来，物联网产业发展迅速。物联网作为一种科学技术，正逐步地改变着我们的日常生活。著名咨询公司Gartner的一项研究显示，到2020年，全球物联网市场规模将增长到4570亿美元。现阶段的物联网应用包含了车联网、智能家居、医疗健康、可穿戴设备和各类物联的消费市场，在多个行业的服务范围、方式和质量等方面都发挥极大的作用，大大地提高了人们的生活质量。在国防军事领域方面，虽然目前还处在研究探索阶段，但物联网应用带来的影响十分广泛，大到卫星、导弹、飞机和潜艇等装备系统，小到单兵作战装备，物联网技术的应用能有效提升军事智能化、信息化和精准化，总体提升部队的战斗力。

物联网的关键技术有射频识别技术，微机电系统（MEMS）以及M2M（Machine to Machine）技术等。从通信对象和过程来看，物与物、人与物之间的信息交互是物联网的核心，它的基本特征可概括为整体感知、可靠传输和智能处理。整体感知是利用射频识别、二维码、智能传感器等感知设备感知并获取物体的各类信息；可靠传输是通过对互联网、无线网络的融合，实时、准确地传送物体的信息，以便信息交流和分享；智能处理是使用各种智能技术，对感知和传送的数据、信息进行分析处理，实现监测与控制的智能化。

虽然物联网近年来的发展已经渐成规模，但在长期发展过程中仍然存在许多需要攻克的难题。在安全性方面，缺乏设备与设备之间的信任机制，设备都要与物联网中心数据进行核对，一旦数据库出现问题，就会对全网造成严重的破坏。在个人隐私方面，采取中心化的管理架构使得个人隐私数据泄露的情况时有发生。在扩展能力方面，未来物联网的设备将以几何数级增长，而中心化服务的成本将会变得巨大，这往往成为阻碍发展的关键问题。在管理方面，物联网本身是一个复杂的网络体系，其应用领域遍及各行各业，不可避免地存在很大的交叉性。倘若此网络体系没有一个专门的综合平台对信息进行分类管理，则会出现大量信息冗余、重复工作、重复建设等资源浪费的状况，因此物联网亟需能整合各行业资源的统一管理平台，使其能形成一个完整的产业链模式。

二、物联网+区块链融合

物联网面向的物理世界具有海量终端、网络异构、数据庞大和管理复杂等特点，这为区块链引入了来自实体世界的真实数据，数据上链将扩展这些海量数据的应用空间并挖掘出数据背后的巨大价值，真正发挥出区块链对实体世界的推动作用。物联网通过感知设备来获取物理世界的感知数据，如常见的腕表人体体征信息采集、智能家居、烟雾感应和光感应等，但感知数据的安全性和隐私性问题成为物联网大规模发展的阻碍。并且物联网碎片应用繁多，系统建设和行业应用较为孤立，系统之间难以成熟融合，不同的网络协议和体系结构导致物联网潜在价值尚未被完全开发，需要进行更多的改良。

区块链自身具备防篡改的优势，能从根本上解决物联网大数据管理、信任、安全和隐私问题。依靠区块链的智能合约、网间协作、授权机制和激励机制等，可以大大拓展物联网在多种行业内部和跨行业的应用范围，从而为实现安全可信、多行业融合的物联网应用提供强大的技术支撑。因此，融合物联网和区块链技术，不仅能解决物联网行业应用中面临的数据和设备安全、隐私保护和跨行业等难点问题，还能依托区块链中心化的特点降低物联网中心化架构的高额运维成本，并使追本溯源的特点发挥作用，依托链式结构构建可证可溯的电子凭据存证。这些将对各个行业的应用产生根本性变革。物联网和区块链的融合具有巨大的市场前景和发展潜力。区块链+物联网的融合和创新体现在如下方面。

（一）提供应用场景和价值网

物联网连接的是物与物或物与人，这些连接的对象是客观存在的。根据行业和应用场景的不同，物联网采用功能、形态、需求各异的物联网设备终端采集医疗健康、家居、交通、物流和工业等行业的数据，从而获得来自这些行业以及细分领域的真实数据，这些数据上链给区块链的应用不断注入新鲜的血液，可以不断扩充区块链技术的应用场景。实物数据化可以帮助解决物理世界的现实问题，从而服务实体经济。当前，区块链不仅应用在金融系统中，而且越来越多地应用于非金融领域。例如在一个供应链的应用场景中，从农场到超级市场的货架上获取食物的整个过程都是通过供应链进行，食品从农民到供应商，再经过加工者和分销商到达零售商，这些参与者就是区块链中的不同节点。如果借助基于物联网的传感器，则可以监控每个步骤的食物的状态。如果在链中的任何位置添加了任何不需要的农药、杀虫剂或其他着色剂，就能够立即被识别出，并且区块链会采取适当的措施以确保食品不再继续转送。在传统系统中，这种流程需要花费近一周的时间，而通过区块链和物联网的技术合作，可以将其缩短到三秒内。有关其他供应链的具体应用可以参见前面章节。

（二）区块链解决物联网中的信息安全和隐私问题

在全球范围内，安全性是物联网实施道路上的主要障碍之一，因为物联网技术虽然能够获取精准的数据信息，但是却容易造成数据信息的流失。为解决该问题，一方面，物联网可以使用区块链及区块链强大的加密标准。这将为物联网带来更强的安全性，使得黑客越来越难以穿透设备，或者使黑客穿过安全层的过程耗时过久，很容易被抓住。同时，区块链的高数据加密能力与物联网结合，智能设备将能够以一种无法泄漏或操纵敏感信息的方式记录交易过程。进入区块链的数据无法以任何方式被修改，这让任何人都不可能损害物联网设备的安全性。另一方面，基于成本和管理等因素，大量的物联网设备安全保护机制不足，如家庭摄像头、智能灯、监视器等。这些设备很容易被不法分子通过恶意软件控制，并对特定的网络服务进行拒绝服务（DDoS）攻击。为了解决此问题，需要重视监控并禁止受劫持设备连接通信网络，切断其访问请求。运营商可以升级物联网网关，将其和区块链连接起来，共同监控、标识和处理物联网设备的网络活动，保障网络安全。综上所述，区块链能从技术上解决物联网的数据安全和隐私问题，有利于物联网的大范围推广和应用。

（三）建立物联网跨行业应用的生态体系，实现与行业发展的结合

物联网的应用不再局限于从前的单个行业的数据监测、数据传输和分析控制，因此需要建立一个庞大的生态服务体系。物联网本身就是一个跨技术、多个主体共同协作的系统级应用，需要设备入网者、服务提供者、运营管理者、目标客户、目标对象所有人等多个主体的合作和共享。同时，物联网所提供的服务也不是单一内容的服务，而是多元化的、种类繁多的且不断演进的生态服务体系，所以利用区块链中的智能合约机制能建立这些数据之间以及映射出的主体之间的关系，并基于主体之间的合约脚本，给不同主体提供崭新的网络化的、具有社会化属性以及不断演进的服务和体验。在物联网中实现区块链智能合约将会改变物联设备的格局和分布，也会从根本上改变业务谈判的方式，这也将促进跨组织业务流程之间更好地交换信息。从现在到未来，基于区块链的医疗健康物联网服务不仅涉及药品溯源、健康监测、医废管理、农业信用、商业租赁等领域，还涉及人寿保险、社会保障、居家养老、远程医疗服务、医疗器械租赁等领域，这项服务必将在多个相关领域中大放异彩。

（四）商业模式创新

物联网的数据共享和服务在现阶段难以普及的原因有两个方面：一方面是受制于技术集成创新成熟度；另一方面也是缺乏良好商业模式的推动，特别是在一些重要的消费行业，如供应链金融、农业、食品安全、能源、电动汽车共享租赁等。物联网作为推动共享经济、实现零边际成本社会的重要动力，还需要借助一定的激励机制和商业模式。由于物联网实现跨领域的生态体系，物联网系统的设备提供商、软件服务商、运营管理方、多种类用户之间的关系错综复杂，因而需要在它们之间建立良好的数据提供、服务获取、交易确认和付费机制等。使用区块链技术去中心化特点构建物联网服务平台（见图 13-5），可去中心化地将各类物联网相关的设备、网关、能力系统、应用及服务等有效连接和融合，促进它们的相互协作，打通物理与虚拟世界，降低成本的同时，最大限度地满足信任建立、交易加速、海量连接等需求。

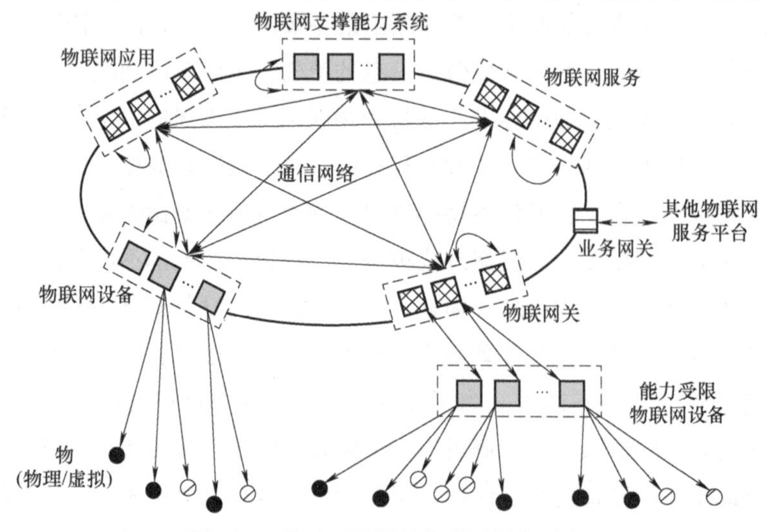

图 13-5　基于区块链的物联网服务平台

目前主要使用 P2P 技术[⊖]和区块链技术来搭建的物联网服务平台已成为一种重要模式。利用区块链的共识机制和激励制度，能够使做出贡献的主体获取相应额度报酬，这种机制将鼓励和带动更多的主体参与物联网的应用，实现实体流、信息流与资金流的三流合一，高效解决跨行业、深层次的社会问题。比如在无人机和机器人的安全通信和群体智能方面，每个无人机都将内置硬件密钥。这种私钥衍生的身份 ID 增强了身份鉴权能力，基于数字签名的通信能确保安全交互，阻止伪造信息的扩散和非法设备的接入。同时基于区块链的共识机制，未来区块链与人工智能的结合点——群体智能，前景广阔，麻省理工实验室目前已在这个交叉领域展开了深入研究。

综上所述，物联网和区块链的结合主要体现在四个方面：一是物联网为区块链提供更多现实数据和应用场景，能充分发挥区块链的经济社会价值；二是区块链拥有追本溯源和隐私保护的特点，能帮助物联网解决信息安全和设备安全等问题；三是以区块链的智能合约技术为支撑，建立物联网跨行业应用的生态体系，能改变物联网现有的谈判方式和设备分布格局，实现行业间更好的信息交互；四是区块链的共识机制、激励机制以及去中心化特点，将有助于物联网行业的商业模式创新，构建分布式物联网服务平台和多主体参与的物联网应用。

三、物联网+区块链应用

区块链在物联网领域的行业应用探索始于 2015 年，比较典型的应用领域包括智慧城市、工业互联网、物联网支付、供应链管理、物流、交通、农业、能源、环保等。

如图 13-6 所示，“物联网+区块链”在前端方面具备广泛的应用能力。面向产业领域，

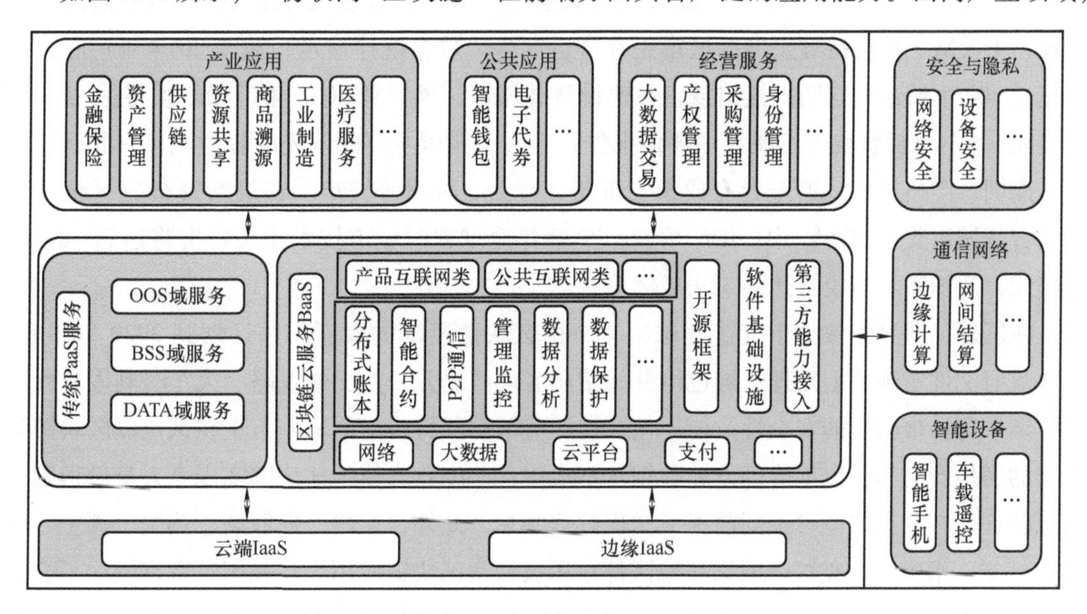

图 13-6 区块链在物联网应用全景图

⊖ P2P 即点对点技术，又称对等互联网络技术，是一种网络新技术，依赖网络中参与者的计算能力和带宽，而并非依赖较少的几台服务器。

可以推动智慧城市、保险金融的行业发展；面向公众领域，可以增强智能钱包、电子代付等应用效能；面向企业经营，可以提升产权管理、大数据交易等服务能力；面向通信领域，可以完善漫游结算、边缘计算等功能体系。目前区块链在工业互联网、供应链管理等领域有一些比较成熟的应用，其他领域的应用还多处于实验验证阶段。以下从智慧城市、工业互联网、物联网支付、物流与物流金融、农业等方面展开讨论。

（一）智慧城市

智慧城市是把新一代信息技术充分运用在城市中各行各业，基于知识社会下一代创新（创新 2.0）的城市信息化高级形态。实现信息化、工业化与城镇化深度融合，有助于缓解“大城市病”，提高城镇化质量，实现精细化和动态管理，并提升城市管理成效和改善市民生活质量。当前的智慧城市建设中，物联网技术已经被广泛使用，例如常见的公共交通、管道井盖、街道照明、智能水表/电表/燃气表等设备，都是通过传感器连接和监控来收集和传输数据的，而未来会有更多个人、公共设施设备的数据会被自动采集，并被广泛使用。但是这些数据在传输和使用过程中，可能会面临信息安全、数据篡改等问题，而区块链技术的融入，将可以有效提升对智慧城市数据安全的保护能力。区块链技术可以为跨层级、跨部门智慧城市数据的互联互通提供安全可信任的环境，技术上允许政府部门对访问方和访问数据自主授权，对数据调用行为进行记录，出现数据泄露事件时还能够准确定位责任，可大幅降低智慧城市数据使用和共享的安全性风险。我国的首批智慧城市试点共 90 个，其中地级市 37 个，区（县）50 个，镇 3 个。经过 10 余年的探索，我国的智慧城市建设已进入新阶段，更高效、更灵敏、更可持续发展的城市正在应运而生。数据统计显示，截至 2017 年年底，我国超过 500 个城市均已明确提出或正在建设智慧城市，预计到 2021 年市场规模将达到 18.7 万亿元。《中国智慧城市发展水平评估报告》显示，我国主要的领先的智慧城市有北京、上海、深圳、广州等地，追赶者有成都、重庆、青岛、杭州等城市。在最新发布的《全球半年度智慧城市支出指南》中，IDC 预测，2023 年全球智慧城市技术相关投资将达到 1894.6 亿美元，我国市场规模将达到 389.2 亿美元。

在国外，迪拜正致力于打造全球第一个由区块链驱动的政府，并计划到 2020 年年底，全部政府文件实现链上处理；维也纳开始使用区块链提升公共交通线路、火车时刻表、社区投票结果等城市数据的安全性及使用便捷性；美国佛蒙特州南伯灵顿市正在试点以区块链为基础的房地产交易，以期降低土地数据管理成本；印度政府使用区块链实现个人身份识别与信息验证，在数据安全可控的前提下实现数据共享。此外，瑞典、俄罗斯、英国、瑞士、韩国、日本、泰国、乌克兰等国家和地区都在积极探索区块链应用。在我国，南京上线了全国首个基于区块链的电子证照共享平台，提升了数据防篡改能力，助力行政事项全程网办；深圳作为我国区块链电子发票首个试点城市，借助区块链全流程完整追溯、信息不可篡改等特性提升税务部门、企业运营管理效率，大幅简化发票报销流程；江苏常州设立医联体区块链试点，以期用低成本、高安全的方式解决医疗数据安全保护以及医疗机构间的数据共享问题；雄安新区已上线区块链租房平台，尝试解决房屋租赁场景中的租户数据隐私保护及“真人、真房、真住”等相关问题。此外，区块链技术在精准扶贫、智慧电网、智能制造等领域均有落地应用。

总体来说，当前区块链技术在新型智慧城市建设中的应用场景可归纳为四大类：一是数据安全与隐私保护，如个人健康及医疗数据的保护、租客隐私信息保护等，依托区块链的数据加密存储与防篡改特性；二是数据追溯，如电子发票、地产交易数据管理等，依托区块链中的链式数据存储结构；三是数据存证与认证，如个人身份认证、电子证照存证等，依托区块链的数据防篡改特性；四是数据低成本、可靠交易，如个人、企业、政府数据开放共享等，依托区块链智能合约精准管控数据使用权、收益权等。

（二）工业互联网

工业互联网（Industrial Internet）是一种开放、全球化的网络，将人、数据和机器连接起来，属于泛互联网的目录分类。它是全球工业系统与高级计算、分析、传感技术及互联网的高度融合。组建高效、低成本的工业互联网，是构建智能制造网络基础设施的关键环节。在传统的工业互联网的组网模式下，所有设备之间和供应链各环节的连接与通信需要通过中心化的网络及通信代理来实现，这极大增加了组网和运维成本，同时这类组网模式的可扩展性、可维护性和稳定性也相对较低。区块链基于 P2P 组网技术和混合通信协议处理异构设备间的通信，能够显著降低中心化数据中心的建设和维护成本，同时还可以将计算和存储等能力分散到物联网各处，有效避免由单一节点失败而导致整个网络崩溃的问题。区块链中分布式账本的防篡改特性，能有效降低工业互联网中任何单一节点设备被恶意攻击和控制后带来的信息泄露和恶意操控风险。利用区块链技术组建和管理工业互联网，能及时掌控网络中各种生产制造设备的状态以及参与分工协作的各相关方的状态，提高设备的利用率和维护效率，从而能提供更加精准、高效的供应链服务。

2019 年 1 月 18 日，工信部印发了《工业互联网网络建设及推广指南》，明确提出以构筑支撑工业全要素、全产业链、全价值链互联互通的网络基础设施为目标，着力打造工业互联网标杆网络，创新网络应用，规范发展秩序，加快培育新技术、新产品、新模式、新业态，到 2020 年，形成相对完善的工业互联网网络顶层设计。2019 年，“工业互联网”成为“热词”并写入《2019 年国务院政府工作报告》。报告提出，围绕推动制造业高质量发展，强化工业基础和技术创新能力，促进先进制造业和现代服务业融合发展，加快建设制造强国。打造工业互联网平台，拓展“智能+”，为制造业转型升级赋能。

区块链对工业互联网的助力具体表现有以下几个方面：

1）工业领域有大量的设备、人和物体在里面交互，因此需要用区块链技术来解决工业设备的可信身份、设备的注册管理、设备的访问控制、设备的状态监控等方面的问题，从而保证工业的安全。当某一个人（设备）在说“我是我”的时候，需要验证其是不是可信、安全的。

2）工业生产日益演化到“云化”生产，或者说网络化生产。越来越多的产品并不是在同一条流水线上加工的，而是将原有的流程切分成细小的单元，每一单元都交给独立的公司、专业化的公司去做。新的工业流程体系其实是由许多家公司共同完成的，通过引入区块链分布式系统的可信、安全的技术，可以帮助工业制造的供应链体系提高生产效率，并提升协同效率。

3）随着需求的个性化要求越来越高，生产也体现了个性化，即向服务型制造升级，其本质是一种按需定制的生产方式。未来制造业的企业在制造和销售的时候，不仅是在销售一个个硬件产品，而且会越来越多地提供类似供应链金融、融资租赁、二手交易、工业品回收等服务，从而实现向服务型制造升级。

4）越是网络化的生产，越是大协作的生产，越需要柔性监管。区块链技术可以给产业生态内多个参与方创造一个协作平台，参与方可以在保留自己的隐私与不愿意共享的知识的同时，在协作平台上共享流程、规则以及隐私保护下的数据。

2019 年 4 月 25 日，工业互联网产业联盟围绕工业互联网网络、平台和安全三大体系，评选出 7 项工业互联网优秀应用案例。其中，海尔衣联网探索基于区块链技术的服装行业增值服务，入选工业互联网区块链领域优秀案例。海尔衣联网联合海链区块链打造了生态宝 APP，用户不仅可在 APP 上购买洗涤剂、智能水杯等衣联网平台资源方提供的生态产品，还能通过资源方和用户的区块链数字身份及信息数据，确保购买全流程真实可信。例如，当用户使用 APP 购买高端衬衣护理液时，平台便会将洗衣液的从设计、研发、生产、销售等全生命周期数据集中到区块链上，形成产品完整的溯源链路，并做到不可篡改数据，确保用户购买到的产品真实可靠。对平台上的资源方而言，海尔衣联网通过智能合约，在确保用户数据安全的前提下，实现衣联网资源方围绕用户体验增值分享。通过消除企业之间的边界，企业之间不再是普通的合作关系或者供给关系，而是成为区块链上的一个个节点。围绕给用户提供性价比最高的产品，为用户打造智慧生活场景，并根据各自贡献大小获得企业价值。甚至，用户也可以参与进来，和生态圈企业一起获得收益。海尔衣联网在“人单合一”模式指导下，不断布局和建设生态供应链体系，目前已经吸引 5000 多家生态资源企业加入。通过与用户持续交互，促进产品和服务的持续迭代和生态资源共享，为区块链技术的发展应用提供了新范式。

（三）物联网支付

目前移动支付已经占据了支付市场的半壁江山。但已有的互联网第三方支付平台越来越受到安全漏洞、面覆盖人群狭隘等客观条件的制约，亟需改进。如今物联网的快速发展推动了很多领域的创新，未来，支付方式及平台也必然会和物联网有着深度的结合，互联网支付必然会升级到物联网支付。现有的系统架构和中心化的商业运作模式将无法支撑物联网时代数据的指数级增长。同时各行业、各设备的数据结构的不一致性、数据信息不联通、数据被恶意篡改、终端数据的隐私保密性等问题，也会进一步阻碍物联网支付的发展。客户隐私和数据安全是未来最重要的两个课题，物物之间支付的海量数据处理和账务处理、低时延需求等特点要求未来的技术必须是分布式的。区块链的分布式存储、分布式计算、内容分发等技术是处理指数级增长数据的必然选择。区块链具有的可溯源、防篡改、数据保护、安全控制等特性，可以提升支付的信用等级。

目前，区块链在物联网支付领域比较典型的应用是利用区块链技术，为现有的物联网行业提供一种人对机器或者机器对机器的支付解决方案，并据此建立基于区块链的微支付体系，实现对物联网设备的实时接入支付，有效促进物联网数据的交易与流通。通过将各种不同的自动化设备集成到智能系统中，可以实现更高的效率。例如，可靠的自动驾驶货车正在崛起，但为了充分发挥其潜力，我们需要自动加油站、公路沿线的自动工具亭、自动货运处理和仓储系统等。因此，虽然物联网在很大程度上解决了不同设备如何进行通信和协调的问题，但经常被忽视的是它们能够相互支付的必要性。比如，为了实现真正有效的系统，自动驾驶货车需要支付汽油费和通行费以及接收货物运输的费用。让人类来监控自动驾驶货车的速度，并用信用卡支付汽油费和通行费，这会显得十分笨拙。

将区块链技术用于物联网支付有两大优势。第一，加密货币比传统的支付方式更具可编程性，因为密码本身是基于代码的。第二，利用加密货币进行小额交易是可以的。虽然使用信用卡支付的最低费用约为5美元，而使用比特币闪电网络支付的最低费用则为百万分之一美分，甚至可以更少，这使得可以通过支持各种新的商业模式来推动物联网的发展。比如区块链可以使用户在每次做某事时，由一台机器向另一台机器收取1分钱的费用，而不是出售一台机器。实现这一目的的方法是通过分布式分类账——通过区块链支付机制。对于许多行业来说，通过机器进行“机器对机器支付”的好处是非同寻常的，适用于工业产品、石油和天然气、医疗保健和零售等。

（四）物流与物流金融

2017年我国物流业总收入高达8.8万亿元，其中合同物流金融服务市场规模达到1万亿元。我国物流行业在不断优化产业结构，提升自身效率。对标物流总收入8.8万亿的市场数字，效率提升后对应的市场价值将以数千亿计算。但由于物流行业的日常经营往往涉及很多方面，包括物流、资金流、信息流等，其中需要各参与方大量的协作。在传统的物流金融模式下，物流信息不对等，由各参与方独自保有，因此在日常协作中严重缺乏透明度，往往会导致大量时间成本和金钱成本的浪费，而且一旦出现问题，参与各方就都难以追查和处理。物流金融的发展对降低金融机构风险、方便企业融资、扩大物流企业业务范围都具有积极作用。目前，我国物流金融问题主要体现在：①应收账款无法直接流通，存在融资难问题；②融资成本高，占用银行风险计量资本，提升了杠杆率；③信用环境差，各个环节的真实性、可靠性存疑；④第三方介入的业务困难重重，银行主导和核心企业主导物流金融服务，第三方难以生存。这些问题都是传统物流金融存在的“信任”问题。

区块链的数字签名和加解密机制，可以充分保证物流信息安全以及寄、收件人的隐私。区块链的智能合约与金融服务相融合，可简化物流程序、提升物流效率。具体表现为：①对可拆分、可流通的应收账款，能以数字资产形式存于链上，核心企业与一级供应商之间的应收账款实际成了可拆分、可转让、能追溯的数字资产；②应收账款一旦可以流通、支付，链上企业之间的支付问题就迎刃而解，完全能采用数字资产进行支付，避免质押融资，降低了融资成本；③针对融资难问题，中小供应商持有核心企业资信的应收账款对应的数字资产，如果需要向链外企业进行支付，就能够更为容易地从银行、保理等处获得资金，彻底解决以往融资难的问题；④一方面降低企业杠杆，另一方面减少银行风险资本占用，这符合降杠杆的基本方向；⑤提供银行、核心企业之外的第三方运营能力。

北京随行付信息技术有限公司创建的“随行付”平台是我国领先的第三方支付平台，它是全国的区块链金融创新领军者，在国内率先将区块链技术应用于物流合同金融的服务平台。随行付将区块链技术应用于物流合同领域，使用新兴技术如分布式数据存储、加密算法和共识机制，解决传统物流核心公司、银行之间的信息不对称、融资和供应商信任等问题。区块链能实时可靠地记录和转移资金流、物流和信息流，实现信用有效传递，有效解决中小物流企业信贷收集和融资难的问题。同时，随行付平台利用区块链技术，依靠强大的密码学原理构建了一套可信的信任验证工具，可以建立一套企业识别系统，让企业、产品、应用和服务进行交互，这有助于降低物流合同各方的制度性交易成本。目前已有不少小微企业加入随行付区块链物流合同服务平台，包括车联天下物流平台、中顺洁柔等合作企业。

（五）农业

当前，我国农业资源相对分散和孤立，造成了科技和金融等服务资源难以进入农业领域。同时，农业用地和农业产品的化学污染、产业链信用体系薄弱等问题对消费者获得安全和高质量的食品产生影响。物联网与传统农业的融合，可以在一定程度上解决这些问题，但由于缺乏市场运营主体和闭环的商业模式，实际作用还比较有限。这些问题的根源在于农业领域缺乏有效的信用保障机制。物联网和区块链融合应用能够有效解决当前农业和农产品消费的痛点问题：一方面，依托物联网提升传统农业效率，连接孤立的产业链环节，创造增量价值；另一方面，依托区块链技术连接各农业数字资源要素，建立全程的信用监管体系，从而推动农业生产和食品消费领域革命性升级。

当前物联网+区块链在农业方面的典型应用如下。

1. 农产品溯源

农产品的生产地和消费地距离远，消费者对生产者使用的农药、化肥以及运输、加工过程中使用的添加剂等信息无从了解，造成了消费者对产品的信任度降低。基于区块链技术的农产品追溯系统，可将所有数据记录到区块链账本上，实现农产品质量和交易主体的全程可追溯，以及针对质量、效用等方面的跟踪服务，使得信息更加透明，从而确保农产品的安全，提升优质农产品的品牌价值，打击假冒伪劣产品，同时保障农用物资质量、价格的公平性和有效性，提升农用物资的创新研发水平以及使用质量和效益。

2. 农业信贷

农业经营主体申请贷款时，需要提供相应的信用信息，且需要保证信息的完整性、数据准确度，否则将造成涉农信贷审批困难的问题。通过物联网设备获取数据并将凭证存储在区块链上，依靠智能合约和共识机制自动记录和同步，提高篡改信息的难度，降低获取信息的成本。通过调取区块链的相应数据为信贷机构提供信用证明，可以为农业、供应链、银行、科技服务公司等建立多方互信的科技贷款授信体系，提高金融机构对农业的支持力度，简化贷款评估和业务流程，降低涉农贷款申请难度。

3. 农业保险

物联网数据在支持贷款、理赔评定等场景中具有重要的作用，与区块链结合之后能提升数据的可信度，大大简化农业保险申请和理赔流程。另外将智能合约技术应用到农业保险领域，可在检测到农业灾害时，自动启动赔付流程，提高赔付效率。

2016 年，众安保险将区块链技术引入了农业保险。2017 年 12 月，沃尔玛、京东、IBM 和清华大学电子商务交易技术国家工程实验室共同宣布成立我国首个安全食品区块链溯源联盟，旨在通过区块链技术进一步加强食品追踪、可追溯性和安全性的合作。业界的实践探索正密集开展，学界对区块链在农业领域的应用也开展了前瞻性的研究。2017 年，农业银行上线了基于区块链的涉农互联网电商融资系统。2017 年，工商银行在贵州探索应用区块链技术创新扶贫金融服务；2017 年，辽宁省农科院建设面向绿色有机农业体系的区块链专有云及农业种植管理计划。2020 年 1 月，在农业农村部印发的《数字农业农村发展规划（2019—2025 年）》提到，加快推进农业区块链大规模组网、链上链下数据协同等核心技术的突破，加强农业区块链标准化研究，推动区块链技术在农业资源监测、质量安全溯源、农村金融保险、透明供应链等方面的创新应用。与此同时，沃尔玛食品供应链项目、智链科技的北大荒优质大米溯源项目、众安科技“步步鸡”养殖项目等应用项目层出不穷，为粮食安全、食品安全、农业信贷等许多制约农业发展的现实问题提供了新的解决方案。但是，这些相关探索目前仍处于起步阶段，具体模式尚未成熟，效果仍未显现，相关政策仍需规范。

四、物联网+区块链落地与发展前景

（一）目前发展现状

从整体来看，全球物联网相关技术、标准、应用和服务还处于起步阶段，物联网核心技术正在持续发展，标准体系正在加快构建，产业体系也处于建立和完善过程中。未来几年，全球物联网市场规模将出现快速增长。据预计，未来十年，全球物联网将实现大规模普及，年均复合增速将保持在 20%左右，到 2023 年全球物联网市场规模有望达到 2.8 万亿美元。为此，发达国家纷纷出台政策进行战略布局，抢抓新一轮信息产业的发展先机。美国以物联网应用为核心的“智慧地球”计划、欧盟的“十四点行动”计划、日本的“u-Japan”计划、韩国的“IT839”战略和“u-Korea”战略、新加坡的“下一代 I-Hub”计划等都将物联网作为当前发展的重要战略目标。据前瞻产业研究院发布的《2018—2023 年中国物联网行业细分市场需求与投资机会分析报告》初步估算，2017 年全球物联网设备数量达到 84 亿，比 2016 年的 64 亿增长了 31%，2020 年物联网设备数量将达到 204 亿。2018 年，制造业成为最积极投资物联网解决方案的产业，支出金额达到 1890 亿美元，全总体比重为 24.47%；运输业和车联网、智能建筑等跨产业物联网的支出金额将分别达到 850 亿美元和 920 亿美元。2018 年消费者物联网支出金额就达到了 650 亿美元，位居第五大产业类别，主要应用包括智能家庭、家庭自动化、保全以及智能家电。

近年来在“中国制造 2025”、互联网+双创等的带动下，我国物联网产业发展取得了长足进步。在企业、高校、科研院所的共同努力下，我国形成了芯片、元器件、设备、软件、电器运营、物联网服务等较为完善的物联网产业链，基于移动通信网络部署到机器。涌现出一批实力较强的物联网领军企业，初步建成了一批共性技术研发、检验检测、投融资、标识解析、成果转化、人才培训、信息服务等公共服务平台。在行业应用方面，通过试点示范，物联网在交通、物流、环保、医疗保健、安防电力等行业开始规模应用，在便利百姓生活的同时也促进了传统产业的转型升级。如三一重工建成了工业物联网平台，有效降低了企业生产成本，提高了整体运营效率。在产业集群上，我国形成了环渤海、长三角、珠三角等区域发展格局，无锡、杭州、重庆运用配套政策而成为推动物联网发展的重要基地。重点企业带动作用显著，以无锡示范区为例，截至 2016 年无锡拥有互联网企业近 1300 家，从业人员超过 15 万人，构建了比较完整的物联网产业链，物联网产业营业收入超过 2000 亿元。

学术研究方面，2017 年中国电子技术标准化研究院联合无锡市经信委发布了《中国区块链与物联网融合创新应用蓝皮书》，深度剖析区块链与物联网的融合模式，以及融合在环保、医疗、智能制造、供应链管理、农业等领域的应用场景。在标准化方面，2018 年我国国家物联网基础标准工作组发布了《物联网标准化白皮书（2018 版）》。在安全方面，2019 年我国信安标委发布了《物联网安全标准化白皮书》。在区块链标准化方面，许多国内外标准组织如 ISO、ITU-T、IETF、IEEE 等均已开展区块链及区块链与物联网融合的标准化工作。2017 年 3 月，中国联通牵头众多公司和研究机构在 ITU-T SG20 成立了全球首个物联网区块链标准项目，定义去中心化的可信物联网服务平台框架。ISO/TC 307（区块链和分布式记账技术委员会）开展区块链制定工作，目前已经有十多项标准项目正在开展。IETF 讨论区块链的互联互通标准，IEEE 建立了区块链应用在物联网下的框架标准。中国通信标准化协会（CCSA）物联网技术委员会（TC10）启动了物联网区块链子项目组，负责区块链技术在物联网及其涵盖的智慧城市、车联网等行业的应用，在相关技术委员会下启动区块链行业标准制定。数据中心联盟于 2016 年 12 月 1 日成立可信区块链工作组，包括中国联通、中国电信、腾讯、华为、中兴通讯等 30 多家单位。

国内外知名的企业和研究机构针对物联网和区块链融合的研究逐渐增多。腾讯、京东和华为针对区块链技术分别发布了《腾讯区块链方案白皮书》《京东区块链技术实践白皮书

（2018）》《华为区块链白皮书》，这些白皮书中均将物联网作为区块链的应用场景，根据企业总体优势阐述其在区块链方面的布局。在物联网和区块链底层融合技术方面，2014年在德国诞生的数字虚拟货币IOTA（埃欧塔）是面向物联网应用的区块链技术，通过一种创新的分布式Tangle账本、DAG结构满足物联网之间互操作性和资源共享的需求。国内物联网和区块链融合技术也开始蓬勃发展，2017年提出的“六域链”（Six Domain Chain）针对物联网应用生态的复杂需求等，在P2P通信、加密算法、共识算法、市场化共识激励、去中心化应用等底层技术方面进行了充分的、优化的设计，建立了适用于物联网应用生态的公有链，推进了区块链服务实体经济的探索实践。2018年5月，中国、加拿大来自物联网、区块链、金融等不同领域的专家联合发起创立“中加物联网与区块链产业发展研究院”，以推进相关的研究和应用。

（二）未来发展趋势

区块链在物联网领域的应用主要集中在物联网平台、设备管理和安全等方向上，具体包括智能制造、车联网、农业、供应链管理、能源管理等领域。目前国内外在智能制造、供应链管理等领域有一些已经成熟的项目，而其他领域的项目多处于研发阶段。区块链的技术优势为物联网生态的建立和完善提供了最佳的选择和重要的支撑。区块链通过在设备身份权限管理、智能合约机制、数据安全与隐私保护、数据资源交易信任机制等诸多方面的突破，并与物联网各主体以及金融、保险等资源互相融合，增强信任、保护隐私，重构线上和线下开放式的价值信用体系，极大地拓展了物联网的增值服务和产业增量空间。未来将广泛影响工业、农业、医疗、健康、环保、交通、安全、金融、保险、物品溯源、供应链、智慧城市综合管理等诸多领域，实现从信息互联到价值互联的巨大转变。

应用区块链技术开展各类探索性试验，构建相关产业生态将是我国物联网发展的核心方法之一。可以从多个层面提升“物联网+区块链”应用与发展能力：①加大对“物联网+区块链”技术的基础理论研究，加强国际与行业标准制定，培养区块链技术人才；强化“物联网+区块链”基础、监管、共识等理论研究，探索符合中国国情的区块链技术与物联网应用模式研究，加强“物联网+区块链”相关国际与行业标准制定，奠定区块链应用快速落地基础。②加强“物联网+区块链”技术与应用研发，完善“物联网+区块链”支撑技术体系，在特定应用领域中开展试点。③强化数据管理机制，建立健全针对物联网应用的区块链风险评估体系，完善区块链相关监管框架，推动科学、透明的监管体系的建立，逐步形成相关法律法规制定的量化依据。④推动“物联网+区块链”监管技术的发展，包括对区块链节点进行追踪和可视化、主动发现与探测公有链、建立以链治链的体系结构等技术，从技术上为监管部门提供可监管的解决方案。⑤加快“物联网+区块链”技术应用试验，率先在示范区推出试点应用，为典型应用提供专项资金支持，择优孵化相关应用项目，促进“物联网+区块链”技术商用落地。⑥构建“物联网+区块链”产业生态，加快区块链和物联网、人工智能、大数据、5G、云计算等前沿信息技术的深度融合，推动集成创新和融合应用，加快

“物联网+区块链”产业生态建设。

从短期来看，区块链与物联网融合应用将主要关注提高组织内部效率，以及进一步自动化书面跟踪记录，以满足风险和监管要求。从长期来看，随着两种技术逐渐成熟，企业可利用区块链与物联网技术的融合来发掘并拓展新的收入来源。随着全新商业模式的出现，业务格局将发生转变。

（三）面临的挑战问题

物联网和区块链融合所带来的成果和创新将会极大地影响社会发展和革新，但就目前而言，二者的互补发展仍具有不少的困难和挑战。

在区块链技术与应用领域，法律法规和监管措施的引导和管理不足。在当前阶段，区块链技术是新技术，而且具有“去中心化”的特性，各国在这个领域的法律法规和监管措施都还不健全，给区块链技术在物联网应用场景的落地带来一定阻力。

在区块链技术和应用领域，当前还缺乏统一的国际和行业标准，技术仍需要进一步完善，成熟案例较少，还需进一步加大研究和实践力度。

区块链与物联网行业具体应用场景及业务融合的改造存在一定的困难。目前区块链还未能很好地支撑高性能交易和规模化运营，智能合约机制还不够完善，区块链程序和数据的变更缺乏灵活性，区块链上的数据后期迁移维护困难，这些都给业务开展及后期维护带来困扰。

第三节　区块链技术与云计算的融合

区块链技术是指通过去中心化和去信任化的方式集体维护一个可靠数据库的技术方案，而云计算则是一种按使用量付费的网络服务。从定义上看，两者好像没有直接关联，但是区块链作为一种资源存在，具有按需供给的特点，资源存在也是云计算的组成部分之一，两者之间的技术是可以相互融合的。

目前区块链在技术、开发的资金成本等方面存在许多问题，如果与云计算融合在一起，一方面，企业可以利用云计算已有的基础设施，通过较低的成本，快速便捷地在各个领域进行区块链开发和部署；另一方面，云计算可以利用区块链的去中心化、数据不能篡改的特性，解决制约云计算发展的“可信、可靠、可控制”三大问题。

一、云计算

云计算（Cloud Computing）指的是通过网络“云”将巨大的数据计算处理程序分解成无数个小程序，然后由多台服务器组成的云服务系统处理和分析这些小程序，用户通过接口获得结果，从而能将本地计算机耗时太多甚至没法完成的任务交由云计算完成。云计算早期的主要任务是分布式计算，用于解决任务分发，并对结果进行并行计算，因而又称为网格计算。通过这项技术，可以在很短的时间内（几秒钟）完成对数以万计的数据的处理以及对复杂运算的计算，从而提供强大的网络服务。

一般来说，“云”中的资源是可以不断扩充的，用户可以随时按照自身的需要来获取和使用这些资源，也可以随时扩充资源内容，然后按照资源的使用情况付费。由于云计算的这种特性类似于日常生活中的水电资源服务，因此它也被称作 IT 基础设施。如果将云计算的概念扩大到服务领域，那么所有通过网络来满足用户需求并且易扩展的服务都可以称作云计算，既可以是互联网相关的硬件、软件，也可以是存储、下载等其他服务。现阶段所说的云服务已经不仅是一种分布式计算，而是效用计算、负载均衡、分布式计算、网络存储、并行计算、热备份冗杂和虚拟化等计算机技术混合演进并跃升的结果。

云计算有三种服务类型：

（1）基础设施即服务（Infrastructure as a Service，IaaS）。硬件设备等基础资源被封装后，可以作为基础性计算、存储等资源。如阿里云、AWS、腾讯云、Azure 等。IaaS 最大的特点是用户可以根据需求动态申请或释放资源，提高了的资源使用率。

（2）平台即服务（Platform as a Service，PaaS）。硬件设备等资源进一步被封装，即对用户来说，底层的技术类似于黑箱，简单来说，就是 PaaS 提供了一个开发或应用平台。如 Google App Engine、数据库、应用平台（如运行 Python、Perl 代码）和文件协作（如 ProcessOn）。PaaS 负责资源的动态扩展和容错管理，无须管理底层的服务器、网络和其他基础设施，无须将更多精力放在底层的技术细节上。

（3）软件即服务（Software as a Service，SaaS）。将某些特定应用软件功能封装起来，为用户提供服务。用户只需要通过 Web 浏览器、移动应用或轻量级客户端应用就可以访问它。如国外的 Netflix、MOG、Google Apps、Box. net、Dropbox、苹果的 iCloud 及国内的百度网盘等。

根据客户规模与权限，云计算可分为四种部署模型：

（1）公有云。公有云是指将云底层基础设施作为服务提供给一般公众或某些大型行业团体，并将云计算作为一种服务提供给客户，其本质就是一种共享资源服务。例如：阿里云提供云主机，面向所有用户提供云计算服务器、云存储服务器等其他基础设施服务。

（2）私有云。私有云是指专为某个客户搭建云底层基础设施，提供对数据的安全性保障和最有效的控制，且由该客户或第三方进行维护。例如：某企业自己搭建一个数据中心，企业内部的业务系统部署在这个数据中心上，以云的方式提供内部的 IT 服务——这就是私有云。

（3）社区云。云端基础设施由多个组织共享，这些组织关心一些共同事务，例如安全需求、运行任务、策略法规等。组织的管理者可能是组织自身，也可能是第三方机构；管理位置可能在组织内部，也可能在组织外部。

（4）混合云。云底层设施由两个以上云部署模型组成，通过标准的或特定的技术连接，这些技术提高了数据和应用的可移植性，如云间的负载平衡。例如：12306 火车票购票服务在一般情况下利用自建的数据中心提供购票查询等服务，但在用户量巨大时，会把部分查询服务交给阿里云来提供，这就是混合云的架构。

以云基础设施为核心，以云基础软件、云平台服务、云应用服务为业务的全球化 IT 服务化网络将会是未来云计算的发展模式，如图 13-7 所示。云基础设施平台将是未来信息世界的核心层，其特点是数量少、规模大，有十分强大的分析处理能力；云基础软件与平台服务层提供基础性、通用性服务。例如，云操作系统、云数据管理、云搜索、云开发平台等。而外层云应用服务则是与人们的生活息息相关的各类应用。例如，电子邮件、地图、电子商务、云文档存储等等。三个层次的服务之间独立但又相互依存，越靠近体系核心的服务，其在整个体系中的权重也就越大。因此，未来谁掌握了云计算的核心技术主动权以及核心云服务的控制权，谁就将在信息技术领域全球化竞争格局中处于优势地位。

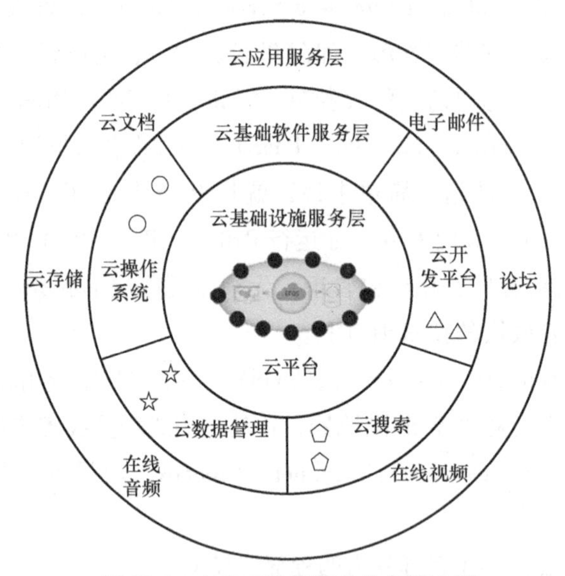

图 13-7　未来云计算服务分布层次图

云计算通过资源管理、分布式并行处理以及互联网等关键技术实现对数据计算、数据存储、网络传输以及硬件设备等资源的抽象，进而把这些资源动态地、按需地提供给用户。这个服务过程主要涉及三个方面的技术：资源管理、互联网技术和分布式计算，如图 13-8 所示。

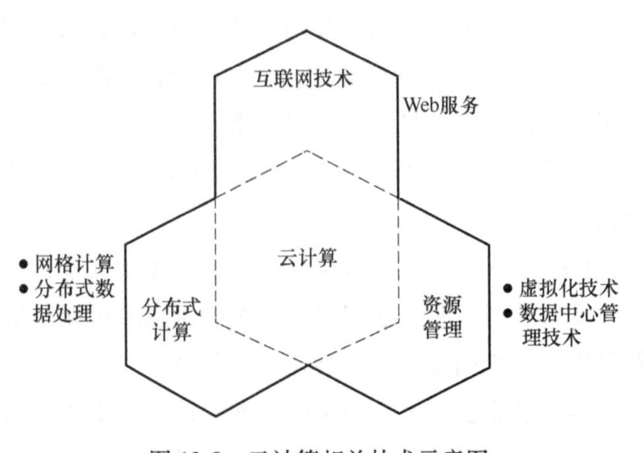

图 13-8　云计算相关技术示意图

资源管理技术主要包括数据中心管理技术和虚拟化技术。数据中心是云计算架构的核心，数据中心管理技术是云计算最核心的技术之一，对上层云数据的存储与计算服务的性能有很大影响。云计算数据中心包括网络拓扑、大规模数据存储、资源管理和调度等技术，需要具有自治性、规模经济性以及规模可扩展性等特性。虚拟化技术也是云计算的核心技术之一，它能够抽象出物理硬件的细节，并为高级应用程序提供虚拟化资源。通过虚拟化技术，可以向用户提供可扩展性能的虚拟机服务，进一步提升在多个用户并发情况下物理服务器的利用效率和可扩展性。

在云计算中，互联网技术被用来完成用户与云端资源的交互。用户在本地对自身的数据计算和存储的计算模式有着完全的控制权限，而云计算需要将用户的数据和物理服务器统一集中在云计算服务提供商处，用户只保留对租赁的虚拟机的一些控制权限。当前大多数云计算服务提供商都给用户提供了基于 Web 的云端交互界面，基于 B/S 架构的方式不仅缩短了开发周期，而且进一步减少了客户端的资源占用。

二、云计算+区块链融合

目前，区块链已从数字货币应用领域不断地扩展到经济社会的其他领域，并与其他技术相融合。这将会对各行各业产生深远的影响，甚至产生革命性的改变。然而，区块链技术的开发研究与实际应用涉及多系统、时间和资金等问题，这些都是限制区块链技术应用发展的重要因素。但是，如果利用云计算平台搭建测试环境，上述问题将迎刃而解。而且，云计算与区块链融合发展，进一步催生出一个新的云服务市场——“区块链即服务”（Blockchain as a Service，BaaS）。这个新的云服务市场既加速了区块链技术在多领域的应用，又给云服务市场带来变革和发展。

云计算与区块链技术类似，本质上是将分布式、并行计算、云存储、虚拟化技术等传统计算机和网络技术进一步发展和融合的产物，其特点是稳定性好、资源弹性高、可快速部署、可靠性高、成本低。从以下两个方面可以看出区块链与云计算的相似之处。

（一）网络架构

云计算的架构与区块链的架构具有极其类似之处。公有云、公有链都强调共享资源、对外开放；私有云、私有链都是专有的资源，单独对特定的客户或群体开放；混合云、联盟链既能保证数据或信息的私有性，又能公用某些资源。

（二）数据结构及运算力

区块链以分布式网络为基础，其运作不需要其他中心机构的审核，是去中心化的。区块链技术把每一个数据文件碎片化，以用户自己的秘钥进行加密并分散在网络中。区块链技术引入的“工作证明”概念，能确保数据的上链需要足够的运算力，从而增加了上链的难度、产生了分支。云计算则运用虚拟化技术，实现了对存储、计算的统一分配和管理调度，计算机可以自动执行协议。

区块链与云计算的结合，可以加快应用流程的开发进度，满足未来区块链生态系统中各大企业、机构、联盟等对区块链应用的需求。在云服务器上使用区块链技术来搭建云计算服务平台（BaaS），其优势有：成本低、应用生态好、安全可靠、效率高。凭借云计算的资源弹性高和部署快的特点，可以有效提高传统行业的IT建设效率，节约时间和成本，同时也解决了设备扩容方面的浪费。在安全性方面，可以采用具有防范内部攻击、高认证等级的业务，与系统隔离、安全服务器、防篡改相应的硬件安全模块，以及高度可审计的操作环境等安全性保护措施。各大企业的BaaS服务平台见表13-2。

表13-2　各大企业的BaaS服务平台

企　业	时　间	服务平台
微软	2015-11	微软于2016年8月正式对外开放BaaS服务，其服务建立在Azure云平台上。在平台上程序员可以简便、高效地开发区块链环境
IBM	2016-02	在Bluemix上，IBM提供了区块链服务，程序员可以访问这些集成的开发运维工具，也可以在IBM云上创建、部署、运行和监控区块链应用程序
亚马逊	2016-05	在AWS云平台中提供BaaS服务，向其投资的公司提供区块链服务，以及为其他企业在AWS上使用区块链技术提供测试环境

三、云计算+区块链应用

对数据区块进行验证后再上链是区块链技术的核心，区块链采用去中心化方式，并利用共识规则（如PoW）及SHA256生成的公私钥来保证数据的不可篡改性。区块链的应用范围包括了金融、科技、经济、政治和社会等各个领域。目前云计算+区块链应用有以下两种。

（一）车联网

数据安全是车联网的核心，其安全性主要体现在以下几个方面：一是访问权限和认证机制；二是数据在各设备、各终端之间分享的信任问题和安全保护问题；三是数据存储过程中的安全保护问题；四是数据采集过程中的隐私泄露问题。对车联网来说，数据是否可靠和数据隐私能否得到保护是互相矛盾的问题。

为了解决车联网的数据安全问题，可以采用区块链+云计算的方式，来构建出一种面向车联网数据的安全防护模型。这种模型在区块链上存储车联网中重要的隐私数据，并提供高保密性的功能，同时用云服务器存储重要性较低的数据，可以利用云计算的大量的存储资源对数据进行保护。由本地负责边缘计算，由云服务器负责一些复杂的计算。这样就可以利用区块链+云计算在车联网中实现对数据的保护和运算了。

一方面，车联网的大量计算需求可以利用云计算的存储和高效计算能力来解决；另一方面，可以将车联网中重要的、不允许被篡改或盗用的信息（如交通事故的现场信息、交通违章信息等）运用区块链技术来存储，并保证证据固化，用以保障此类信息的安全可靠。

在车联网中，车主在注册账号时需要实名注册，并基于其注册的ID生成公私钥。车主保存私钥；公钥上传到服务器的公钥存储系统中且与 ID 绑定，用于保护车主的隐私，但在某些情况下，必须要找到车主的真实身份以便对一些重要信息进行追索和溯源，此时利用区块链的溯源机制，通过车主的公钥，可以从数据库中寻找到与之对应的 ID，这样就可以追溯到其真实身份，从而既保证了用户的隐私，又保障了数据的可追溯。对于货币交易与智能合约这两个功能来说，随着车联网发展，车联网中的智能合约和“电子货币”机制可以实现类似于保险合同、汽车商店等交易，从而保证交易的便捷、可靠、安全。可以通过云计算的大容量存储和算力资源协作应对区块链存储资源消耗高、传输时延长等问题。

云计算+区块链+车联网的三层体系结构如图 13-9 所示。最下层为物理层，即车联网连接的车辆、道路、红绿灯等信息等。然后在云计算平台和区块链系统的平台层的支撑下，完成应用层的各种业务。

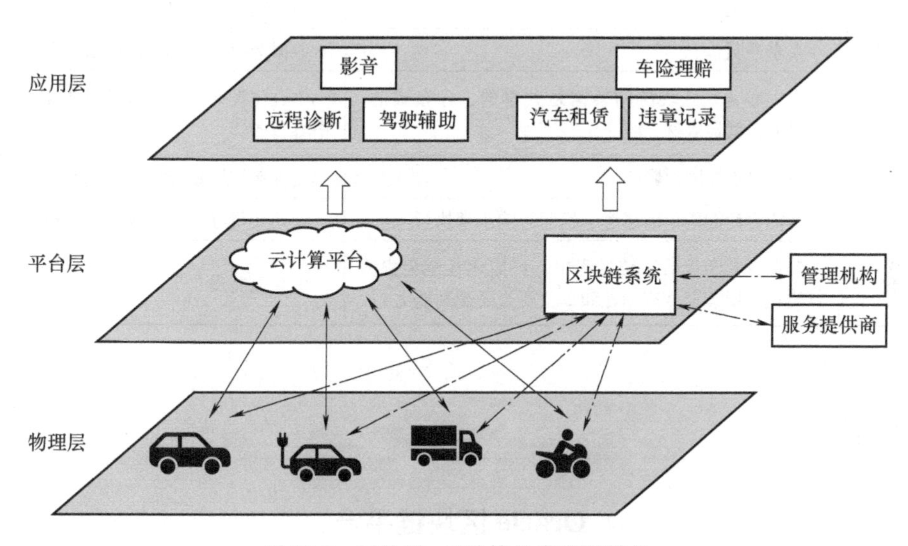

图 13-9　区块链+云计算的车联网结构

（二）云制造

云制造是在“制造即服务”理念的基础上，借鉴了云计算思想发展起来的一个新概念。云制造是先进的信息技术、制造技术以及新兴物联网技术等交叉融合的结果，是“制造即服务”理念的体现。云制造采取云计算等当代信息技术前沿理念，支持制造业在广泛的网络资源环境下，为产品提供高附加值、低成本和全球化制造的服务。

云制造平台目前存在一些关键问题亟待解决：一是当前中心服务器的性能存在瓶颈，限制了中心化体系中系统负载的上限；二是信息的真实性和可靠性难保证，这是因为参与制造的各个主体、各个环节信息分散，彼此间缺乏信任，信息共享程度低；三是数据不易追溯，不利于产品的全生命周期管理；四是用户隐私信息易泄露，信息易被非授权获取和篡改；五是系统容易出现单点故障而引起整个系统瘫痪，抗风险能力弱。

区块链+云制造的平台系统，能够给云制造的发展带来积极影响，为上述关键问题提供了解决方案。如去中心化、去信任化、集体维护性、加密数字货币、开放的智能合约等特性，能有效保证云制造中的去中心化、数据信息开放共享、易于追溯。区块链+云制造相较于传统云制造的优势见表 13-3。

表 13-3　区块链+云制造相较于传统云制造的优势

类　型	区块链+云制造	传统云制造
数据一致性	共识算法与分布式一致性算法保证了区块链内的共识和信任	云制造服务平台和各个交易企业记录数据不一致时，难以达成数据的一致
数据可溯性	不可篡改的时间戳可保证数据完整且可追溯	数据追溯困难
数据易用性	每个节点都可快捷查询，并获得统一且可信的结果	查询时需要云制造服务平台统一提供接口并授权
数据完整性	分布式存储节点，多重备份数据	数据易丢失
数据可信性	去信任化	平台缺乏公信力
数据安全性	安全透明	数据透明和隐私保护难以平衡
系统负载	去中心化，区块链的架构是共享的、分布式的、重复的，就地取材	中心化设计导致系统负载上限严重受制于中心服务器
抗风险能力	不受单点故障的影响	任何节点出现故障都可能导致整个系统崩溃
合约执行力	智能合约能避免因恶意干扰而影响正常执行	延期支付等恶意干扰合约执行
资金流转	制造业数字货币流转过程中，可简化甚至免去清算过程，增加资金流动性和单位资金的盈利能力	资金流转慢

【案例介绍】

Oracle 区块链平台

Oracle 区块链云服务[⊖]提供预组装的区块链代码，该代码对许多标准业务流程进行了优化，包括传统的需要第三方验证的 ERP 事务。区块链通过防篡改、对等分布式分类账提供独立验证，解决了企业等其他组织之间的信任问题。该区块链云服务有以下几个特点：

（一）简化了区块链的管理与部署。Oracle 区块链云服务中集成了区块链的大部分组件，如基础设施依赖项、Hyperledger Fabric、Rest 代理和内置的身份验证等。

（二）数据开放共享。区块链云服务构建在开源的 Hyperledger Fabric 上，可以与部署在数据中心的其他 Hyperledger Fabric 实例或第三方云服务互相连接和共享，也可以使用 Rest API 和 Fabric SDK 从本地访问。

（三）灵活调整。使用 Oracle 自带的整合工具可以快速集成基于区块链的应用程序，建立即可使用，删除即可停用。如 Oracle Flexcube Core Banking 和 NetSuite ERP。

（四）安全可靠。Oracle 区块链云服务平台具有多数据中心灾难恢复、连续备份和归档

⊖ https://www.oracle.com/blockchain/。

功能，通过对静态数据的加密、证书撤销管理和基于角色的身份管理增强了安全性。

Oracle区块链服务平台是一个全面的分布式区块链云平台。用户可以自行配置或者加入区块链网络，并在该云服务平台上安装和运行智能合约，从而实现账本的更新和查询功能；通过现有或新开发的云应用程序，可以与供应商、银行和其他贸易伙伴可靠地共享数据并进行可信的交易。

四、云计算+区块链落地与发展前景

区块链和云计算相融合的BaaS平台，在未来能极大地提高区块链效率和实用性，但是区块链+云计算的融合仍然面临着一些挑战。一是基础设施建设及规模化应用仍需较长时间。正常运行区块链会涉及诸多问题，如同步优化和实时转化等，在区块链上记录相关信息也需要多方参与并同步数据。在云上部署区块链应用时，相关硬件和软件的建设仍需较长时间，目前还难以实现超大容量的区块链存储系统。二是区块链技术框架本身还不够成熟。区块链诞生仅十余年时间，仍有很大的进步空间，可扩展性差、效率不高、手续费较高、经济模型设计不够合理等现实问题亟待解决，尚不能很好地满足区块链+云计算的大规模商业化落地。三是云服务提供商本身并不属于去中心化的企业，用户对其并不能百分百信任。BaaS模式主要以私有链、联盟链为主，过于追求效率，因此安全性低、可信度差、存在隐患。而且链上数据的直接价值变现能力不足，致使许多企业还在观望。

《区块链白皮书》[⊖]指出，区块链与各行业传统模式相融合，为实体经济降低成本，提高产业链协同效率，构建诚信产业环境。从交易信息到去中心化应用，区块链承载的内容会越来越丰富，将为各式各样的数字化信息提供一个可确权、无障碍流通的价值网络，在保护所有权、隐私权的前提下，让更多的价值流动起来。区块链将会成为未来社会的信息基础设施之一，与云计算、大数据、物联网等信息技术融合创新，以构建有秩序的数字经济体系。

第四节　区块链技术与大数据的融合

当前，大数据、云计算、人工智能已经成为各行各业发展以及提升市场竞争力的有效工具。如何利用大数据创造价值成为各个企业关注的重点。目前，各领域的企业都开始全方位寻求创新技术以挖掘和利用大数据，让海量数据为企业服务。大数据成为当前市场中备受青睐的创新科技。

一、大数据

大数据（Big Data）是指无法在一定时间范围内用常规软件工具进行捕捉、管理和处理的数据集合，是需要新处理模式才能具有更强的决策力、洞察发现力和流程优化能力的海量、高

⊖ 中国信息通信研究院和可信区块链推进计划。

增长率和多样化的信息资产。如图 13-10 所示，大数据有 4 个特点，即大量（Volume）、高速（Velocity）、多样（Variety）、低价值密度（Value），也称为“4Vs”特点。

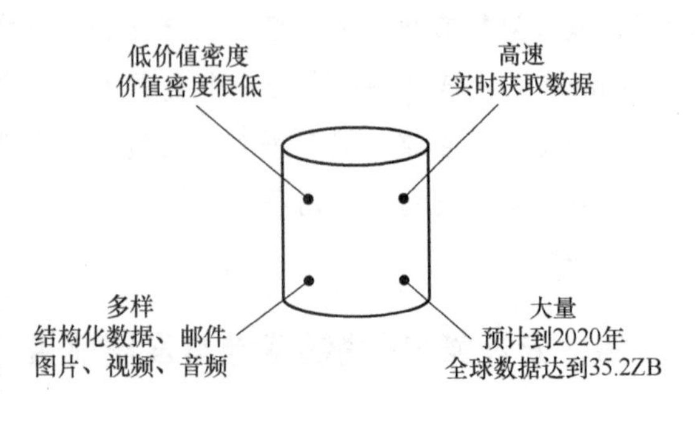

图 13-10　大数据的“4Vs”特点

如今，数据的规模非常庞大，体量大、获取速度大，因此被称为大数据。其主要演变过程如下：人、计算机、物理世界的高度融合促使数据的规模呈现爆炸式增长，数据模式呈现出高度的复杂化。以数据为中心的传统学科（如天体物理学、脑科学、基因组学和蛋白组学等）的研究产生了海量数据。例如，大脑中的突触网络用电子显微镜重建时，$1mm^3$ 的大脑，其图像数据规模就超过 1PB。但近年来大数据的规模和体量飙升的主要来源还是人们的日常生活，尤其是互联网公司。谷歌公司通过大规模集群和 MapReduce 软件，每月处理的数据量超过 400PB；百度每天大约要处理几十 PB 数据；脸书的注册用户已超过 10 亿，每月上传的照片超过 10 亿张，每天生成 300TB 以上的日志数据；淘宝网会员已超过 3.7 亿，在线商品超过 8.8 亿，每天交易千万笔，产生约 20TB 数据。

互联网、企业系统和物联网等信息系统是大数据的主要来源，大数据处理系统对这些数据进行分析挖掘，产生新的有价值的数据，用来帮助决策或实现自动化业务。从大数据处理系统中数据的生命周期来看，数据从采集到分析挖掘再到最终获得价值一般需要经过五个主要环节：数据准备、数据存储与管理、计算处理、数据分析和知识展现[⊖]，技术体系如图 13-11 所示。

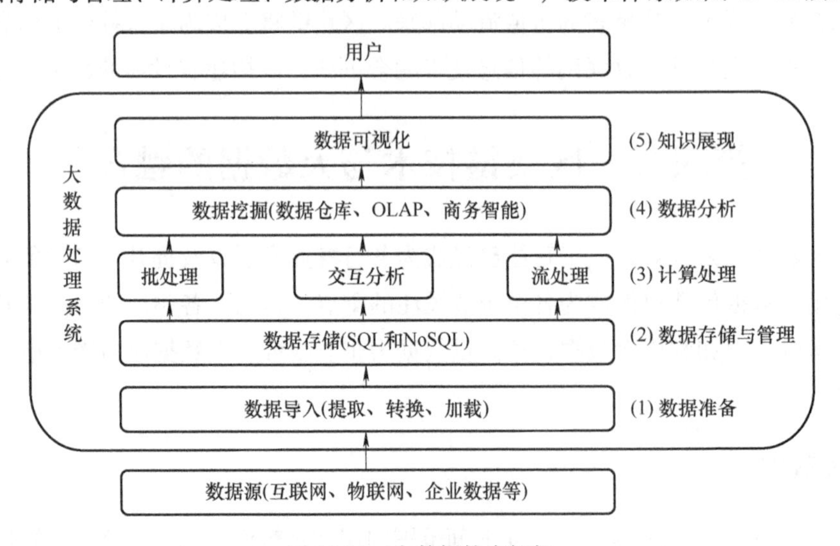

图 13-11　大数据技术框架

⊖ 大数据白皮书（2014）。

大数据价值链最重要的阶段是数据分析，数据分析既是大数据价值的实现，也是大数据应用的基础，其目的在于提高数据的价值密度，来帮助提出建议或支撑决策。对不同领域数据集的分析可能会产生不同级别的潜在价值。如何快速地从这些海量数据中抽取出关键的信息，为企业和个人带来价值，是各界关注的焦点。目前大数据的具体处理方法主要有：索引、前缀（Trie）树、布隆过滤器（Bloom Filter）、哈希（Hashing）散列法、并行计算法等。

通过以上方法对大数据进行分析后，可以挖掘出其潜在的价值，大数据应用可以帮助用户决策或者实现自动化的业务流程，典型的大数据应用及特征见表 13-4。

表 13-4　典型的大数据应用及其特征

应　用	实　例	用户数量	反应时间	数据规模	可　靠　性	准　确　性
科学计算	生物信息	小	慢	TB	适中	很高
金融	电子商务	大	非常快	GB	很高	很高
社交网络	脸书	很大	快	PB	高	高
移动数据	移动电话	很大	快	TB	高	高
物联网	传感网	大	快	TB	高	高
Web 数据	新闻网站	很大	快	PB	高	高
多媒体	视频网站	很大	快	PB	高	适中

二、大数据+区块链融合

区块链作为不可篡改、历史全记录、去中心化的数据库存储技术，每一笔交易的全部历史都存储在其数据集合中。区块链技术的飞跃发展，使得数据的规模更加庞大。随着各个业务场景与区块链数据的融合，区块链的数据将朝更大规模、更丰富发展。

区块链的可追溯性使数据的质量获得前所未有的强信任背书。区块链提供的账本虽具有完整性，但不具有较强的数据统计分析能力。大数据则具备海量数据存储技术和灵活高效的分析技术，但在数据的溯源和可信方面能力不强。通过区块链脱敏的数据交易将变得更加顺畅，有利于突破信息孤岛，并逐步形成全球化的数据交易。

大数据价值的发挥在于多源数据的融合，以及根据不同的应用需求做出不同的数据产品。目前的数据流通市场仍未火爆，严重制约了社会整体大数据价值的发挥。当前阻碍数据共享乃至影响大数据发展的因素主要有以下几点。

（一）数据权属

定义数据的权属并不是一件容易的事，涉及技术、商业和法律等多方面。在产权不清晰的前提下，拥有数据的主体没有动力将数据共享出去，因为共享可能会带来自身利益的损耗。如果无法保护数据产权，数据一旦售出就会面临被无限次倒卖的风险，数据的市场价值也因无限的供给量而骤减。当前技术条件下，还无法清晰界定数据的所有权和控制权。企业将客户在其网站和 APP 等载体上所生产的数据当成自己的资源，而数据生产者却无法有效控制自己生产的数据。在各种社交网站、App和交易中，用户会产生大量的数据，这些数据都是用户未来的信用资源，对于用户来说十分重要，但是用户本人对这些数据却没有完全的控制权限。

（二）数据质量

小数据时代，不同来源的数据就各有各的格式。到了大数据时代，由于数据源的千差万别，采集的数据无论格式还是质量都存在很大的差别。一方面，即使数据格式相同，也可能存在语意和度量衡的差别，如同形状不一的石块很难直接垒成摩天大楼。另一方面，原始数据会有缺漏和错误之处，也可能混有大量无效数据和垃圾数据，必须进行数据清洗，否则无法使用。

（三）数据安全

数据安全是保障数据权属的核心问题。有时候，用户的数据未经授权而被采集、分析并使用，甚至重要的数据流入数据黑市，这将会对用户、企业甚至国家安全造成损害。但现在数据被私自采集和滥用的现象屡禁不止，导致很多数据主体参与数据流通的意愿不强。

（四）数据定价

在数据权属和数据安全保障这两大前提下，数据才能被定价。数据已经被公认为一种资产，具有无形财产和资产的属性。但应如何准确衡量数据的价值目前还没有成熟的方法，定价的主要依据有两个；一是根据效用，即数据使用的频率，可以从分析结果来追溯出数据的真正来源，使各方数据对结果的贡献程度都能被量化；二是根据稀缺性，即根据数据价值的密度以及历史价值的稀缺性进行定价。还有学者提出了应用博弈论、人工智能等方法对数据资产进行评估的观点，但是它们都不能很好地解决数据价值量化的问题。

区块链技术有着不可篡改、可追溯数据来源等特点，为上述四个问题提供了解决方案。

（一）数据权属问题

区块链可以追溯路径，能有效解决数据权属问题。区块链对原始的数据进行注册、认证，从而确认大数据资产的来源、权属和流通路径，使得交易记录透明、可追溯和被全网认可。当需要追溯时，将各个区块的交易信息连接起来形成一个完整的交易链条清单，每笔交易的来龙去脉清晰透明、安全可靠。区块链使数据作为资产进行流通时更有保障，有助于让数据真正实现资产化。简单地说，数据一旦上链，就永远带有原作者的信息。即使在网络中经过无数次复制、转载和传播，依然能够明确该数据的生产者和拥有者，明确数据的权属。如果数据的接收者对数据本身有任何疑问或想核实交易情况，则可以根据记录进行查询和追溯。“区块链+大数据”能够进一步规范数据的使用，精细化授权范围，用户重新掌握自己数据的所有权。

（二）数据质量问题

制定数据标准，并通过共识验证机制改善数据质量，使得大数据成为高价值密度的数据。区块链对数据进行注册和认证时有明确的格式要求，从而能够明确该链数据的语意和度量衡，一方面能够统一单条链的数据标准，另一方面在多源数据进行融合时能够实现快速清晰的解读。

区块链的数据溯源机制可以改善数据的可信度，让数据获得信誉。多方可以检查同一个数据源，甚至通过给予评价来表明他们认为的数据有效性。区块链使数据的质量获得前所未有的强信任背书，也保证了数据分析结果的正确性和数据挖掘的效果。区块链共识验证数据，也是梅兰妮·斯万（Melanie Swan）⊖提到的最高推荐等级的数据，因为这个精度和质量是基于群体共识的。

（三）数据安全问题

区块链用哈希加密为主的多种加密技术来保障数据的安全和数据的隐私。在将数据放置到区块链之前，数据会经过哈希加密处理；数字签名技术保证了只有那些被授权者才有权限访问数据；利用私钥，既能够保证数据私密性，又可以将数据共享给授权研究机构；数据统一存储在去中心化的区块链上，在不访问原始数据的情况下进行数据分析，既可以对数据的私密性进行保护，又可以安全地共享给研究机构和研究人员。

系统安全和数据安全还需要审计监管作为保证。通过区块链的智能合约，可以给出数据使用的具体条款，并照此监督数据的使用。条款必须有形式化的描述，其目的在于让非 IT 专业人员能够编写这些条款，如企业法务人员。

企业的数据要流通，需要法律人士给出逻辑严密的使用条例，条例的内容本质上不属于 IT 范畴。对于个人用户，通过审计监控和精细化授权也能最大限度地保护用户隐私。在企业内，使用区块链技术合并来自不同区域的数据，不但能降低企业审核自身数据的成本，还可以与审计员共享数据。在某个生态系统内，如银行，现在可能会坦率地向竞争对手展示自己的数据，因为结合多家银行的数据可以做出更好的模型以预防信用卡欺诈。供应链机构通过区块链共享数据，可以更好地支持供应链运转。在全球范围内，区块链可以促进不同生态系统之间的数据共享。在某些情况下，当孤立的数据被整合，不只可以得到一个更好的数据集，还可以得到一个新的数据集，从中可以发现新的见解、新的业务应用。也就是说，以前做不到的事情现在也许可以做到了。

（四）数据定价问题

区块链技术能明确交易历史和各方贡献，助力对数据价值的衡量。未来的数据市场需要有灵活的数据定价模型，既考虑数据的使用历史和时间变化所形成的基础价值，又能计量当前这次使用中可量化的价值，计算出这次交易的数据定价。如果这次使用的是多方数据，可以根据各方贡献的大小对其数据分别定价。区块链的可追溯性和不可篡改性能够明确数据的使用历史和交易历史，有助于衡量各方的贡献，从而设计出更灵活的数据定价模型。例如，

⊖ 梅兰妮·斯万是《区块链：新经济蓝图及导读》的作者。

将一次定价变为多次定价，根据一定时期内数据所发挥的价值，按周期对各方的贡献进行“分红”。

三、大数据+区块链应用

很多行业受益于大数据解决方案，例如医疗保健行业、网络数字媒体业、金融服务业、电子商务业、零售业以及客户服务业等。因此，市场上出现了大量的数据存储和分析工具，例如 Hadoop、Apache Spark/Storm、Google Big Query 等。

区块链系统与大数据的融合，可以针对不同的业务场景，实现不同层级的数据共享。对小体量的数据，可以直接将数据上链，实现全部数据的共享；对体量略大一些的数据，则可以抽取出数据处理结果后将其结果上链，而将原始数据存在链下，并通过区块链中的时间戳和哈希函数，保证原始数据不被篡改、不被伪造。如果是极大体量数据，就可以将数据所在存储区块的时间戳和哈希值上链，通过不同层次的云计算和边缘计算，实现不同层级的数据本地化或云化处理，从而发挥数据的作用。

此外，还必须从大量的低价值密度的数据中抽取出数据的内在价值，否则，低价值密度的数据也没有必要用区块链来处理。目前，区块链技术与大数据融合应用场景有以下几种。

（一）交通大数据

传统的城市智能交通数据网络架构分为基础数据来源层、基础数据管理层、基础数据存储与计算层、综合数据管理层、数据分析与处理层、数据应用层、数据展示层和数据用户层。

其中，基础数据来源层分为静态数据来源层和动态数据来源层。企业、政府部门、行业机构组织、相关科研机构出于自身业务需求，采集静态数据并建设基础数据库。传统的交通大数据面临着以下几个问题。

1. 数据采集途径有限

受企业、政府等相关部门的数据管理能力限制，基础数据库建设还不完善，数据采集率低。动态数据由布局于城市智能交通系统内的各个设备采集而获取。

2. 数据难以共享

受基础数据影响，在综合数据管理层上实现数据共享的难度很大。另外由于技术和管理原因，在共享过程中，可能存在部分数据的流失。而且共享后，各组织机构间的数据分析与处理差异，使大数据分析质量难以评定。

以城市道路交通动态信息为例：道路拥堵信息由交通部门的数据源终端设备采集，或由导航软件的使用者上传；管控信息由政府相关部门上传；道路环境信息主要由气象部门监测设备采集；车辆分布信息由导航平台、运营公司、交通监控设备提供或采集等。这些信息的数据来源不同，基础数据管理层的各提供方分别对采集到的数据进行初次处理后，再由综合数据管理层对数据进行二次处理。在整个过程中，先分散采集数据，由基础数据管理层的各组织机构部分集中处理后，再由综合数据管理层进行二次数据采集和处理。由于基础数据管理层、综合数据管理层的各组织机构具有独立性，使数据无法在同一层级实现共享，而是依据各组织机构业务及功能在不同层级间传输。

以区块数据为核心，去除各组织机构的中心化数据管理，可以实现平台化交通大数据共享。尤其是通过共识层、激励层和合约层的作用，使数据可验证、可信任、可交互、易分析；通过网络层和数据层使数据易追溯、易存储、标准化、统一化、规范化，使城市智能交通数据网络的数据更全、更真，使数据平台更优化、更智能化和更全局化。

在加入区块链技术后，各数据源直接通过区块链节点链接入网，数据的处理分析由网络本身而非各组织机构完成，使数据由始至终共享化，且区块链的分布式计算和去中心化，避免了层级间数据传输的损失、失真、验证难等问题。

区块链+交通大数据平台从根本上改变了传统的智能交通数据网络架构，彻底改变了数据采集、数据处理分析、数据存储模式及方法，真正实现了大数据共享、去中心化和分布式计算。可以预见，区块链+交通大数据平台具有大幅降低系统成本、大幅提高系统数据量和激励数据共享、打破行政化管理层级局限、提高计算效率和相关资源利用率、扩展应用领域和服务对象、提升数据专业化分析能力、提升系统数据可信度等优势。

（二）政务信息

当前，社会生产力的不断发展提升了各行各业的信息化水平，而政府掌握着整个社会中类型最丰富、规模最大、最核心的数据。如何利用大数据创造出更多的价值，是政府面临的一项重要任务。近年来，区块链技术的相关应用逐渐扩展到社会生活的诸多方面。区块链+政务大数据有助于打破政府治理模式创新中的信任与安全瓶颈，提高公共管理领域的运作效率，在推动我国政府治理水平现代化发展方面有着巨大潜力。

区块链技术与智能政务系统存在着重要的契合点。一方面，构建智能政务系统的目标，主要在于整合政务信息系统，消除信息不对称，推动政府内部不同部门实现统筹协调，进而实现政府治理模式向智能化转型。其目标与区块链的去中心化、分布式、透明性、互信等技术理念极为契合。“区块链+政务大数据”将改变传统的治理模式，多元参与主体将共同履行政府职能，治理过程将更加公开透明，同时也将进一步促进政府组织结构扁平化。另一方面，从信息安全的角度来看，区块链技术能够通过成熟的密码学算法构建安全环境。区块链由多个节点组成，所有信息将分布式储存在各个节点上，而区块链上的每个节点地位相同，可以同步记账，并且该账本不可篡改、无法泄露，利用这种操作可以大幅提升整个系统的安全性，同时也不会出现数据丢失现象。可见，在政府治理系统的构建中合理应用区块链技术，不仅能够有效避免传统数据库完全中心化管理所带来的风险，而且也能大大提升政务系统的数据安全性。

（三）医疗

近年来，很多国家都在积极推进医疗大数据的发展，不仅传统医疗机构在推行医疗信息化，制药企业也试图通过部署和使用大数据来节省高昂的研发成本。而互联网巨头们忙着在医疗领域收购、投资，还有如雨后春笋般崛起的可穿戴设备制造商，也在帮助人们利用大数据实现自我健康管理。区块链在医疗健康行业落地应用的关键是保障医疗大数据采集和存储中的信息数据的安全和隐私，具体要求主要体现在以下几个方面。

1. 保障数据安全和隐私

医疗保健部门保存了大量的隐私信息，如病史记录、疾病、支付和治疗。在任何时候，对这些信息都应予以保密，集中式的数据库和中心化的管理已不再是一个切实可行的好选择。数据的隐私问题在区块链架构上能够得到更好的解决。通过多签名私钥和加密技术，当数据通过哈希算法处理并被放置在区块链上后，能够只允许那些获得授权的人访问数据。使用这些技术，将能够依照一定的规则来对数据进行访问权限控制，无论是医生、护士还是患者都需要获得权限许可。

2. 保障数据不被篡改

运用区块链技术可以安全、准确、永久地储存文件和保护记录。将患者信息以加密方式存储到区块链中，既能保证数据不被篡改，又可通过设置多个私钥来更加安全地保护患者隐私。区块链不再由某单一节点（团体）控制医疗数据，而是让所有参与者共同负责数据的安全性和真实性。这就为人们提供了唯一共有的医疗保健数据来源，不再受人为错误和手动数据兼容性的影响。

3. 优化流程和提高效率

由于医疗收费系统过于复杂，政府和医疗机构每年要花费大量人力、物力维护系统。如果保险公司、医院收费部门、贷款方以及患者都使用同一个区块链来管理支付，就既能够保护患者的隐私，又能够提高医疗收费过程的效率。区块链的稳定性可以让所有相关方迅速地访问、查看和获取不依赖第三方的分布式总账，促进医疗数据安全地在机构间流动。

通过大数据系统进行医疗数据的分析，以提取价值，可以助力医疗等相关行业的发展；区块链则能保证医疗大数据采集、存储过程中的安全性、隐私性。区块链和大数据的融合对医疗行业的影响将会是巨大的。

【案例介绍】

Omnilytics 平台

Omnilytics 是一个分布式数据网络平台，可处理聚合数据集，并结合人工智能以及各行各业的机器学习工具。该平台共同构建了跨行业的数据基础架构，为每个人提供企业级数据和机器学习工具[⊖]。Omnilytics 将区块链和大数据分析结合起来。Omnilytics 平台处理数据的

⊖ Omnilytics 平台白皮书。

三个节点（获取、规范化、验证）如图 13-12 所示。

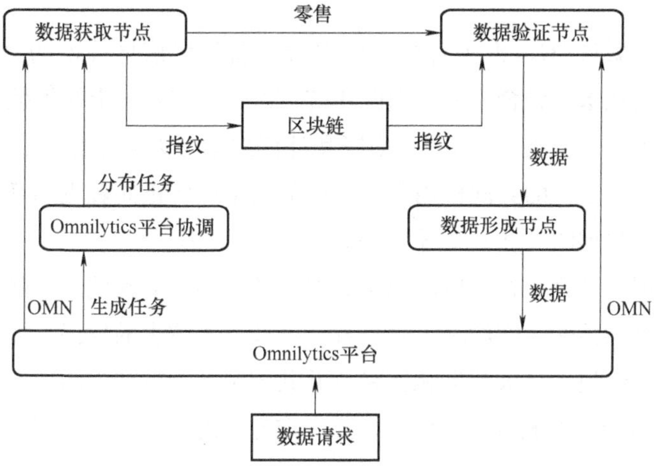

图 13-12 Omnilytics 数据采集验证平台

数据获取节点（Data Acquisition Nodes，DAN）是能够访问单个或多个行业的本地和区域数据集的个人或中小企业，它们可获取的数据包括美国 POS 数据、SEA 电信数据、伦敦电子商务数据等。数据获取节点使用签名来保证安全性，并且根据客户端提供的数据的消耗情况获得奖励。区块链上的数据可追溯，因此保证了数据可以被安全共享。如果存在低质量或有误导性的数据，提供数据的来源将受到处罚，以确保可以收集到高质量的数据集。

数据形成节点（Data Shaper Nodes，DSN）是 Omnilytics 平台上的零售节点，它将数据规范化并形成结构化的格式。这些节点构成了机器学习的核心，实现图像识别、自然语言处理、语音到文本等功能。这些功能能够更加有效和准确地处理数据，减少已经训练过的模型的成形过程。

数据验证节点（Data Validation Nodes，DVN）是负责指纹识别和验证数据的零售节点。将数据经哈希加密后形成的哈希值存储在区块链上的，用于验证存储在网络上的数据是否被第三方篡改。为了证明数据的完整性，验证节点采取了 SHA256 校验方式。

更多详细内容可以访问 Omnilytics 的官方网址：https://omnilytics.co/science。

四、大数据+区块链落地与发展前景

《大数据白皮书》[⊖]指出我国大数据管理类产品还处于市场形成的初期。目前，国内常见的大数据管理类软件有 20 多款。大数据管理类产品虽然涉及的内容庞杂，但技术实现难度相对较低。一些开源软件如 Kettle Sqoop 和 Nifi 等，为数据集成工具提供了开发基础。中国信息通信院测试结果显示，参照包括全部功能的大数据管理软件评测标准，所有参评产品的符合程度均在 90%以下。随着数据资产的重要性日益突出，大数据管理类软件的地位也将

⊖ 中国信息通信研究院发布。

越来越重要，未来将机器学习、区块链等新技术与数据管理需求结合，会有很大的发展空间。

在新时代，大数据与5G、人工智能、区块链等新一代信息技术的融合发展日益紧密。特别大数据是区块链技术的融合，一方面区块链可以在一定程度上缓解数据确权难、数据孤岛严重、数据垄断等“先天病”，另一方面隐私计算技术等大数据技术也促进了区块链技术的完善。在新一代信息技术的共同作用下，我国的数字经济正向着更加互信、更加共享、更加均衡的方向发展，数据的“生产关系”得以进一步重塑。

区块链与大数据的融合，在具体应用中会遇到各种各样的问题。但随着各种设施设备的存储容量、运算速度和传输效率的进一步提升，以及各种技术的发展，尤其是紧密结合各种应用场景开展优化，区块链与大数据相互融合并共同服务于生产生活，共同创造人类社会美好的前景，是值得期待，也值得努力付出，并一定会实现的。

【本章小结】

区块链和人工智能有着天然的互补优势，在数据、算力、算法等方面能够相互扶持，共同提高效率和安全性。从长远角度看，区块链+AI是极有潜力的一对新兴技术，势必将改进人们的生活品质，带来颠覆性的影响。

区块链和物联网能够互相赋能，提供价值网和数字孪生。区块链带给物联网更多管理模式，促进其产业的发展，而物联网能为区块链的落地提供应用场景。区块链与物联网的结合无疑是这个时代最好的组合之一，相信这两项技术在未来对人类社会所做出的贡献将是无止境的，难以估计的。

区块链和云计算在网络架构、数据结构和运算力要求等方面都有相似之处。利用云计算已有的基础服务设施或根据实际需求做出相应改变，加速开发应用流程，满足各个机构对区块链应用的需求。除此之外，区块链安全、不可篡改、可追溯等特点可以保证云存储的安全。两项技术互相融合、创新发展，对云市场和区块链的发展都会产生极大的促进作用。

区块链对大数据的作用是巨大的，不仅可以提高数据的价值密度，而且可以实现数据的安全共享，区块链可追溯的特点又能保证数据的来源可查询，进而实现数据定价。区块链与大数据的融合创新，将会给个人、企业、政府机关和国家等带来极大的价值，也将会引领社会的发展进步。

人工智能、区块链、物联网、云计算和大数据是互相促进、相得益彰的。物联网收集和分析数据，大数据负责分布式存储并挖掘数据价值，区块链保证数据存储的安全与开放共享，云计算协助快速部署、迭代、采集和加工，人工智能则进一步提升效能、准确性与智能化，五项技术者的相辅相成和融合创新将会爆发出巨大的力量。

【关键词】

人工智能　去中心化算力　物联网　云计算　大数据　融合创新　车联网

【思考题】

1. 人工智能将从哪些方面改变区块链？
2. 建立去中心化的算力平台可能会遇到哪些问题？
3. 物联网与区块链发展缓慢的原因有哪些？
4. 你看好哪些物联网+区块链的应用领域？
5. 云计算与区块链如何互相促进？
6. 还有哪些领域可以应用云计算+区块链？
7. 区块链可以给大数据带来哪些变革？
8. 大数据+区块链如何影响你的生活？

参考文献

[1] 蔡自兴，刘丽钰，蔡竞峰，等. 人工智能及其应用［M］. 5 版. 北京：清华大学出版社，2016.
[2] 尼克. 人工智能简史［M］. 北京：人民邮电出版社，2017.
[3] 刘曦子. 区块链与人工智能技术融合发展初探［J］. 网络空间安全，2018，9（11）：53-56.
[4] 袁勇，王飞跃. 区块链技术发展现状与展望［J］. 自动化学报，2016，42（4）：482-484.
[5] 程显毅，胡海涛，曲平，等. 大数据时代的人工智能范式［J］. 江苏大学学报（自然科学版），2017，38（4）：455-460.
[6] 张玉秀. 面向云隐私保护系统的安全认证与授权技术的研究与实现［D］. 北京：北京邮电大学，2014.
[7] 鄢勇. 基于 Token 追踪的分布式互斥算法［J］. 计算机学报，1993（9）：648-654.
[8] 王凯风. 比特币的原理、作用与监管策略浅探［J］. 金融与经济，2013（11）：66-69.
[9] 邹均，张海宁，唐屹，等. 区块链技术指南［M］. 北京：机械工业出版社，2016.
[10] 余丰慧. 金融科技：大数据、区块链和人工智能的应用与未来［M］. 杭州：浙江大学出版社，2018.
[11] PARSAEEFARD S，TABRIZIAN I，LEON-GARCIA A. Artificial Intelligence as a Services（AI-aaS）on Software-Defined Infrastructure［EB/OL］.（2019-07-11）［2020-10-31］. https://arxiv.org/abs/1907.05505v1.
[12] 何永. 深脑链白皮书［EB/OL］.（2018-06-29）［2020-04-05］. http://www.doc88.com/p-6394836697164.html.
[13] 纳斯达克区块链交易有限公司. AIC（人工智能币）白皮书 0.2［EB/OL］.（2017-01-15）［2020-04-15］. https://aicrypto.ai.
[14] 孟海华. Gartner：2018 年前沿技术预测［J］. 科技中国，2018（3）：6-12.
[15] 刘曦子. 全球区块链技术与应用创新现状、趋势和启示［J］. 科技中国，2020（1）：33-37.
[16] 潘吉飞，黄德才. 区块链技术对人工智能的影响［J］. 计算机科学，2018，45（0z2）：53-57，70.
[17] 刘陈，景兴红，董钢. 浅谈物联网的技术特点及其广泛应用［J］. 科学咨询，2011（9）：86.

[18] 陈天超. 物联网技术基本架构综述 [J]. 林区教学，2013 (3)：64-65.

[19] PANETTA K. 5 Trends Emerge in the Gartner Hype Cycle for Emerging Technologies，2018 [EB/OL]. (2018-08-16)[2020-05-16]. https://www. gartner. com/smarterwithgartner/5-trends-emerge-in-gartner-hype-cycle-for-emerging-technologies-2018.

[20] 黄静. 物联网综述 [J]. 北京财贸职业学院学报，2016 (6)：21-26.

[21] 吴明娟，陈书义，邢涛，等. 物联网与区块链融合技术研究综述 [J]. 物联网技术，2018，8 (8)：88-91，93.

[22] 中国通信标准化协会. “物联网+区块链” 应用与发展白皮书 [EB/OL]. (2019-11-05) [2020-04-05]. https://t00y. com/dir/22083442-36122963-ce242a.

[23] 姜照昶，苏宇，丁凯孟. 群体智能计算的多学科方法研究进展 [J]. 计算机与数字工程，2019，47 (12)：3053-3058.

[24] 周扬帆. 物联网技术在智慧城市建设中的应用 [J]. 江西建材，2020 (1)：8-9.

[25] 夏志杰. 工业互联网：体系与技术 [M]. 北京：机械工业出版社，2018.

[26] 朱立锋. 工业互联网与区块链融通发展的探索实践 [J]. 中国电信业，2019 (12)：40-43.

[27] 余洋，李梦歌. 浅谈物联网与移动支付 [J]. 企业导报，2011 (8)：287.

[28] 宋焱槟，王潮端. 区块链技术在当代支付领域的应用分析 [J]. 福建金融，2019 (6)：58-64.

[29] 胡文博，秦明俊. 区块链技术对物流金融所带来的变革 [J]. 中外企业家，2018，595 (5)：59.

[30] 陈萍. 区块链在农业领域应用场景和价值分析 [J]. 经营与管理，2020 (3)：141-145.

[31] 杨金凯. 浅析物联网发展现状 [C]//2013 年中国通信学会信息通信网络技术委员会年会. 北京：人民邮电出版社，2013.

[32] 唐晓丹，朱天阳，沈杰，等. 中国区块链与物联网创新应用蓝皮书 [R]. 北京：工业和信息化部信息中心，2017.

[33] 张孝荣，杨思磊，史琳，等. 腾讯区块链方案白皮书 [R]. 北京：腾讯 FiT 和腾讯研究院，2017.

[34] 京东区块链技术与应用团队. 京东区块链技术实践白皮书 [R]. 北京：京东集团，2018.

[35] 张小军，曹朝，胡瑞丰，等. 华为区块链白皮书 [R]. 深圳：华为技术有限公司，2018.

[36] 六域区块链联合实验室. SDChain-智慧革命新引擎 [EB/OL]. (2018-10-04) [2020-05-04]. https://max. book118. com/html/2018/1004/6111200135001221. shtm.

[37] 刘鹏宇. 区块链+物联网的未来 [J]. 互联网经济，2018 (3)：56-59.

[38] 许子明，田杨锋. 云计算的发展历史及其应用 [J]. 信息记录材料，2018，19 (8)：66-67.

[39] 冯登国，张敏，张妍，等. 云计算安全研究 [J]. 软件学报，2011，22 (1)：71-83.

[40] WANG C，WANG O，REN K，et al. Toward Secure and Dependable Storage Services in Cloud Computing [J]. IEE Transactions on Services Computing，2012，5 (2)：220-232.

[41] 刘楠，刘露. 区块链与云计算融合发展 BaaS 成大势所趋 [J]. 通信世界，2017 (17)：61-62.

[42] 吴睿. 区块链在云计算技术领域的应用 [J]. 现代传输，2019 (5)：68-70.

[43] XI PY，ZHANG O，WANG H N，et al. Exploration of Block Chain Technology in Electric Power Transaction [C]New York:IEEE，2018：729-733.

[44] CUI G Y，SHI K，OIN Y C，et al. Application of Block Chain in Multi-level Demand Response Reliable Mechanism [C] New York:IEEE，2017 337-341.

[45] MAT N. PENG L L, DU Y, et al. Competition Game Model for Local Multi-microgrid Market Based on Block Chain Technology and Its Solution Algorithm [J]. Electric Power Automation Equipment, 2018, 38 (5): 191-203.

[46] WANG J Y, GAO L C, DONG A Q, et al. Block Chain Based Data Security Sharing Network Architecture Research [J]. Journal of Computer Research and Development, 2017, 54 (4): 742-749.

[47] 梁伟强. 基于区块链与云计算融合机制的车联网安全体系 [C]//中国电机工程学会电力信息化专业委员会. 数字中国能源互联：2018 电力行业信息化年会论文集. 北京：人民邮电出版社，2018：240-243.

[48] 杜兰，陈琳琳，戴丽丽，等. 基于区块链的云制造平台系统架构模型 [J]. 信息技术与网络安全，2019，38 (1)：105-109.

[49] LI G J, CHENG X Q. Research Status and Scientific Thinking of Big Data [J]. Journal of Software, 2012, 28 (2): 647-657.

[50] MANYIKA J, CHUI M, BROWN B, et al. Big Data: The Next Frontier for Innovation, Competition, and Productivity [M]. Chicago: McKinsey Global Institute, 2011: 1-137.

[51] 龚粪. 区块链技术的城市智能交通大数据平台及仿真案例分析 [J]. 公路交通科技，2019，36 (12)：117-126.

[52] 牛宗岭. 利用大数据及区块链技术构建“政府智慧大脑” [J]. 人民论坛，2019 (33)：74-75.

第十四章
区块链技术前沿动向与监管展望

【本章要点】

1. 了解区块链行业的前沿技术。
2. 熟悉区块链行业的应用前景。
3. 了解区块链应用行业及技术的监管经验。
4. 熟悉区块链在金融领域的监管策略。
5. 了解我国现有区块链监管现状。

随着区块链技术其相关产业的逐年发展，从金融领域到各类实体领域，区块链技术及其应用呈现多元化分布，这使得区块链技术在整体上不断地进行对其他各类前沿技术的包容和更迭，包括零知识证明、李嘉图合约等内容，这些内容是对区块链技术原理的进一步补充；前沿技术的融入使得区块链有了更加丰富的应用前景，如在联盟链和流媒体等场景的创新性使用，这也进一步拓展了区块链技术应用方面的常规化。但是在区块链技术发展与应用的同时，也存在一定的风险，需要合适的法律政策进行有效的行业监管，以创造更好的发展环境。

第一节　技术前沿

为适应越来越广泛的应用需求，需要对区块链技术不断地进行创新和完善。在前沿技术中，零知识证明的思想被广泛运用于区块链中的个人隐私保护，形成了一系列隐私保护技术；跨链技术则更好地保证了各区块链间的信息交互，避免形成信息孤岛；另一种去中心化的数据结构——有向无环图（Directed Acyclic Graph，DAG），能够作为解决区块链可扩展性和交易速度问题的一种方案；李嘉图合约拉近了区块链与法律之间的距离，有利于保障区块链交易的合法性。下面对部分前沿技术和落地项目进行简要介绍。

一、零知识证明

（一）背景介绍

零知识证明（Zero-Knowledge Proof）最早在 20 世纪 80 年代由拉科夫（C. Rackoff）、戈德瓦瑟（S. Goldwasser）和米卡利（S. Micali）提出，是代数数论与抽象代数等数学理论的综合应用。由于零知识证明对于数学知识的要求过高，因此对于大多数人来说，想真的搞懂它并非易事。所以，我们在这里尝试避开大部分的理论推导，仅对其基础意义与应用做简单介绍。

零知识证明是指在不向验证者提供有效信息的基础上，使验证者相信某个论断是正确的。早在文艺复兴时期，人们就采用零知识证明去解决一些问题。比如在一元三次方程根的问题上，塔尔塔利亚（Tartaglia）和菲奥（Fior）在同一时期宣称自己掌握了该求根公式。在双方互不服气的情况下，为了验证他们是否真正掌握了一元三次方程的求根公式同时又不泄露他们所知道的求根公式，他们各出了 30 道一元三次方程的问题给对方，如果对方能够在一定时间内完全解出这 30 道方程问题，那么我们基本可以确信他掌握了该方程根的求解方法。结果显示，塔尔塔利亚完全解出了 30 道数学问题，而菲奥却失败了，事实得以验证。

我们还可以通过以下例子更直观地感受零知识证明。如图 14-1 所示，一个山洞入口有两条岔路 A 和 B，它们通往同一扇门的两侧，而只有魔咒才能将其打开。现在 P 和 V 站在洞口，P 试图向 V 证明自己知道魔咒，而 P 此时并不能告诉 V 魔咒，但他给出了如下的证明方案：

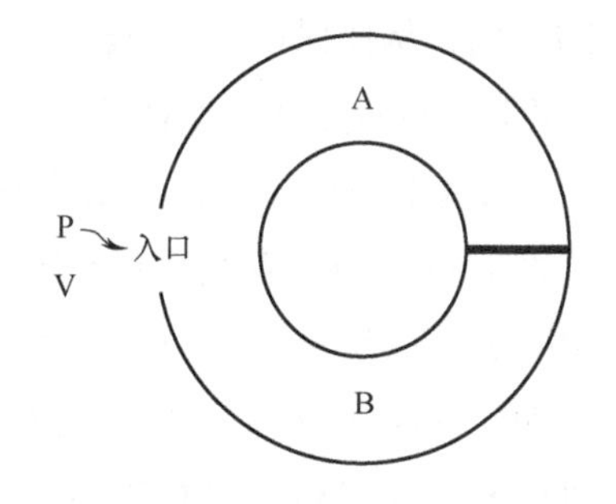

图 14-1　零知识证明原理简单示意图

1）P 从洞口进入，随机选择一个入口 A 或 B，而 V 对此一无所知。

2）在等待足够长的时间以后，V 在 A 和 B 的分岔路口随机选择一个，并大喊出洞口的名字，此时信息会传递给 P。

3）当 P 收到 V 所选择的洞口信息之后，他便从对应的洞口走出来，此时他有一半的概率需要打开那扇门，而他走出来后，V 就有 50%把握确信 P 掌握魔咒。

重复步骤 1~3，根据概率论中的乘法原理，V 对于相信 P 掌握魔咒这件事的把握也越来越大，在 n 次循环以后，该概率为 $1-\left(\frac{1}{2}\right)^n$。

在以上方案中，当 $n=5$ 时，V 有了约 96.9%的把握确信 P 掌握了该魔咒，但此时 V 还是对魔咒一无所知。以上便是一个典型的零知识证明案例。对上述的简单模型有了直观的了解后，接下来我们了解零知识证明和区块链的关系。

区块链最核心的价值在于去中心化共识，任何数据交互都是在所有成员见证之下发生的，一旦完成便无法否认。这意味着私人数据变成了公开透明的，我们和谁交易了多少钱以及资产情况等数据信息都暴露于公共视野之下。这些违背隐私保护原则的问题如果得不到解决，也就没有了区块链技术众多的落地场景。零知识证明可以解决区块链技术在应用过程中的这一根本性问题：以不透露某论断的任何信息为前提，证明这一论断是对的。以货币交易为例，也就是说区块链技术可以在不对外透露付款人、收款人是谁，也不透露交易金额的情况下，证明这笔交易是合法存在的。这似乎异于常理，下面通过对 ZCash 中如何构造零知识证明模型进行讲解，以证明其可行性。

（二）落地项目

1. ZCash

ZCash（ZEC）是一种加密货币，它和比特币有着相同的概念背景。对于比特币，我们都已经清楚了它的交易流程。一个比特币交易（Transaction）接受若干输入（Transaction Input，TI），同时产生若干输出（Transaction Output，TO）。TI 和 TO 是相对于一个特定交易而言的，因为一个交易的 TO 可能成为另一个交易的 TI，这好比是把挣来的钱花出去的一个过程。当这笔钱在未交易状态，说明此时的 TO 还未成为下一个交易的 TI，它便可以称为 UXTO（Unspent Transaction Output）。UXTO 是比特币交易的基本单元。交易的付款方需要证明自己有权使用对应的 UXTO，方法是提供私钥进行验证，而每个交易的 TO 都会制定收款人的公钥，从而保证只有收款人才能拥有它。

ZCash 继承了比特币的交易模型，但 UXTO 被一个称作 note 的新概念所取代。note 是 ZCash 的基本交易单元，可以将它理解为我们现实生活中的支票，支票上有可支配者的姓名，而 note 上也含有其所有者的信息。我们可以将一个 note 定义为 note = (PK，v，r)，其中 PK 是所有者的公钥，v 是金额，r 是唯一区分 note 的序列号。

对于 note 的交易，我们可以选择隐藏地址交易，这样输入输出地址和交易金额都可不对外公布。在隐藏地址的交易中，输入输出不再是明文的 note，分别是 note 的废止通知（Nullifier）与签发通知（Commitment）。签发通知作为交易的输出，表示一张新的 note 产生，而对应的一个有效的签发通知是一个 note 存在的基础。然而普通的签发通知并不能确定对应的 note，即无法得到有效的数据。如果我们定义数据 A 的哈希值为 Hash(A)，那么对于 note 的信息取哈希值，得到的 Hash（note）可以用来描述签发通知，即可以构建签发通知和 note 之间的关系。废止通知作为交易的输入，表示一张旧的 note 作废。因此，一个废止通知一定对应唯一一个签发通知。我们同样可以用取 Hash 的方法建立它们之间的关系。在这里，如果对应的 note 序列号为 r，那么我们就可以用 Hash（r）描述废止通知。通过引入签发通知和废止通知，我们便可以在隐藏地址的情况下进行一系列交易，而这些交易的信息只有付款人和收款人双方才能掌握。每个节点都会掌握一个签发通知和废止通知集合，并且随时接收新的广播来更新这些信息。

举例说明，假设 Tom 想要将金额为 V_1 的 note_1 转给 Jerry，而 Jerry 的公钥为 PK_2，则 Tom 可以做如下操作：

1）随机挑选一个序列号 r_2，以此产生新的 $note_2 = (PK_2, V_1, r_2)$。

2）单独将 $note_2$ 发给 Jerry。

3）将 $note_1$ 的废止通知，即 Hash（r_1），以及新的 $note_2$ 对应的签发通知，即 Hash（$note_2$），广播给所有节点。

4）每个节点收到广播时，检查自己拥有的废止通知和签发通知集合，并且会检查 $note_1$ 的废止通知是否已经存在于自己的废止通知中；若没有，则证明该 $note_1$ 的废止通知有效，对应的 $note_1$ 作废，$note_2$ 产生效用。新的签发通知和废止通知会加入原有的签发通知和废止通知队列。

上述交易过程看似实现了零知识证明，但存在一个严重的问题，就是如何保证 Tom 用于支付的 $note_1$ 真实存在，若 $note_1$ 真实存在，Tom 又是否有权使用它呢？因此就涉及自证问题。若 Tom 将 $note_1$ 公之于众，则该行为与保护隐私的原则相违背。这里使用了零知识证明，我们既希望能够向对方证明自己拥有对应 note 的所有权，又希望不向对方透露关于 note 的任何信息，这里就需要经过合理的数据处理和转化。

2. ZCash 中的 zk-SNARK

zk-SNARK 技术（Zero Knowledge Succinct Non-interactive Argument of Knowledge）表示零知识的简洁非交互式知情证明。它的核心在于知情证明（Argument of Knowledge），也就是掌握某些信息的证据，其主要特点是零知识（Zero Knowledge），即证明中不泄露核心信息；简洁（Succinct）是指在验证过程中不涉及大量数据的传输且验证算法简单；而无交互（Non-interactive）是指避免证明人（Prover）和验证者（Verifier）之间多次信息交互，力图一次完成。

ZCash 是最早广泛应用 zk-SNARK 技术的数字货币，期望通过 zk-SNARK 技术彻底解决交易追踪会泄露用户隐私的问题。如果刚才山洞的例子让你感觉零知识证明不过如此，那么以下数学框架可能会让你更好地理解如何构建一个真实的、不被破解的零知识证明体系。

在上述 Tom 与 Jerry 的交易中，Tom 为了证明自己对 $note_1$ 的所有权，即 Tom 掌握了 $note_1$ 的数据信息，在给 Jerry 发送的信息过程中需要附加一份凭证 π。这里要求凭证 π 足以证明 Tom 掌握了满足以下条件的 $note_1$ 中 PK_1，sk_1（PK_1 对应的私钥）和 r_1 的值：用 PK_1 和 r_1 复原的 note 数据结构，如果其哈希值存在于各节点的签发通知集合中，则用以支付的 note 是有效的；sk_1 是 PK_1 的私钥，则 Tom 有权使用这张 note；HASH（r_1）$= nullifier_2$，则废止通知和签发通知一致。

其他节点在验证了 π 的有效性后，则这次交易被认为是成功的。但是由于 π 并非 $note_1$ 本身，在 π 中我们得不到关于 $note_1$ 的任何信息。对 π 的构建，是 zk-SNARK 技术的关键。

zk-SNARK 技术是一种数学方法，所以严格的数学推导在应用中是必不可少的。鉴于本书的特点，我们仅对其思想和方法做简要描述，对这些数学方法有兴趣的读者可以查阅相关书籍进行更深入的学习。

3. Filecoin

Filecoin 项目是一种分布式存储解决方案，它将现有的云存储转化为一个算法市场，从而搭建出一个去中心化的存储交易平台。矿工可以提供数据存储和数据检索服务来获取相应的通证，用户则支付对应的数据存储和数据检索的费用。

Filecoin 项目的运作类似于股票交易，用户上传自己的文件并支付一定的费用，然后在 Filecoin 交易所中展示自己的上传请求。Filecoin 交易所中各存储节点将对用户文件进行投标，这样可以尽量减少用户需要承担的费用。在存储节点中标以后，Filecoin 会将用户的文件进行加密并切分为许多段，这些不同的段将会被分发到网络上并在各个节点托管。这些节点的确切位置将在 Filecoin 区块链中记录，记录文件称为分配表。当用户想要调出所需文件的所有部分，则他必须通过文件的私钥对原文件片段进行查找、重新组合和解密相应的文件。

Filecoin 项目对应的去中心化存储在运作中有一个核心问题：怎么证明存储提供方真实有效地存储了指定的数据。这相当于提出了一个零知识证明问题，如何在不透露任何文件信息的前提下证明数据已经被正确处理了。为了解决这一问题，Filecoin 提出了 PoREP（Proof of Replication）和 PoST（Proof of Spacetime）算法，这些算法包含了零知识证明的数学思想。

PoREP 算法又称为数据存储证明算法（见图 14-2），它的全称是 Zigzag-DRG-PoREP。在数据处理中，它将原始数据依次分成一个个小数据，每个小数据占据 32 个字节，小数据间通过 DEG（Depth Robust Graph）函数建立关系，便于定序；确定完各小数据之间的依赖关系后，通过 VDE（Verifiable Delay Encode）函数计算出第一组小数据所映射的下一层所有小数据。目前的 PoREP 计算过程分为四层，而每一层的 DEG 关系可以总结为：相邻两层的数据 DEG 关系方向相反，因而得名 Zigzag（Z 字形）。

对于每一层数据的输入和输出，我们可以构建相应的 Merkle 树，在 PoREP 中提供最终的 Merkle 树根，并证明每一层的数据由 VDE 计算生成。数据在被处理和储存之后，每隔一段时间就需要用 PoST 算法和处理数据后形成的 Merkle 树根，给出数据处理的存在性证明。在 PoST 算法中，随机挑选一个 Merkle 树的叶子节点位置，使存储提供者在一定时间内提供从叶子数据到 Merkle 树根的路径证明。如果已处理完的数据没有得到有效的存储，那么存储提供者将无法在合理的时间内重建整个 Merkle 树，也就无法提供相应叶子数据到 Merkle 树根的路径证明。

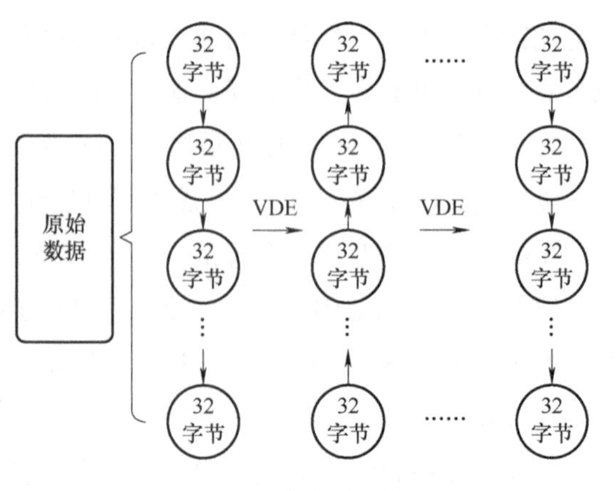

图 14-2　数据存储证明算法图示

4. Loopring DEX 3.0

Loopring 又称路印协议，是新一代区块链资产交易协议和交易所。从 2017 年最初的

“环路撮合”设计至今，它经历了1.0、2.0和3.0三个大版本。现在的3.0版本，大胆尝试运用zk-SNARK技术，在zk-Rollup的基础上，结合DEX的业务场景开发设计，兼顾了去中心化和交易的性能。

路印协议采用和以太坊一致的账户模型，所有的撮合逻辑（对有序交易的委托指令进行一定的逻辑管理）都在链下完成，而所有的账户状态也都在链下记录和更改。相关操作对应的账户状态更改会在链下通过zk-SNARK的Growth16算法提供零知识证明，生成证明信息（Proof）并提交到链上。在链上和链下同步的过程中会出现三个不同的状态：已提交（Committed），操作已提交；已验证（Verified），操作已提交相应证明信息；已完成（Finalized），之前所有操作已提交正确的证明信息。用户转账到路印协议的智能合约，转账先在链上确认，产生一个操作，该状态就是“已提交”。当链下的中继检测到“已提交”状态以后，做出相应的操作来更改链下的账户状态，生成证明信息并提交到链上，此时该转账操作状态为“已验证”，证明该转账完成。当之前的一系列操作都被确认无误之后，那么该操作状态就可以称为“已完成”，此时所有状态都已确定，无法被篡改。

二、跨链技术

（一）背景介绍

跨链技术是实现不同区块链间信息互通的技术。在区块链技术的发展中，跨链技术日益成为讨论的热点，被视为增强区块链之间联通性的最佳解决方案。跨链技术作为一种新兴技术，允许在不同的区块链网络之间传递价值和信息，通过在分散的区块链间构建起互联关系，跨链技术拓展了区块链的价值，消除了单一区块链的信息孤岛，进而实现了价值互联网。

跨链技术的目标首先在于实现价值交换。在比特币等各种区块链货币倍受关注的当下，交换可以通过担保人实现，也可以在中心化交易所完成，但这种方式和去中心化的思想背道而驰，并且个人隐私得不到有效保护，这样的跨链没有“技术”可言。跨链技术让区块链之间去中心化的价值交换成为现实，从技术层面来讲，跨链技术要求链间交易事务的原子性，即交易中链间的操作同步完成、同步中止；不能出现一方完成了操作，而另一方中止操作使交易失败的情况。传统的区块链是一个独立的系统，链间没有互通机制，无法相互感知信息，也就无法做到交易同步完成、同步中止。原子交换要求在交易过程中双方达成互相关联，由此提出了跨链Oracle，即赋予链相互感知的能力，让链去读取链外的信息，实现链与链之间的信息协同。

跨链技术的另一个目标是资产质押。与传统的质押模式基本相同，它可以在任何资产链上抵押对应的资产，通过设置交易的智能合约，实现在交易触发了相应数字货币链上的智能合约时，货币链就会自动进行转账。

（二）分类

跨链机制目前大致分为四类，即侧链（Sidechain）、中继（Relay）、公证人（Notary）

和哈希锁定（Hash-locking）。侧链是为了解决主链的拓展性问题，侧链可通过智能合约等方式验证主链交易信息；中继则相当于公证人机制和侧链的融合，中继在主链和侧链中承担数据的交流通道，仅充当数据收集者的角色，通过多重签名来共同决定交易是否有效。公证人机制则是最易实现的跨链机制，通过可信任的第三方充当公证人收集数据并确认和验证交易。哈希锁定技术以闪电网络为基础，通过数学形式的证明实现原子交换模型，更具技术性和挑战性。

1. 侧链

侧链是链接不同区块链的通路，它通过不同区块链的互联而实现区块链的拓展。侧链的提出，最初是为了解决比特币的扩容问题，即数字货币的价值交换问题。通过侧链，可以使比特币安全地从主链迁移到第二个区块链，还可以让第二个区块链上的比特币返回主链。侧链在整个价值交换中，会为不同的交易传输节点额外建立一个单独的通道，进而建立预设信任关系，简化节点间的共识机制，最终实现并发数据传输。

侧链具有一个显著的特点，即侧链可以识别主链，但主链并不知道侧链的存在。侧链的判定标准是：当链 A 能够读懂链 B，就可以说链 A 是链 B 的侧链。侧链要识别主链，在技术实现上需要满足以下两点：

1）主链支持简单支付验证（Simple Payment Verification，SPV）。

2）主链向侧链提供 SPV 证明来验证主链中信息的变化。

SPV 技术通过少量的数据即可验证整个区块链的状态。用户在主链上锁定自己的数字资产，该资产在一定的竞争期间内被锁定，以确认交易达成，随后生成的一个 SPV 证明会发送到侧链上。侧链收到了 SPV 证明，用以验证主链资产的状态。确认主链资产锁定后，在侧链上打开具有相同价值的另一种数字资产。此数字资产的使用和修改将在以后返回主链。返回主链的过程中，侧链资产被锁定一定的时间后，其生成的 SPV 证明被发送到主链上，用以解锁主链的资产。

最初主链指的是比特币区块链，随着区块链的发展，现在的主链可以代指任何区块链。侧链本身也是一个完整的区块链。侧链协议被设想为一种允许数字资产在主链与侧链之间进行转移的协议。侧链自身具有完整的账本、共识机制和智能合约等，从而可以将一些高频和特定的交易放在侧链中进行，这样既高效地完成了交易任务，又保护了主链安全不受交易影响。侧链协议是一种更安全的协议方式，它为开创区块链新型场景应用和试验打开了一扇大门。

2. 中继

中继技术和侧链技术很类似。中继技术是在链 A 和链 B 之间搭建第三方数据结构 C，如果 C 也为区块链结构，则称为中继链（Relay-chain）。A、B 和 C 中，仅有 C 与其他双方建立独立支付通道，A 与 B 的交易需要通过 C 来完成。在链 A 和链 B 的互联中，链 C 起到中继作用，链 C 也可以称为链 A 和链 B 的侧链。中继技术作为一种跨链方式，是公证人机制和侧链融合的结果。中继链保证了平行链之间通信的安全性，允许平行链执行独立的计算。

因此，中继链以高效的方式运行，而不必局限于特定区块链的语言或虚拟机，中继链的这些性质使其适合于跨链通信。

中继技术最早是为了完成比特币的拓展交易而提出的，其中 BTCRelay 就是中继技术在比特币交易方面的一个典型应用。BTCRelay 让以太坊成为比特币的侧链，使以太坊能够读懂比特币。目前比特币不是任何区块链的侧链，一直作为主链存在。以太坊的智能合约会把比特币的头部文件全部存下来，通过区块的哈希值找到对应的交易；其中运用 SPV 证明模式，比特币对以太坊一无所知，这完全是侧链技术实现的。中继技术离不开侧链技术，而现在很少有人区分侧链技术和中继技术，通常把它们并称为侧链/中继（Sidechains/Relays）。

3. 公证人

公证人机制是区块链跨链项目采用最多且最易实现的跨链机制。和现实中的中介类似，当链 A 和链 B 不能做到互相信任，将会引入一个或多个信用实体作为第三方中介来证明 A 和 B 链内各自发生的操作，从而实现 A 和 B 交易间的相互信任。公证人机制的优点是简单易实现，现实生活中已经有很好的公证人机制可以借鉴；其缺点也显而易见，即我们需要信任一个或多个实体来完成交易。

公证人机制和区块链的去中心化理念有一些冲突。中介本身就是中心化的产物，所以它并不能够称为完全意义上的区块链技术，很多人也并不承认它属于区块链。虽然公证人机制与理想的去中心化交易和隐私保护的初心相距甚远，但是它在跨链资产交易转移、跨链合约和资产抵押自由交易方面具有更好的可操作性，不需要复杂的证明，这使得它在当下仍具有一定的现实意义。

4. 哈希锁定

想要了解哈希锁定，我们必须要先知道什么是原子交换（Atomic Swap）。原子交换实现的是在一种零信任前提下，不同类型链间数字资产点对点的交易。跨链交易的去中心化，就是原子交换的使命。哈希时间锁定协议（HTLAs）是原子交换的重要组成部分，该协议包含了哈希锁定（Hashlock）和时间锁定（Timelock）两个部分。哈希锁定的存在使得原子交换成为可能。

哈希锁定是一个产生随机数和猜随机数的过程。它的机制是通过锁定一定的时间来猜哈希原值，从而完成兑现支付，可以被理解为以下的过程：

1）A 生成一个随机密码 P，并计算 P 的 Hash 值 H，将 H 发送给 B。

2）A 和 B 通过智能合约锁定自己的资产，保证交易过程中资产的状态，这里要求 A 先锁定，B 的资产在确定 A 的锁定状态之后锁定。

3）A 的锁定时间设定为 2T，在这段时间内若 B 能够提供 A 的随机密码 P，则通过智能合约拿走 A 锁定的资产，否则 A 的资产退回 A 的账户。

4）B 的锁定时间设定为 T，在这段时间内 A 若向 B 提供随机密码 P，就可以拿走 B 的资产。

上述过程属于一个经过数学论证的原子交换的例子，利用了 Hash 锁定的技术。过程中双方的交易具有同步性，A 无法欺骗 B，B 也无法在规定的时间内自行解出原随机密码 P。

闪电网络（Lightning Network）是哈希锁定技术的综合应用。闪电网络中交易双方无须互相信任，也无须通过第三方构建即时的中介平台。本质上讲，闪电网络是使用哈希时间锁定协议来进行交易确认的一种机制。交易双方在链下的支付通道进行多次、高效和双向的交易，它不要求双方拥有点对点的通道，网络中仅存在连接双方区块链的通道即可。在交易中，不需要即时同步上链，而是在通道打开和关闭时同步相关数据即可。闪电网络实现了安全的可扩展链下小型即时交易，提升了链外交易的处理能力。

（三）落地项目

1. WeCross

WeCross 是微众银行以融合各大主流区块链平台为目标，基于对当前行业现状、应用场景和技术发展的全面分析而设计的跨链整体架构。面对当前底层架构互通难、数据结构互认难、接口协议互联难、安全机制互信难和业务模式互访难等挑战，WeCross 提出了跨链方案遵循的“4S”设计理念：跨链业务高效协同（Synergetic）、跨链操作安全可信（Secure）、跨链网络分层可扩展（Scalable）、跨链接入高效便捷（Swift）。WeCross 在“4S”理念基础上，设计了一种通用、高效、安全和可扩展的区块链跨链协作平台，以实现主流区块链平台之间的互通、互认、互联、互信以及互访。基于区块链体系的抽象、跨链系统的架构和可信交互流程的顶层设计，WeCross 通过通用数据接口（UBI）、异构链互联协议（HIP）、可信事物机制（TTM）和多变跨域治理（MIG）实现跨链的核心功能。

WeCross 在开源共建方面获得了多方的支持。FISCO BCOS 和 Hyperledger Fabric 等多个平台和应用逐渐与 WeCross 对接，丰富了 WeCross 生态。随着区块链技术的布局和发展，WeCross 不仅面向数字资产交换、司法仲裁和物联网等具体的应用场景，还将作为未来分布式商业区块链互联的基础架构，促进跨行业、机构、地域的跨区块链价值交换和商业合作，实现高效、通用和安全的区块链跨链协作机制。

2. Polkadot

为了让不同的区块链彼此通信，Polkadot 网络引入了“平行链”的概念。只要这些平行链建立在 Polkadot 的基础之上，它们就将共享同样的权威证明（PoA）共识。由于该类型的共识嵌于 Polkadot 中，平行链开发者可以专注于各自区块链的特异性。所有平行链都和一种被称为中继链（Relay Chain）的通用区块链无缝连接，中继链扮演连接所有平行链的角色。平行链（可并行化链的缩写）是链条的简单形式，它们使用中继链提供的安全性，而不是提供自己的安全性协议。中继链保证了平行链之间通信的安全性，允许平行链执行独立的计算。因此，平行链可以以高效的方式运行，而不必局限于特定的区块链语言或虚拟机。

3. Fusion

Fusion 跨链项目的目标是创建一个功能齐全的金融服务平台，致力于提供跨链和跨组织解决方案的公有链。换句话说，它旨在创造一种在资产之间转移价值的方法，无论是集中式

（股票，债券，其他传统金融资产）还是分布式（区块链通证和加密货币）都可以。

Fusion 通过其应用程序结构将不同的区块链通证、链外值和数据源聚合到一个公有链中来实现目标。因此，可以将各种令牌和资产映射到区块链上，从而创建多币智能合约，使来自不同区块链的用户可以在不信任的情况下彼此交互。从某种意义上讲，Fusion 是“区块链的区块链”。

在安全性方面，Fusion 实施了一项专有技术——分布式控制权限管理（DCRM）。DCRM 在整个公有链上分配私钥，这确保了没有单个实体可以访问完整的私钥，因此不会出现单个节点可以完全控制网络数字资产的情况。

4. WanChain

像 Fusion 一样，WanChain 是专为金融界量身定制的跨链平台，核心是建立去中心化金融市场的框架。WanChain 的分布式基础架构允许用户使用该平台的 Wancoin 通证作为交换的中介，以在不同的区块链上交换资产。WanChain 还是一个分布式账本，记录每个跨链和链内交易，并保持一致的财务记录，这对于银行和清算公司等机构特别有用。另外一点也与 Fusion 一样，WanChain 允许使用多币种智能合约，并使用分布式安全协议，以确保任何一方都无法控制网络的私钥。但是它与 Fusion 的不同之处在于它不提供链下数据支持，并且仅专注于加密市场。

三、DAG

（一）详细介绍

DAG 即有向无环图（Directed Acyclic Graph）。图论是数学和计算机科学中关于数据结构的概念，在数据处理、调度、最佳路径以及数据压缩方面有着极其重要的应用。图论中常见的术语有：顶点、边、环、路径。对应在区块链数据结构中，每一个区块可以都看作图论中的顶点，“有向”在区块链中是指通过时间戳和哈希值等加密技术将打包成区块的交易信息按照时间顺序链接起来，因此可以将区块链看作最简单的链表。“无环”则是指不构成回路，可以理解为已经上链的区块不能修改，即无法加入最新区块的信息，因此无法组成一个闭合的路径。树是一种常用的 DAG 数据结构，可以理解为两顶点之间仅有一条路径的有向无环图结构。值得注意的是，在 DAG 应用中并不仅有树一种结构。

第一次提出 DAG 跟区块链结合的是在 Nxt 社区，最初是为了解决区块链的效率问题。比特币的效率较低，这在一定程度上是基于工作量证明共识的出块机制的结果，即链式的存储结构使得整个网络中同时只能有一条链，导致出块无法并发执行。社区有人提出用 DAG 的拓扑结构来存储区块，类似于侧链的解决思路，不同的链条存储不同类型的交易，在之后某个节点需要合并的时候，几个分支再归并到一个区块。

（二）与区块链比较

1. 数据结构

区块链示意如图 14-3 所示，其中圆形是创世块，实线正方形是确定的区块，虚线正方形是舍弃的区块。

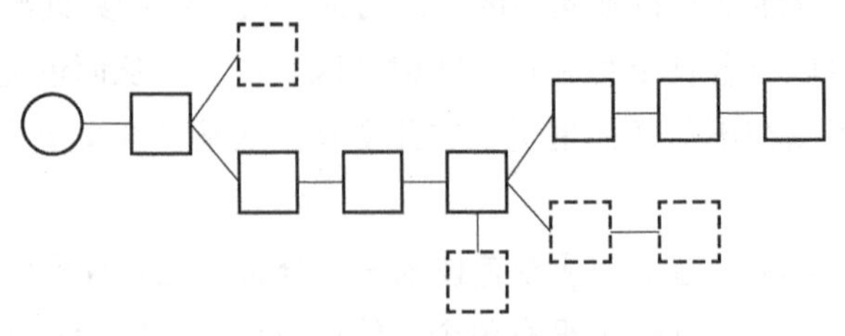

图 14-3　区块链示意图

目前比特币区块链数据结构采用单链形式，每个区块都存储着当前时间段所有的交易，矿工一直在拼命争夺某个时段交易的打包权利，把当前时间段所有的交易打成一个区块，目前比特币网络平均出块时间为约 10 分钟。在图 14-3 模拟的一个区块链中，实方块组成的最长的链也是全网的唯一主链；虚框组成的链是分叉链由于没有得到认可，最终被抛弃。

图 14-4 所示是 Tangle 型 DAG，圆形表示创世块，正方形表示确认的交易。使用者每发起一笔交易，都需要验证前面两笔交易。在另外一种常见的 DAG 数据结构中，交易被组织成若干条链，并通过一些成对的交易彼此链接，这种 DAG 被称为“Block Lattice”，应用于 Nano、Vite 等项目。如图 14-5 所示，数轴的两端表示较高的交易速度以及较好安全性，而 Tangle 型 DAG 和 Block Lattice 处于数轴的中间位置。

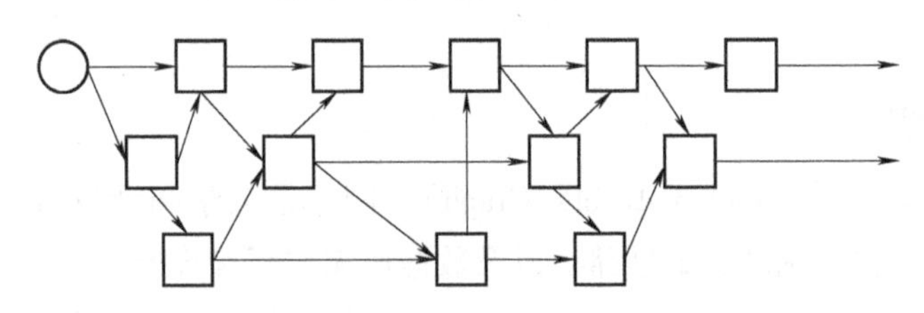

图 14-4　Tangle 型 DAG 示意图

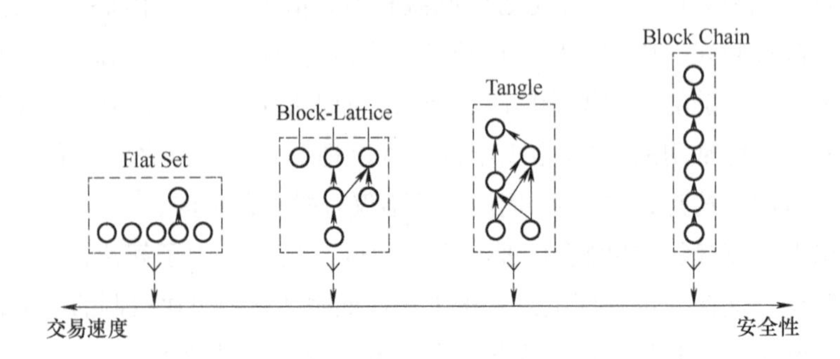

图 14-5　四种应用在区块链中的数据结构

在 DAG 账本中，虽然一些交易之间的顺序从账本中已经获取不到，但这些顺序并不影响节点计算状态。因为加密货币中的状态计算，都是对余额的加减运算，这些运算是满足交换律的，只要保证任何账户的余额不小于 0，就不需要区分交易的先后。因此，无论如何遍历 DAG 账本，最终计算的账户余额数据都一样，也就是说，任何节点都可以通过 DAG 账本来恢复正确的状态。

2. 去区块化

矿工一次只能在原始比特币区块链或以太坊平台上创建一个区块，而该区块中包含了多个交易，这意味着在上一个交易完成之前，无法验证新交易。没有区块意味着没有挖掘，DAG 模型消除了区块的限制，并将交易直接添加到区块。无区块设计仅包含交易，从而消除了矿工创建新区块的需求。

在 DAG 模型中，没有区块的概念，它的组成单元是一笔笔的交易，每个单元记录的都是单个用户的交易，这样就省去了打包出块的时间。验证手段则依赖于后一笔交易对前一笔交易的验证。换句话说，要进行一笔交易，就必须要验证前面的交易；具体验证几个交易，要根据不同的规则来确定。这种验证手段，使得 DAG 可以多步并发地写入很多交易，并最终构成一种有向无环拓扑结构，能够极大地提高扩展性，通过事务的参与来保持顺序，从而跳过挖掘过程。

3. 共识机制

在比特币的白皮书中提到，有可能多个矿工同时解决哈希难题，获得同一时间段的交易打包权，也就是出块权，因此会出现分叉的可能性。某一笔交易状态的确认是由其挂靠的交易数量决定的，挂靠的交易越多，交易状态回滚的概率越小，这笔交易就越安全。DAG 网络上没有矿工，交易的验证直接进入交易本身，对于用户而言，这意味着交易几乎是瞬间完成的。DAG 与 PoW、PoS 相比有着更高的性能，可以说交易越多、节点越多，处理速度越快。但在安全性的角度上，DAG 要比 PoW 脆弱得多。在 PoW 共识机制中，算力达到 51%，才能够发起攻击；而攻击 DAG，以 Tangle 型为例，发起一笔交易验证两笔交易，理论上来说，只要达到 34%的算力，就能够攻击整个 DAG 网络了。如果一个拥有高算力的节点通过发起巨量的交易而获得更多验证权，就很容易降低 DAG 网络的效率，甚至发起攻击；而无交易费的特点使得发起和验证的成本为零，同时海量的节点更提高了攻击风险。

4. 双花问题

在比特币网络中，通过未使用的交易输出（UTXO）模型，一个用户对自己可以解锁的 UTXO 只能发起一次转账，用这种方法来解决双花问题。采用了 DAG 结构的项目，通过主链来避免双花问题，即为经过见证人认定的最短路径。相比传统链式结构，采用 DAG 结构时面临的双花问题会非常复杂，根据字节雪球（Byteball）的描述，该项目采用了见证人主链概念，以维持一条公认的主链作为凭证，而其他分支只要不和主链冲突就都可以视为有效交易。DAG 可以提升效率，但由于其数据结构非常复杂，对编码要求更高，安全性有待观察。

DAG 对微交易友好，用户可以发送和接收小额付款，不会遇到与可扩展性和交易速度有关的问题。培育 DAG 技术背后的愿景是：以最低的交易费用使未来的网络变得平滑，且功能正常。与比特币和以太坊不同，采用 DAG 技术，愿意进行较小金额交易的用户无须支付高昂费用即可迅速发送交易。

总体来说，DAG 技术是区块链的一个有益补充，其异步通信机制在提高扩展性、缩短确认时间和降低支付费用方面优势明显，未来在去中心化技术领域也会有一席之地，但其安全性和一致性的问题仍亟待解决。

（三）落地项目

加密货币生态系统已有几个成功使用该框架的项目，其中最著名的是 IOTA，Obyte 和 Nano，以下分别进行简单介绍。

1. IOTA

IOTA 是在 2016 年实施“无区块链”的初创企业之一，IOTA 的独特功能是零交易费。在全球范围内唯一能够作为物联网骨干技术的就是 IOTA，它使用节点和 Tangle（节点组）网络来加快验证过程。在 IOTA 上，验证交易使得所有用户都成为矿工，每个人都参与执行共识，并为维护网络做出少量贡献，这样一来网络在实现可扩展性的同时获得了高度的分散性。

IOTA 代表物联网应用程序，旨在为用户提供零费用的、近乎即时的交易，这是使用加密货币进行小额支付的经济、有效的解决方案，主要应用区域为物联网。全球无数设备在各自领域相互通信，这其中交易费用是非常重要的，智能合约、智能数据和智能城市将会是 IOTA 应用的领域。

2. Obyte

Obyte（ByteBall）是另一种不使用区块链的加密货币，它的独特功能是其内置的隐秘资产，用 Blackbyte 可以进行匿名交易。Byteball 长期目标与比特币一样，积极地尝试替代现有的货币——美元、欧元和所有其他法币。

尽管已实施 DAG 模型，但 Obyte 并不支持零费用交易。这是因为网络使用验证器系统来仔细检查区块链上的交易，这种共识算法依赖于证人——具有验证者角色的公认信誉良好的用户。基本上 Obyte 与 IOTA 十分类似，除了在物联网的应用中，这是由于 Obyte 存在交易费用。但是，Obyte 的目标领域是替代货币、智能合约，能够匿名和快速转账。不管是物联网还是可以匿名交易的替代货币，两者都有自己的位置。

3. Nano

Nano 是采用 DAG 结构的另一种加密货币和平台，具有通过节点连接的独立区块链网络。Nano 采用的技术被称为块格网，是 DAG 框架和传统区块链的结合。在 Nano 中，每个拥有单独钱包的用户都将获得一个区块链，并且是唯一可以对其进行更改的人。为了完成交易，发送方和接收方都必须在区块链上执行操作。正如 Nano 所强调的那样，用户特别喜欢高交易速度和零交易费用。

在比特币和以太坊之后，DAG 模型有可能成为区块链 3.0。但是，新技术的框架尚处于起步阶段，有巨大的发展潜力。DAG 系统可实现高扩展性，但对于小型网络而言，它具有不利之处，因为小型网络更容易受到攻击。在 DAG 系统经过验证和测试之前，尽管传统的区块链仍存在可扩展性问题，但是将继续流行。

四、李嘉图合约

（一）背景介绍

李嘉图合约（Ricardian）是一种法律合同，由著名程序员伊恩·格里格（Ian Grigg）于1995年首次提出，目前此概念已成为区块链的一部分。它的基本定义是：一种可读的法律协议，一旦达成一致并由各方签署确认，就将转换成计算机可读的合同，用来规定协议方之间的意向和互动。使它与众不同的是，只要经过密码签名和验证，即使是代码，它也能以易于阅读的文本形式提供，易于人们（不仅是律师）理解。它是唯一的法律协议或文档，可同时供计算机程序和人类阅读，因此它有两个部分或者说两个用途。第一，这是两方或更多方之间易于理解的法律合同，律师可以很容易地理解它，用户也可以阅读并理解合同的核心条款。第二，它也是机器可读的合约，借助区块链平台，这些合约现在可以轻松地进行哈希加密处理、签名并可以保存在区块链上。李嘉图合约将法律合同与区块链技术合并在一起，签约方在区块链网络上执行交易之前对各方约束以法律协议。

李嘉图合约中，通过编程来定义多方之间合法合同的全部内容，可以用于执行事件或交易的指令也都可以成为李嘉图合约的一部分。该协议包含以下重要部分。

1）合约参与方。

2）时间要素：合约的效力，在有限的时间内适用还是永远适用；时间期限，需要在规定时间内达成交易，否则合约无效。

3）例外：为不同的可能性添加例外。例如，当一方死亡时会发生什么。

4）逻辑条件：根据需要添加任意多个条件以及 if/then 子句。

李嘉图合约领结模型如图14-6所示，在领结模型中的左侧，经过谈判形成的具有法律约束力的合约，将生成一个单独的父文档，该文档定义了协议的所有意图。在模型的右侧，表示履行该协议涉及的许多交易，通常使用诸如 OpenPGP（一种邮件加密标准）

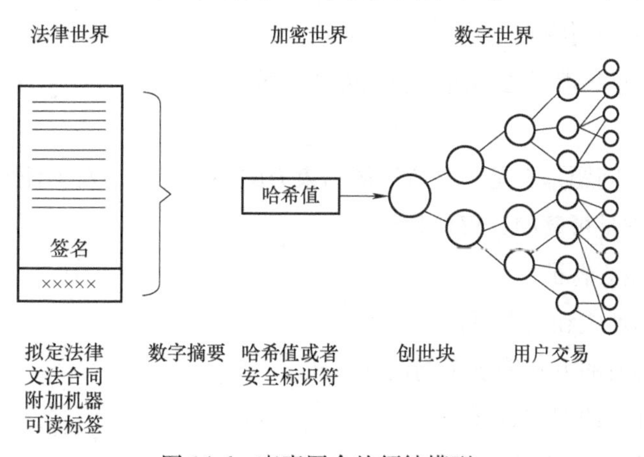

图14-6　李嘉图合约领结模型

提供的纯文本数字签名，任何一方都可通过私钥公开签署合约。原始签约人的签名通常在原始文档上，各方稍后参与合约（例如付款或智能合约履约）时，通常会签署哈希标识符（由密码哈希函数生成）上方的原始文件。每笔交易都锁定了当事方交易的条款和条件，交易的操作和合约的签发是明确分开的。法律世界和数字世界之间由哈希值或者其他安全标识符连接，通过将合约的哈希值包含在每个相关的交易记录中而将二者结合在一起。李嘉图合约的作用是捕获签约方之间的合约关系，从而帮助按计划执行该合约。李嘉图合约在密码哈希函数创建的法律与数字世界之间形成联系，协议中包含的所有规则和条件都已整合到合同中。这样做可以将事务的问题和执行严格分开，从而有助于提高安全性。

李嘉图合约主要是两方之间易于理解的法律合同，可以在法院使用。因此需要律师先创建实际的法律协议，双方阅读、理解、同意并签署该协议；之后才能进行数字化或哈希处理，以便软件可以使用并在区块链平台上运行它。为了使法律合同有效，发行人可以创建合同文本框架，双方或持有人均需填写该合同文本框架并签字同意。李嘉图合约是一种智能合约，使用的是智能合约中的代码；它也是实时合约，可以在事件执行后更改。李嘉图合约还可以使用隐藏签名来使过程更安全。通过私钥完成合约的签署，然后使用协议的哈希值将隐藏的签名附加到合约上。

（二）与智能合约比较

区块链平台上两个合约之间的根本区别在于协议的类型。李嘉图合约记录了多方之间的协议，而智能合约执行了协议中定义为操作的内容。

智能合约充当交换期间提供信任的合约，可以被用于在互联网上交换金钱、股票、财产和其他资产，通过定义两方之间的义务并通过计算机代码执行这些义务来做到这一点。智能合约是各方保持匿名区块链网络流程的重要组成部分。

智能合约的核心特征：

1）根据计算机代码中提供的指令自行执行。

2）自我验证和自动执行。

3）不可变，这意味着无法通过编辑来修改条款。

4）节约成本。

智能合约的一个问题是它是不具有法律约束力的协议，如果发生任何问题，很难在法庭上提供证明。而且它是可读的，仅仅是代码。

李嘉图合约的核心特征：

1）有机器可读形式和人类可读形式。

2）程序进行解析的方式等价于阅读的方式。

3）由发行人和合约双方签署。

智能合约与李嘉图合约对比见表 14-1。

表 14-1　智能合约与李嘉图合约对比

	智 能 合 约	李嘉图合约
目的	执行协议条款	将协议条款记录为法律文件
流程	在基于区块链的应用程序上自动化操作	基于区块链应用程序上的自动化操作
有效期	具有法律约束力的文件	具有法律约束力的文件或协议
多功能性	智能合约不是李嘉图合约	任何李嘉图合约也可以是智能合约
可读性	智能合约是机器可读的，但不一定是人类可读的	李嘉图合约既可机读又可人读

（三）应用场景

李嘉图合约可以在很多情况下实施，范围比智能合约要广。智能合约主要用于区块链上的金融交易，而使用李嘉图合约没有限制，可以将其用于金融交易以外的其他应用当中。由于李嘉图合约确定了一方的责任或法律条款（与另一方交易时的责任），因此应用范围非常广泛。李嘉图还可以定义当事方的意图，将其合法地约束在合约中，根据约定的条件执行指令，这会使区块链交易更好、更安全、更透明。

1. 电子商务

李嘉图合约主要的案例是 OpenBazaar。该项目提供一个开放的在线市场，在这个在线市场中可以买卖任何合法的东西，当双方交换货物时，该市场的李嘉图合约是跟踪双方责任的主要工具。只要双方在 OpenBazaar 上进行交换，就会创建一个李嘉图合约，据此跟踪多方同意的法律合同的合法性，并签署进一步的协议。这对用户而言非常安全，因为如果发生诈骗或违反合约的情况，则一方可以拥有具有法律效应的文件并在法庭上出示记录。这就是李嘉图合约在电子商务行业中得到广泛使用的重要原因。

2. 自动化履约

李嘉图合约直接连接并可以操纵以下内容：①控制付款和会计的企业软件；②银行的付款系统；③资产所有权和商业登记册（例如土地注册处、公司注册处、证券存管处）贷款合约，来完成自动履约的应用。例如，通过李嘉图合约自行偿还贷款，并定期根据还款时间表和外部数据源中的基准利率数据计算保证金。

3. 软件即合约

李嘉图合约不仅是书面文件，而且是具有用于执行、管理和解释的用户界面的应用程序。它在交易截止日期之前提醒各方，李嘉图合约根据组织结构分配用户与某些规定进行交互的选择性权限。在李嘉图合约中，签名和验证是自动的，例如，首席执行官的证书与公司注册处相互参照，以确定代表公司签名的权限；如果支票返回负数，则系统可以禁止执行合约。

4. 法院和监管机构

可以将合约接入监管机构的系统中以履行监管报告的义务或实时监控合规情况。法院可以被授予对合约的“司法优先权”，使它们能够撤销交易或完全取消合约。

第二节 应用前景

区块链应用已经在本书的前面章节详细阐述过，本节针对区块链行业 2019 年的热点梳理补充出三个具有前景的应用方向：联盟链、稳定币和流媒体。对于区块链而言，让价值流通起来才是其真正的使命，最适合将技术和业务结合起来的联盟链是最具有可行性的切入点；稳定币的提出，解决了加密货币价格波动的问题，为金融科技创新和应用打下了基础；发展势头迅猛的流媒体行业结合区块链技术，将为其视频流传输问题提出新思路，有助于对内容创作版权的保障。下面对部分应用前景和落地项目进行简要介绍。

一、联盟链

（一）背景介绍

区块链的第一种形式是公开形式。比特币白皮书中提到了公开形式的区块链，这意味着公有链向所有人开放，任何人都可以参与其中。理论上任何人都可以不受限制地创建公有链，但获得一定程度认可和传播需要相应的激励，这种激励人们参与的机制使得用户数量增加的同时，区块链也得以健康发展。在比特币中激励机制成效显著，矿工提供计算能力来实现共识区块过程中复杂的哈希算法，得到的激励就是获得一定数量的比特币。

区块链的第二种形式是私有形式。私有链是指其写入权限是由某个组织或机构控制的区块链，参与节点的资格会被严格限制。由于参与的节点是有限和可控的，因此私有链具有极快的交易速度、更好的隐私保护、更低的交易成本，不容易被恶意攻击，并且能够达到身份认证等金融行业必须的要求。相比中心化数据库，私有链能够防止机构内单节点故意隐瞒或篡改数据。即使发生错误，也能够迅速发现来源，因此许多大型金融机构在目前更加倾向于使用私有链技术。

区块链的第三种形式是联盟形式。联盟链是指由若干个机构共同参与管理的区块链。每个机构都运行着一个或多个节点，其中的数据允许系统内不同的机构进行读写和发送交易，并且共同来记录交易数据。联盟链的项目在公有链和私有链中都可以很好地工作。联盟链和私有链非常相似，但是有很大不同。联盟链是由多个机构参与并管理的，这意味着多个实体将使用网络并重新建立分布式系统。因此，联盟链并不是一家组织或者机构“独裁”的，而是由各自利益不同的多个组织负责的，可以将联盟链视为多个组织可以交换信息并同时工作的枢纽。

（二）优势

公有链虽然具有良好的安全性，但是当太多用户加入网络时，速度和效率不理想。而私有链虽然提供了可扩展性和更快的解决方案，但是没有完全去中心化。因此，联盟链的优势就是在公有链和私有链之间取长补短，可以总结为以下几点。

1. 更快的交易速度

公有链应用程序的一个缺点是交易速度缓慢，当系统中的用户过多时，网络就会减慢速度，使所有交易过程极其缓慢，有时甚至无法完成。但是在联盟链的实例中，能够获得更快的交易速度。在联盟链中，并非所有人都能进行交易或验证区块。因此，当允许选定的一群人进行交易后，交易速度变得很快。

2. 可扩展性

在联盟链中，将不会遇到任何类型的可扩展性问题，因为联盟链中允许任何成员加入外部网络并开始验证交易，但他们需要经过安全程序和授权才能到达联盟链中的内部网络。因此，网络上的所有节点都将受到不同程度的控制和维护，从而在保证联盟链安全性的同时解决任何类型的可扩展性问题。

3. 交易成本低

尽管公有链声称能降低交易成本，但随着加入网络的用户增多，交易速度就变得缓慢。这导致了更加复杂的情况，并最终增加了交易的总成本。联盟链交易更快、更简单，总体成本大幅下降，因此交易成本的更低。

4. 低能耗

公有链的共识算法需要求解有一定复杂度的哈希算法，挖掘需要大量的计算能力。计算消耗能源的能力需要远超正常使用的电力。从长远来看，这种模式对能源的需求将随着加入区块链的节点增多而不断增多。如果采用 PoW 共识算法或者其他需要求解的算法进行验证的区块链达到一定规模时，能源将大多消耗在挖矿中。而联盟链仅使用选定的节点组进行验证。在这种情况下，问题复杂度要低得多；联盟链不使用典型的共识算法，而是使用表决系统来验证节点，这不需要太多的计算能力，可以节省大量能源。

5. 没有 51%攻击的风险

51%的攻击很容易破坏网络的正常运行。在公有链中，任何人都可以加入网络并验证区块。如果一组矿工团结在一起并增加系统中的哈希数，则可以轻松接管其他参与者的活动。如果 51%的用户接管了网络中的整体挖掘能力，他们可以利用甚至改变或撤销交易来使自己受益。但联盟链不允许网络上随机的陌生人加入区块进行交易验证，联盟链上只有数量有限的节点才能验证区块。这样可以维护网络的完整性，从而消除所有可能的 51%攻击机会。

6. 降低犯罪活动的风险

匿名的公有链应用程序，使得犯罪分子可以轻松地访问网络并免费使用网络以谋取利益。但是在联盟链中，必须经过身份验证过程才能访问系统。因此，匿名性质被删除，每个人都知道在这里打交道的确切人数。

7. 形成规章制度

公有链技术缺乏网络所需的高级法规。没有规定，任何网络都无法无缝运行。但是在联盟链中，每个节点都在受监管的环境中工作。网络中的所有组织都遵循一些严格的规则，并保持良好的关系。因此，联盟链是企业进入区块链领域的一个很好的选择。

（三）应用场景

1. 金融服务

区块链技术要在经济体系中正常运转，需解决双花问题、实现零伪造，否则就不会被信任，并且会造成一定的经济损失。我们可以在典型的集中式银行系统中看到这种情况，黑客或不法人员可以入侵系统，然后进行相应的修改。为了应对这种情况，可以引入分布式账本系统，但这存在一些缺陷。如分布式账本系统是公共领域，这使得网络上添加的所有信息都成为公共财产；即使人们无法更改信息，但他们仍然可以看到进行了哪些交易以及涉及哪些敏感信息。如果银行在这种环境下运行，它们将面临隐私问题，联盟链恰好解决了上述问题，还可以提供敏感信息所需的隐私级别。联盟链不需要处理中央集权的信任问题，仍然可以享受分布式账本的好处。

2. 保险理赔

简化保险理赔是联盟链的另一个应用。保险理赔时需要处理很多文书工作，这个过程花费太多时间而且导致很多问题。例如，医疗保险理赔不及时可能会耽误治疗。而且保险行业还需要更安全的网络将敏感私密的信息记录下来。针对这种情况，联盟链可以在保证投保方隐私的情况下，快速确认事件发生的真实性。

3. 供应链管理

管理供应链是对处理货物的企业组织的基本要求之一。复杂的供应链程序以及大量无法管理的数据，使货款的支付和产品的产地证明变得复杂。使用典型的区块链平台存在隐私性问题。许多消费者不希望将其账单文件公布于众。由于存在关于隐私的需求，因此典型的公有链无法在这个领域使用；而私有链是中心化的，节点准入被严格控制，不适合上下游供应链中的企业整合管理；联盟链则可以保证在没有任何第三方入侵的情况下全程跟踪和管理供应链。

4. 企业数据存储与安全

当数据库中的信息太多时，传统区块链应用程序将会出现存储问题。如果企业级组织希望利用传统的区块链技术来解决存储问题，则需要更多的存储设施。在这种情况下，联盟链可提供多方参与的方案，通过这种方案，联盟链下的组织将能够基于其客户交换信息。例如，两家银行 A 和 B 有相同的客户，它们都需要身份验证信息以提供对用户的访问。但是，单独存储此信息将需要并浪费大量存储空间，因此可以合并冗余数据，并在必要时进行交换。这种情况下使用联盟链将节省大量存储空间，提高效率。

对于大型企业来说，数据安全存储是非常重要的。安全漏洞不再是罕见的，几乎每家大型跨国公司都必须使用各种手段处理漏洞，且维持所需要安全级别的成本非常高；然而即使投入大量成本，许多公司仍无法解决该问题。区块链提供了一个很好的解决方案，因为区块链网络安全性高。大型企业面临的数据隐私问题是公有链应用无法解决的。使用联盟链，就可以达到所需的安全级别。联盟链比私有链安全性高，还可提供相应的隐私保护。

（四）落地项目

1. 壹账通

中国平安集团旗下的壹账通累计提交5个备案项目，重点布局区块链在贸易金融领域的应用。壹账通作为中国平安集团重点打造的区块链底层平台，承接链平安是所有区块链应用的需求。研发了先进的密码学解决方案——全加密框架和3D零知识证明。自主研发的智能区块技术解决了大吞吐量和低延迟不可兼得的性能问题。

2. 微众银行

微众银行是腾讯牵头发起设立的我国首家互联网银行、线上投资理财贷款平台。先后提交了“FISCO-BCOS”“金联盟区块链底层开源平台”“WeIdentity”三个区块链备案项目。腾讯在“区块链+金融”领域发力的重点是搭建区块链金融领域的底层平台，在政务、版权、司法、金融、供应链、智慧城市等诸多领域有着成熟的落地应用。在其开源的生态圈内，已经有众多企业的上百个应用基于金联盟和FISCO-BCOS进行研发，目前超过60个应用在生产环境中运行。

3. Voltron

该项目由R3和CryptoBLK支持，并从微软的Azure获得技术支持。在Voltron项目中，12家银行汇聚在同一网络下，它们分别是汇丰银行、西班牙对外银行、法国巴黎银行、美国银行、瑞典北欧斯安银行、加拿大丰业银行、英国国民威斯敏斯特银行、瑞穗银行、意大利联合圣保罗银行、荷兰商业银行、曼谷银行和中国信托商业银行。在该项目中，Voltron将使用R3的区块链技术将所有正式文档数字化，通过Corda平台，利用其分散性来创建联合平台。Voltron的优势在于可以大量减少手动文书工作。

4. 零售行业

目前没有该项目的正式名称，但是IBM宣布了全球零售商之间的新合作。使用IBM平台来开发的新联合网络，主要用于确保全球消费者的满意度。每年受污染的食物给人民带来疾病，而且过度浪费成为经济的负担。为了应对这些情况，10个规模较大的零售企业（沃尔玛、联合利华、泰森食品、雀巢、麦克莱恩、麦考密克、克罗格、金州食品、怡颗莓和都乐）组织了联盟区块链作为新的基础设施，以全新的方式使食品生态系统受益。

二、稳定币

（一）背景介绍

加密货币市场面临的最大挑战之一是价格的剧烈波动，因此在一个人持有的资产价格剧烈波动的市场中，以消除波动性的方式“存储”资金价值的选择非常必要。这不仅对加密货币交易者有益处，而且可以使零售商接受加密货币，无须担心价格波动。这种剧烈的价格波动正是稳定币将解决的问题。

稳定币的价值可以与多种基础资产挂钩，如贵金属银、金甚至美元。最重要的是，稳定币的价值几乎总是保持不变的，不像普通的加密货币那样剧烈波动，它以固定的比例锚定美元等法币。创造稳定币的目的是消除或减轻价格波动，同时保留区块链加密货币的强大特征，例如审查协助和资金自由流动。换句话说，稳定币能以低成本和高速交易使用户受益，同时减轻价格波动。

稳定币是去中心化金融（DeFi）中的关键组成部分。DeFi 提出了一种基于公有链构建的现有金融系统的替代方案，相关产品包括去中心化的点对点贷款等。在 DeFi 的发展中，稳定币无疑发挥着至关重要的作用，因为人们需要无波动的交易方式，同时又不想失去加密货币的好处。

（二）三种类型

第一种由法定货币支持的集中式稳定币，即平台每发行 1 个代币，其银行账户都会注入 1 美元的资金保障。用户可以在平台查询保证金，以保障透明度，进而通过法定货币抵押来维持稳定。

第二种通过其他加密货币支持的分布式稳定币，即依靠数字资产抵押来维持稳定。典型的例子是 BitCNY，你可以把其他加密货币，例如 BTS 币抵押给系统，系统贷给你相应的 BitCNY。由于数字资产的价格会波动，因此如果 BTS 的价格大跌，你抵押给系统的 BTS 币的总价值跌到接近系统贷给你的 BitCNY 的总价值，且你不增加 BTS 币的抵押数量，系统就会强制把你抵押的 BTS 币卖出，偿还系统贷给你的 BitCNY。这类似于生活中的银行抵押贷款，你抵押给银行的房子价值下跌而你又没有能力增加抵押物时，银行就会把房子收走卖掉，以填补给你的贷款。

第三种稳定币，依靠算法来确保稳定。典型的例子是 Basis，类似美联储的做法，通过调整 Basis 的供应量来稳定与美元 1:1 的兑换比例。目前 Basis 项目已经停止运行。

（三）影响较大的稳定币

1. Tether

Tether（USDT）是迄今为止最著名的稳定硬币加密货币，中文名叫“泰达币”，长期占据 Coin Market Cap[⊖]排名前五。这是一种具有法定功能的稳定抵押币，由法定货币美元以 1:1 的比例支持，这意味着 Tether 的价值将等于美元的价值。

它是使用最广泛的稳定代币，市值为 46 亿美元（2020 年 2 月），采用率很高。但是 Tether 经常受到是否有足够法定抵押货币的争议。

优点：易于设置，有全面的基础架构支持，加密货币市值较大。

缺点：未经审核即可发布 Tether，不透明。

交易所：Binance，OKex，火币网。

2. TrueUSD

TrueUSD（TUSD）也是受美元支持的稳定币，完全法定抵押，透明验证和审核，并受

⊖ Coin Market Cap 是一款知名的虚拟货币交易平台。

到法律保护。TUSD 最大的优势是其透明度，其公开的证明以及任何人都可以访问该报告的特点，使其成为 2020 年最稳定的硬币之一。这种稳定的硬币由与谷歌、加州大学伯克利分校和普华永道等大型组织合作的人管理。他们计划在不久的将来将 TrueEuro、TrueYen、TrueBond 标记为资产，以便在不稳定的加密货币市场中引入可靠的稳定性。TrueUSD 的市值为 1.4 亿美元，是全球排名前 25 的加密货币之一。支持的资产包括小型企业、货币、房地产和大宗商品等。

优点：保证金融和法律机构对所有权的认可。

缺点：不如 USDT 受欢迎，采用率较低。

交易所：Binance，DigiFinex，Bit-Z。

3. Dai

MakerDAO（稳定硬币的首次币发行）是一种自治的、分散的机构，它引入了一种新的方法来制造稳定的硬币——Dai。Dai 创建于 2017 年，未与美元挂钩，但得到了以太坊的支持。这是一种价值锚定加密货币的稳定硬币的经典示例，属于加密抵押的加密货币类别。市场参与者指出：它非常复杂且不易理解，并且其模型尚未经过良好测试。但是 2020 年它的采用率可能会更高，市值为 1.2 亿美元。

优点：弹性稳定的硬币，可以按自己的条件借款。

缺点：复杂，曾遇到过一些安全问题。

交易所：HITBTC，KuCoin，OasisDEX。

4. Paxos Standard

Paxos Standard（PAX）是由 Paxos 信托公司发行的被称为世界上第一个受监管的稳定币加密货币，与 Tether 相似，PAX 也以等量的 1∶1 比例由美元支持。PAX 具有独特性，因为它已获得纽约州金融服务部的批准。PAX 的首席执行官查尔斯（Charles Cascarilla）说，Paxos 代表了利用传统金融系统并实现全球无摩擦经济的数字资产的巨大进步。其市值为 2.1 亿美元。

在分发 PAX 硬币时，相应的美元被保留在联邦存款保险公司（FDIC）保险的美国银行中，在兑换后，PAX 代币被销毁。PAX 是 ERC20 代币，是最好的加密稳定代币之一。以太坊钱包也支持 PAX 代币。

优点：由于它是 ERC20 代币，因此可以最大限度地减少人为错误。

缺点：没有可用的钱包，其中大多数处于测试阶段。

交易所：DigiFinex，OKex，Binance。

5. Gemini Dollar

Gemini Dollar（GUSD）就像 PAX 一样，它们都在同一天上线并受纽约州金融服务部监管。它们宣称自己是世界上第一个受管制的稳定硬币。GUSD 是 ERC20 代币，由美元支持，市值 4.5 百万美元，由双子座信托公司（Gemini Trust Company）发行，以反复提出 BTC ETF（交易所交易基金）而闻名。每发行 1 美元 GUSD，信托公司和道富银行就会持有 1 美元。业务流程管理会计会每月检查余额以确保准确性，并提供报告以供审核，以确保透明度。

优点：发行采用混合在线-离线批准机制，可提供所需的安全性和灵活性。

缺点：它的新加密货币尚未得到认可。

交易所：HitBTC，BCEX，DigiFinex。

6. USD Coin

加密货币金融公司 Circle 和开放源码联盟 CENTER 推出了 USD Coin（USDC），同样以美元作为支持。它也是 ERC20 代币，可在许多交易所使用。USDC 旨在解决根本问题，使这种稳定的硬币值得信赖，并以开放标准为基础。USDC 是最稳定的加密货币之一，市值为 4.3 亿美元。它在贷款、投资和交易金融方面创造了多种可能性，并且是最好的稳定代币之一。

优点：可以用作具有加密货币确切功能的稳定硬币。

缺点：缺乏可扩展性和商户采用。

交易所：Poloniex、Binance 和 CoinBase。

三、流媒体

（一）背景介绍

在流媒体成为主流之前，影音文件要下载后才能观赏，而流媒体将一连串的媒体数据压缩后，分段发送数据，实时传输影音。流媒体服务正在广泛取代传统的有线电视和影音租赁服务，成为人们观看视频内容的主要方式。皮尤研究中心（Pew Research Center）的一项调查显示，年龄在 18~29 岁之间的受访者中，有 61%的人主要使用在线流媒体服务看电视。流媒体是未来的潮流，Netflix、Hulu 和亚马逊等公司已经将过时的影音租赁业务停掉，DVD 也迅速成为历史，视频爆发性增长，年均增长率大约为 25%，所有公司都在利用视频进行市场营销。同时，在线内容也正处在“大爆炸”阶段，流媒体成为在线观看电影和视频的方式。这也催生了“掐线热潮”（停掉付费有线电视服务），而区块链将加剧这一趋势。在数字市场营销领域，曾经的数字广告以文字或静态图片为主，现在则是主推动画、动图。在同样火热的移动端上，实时（直播）流媒体在各大应用以及社交媒体上走红。流内容提供了一些独特的好处，例如为消费者提供了更多选择和灵活性，以及为品牌提供了更具针对性的广告机会。但是，流媒体服务的货币化一直很困难，Netflix 这样的流媒体服务商需要按月付费，这意味着相当于使用频率较低的观众补贴了使用率很高的人。流媒体服务的用户常因为内容提供商不断变化而发现他们所选择的平台上没有自己喜爱的内容。同样的情况在视频平台众多、独家版权的地域也普遍存在。

科技革命会继续改变娱乐和流媒体产业。正如互联网使实体店视频租赁服务过时一样，区块链技术将很快颠覆整个流媒体的现状。目前，在线流媒体市场的领先者不可能愿意放弃市场份额，但它们不得不进行相应的调整。区块链对流媒体的变革事实上已经开始。区块链的加入使流媒体能够提供更富有生机的服务，这通过更加广泛地激发内容创作人员的创作激情，以及通过更加公平的激励措施。区块链能够在创作人员与观众之间搭起直接的桥梁，同时使广告商能提供更加有效的定向营销。下面是区块链赋能流媒体的几个优势。

（二）优势

1. 去中心化的内容分发模型

如果数字内容创建者可以直接从其客户那里获得报酬，就不必将其大部分销售额分配给第三方中介机构，这种无障碍方式可以通过区块链来实现，从而节省了隐藏的各种中介费用，也可以帮助数字内容创建者与粉丝建立直接的客户关系。区块链可以帮助他们以智能合约的形式自动处理与许可和合约相关的问题。区块链使各方可以直接验证其交易记录，而无须任何中介。它还消除了任何中央机构通过其点对点网络批准交易的需求，从而为敏捷、顺畅的交易铺平了道路。

2. 降低存储传播成本

目前的流媒体需要付出高昂的成本来把所有内容（包含大量的视频文件）存储在服务器上，而这些成本中的很大一部分会被转嫁到内容制作者身上。区块链技术有望削减这些成本，并且为内容制作者提供直接获取收入的渠道。区块链承诺提供“智能合约”，以及多种能实现在高度加密的系统中存储并分享视频内容的不同方案。虽然因为交易时间过长、计算能力有限，目前区块链技术仍然无法处理流媒体；但是，一些区块链初创公司正在专门研究交易速度的问题。矿工将软件下载到自己的计算机或服务器上，并有效率地租用多余的计算空间；他们通过加密货币或者代币的奖励形式获得激励，利用与共享经济相同的理念，将视频储存在多余的磁盘空间中。这一过程可以降低视频传播的成本。

3. 可访问性和所有权

在线流媒体行业的长期问题之一是内容的所有权和访问权。视频订阅服务需要付费才能获得对平台内容的访问权限，并且无法在平台以外的任何位置访问视频，因此缺乏透明度，与传统 CD 或光碟不同。利用区块链技术，可以在基础架构和协议级别解决所有权和访问问题：将视频加密并通过星际文件系统（IPFS）将其永久存储；通过智能合约，可以使用解密密钥从任何地方访问。

4. 广告分析和定向营销

2017 年，全球数字广告支出为 2000 亿美元，到 2020 年达到 3500 亿美元。数字广告对于营销人员来说非常有利，因为他们可以跟踪消费者的行为数据。但是，超过 60% 的数字广告商缺乏足够的工具来分析这些数据，因此无法评估和有效改善数字广告的效果。区块链使营销投资成为目标，帮助广告商判别有效的平台并为其营销工作增加更多价值。

5. 轻松交易和小额付款

区块链有助于促进用户和内容创作者之间的在线小额支付，而无须任何交易成本或服务费用。通过启用了区块链的浏览器，用户可以使用加密货币钱包将其每月支出货币化。而且，浏览器可以向公有链请求许可证信息，并通过内容标识符扫描加载的内容。因此，它促进了进行链上支付的用户和内容创作者之间的交易。

6. 保护知识产权

在线内容创作者非常了解知识产权法给予的保护的程度以及其内容被盗的难易程度。当创作者与大型机构打交道时，可能必须聘请律师来证明所有权，采用区块链技术可以帮助内容创作者轻松捍卫自己的知识产权。区块链可以使用加密哈希文件存储原始音乐曲目和视频影像来解决这些问题。通过将每个哈希文件与创作者的地址关联，以及通过智能合约的形式补偿创作者或版权所有者。在线内容的区块一旦创建就无法更改，因此，内容创作者将完全控制自己的作品，并且只要有观众访问内容，交易就会自动进行。

（三）落地项目

1. Theta 网络——具有微观经济的区块链视频流

以太坊虚拟机被比喻为“世界计算机”，Theta 网络则可以看作由用户贡献的内存和带宽资源形成的“世界缓存”。该项目正在尝试建立一个去中心化的视频流平台，旨在利用区块链技术的去中心化性质来改变视频内容在互联网上的分配方式。Theta 网络鼓励用户共享未使用的内存和计算机的计算能力；为了交换共享带宽和资源，用户将获得 Theta 代币。Theta 网络的目标是提供高质量、流畅的视频流，同时降低交付视频流的成本。

2. Livepeer——点对点视频服务与激励

Livepeer 项目旨在提高视频工作流程的可靠性，同时降低扩展它们的成本。为了实现这一目标，该项目正在构建通过以太坊区块链保护的市场进行交互的 P2P 基础架构。拥有大量用户、流媒体费用或基础设施成本较高的广播公司可以使用 Livepeer 网络来潜在地降低成本或基础设施开销。Livepeer 白皮书概述了安全创建和激励分散网络的协议。激励节点为获得转码和分发实时视频服务，将其处理能力和带宽贡献给网络。

3. MTonomy——将流媒体视频带到以太坊

MTonomy 使用以太坊来处理付款，将元数据存储在智能合约中。它具有加密和数字版权管理保护，内容创作者将获得充足的保护。MTonomy 使得无缝跟踪交易、直观地搜索可用权利并在云中安全地托管 TB 级内容成为可能，从而实现了快速交付和资产的简单管理。Netflix、Amazon Prime 和 Google Play 账户在暗网上经常被黑客攻击。对于 MTonomy 系统，黑客必须破坏关联账户的以太坊钱包才有可能入侵或获得交易账务信息。MTonomy 的用户友好设计使系统使用起来非常直观，无须培训或设置成本。在 MTonomy 上，可以使用以太币来租借和购买难以找到的电影、纪录片和按需观看的戏剧。

4. Flixxo——基于视频共享的社会经济

根据 Flixxo 白皮书，该项目将比特流（BitTorrent）和智能合约结合在一起，以创建第一个合法的、分散的内容分发网络。在一个 P2P 网络中，创作者可以分发自己的内容并从中获利。他们通过与“播种者”分享收入来激励媒体的发行并消除不必要的中间方。“播种者”这个术语是在洪流环境中创造的，指的是那些已下载内容并将其保存在计算机上并与其他人再次共享的用户。Flixxo 允许真正的最终用户为在友好安全的环境中观看许可内容支付合理的费用。

因为在社交视频分发平台上实施 Flixx 币机制（在 Flixxo 平台上承载价值的代币），所以可以通过借出存储空间和带宽来换取代币来吸引用户，帮助改善网络。用户将花费 Flixx 币以获得他们真正想要观看的内容，并因参与社交而赚回 Flixx 的参与费。终端可以是智能手机、便携式计算机以及台式计算机，甚至是智能电视。视频分布式社区可以使用去中心化、激励性的点对点网络，没有结构成本，并且不受限制地扩大规模。如果用户选择观看广告，则可以赚取更多 Flixx 币。

第三节　区块链技术及其应用监管探究

一、国际区块链技术及其应用监管经验

随着区块链技术的更新，在应用行业多元化过程中，也呈现出不断发展的监管手段和策略。但对区块链技术的监管仍存在诸多困境，包括监管理念困境与监管政策和法律位阶的困境等。一些国外政府已经在区块链技术及其应用领域颁发了相关的监管条例，我国政府也在逐渐完善区块链技术及应用过程中的相关法律监管政策。因此探讨国外在区块链技术及其应用过程中的监管经验，对我国区块链应用监管机制的完善有重要的启示。

（一）各国监管经验概述

1. 金融领域的监管经验

（1）数字货币监管。为了明确国际上对数字货币（Cryptocurrency）和通证（Token）的监管目标，本节引用瑞士的法律体系，进一步区别和理解市场中现有的数字货币和通证，以及理解它们在经济学中的意义。各国对区块链技术的数字货币和通证在金融行业中的应用尚未出台明确的法律法规，大多数都将数字货币和通证在金融行业中的应用规范于现有法律体系内，且对数字资产的监管政策并不统一。针对已经出台区块链、数字货币领域相关监管政策的国家或地区进行梳理，结果见表 14-2。

表 14-2　各国监管依据及措施

国　家	监管对象	监管政策/法律	监管机构	主要内容
美国	证券类数字资产	《关于数字资产证券发行与交易的声明》	美国证监会(SEC)	规定了数字资产证券的交易和流通的监管要求。同时，强调了 SEC 对数字资产、区块链技术的态度：支持有利于投资者和资本市场发展的技术创新，但必须遵守联邦法律框架，在监管合规的前提下有序进行，同时鼓励区块链新兴技术的创业者聘用法律顾问，在必要时可寻求 SEC 的协助

（续）

国　　家	监管对象	监管政策/法律	监管机构	主要内容
英国	区块链和加密货币行业	《对于公司发行加密通证衍生品要求经授权的声明》	英国金融市场行为监管局（FCA）	为通过ICO（Initial Coin Offering）发行的加密通证或其他通证的衍生品提供买卖、安排交易、推荐或其他服务应达到的相关监管活动标准，需要经由FCA授权。主要包括： （1）加密通证期货，双方同意在未来某个时期以双方商定的价格交易加密通证的衍生品合同 （2）加密通证差价合同（CFD），是一种现金结算的衍生品合同。合同双方通过同意在其开始时和终止时交换CFD价值的差价，以担保利润或避免损失 （3）加密通证期权，赋予受益人获取或处置加密通证的权利和合同
丹麦	区块链和加密货币行业	《关于ICO的声明》	丹麦金融监管局（FSA）	只有单纯作为支付手段的加密货币才不受丹麦金融立法的监管。除此之外的相关ICO活动都属于金融监管的范围，企业在从事有关ICO和加密货币的业务时，应仔细考虑相关法律法规，例如招股说明书指令、另类投资基金管理公司指令、第四项反洗钱指令和其他可能相关的法律
瑞士	金融区块链和加密货币行业	《首次通证发行的监管处理》 《ICO指导方针》	瑞士金融市场监督管理局（FINMA）	ICO涉及的以下方面受相关法律监管： （1）如果ICO发行的通证构成支付工具的发行，反洗钱法将适用 （2）银行法规定：吸收公众存款，并对公众有还款义务的ICO运营商，其ICO项目一般需要银行牌照 （3）证券交易规定：发行的通证符合证券定义的，要求有证券交易商身份运营牌照 （4）个案是否受监管，判断的关键因素是通证的基本目的，以及它是否可以交易或转让
奥地利	金融区块链和加密货币行业	《首次通证发行》	奥地利金融市场管理局(FMA)	ICO受监管的类型： （1）如果将与通证有关的权利与众所周知的各种证券权利相比较，有迹象表明它们属于一类，特别是投票权、利润分配权、可交易或转让、利息支付的承诺及在某一特定时期结束时偿还所收到的资金的权利，将受《2007年证券监管法》监管 （2）如果资金不是通过使用虚拟货币筹集，而是使用法定货币，并且ICO规定筹集的资金将按照ICO组织者的自由裁量权投资，且投资者有要求偿还投资的相应请求权，将受《奥地利银行法》监管 （3）如果通证授予每个持有者对ICO组织者享有某种财产权利，如索赔权、会员权、附条件权利（如所有权、红利分配请求权或本金偿还请求权），可以归类为投资的，将受到奥地利资本市场法的监管
爱沙尼亚	加密货币和数字通证行业	—	爱沙尼亚金融监管部门(FSA)	要求加密货币交易平台必须遵守反洗钱（AML）的监管标准，并且实施“了解你的客户”（KYC）风险评估

通过梳理国际监管条例，可以总结出以下特征：

1）支付业务中与法定货币间进行兑换的这一类业务，必须获得监管机构的授权并取得相关支付许可证明。一方面可以在一定程度上降低通证交易中的欺诈风险；另一方面还有助于督促经营主体履行反洗钱和反恐怖融资方面的合规要求。

2）运营商在进行加密数字货币交易时，需要在国家金融监管部门进行合法注册，并按照相关规定对法定货币、数字货币基金分开监管。同时严格遵守反洗钱法条例、严格落实“KYC”规则，努力争取更好地接受和更广泛地采用加密货币。

3）发行的通证符合证券定义的，要求有证券交易商身份运营牌照。通证授予持有者对ICO组织者享有某种财产权利，如投票权、索赔权、附条件权利（如所有权、红利分配请求权或本金偿还请求权），可以归类为投资的，将受资本市场相关法律的监管。

（2）STO监管。STO（Security Token Offering）指的是证券化通证（Security Token）的发行行为。证券类的通证所代表的权益更偏向于传统股权所代表的所有权，以及债权所代表的未来收益偿还权，证券类通证的持有者会根据通证的具体定义，享有该区块链组织的所有权、分红权、未来收益偿还权或投票权等，其发行和后续行为需要依照法规受到证券监管部门的监管。STO被纳入政府监管，在于STO与现实的基础资产对映。在权益和监管的双重保障下，STO矫正了此前ICO出现的各种乱象，使得区块链项目投资更加规范化、更具可持续性。

STO就是将现有的传统资产，如股权、债权等作为担保物进行通证化（Tokenize），上链后变成证券化通证，而且必须适用于联邦证券法监管。从性质上来说，证券通证化的对象为股权、债权和权证等。从最终标的物形式来看，证券通证化的对象为房产所有权、房地产投资基金、黄金、碳信用额、石油、美术作品和音乐版权等。

目前美国的STO实践主要依据《D条例》《A+条例》和《S条例》获得注册豁免。对STO而言，《D条例》在用于私募融资或面向合格投资者时仅可用于“私募”阶段，而不能向一般投资者公开，同时与《众筹条例》相同，有一年禁售期的限制。《A+条例》的模式又被称为miniIPO，其融资限额可高达5000万美元，但开始融资前必须获得SEC或州政府方面对证券发行的提前认可（Qualification），发行证券的第一年在二级市场的交易额不得超过发行总价的30%。当项目的融资金额超过2000万美元时，《A+条例》还要求融资方履行与IPO类似的严格持续披露义务。《S条例》则主要针对向美国以外的海外投资者融资的项目，依据该条例发行证券，可以向美国以外的投资者融资，而且不受融资限额的规定，仅需要在发行后的15日内向SEC备案，但一年内禁止转让给美国境内的投资者，同时还需要符合投资人所在国的投资者适当性和发行前置条件等监管规定。《D条例》《A+条例》和《S条例》成为当下各类STO项目宣称自身合规的主要依据。

融资者通常采取组合使用的方式，即依据《D条例》，在私募阶段将出售的通证“锁仓”，需要从技术上禁止私募阶段的投资人转让所购得的通证，以符合禁售期的相关规定。然后基于《S条例》，向美国以外的投资者募集资金；或是基于《A+条例》，向SEC申请允许进行 miniIPO。除了美国的监管规定之外，《S 条例》同时也指出，融资必须符合投资人所在国的有关监管规定。对于海外企业进行的 STO 融资，若是涉及我国境内投资人，出于保护金融消费者、维护金融稳定等目的，我国监管部门也会采取必要的监管措施。因此，即使在海外进行 STO 融资，也不能直接向我国投资者募集资金，否则可能涉嫌非法公开发行证券、非法集资等违法犯罪行为。

综合来看，STO 的生存空间相当有限。在我国由于股权众筹制度的原因，STO 目前发展空间受到了限制。在美国，STO 也较难符合《众筹条例》的监管要求，只能勉强符合《D 条例》《A+条例》和《S 条例》的相关要求，而这几个条例也存在一定的局限性，不能完全满足 STO 的现实需求：《D 条例》不仅规制私募，而且有一年的禁售期要求；《A+条例》仍需要 SEC 认可，也没有彻底实现注册豁免，且一年之内所售证券的交易额不超过 30%；《S 条例》仅能面向美国以外的投资者募资。

（3）沙盒监管。英国金融监管局在 2015 年率先创造并推出“监管沙盒”制度，在保护消费者权益的前提下，通过一个“缩小版”的真实市场和“宽松版”的监管环境来鼓励金融科技企业在小范围的模拟市场中测试其创新产品、服务和商业模式，从而鼓励金融创新和防范市场风险。2016 年 6 月，首批 60 家公司在受控条件下的真实市场中测试其创新产品和服务，经过一年多的试运营，其中 90%创新产品和服务都已推向了更广的市场，40%在测试中或者测试结束后得到了融资。在监管沙盒所界定的安全空间内，金融科技企业依据需求进行其创新产品、服务、商业模式和支付机制的测试，而不会直接引发违反现有监管规则的法律后果。这种思路旨在实现金融科技的突破性与法律规则滞后性之间的动态均衡，为各类金融科技创新手段预留一定的缓冲区间。也有学者将这种突破性称为“破坏性创新”。所谓“破坏性”是指这种创新模式中包含着大量潜在的根本性、结构性变革，强调这种模式与以往模式相比所发生的剧烈性变革，而“创新”则是指这种模式在产品、过程、功能或效用方面将创造与以往截然不同的价值，强调此模式具备正向、积极的意义。

相比于传统金融模式，监管主体需要引入先进的科技手段来提升监管能力，因此创新模式的监管难度更大，由此监管科技顺应而生。监管科技不仅可以对接现有的各项政策法规制度，注重风险出现后各项合规义务的及时履行，而且关注事前的风险预测与识别，能够有效降低企业的合规成本。基于上述成功经验，马来西亚、新加坡、阿布扎比、澳大利亚、毛里求斯、荷兰、印度尼西亚、文莱、泰国、巴林、瑞士、加拿大以及美国亚利桑那州等地也先后颁布了沙盒监管计划。

2. 技术方面的监管经验

区块链技术的发展虽然以智能合约为基础，但是应用领域不再局限于金融方面。各国都在尝试研究区块链技术方面的监管模式，如从比特币的监管入手进行区块链技术应用领域的监管制度设计，政府部门发布监管研究报告，分析监管制度的可行性和有效性。

在区块链技术法律监管中，美国纽约州颁布的比特币许可证（Bitlicence）法律被认为是区块链法律监管的全球范本，该法律的监管成熟之后可以应用于区块链技术与现有金融体系的对接过程中。Bitlicence 规定数字货币行业需要合法化，因此从事比特币行业的主体需要持有政府授权的法律“许可证”；同时在该法案的 200.03 部分中还规定了两类无须遵守许可证要求的法律主体，一是参与虚拟货币商业活动并受到监管的个人主体，二是仅仅出于销售、购买商品和服务或者进行投资的目的而使用虚拟货币的经营者和消费者。在实施 Bitlicence 方面，波士顿比特币创业公司 Circle 从纽约州监管机构获得了第一张比特币许可证。此外，对于无法满足 Bitlicence 中要求的数字货币初创公司，还允许给予“有条件的许可证”，但拥有这种条件性许可证的公司将面临更严格的“加强审查”，无论是在审查的范围或者频率还是审查的其他方面，该类公司将受到更严格的监管。除非监管机构取消或者更新了条件性许可证，否则该许可证将会在两年内到期。Bitlicence 在记录留存的时间方面降低了要求，由原来草案中的 10 年缩短到了 7 年。整体而言，Bitlicence 对虚拟货币进行了重新定义，在承认虚拟货币与法币的法律地位的基础上，对不同类型的数字货币公司做出了不同程度的监管要求。

英国政府在发布的报告——《分布式账本技术：超越区块链》中，提及区块链技术治理和监管时强调了法律监管和技术规范的重要作用。在法律和电子技术环境下虽然都是依据规则进行管理，但是这些规则的本质作用方式有所差异。该报告中还指出，现行的金融体系处于统一的法律监管之下，但目前的分布式账本系统（如比特币）可以不依赖法律规则而发挥作用，而是通过技术规范预先设定每一个参与者必须遵守和执行的规则。治理分布式账本系统需要考虑系统内相关方的利益诉求，也需要考虑系统运作时社会公众的利益。与传统的金融网络体系 VISA 截然相反，分布式账本系统没有作为中心的法律实体来承担责任。缺少中心法律实体将给公共监管者带来挑战，报告中认为单一依靠技术规范或者法律规则不能有效监管分布式账本系统，政府应当综合考虑技术规范和法律规则的优势和弊端，双管齐下，有效治理分布式账本系统带来的监管问题。

比较现有区块链技术的监管现状发现，各国政府对区块链技术的监管呈现出从全面禁止到有条件接受或全面接受的变化趋势。区块链技术发展初期多用于数字货币场景，在很多场合中区块链与比特币被同时提及，监管措施也多侧重于对比特币法律地位的规定。大多数国家都审慎地将其认定为虚拟货币，因此对特定交易行为进行了限制，如禁止银行间的比特币交易，以降低可能引发的风险。区块链技术逐渐应用于众多场景并开始去中心化，不再局限于数字货币；当区块链技术通过智能合约、智能资产等进行新应用场景的构建时，各国采取了与早期阶段截然不同的态度来积极引导行业的健康发展。

2019 年 3 月，澳大利亚公布了《国家区块链战略路线图》(*National Blockchain Road-map*)，以加强对区块链产业的监管和引导、技能培训和能力建设，加大产业投资力度，增强国际合作，提升产业竞争力，将区块链整合到政府和金融部门，加快政府的数字化转型，确保澳大利亚在该技术领域保持领先地位。2019 年 8 月，德国发布的区块链战略中明确了五大领域的行动措施，包括：在金融领域确保稳定并刺激创新；支持技术创新项目与应用实验；制定清晰可靠的投资框架；加强数字行政服务领域的技术应用；传播并普及区块链相关信息与知识，加强有关教育培训及合作，希望保持和扩大德国在区块链技术方面的领先优势，利用区块链技术带来的机遇，挖掘其促进经济社会数字化转型的潜力。此外，韩国、荷兰、塞浦路斯、阿联酋、马耳他等国也先后制定了区块链总体发展战略，积极推动产业创新发展。

（二）监管启示

抢占全球技术创新高地、掌握规则和标准制定权，已经成为数字经济时代国际竞争的重要“战场”。面对区块链技术带来的发展机遇，部分国家开展战略布局、出台政策法规，在明确区块链技术发展方向的同时，给予适当政策倾斜。因此积极研究国外对区块链技术及其应用的监管体系是我国健全区块链行业监管体系的必不可少的环节。

对区块链技术及其应用的监管模式多数是从与金融领域结合的角度出发，关注区块链在金融领域的具体应用。各国虽然对比特币等数字货币大多持谨慎态度，但是仍将比特币纳入政府的监管范围，设置行业准入门槛，以此规范数字货币行业的市场秩序。如日本主要通过立法手段对虚拟货币进行监管，以避免区块链技术被用于洗钱犯罪，其主要监管法律《支付服务法》的核心内容是保护消费者及投资人的利益，其监管重点是保护区块链金融的信息数据安全，其重要措施是对投资人资金及平台自有资金施行分离管理。因此，对于我国区块链监管体系建设而言，需要以保证投资人利益为监管体系的构建原则，重视信息数据安全。同时，施行交易平台注册制度及牌照发放制度，将游离于金融监管之外的平台及时纳入监管体系之中。而在资金保障方面，可以采取第三方存管制度以控制潜在金融风险，杜绝区块链金融违法犯罪活动。

对区块链技术及其应用的监管，美国在联邦层面的监管特征是若干机构之间协作监管，各机构主要依据自身的职责来安排和分配监管工作。美国政府在出台或执行监管政策时比较慎重，在虚拟货币这种新兴领域尚未达成高度共识之前，监管机构不会下达“一刀切”式的政策。美国联邦政府及各州政府出台的许多监管政策都遵循三项核心原则，即消费者权益保障、网络信息安全交易和反洗钱犯罪。我国在健全对区块链技术及其应用的监管体系时，也应正视区块链技术给各行业带来的创新，通过更为健全的法律法规对相关行为进行监管。此外，美国对区块链技术在各行业的监管体系按照联邦监管和州监管的层级来实施，具有鲜明的层次感。我国也可以通过协同监管理念，构建多维区块链监管主体，建设包含平台自我监管、行业协会协助监管、政府监管部门主要监管的立体化监管体系。

二、我国区块链技术及其应用的监管难题与展望

区块链作为一个新兴的技术发展方向和产业发展领域，引起了全球科技人士、经济人士、法律人士和政府人士的广泛关注，具有在全球范围提供一般信任服务的潜力。然而，区块链技术的出现也给当前的法律和监管提出了新的难题。区块链因去中心化、难篡改的特性，而成为一个由技术驱动但深刻影响着经济、社会、组织形态及治理的综合课题。但区块

链社区及其产业并非法外之地，“代码即法律”（Code is Law）的激进法律和社会实验也必须和社会法律体系相适配。

具体来说，区块链技术因其内在的五大特性，为当前的法律监管带来了新的问题和挑战（见表14-3）：一是去中心化的分布式共享账本带来了监管主体分散的问题，二是自动执行的智能合约带来了其法律有效性的问题，三是区块链难以篡改的特性带来了数据隐私和内容监管的问题，四是激励机制与数字资产特性带来了金融监管的问题。

表14-3　区块链技术特征与监管挑战

特　征	监管挑战
分布式共享账本	建立适用于不同国家的节点的法律 司法管辖的法律主体 新的民商法形式、组织
自动执行的智能合约	智能合约法律定义和可执行性 适用法律 智能合约管理者的责任
难篡改	要求更正或删除区块账本中数据的规则 数据保护法律/被遗忘的权利 侵犯第三方权利的内容 非法内容
激励机制与数字资产	数字资产、通证化的法律通用定义 相关的投资者保护的最低要求 符合适用规则的监管政策和程序

总结出区块链技术监管主要面临的挑战有：第一，区块链网络控制中的民事和刑事责任，以及公共法视角下的其他责任来源；第二，对网络参与者（人或非人）的控制管理监督，包括开发管理者、协会/社区管理者以及参与其中的法人；第三，区块链记录和数据的权威来源，区块链记录的法律有效性；第四，数字资产对现有金融系统的挑战；第五，符合现有法规的个人数据保护和内容管理。

（一）监管难题

1. 分布式共享记录导致相关监管责任主体分散

本质上，区块链是一个分布式的共享账本网络。在分布式网络结构中，没有中央数据库，网络中的节点可以通过多条路径互相通信。同时由于没有中心化的参与者，网络节点本身也是难以被直接管控的。所以，从法律和监管意义上讲，设立节点的一般性规则仍不明确。按照区块链网络类型的不同，这一问题呈现出不同的形态。

第一，私有区块链的情况。虽然私有区块链具有多个节点，但其本质上是由一个法律主体控制的。因此，在私有区块链的环境中，节点（成员）的设立与相关法律关系完全兼容于当前的社会法律架构。

第二，联盟区块链的情况。与私有区块链类似，联盟区块链的节点（成员）也是需要认证和许可的。但不同于私有区块链，联盟区块链通常是在不同的法律主体之间搭建的区块链网络，并且在某些情况下，联盟区块链的网络是在不同国家、地区的主体间搭建的，这就会涉及现行法律对在不同国家、地区设立的节点（成员）的适用性问题。

第三，公有区块链的情况。由于公有区块链没有任何节点准入限制，世界上的任何人都可接入，上述问题均可出现。并且，由于公有区块链几乎没有责任主体，对节点（成员）的监管难度大，法律属性及监管政策需全球多国协作、共同推进。

2. 智能合约自动强制执行的法律有效性仍待商榷

由于区块链上的智能合约可自动执行，并且其执行只依赖于智能合约中设置的条件，因此，智能合约可以自动执行一些通常与具有法律约束力的合约相关联的流程。在现代社会中，一旦发生合同违约，合同的执行和强制力最终诉诸于司法机关，司法机关的执行和强制力必然伴随着高昂的司法与社会成本。而基于区块链的智能合约因其自动执行和中立的特性，大大节约了信任成本，使得不同的主体在不互信和无中介的条件下协作，开启了新形态的商业模式。需要注意的是，相比于传统合同，智能合约只是通过机器将执行的过程自动化、强制化地完成，降低合同双方的监督成本。然而，基于区块链的智能合约在真正的商业实践中，仍旧面临着较大的法律层面的挑战。

第一，关于智能合约的法律定义问题。目前，对基于区块链的、由计算机程序编写的、涉及多方权利义务的合约（智能合约）仍未有明确法律定义。换句话说，虽然智能合约在技术上是可用的，但其法律的“合法性”仍未明确，其中涉及的对底层链技术的要求和合约的标准等还未形成，如果出现智能合约失效、程序性错误或被盗等情况，其中多方的法律责任就难以判断。

第二，关于智能合约的隐私性问题。公有链的智能合约通常会将合约代码及所执行的交易广播到整个网络，对于所有节点均公开、可见。基于对隐私问题的担忧，在大量的商业场景中，智能合约难以取代传统法律合同。如果没有强有力的隐私保护机制，智能合约就不适用于向关键供应商付款、敏感交易等需高度保密的场景。

第三，智能合约“预言机”（Oracle Mechanism）机制问题。所谓预言机，就是区块链与外界沟通的渠道，即链下数据上链的机制。由于智能合约及区块链具有“一经部署，难以更改”的特性，因而智能合约的调用条件在部署时进行配置，而后续要触发智能合约的执行则需要其他条件。如果智能合约的触发条件来自于外部世界，如某地的气温、商品货物的流转情况等，则一定会涉及外部信息上链。通常，外部信息源自第三方数据源，但区块链只能保证来自于外部的数据无法被篡改，而无法保证其真实、准确。因此，外部信息的真实性就依赖于第三方主体的信用。因此，数据上链问题导致智能合约依赖上链主体的“信用”。尽管目前出现了多种去第三方的预言机方案，如通过对信息投票、硬件传感器信息上链等，但仍不存在一个普遍适用的方案。

最后，关于智能合约的适用性问题。智能合约依赖形式化的编程语言，适合创建刚性代码规则管理的、客观可预测的义务，而不适合记录模糊或开放性的条款，以及在签订合约时没有准确的边界或明确的权利和义务。实际上，并非所有的商业合同都会精确界定商业关系，大量开放性协议条款在执行时往往会不断进行具体的修正以适应意外事件和关系变化。为了执行智能合约，各方需要精确界定义务，但是在一些商业活动中，由于无法提前预测义务，因而智能合约很难灵活地处理这类契约关系。

3. 上链数据难以被篡改带来隐私及内容监管风险

2018 年 5 月 25 日，欧盟《通用数据保护条例》（GDPR）正式生效，GDPR 不仅适用于欧盟内组织，而且适用于欧盟之外的向欧盟数据主体提供商品或服务或监控其行为的组织。GDPR 的核心要求，如数据最小化、对国际转让的限制和个人的擦除权利（即“被遗忘的权利”）与区块链数据的难以篡改、难以删除的特性相冲突。具体来说，冲突体现在以下几个方面。

（1）数据保护责任主体。GDPR 下的责任主体主要有数据控制主体（Data Controller）和数据处理主体（Data Possessor）。数据控制主体是指决定数据处理目的和手段的自然人或法人；数据处理主体是指代表数据控制主体进行数据处理的自然人、法人、公权力机构、代理人或其他主体。然而，在分布式存储场景下，数据并不是存储在中心化数据库中的，而是存储在系统的每一个节点上。数据主体将数据存储到区块中之后，由系统随机选择的矿工将会把区块中的数据通过哈希算法加入链上，链上每个节点的账单都会对新增节点进行更新。

对联盟链及私有链来说，一般会设置某些准入机制和中心化管理机制，也会有类似管理员的角色对交易数据的存储进行干预，一般具有较为明确的数据控制主体和数据处理主体。但对于公有链来说，网络中的节点是完全平等的，节点对信息的管理能力极其有限，存在数据保护责任主体不明的问题。

（2）数据的访问、修正及删除权限问题。根据 GDPR 第 15、16、17 条的规定，数据主体可以从管理者处查询其相关的个人数据是否正在被处理、在何处被处理以及因什么目的被处理；数据主体有权要求数据控制主体对其不准确的个人数据进行修正；数据主体有权让数据控制主体擦除其个人数据，停止进一步传播数据，并有权要求第三方停止处理数据。

在私有链、联盟链的可控环境中，可以较好地解决上述问题。但是在公有链的环境中，无论是修正、删除，还是发布数据的操作，操作责任主体都难以确定。在这一点上，GDPR 中对数据删除、修改的权利和要求似乎与公有链产生了不可调和的矛盾。

类似地，对于公有链来说，由于任何人都可以在其数据库中写入数据，因而对其信息内容的监管也就成为问题针对这个问题我国率先就区块链提供信息服务方面出台了专门的管理规定。区块链的特性使得链上数据难以被篡改，而且区块链可能成为传播危害公共安全、涉及恐怖主义和不良信息的载体。随着监管的发展，我们有理由相信，任何利用公有链区块链技术进行违法犯罪的活动，在各国都将受到法律的制裁。

4. 激励机制的数字资产特性引发金融监管问题

数字资产的监管问题是由于公有链代码设计和运行中都包含相应的通证设计，因而这些通证的法律定义是什么、以何种方式去监管、税收政策等是主要所涉及的问题。

第一，数字资产的性质问题。作为价值激励的载体，数字资产与公有链密不可分，但实际上数字资产又有若干类型，业界也有不同的划分标准。例如，新加坡是提出区分“证券性通证”（Security Token）和“使用性通证”（Utility Token）并予以官方确认的国家，对“使用性通证”并不按照证券法的规定进行监管。澳大利亚金融市场管理局从金融监管的角度把通证划分为证券型、投资型、支付型、货币型及实用型。美国在区分某个具体通证是否属于证券时，还是采取个案甄别的方式，依据“豪威测试”（Howey Test）原则来确定某一具体通证是否属于证券，需要按照证券管理的法规进行监管。

第二，数字资产的规范问题。数字资产天然具有匿名跨境流动的特性，因此很容易被用于非法交易，其产业需要经账户审核、反恐怖主义融资及反洗钱等监管。

第三，数字资产的税收问题。美国国家税务局对公有链社区参与方，特别是交易参与方的纳税义务一直十分关注，认定比特币和其他加密数字货币为财产而非货币，依照资本增值税法监管，并出台了相应规定。美国国家税务局曾经起诉美国最大的加密货币交易所之一的Coinbase，要求其提供客户的交易资料，作为征税的依据。公有链的税务监管需要适应加密货币和加密资产会计核算的国际通用会计准则。

（二）监管展望

1. 调整监管方向

加强布局研究，引导理性发展。目前，我国区块链技术的发展和应用尚处于早期阶段，相关概念界定、应用模式、潜在风险以及监管诉求等尚不明晰，而相关概念不明将直接导致法律监管和政策适用方面的困难。借鉴美国、欧盟以及日本等国家或地区的经验，建议监管部门、研究机构积极组织开展区块链相关试点项目和概念验证，对技术特征、发展空间、潜在风险、法律衔接等问题进行研究和预判，为适时、适当介入区块链监管做好政策准备，同时针对风险可控的、适宜应用区块链的相关产业、领域，发布相关建议和指引，引导区块链技术在公私领域良性创新、理性发展，为区块链产业健康发展营造良好环境。

包容审慎立法，保障技术先行。在明晰概念和研判风险的基础上，区块链技术及其应用的监管问题，可分为现实社会延伸问题及新增问题两类。对于前者，建议首先从现有立法视角入手，尝试将相关技术应用模式纳入现有立法的覆盖范畴，或通过及时立法和修订相关法律拓展法律监管范围，如明确虚拟货币的交易使用仍需遵守反洗钱等相关法规；对于后者，由于产业机构与监管部门间的信息不对称，政策变化的情况时有发生，如泰国、韩国对于虚拟货币、ICO 的监管政策曾先后发生颠覆式转变。因此，对于风险尚不明晰的领域，建议保持法律谦抑，通过政策调控的适度引导，为产业发展和技术创新保留规则空间。

安全把控先行，保障各方权益。区块链技术的去中心化、不可篡改等特殊属性，在保证真实可信的同时，可能为跨境数据流动、信息内容管理、网络安全保障、关键基础设施保护、个人隐私以及用户权益保护带来安全风险。建议在我国当前网络空间法律体系的基础上，进一步推进网络安全和数据治理机制的构建，完善跨境数据流动、个人信息保护、关键信息基础设施以及数据全生命周期管理，加强区块链生态内容治理，保障国家公共利益和各方权益。

引导技术创新发展，抢占发展先机。区块链引发的风险和监管的不确定性，是各国立法部门和监管机构面临的共同难题。新兴经济体和发展中国家借助数字经济的高速发展，逐步增强国际话语权和影响力，对数字世界的传统秩序产生新的冲击。未来，基于区块链技术的数字经济产业将在国际竞争中扮演更加重要的角色。目前我国已将区块链技术发展提升至前所未有的高度，继续加大政策支持力度，引导技术创新发展，有助于提升我国在网络空间治理领域的话语权，为国际网络空间治理贡献中国智慧，建立网络空间命运共同体，共享数字经济和技术发展成果。

2. 认清国内区块链监管现状与需求

近年来，我国各级政府大力鼓励区块链产业的创新发展。2016 年 10 月工业和信息化部发布了《中国区块链技术和应用发展白皮书（2016)》，2016 年 12 月区块链首次被作为战略性前沿技术写入国务院发布的《国务院关于印发“十三五”国家信息化规划的通知》。另据《中国区块链技术和应用发展研究报告（2018)》中的不完全统计：2017 年我国有 9 个省市出台了扶持区块链产业发展的相关政策措施；2018 年以来全国有 30 余个省市两级政府颁布了共计 40 余项政策措施，重点扶持区块链应用产业的发展。在党中央、国务院和各级政府的重视下，各项政策措施为区块链技术和产业发展营造了良好的政策环境。一方面，不少地方政府纷纷开设区块链产业园区，投入引导基金来推动区块链行业的健康发展。另一方面，国内相关监管机构禁止境内开设虚拟货币交易所和面向中国居民进行 ICO 的通证融资。这两方面的合力，实质上推动了“无币区块链”的发展，即监管机构鼓励企业在不发行通证的前提下，大力发展区块链技术的相关应用。

同时，区块链技术所引发的创新变革效应不再限于金融层面，这也意味着有必要考虑能否审慎地扩展“监管沙盒”与“破坏性创新”的适用范围。事实上，无论是在物联网、供应链领域，还是在公共服务与公益慈善领域，区块链都只作为一种支撑性技术框架与运作模式而存在，因此面临着共性的法律难题。作为一种深刻改变互联网时代基本组织架构的技术形态，区块链的发展与大规模应用势在必行，因此立法机构需要对区块链可能涉及的相关法律问题进行风险预测与评估，密切关注区块链技术的应用实践，及时发布必要的风险提示。在条件成熟时，修订或完善相关的法律法规，尽可能地实现科技创新与风险防范、技术发展与秩序维护的双赢。

当前区块链发展迅速，不同种类的金融科技业务盘根错节，有些企业打着金融科技旗号开展违规业务的“伪创新”，而在现行监管体制下，单一的监管主体无法界定其核心业务的边界，无法准确界定监管责任，只有各监管主体联合，统一对区块链金融业务进行穿透式风险排查，才能明确各监管主体的责任，对区块链金融业务风险进行庖丁解牛式的治理，最终实现对区块链金融领域的全覆盖，才能有效防止非法套利。

3. 探索新型监管方式

“区块链+监管”的“法链”监管模式的本质仍是监管科技。按照国际金融协会（IIF)

的定义，监管科技具有两方面的优势：一方面，监管科技可以提升金融机构的合规能力；另一方面，监管科技可以提升监管水平。由此可知，“法链”监管模式就是利用区块链这一新兴互联网技术，以信息共享的形式实现金融领域共同治理，将监管范围延伸至传统金融监管无法覆盖到的监管区域，其内涵是利用区块链技术使被监管金融机构的信息外部化，通过区块链技术的可追溯性、不可篡改性及去中心化等优势特征，解决金融市场中的信息不对称问题，进而消除金融机构、金融监管部门及投资人之间的信息阻碍，利用金融市场机制分散金融风险，进而达到金融监管目标。因此，“法链”监管模式是一种提倡以市场机制为主、人为干扰为辅的金融监管模式，是传统金融监管的互补手段而非替代手段。此外，“法链”监管模式不仅是传统金融监管模式与手段的改革与提升，更是对金融监管理念的升华。由传统金融监管的“准入监管”理念转变为“行为监管”理念，更注重如何让金融机构主动、合规地发展。例如，披露金融机构基本信息及日常金融业务运营的合理、合规状况等，而不是明确规定金融机构应当做什么或者可以做什么。因此，“法链”监管模式是一种“软约束”，可以从风险根源处消除或者降低金融风险，其监管效率更高。

创新监管手段，推动治理能力现代化。一方面，区块链技术的去中心化将进一步冲击单一化、集中化的法律监管模式，更加灵活、迅速、高效的监管机制亟待建立，具体包含沙盒监管、安全风险评估、信用体系管理以及泄露通知等。另一方面，多方主体将更加频繁地参与“协同共治”，主动发挥自律和他律结合的多重监管优势，共同推动治理体系和能力的现代化。

4. 监管措施的实施落地

我国第一个区块链监管沙盒——杭州大湾区区块链产业园，于2018年9月19日在杭州湾产业园成立。与国外金融科技的监管沙盒相比，我国的金融科技创新监管工具既与国际接轨，都秉承柔性监管的理念，又具有中国特色，并且符合中国国情，旨在引导金融机构利用现代技术赋能金融、提质增效，营造安全、普惠的金融创新发展环境。这种方式提供了一个风险相对可控的真实市场环境来保护消费者权益，通过发现产品缺陷来规避存在的风险与隐患，进而合理地支持金融市场对创新产品的探索和实践。在监管模式方面，这种金融科技创新监管试点也被称作中国版的“监管沙盒”。它在传统“行业监管+机构自治”模式的基础上及时引入有效的社会监督和行业自律行为，贯彻守正创新、持牌经营原则，对金融科技创新应用实施全生命周期的监管。

当前，我国对区块链技术及其应用的监管采用暂时性和局部性的管控措施，暂未形成整体系统化的监管局面。主要原因有：一是专利储备不足，底层的核心技术不够；二是相对有效的监管措施较少，没有形成完全由区块链技术带动的应对系统性金融风险的整体措施与规范；三是当前各行业的监管体制一定程度上对监管沙盒造成了阻碍，仍存在监管空白或套利等监管缺陷；四是对区块链技术及其应用的行业监管的法律研究不足，某种程度上造成了盲点区域的产生。

【本章小结】

在区块链技术前沿动向方面，本章主要介绍了零知识证明、跨链技术、李嘉图合约等前沿技术。这些技术的加入将使区块链技术在各个场景下得到更加广泛和完善的应用，为区块链的后续发展带来一些技术支持。在对区块链技术及其应用的监管方面，本章阐述了目前国内外常见的一些监管方式以及措施，为后续我国监管机制的健全带来新的思考方向。

【关键词】

零知识证明　跨链　DAG　李嘉图合约　应用前景　金融　沙盒监管

【思考题】

1. 简述 ZCash 的运营模式及交易流程。
2. 侧链技术和中继技术有哪些不同？
3. 李嘉图合约与智能合约的区别有哪些？
4. 简述联盟链的应用场景。
5. 区块链能够赋能流媒体的哪些方面？
6. 什么是沙盒监管？它的主要特点是什么？
7. 对区块链技术的监管主要面临哪些挑战？

参考文献

[1] 张效祥. 大步跨越时空信息技术 [M]. 上海：上海科技教育出版社，1996.

[2] 皮耶普日克，哈尔佐诺，塞贝里. 计算机安全基础 [M]. 田玉敏，薛赛男，译. 北京：中国水利水电出版社，2006.

[3] MIERS I，GARMAN C，GREEN M，et al. Zerocoin：Anonymous Distributed E-Cash from Bitcoin [C]//2013 IEEE Symposium on Security and Privacy. [S. I.]：IEEE，2013.

[4] LIPMAA H. Prover-Efficient Commit-and-Prove Zero-Knowledge SNARKs [EB/OL]. (2018-01-23) [2020-12-31]. https://www.inderscienceonline.com/doi/abs/10.1504/IJACT.2017.089355.

[5] 董天一. 解密基于区块链的分布式存储 [J]. 软件和集成电路，2019 (11)：21-23.

[6] CHATZOPOULOS D，AHMADI M，KOSTA S，et al. FlopCoin：A Cryptocurrency for Computation Offloading [J]. IEEE Transactions on Mobile Computing，2018，PP (99)：1-1.

[7] 李刚锐. 云存储数据验证算法的相关研究 [D]. 杭州：浙江大学，2013.

[8] 李芳，李卓然，赵赫. 区块链跨链技术进展研究 [J]. 软件学报，2019 (6)：1649-1660.

[9] 张朝栋，王宝生，邓文平. 基于侧链技术的供应链溯源系统设计 [J]. 计算机工程，2019 (11)：1-8.

[10] 张诗童，秦波，郑海彬. 基于哈希锁定的多方跨链协议研究 [J]. 网络空间安全，2018，9 (11)：61-66.
[11] 高政风，郑继来，汤舒扬，等. 基于 DAG 的分布式账本共识机制研究 [J]. 软件学报，2020 (4)：1124-1142.
[12] 江航. DAG 链上的共识机制与均衡 [D]. 哈尔滨：哈尔滨工业大学，2019.
[13] CHOHAN U W. What Is a Ricardian Contract? [EB/OL]. [2020-12-31]. https://www.onacademic.com/detail/journal_1000041683554999_ale3.html.
[14] 谭春波，刘增妍，徐哲. 一种新型的在线交易模式：OpenBazaar [J]. 计算机产品与流通，2018 (6)：139，216.
[15] 唐塔普斯科特，塔普斯科特. 区块链革命：比特币底层技术如何改变货币、商业和世界 [M]. 凯尔，孙铭，周沁园，译. 北京：中信出版集团有限公司，2016.
[16] 苏剑. 我国区块链监管体系建设对策研究 [J]. 金融发展研究，2019 (21)：83-88.
[17] 李文红，蒋则沈. 分布式账户、区块链和数字货币的发展与监管研究 [J]. 金融监管研究，2018 (6)：1-12.
[18] 贺立. 美国虚拟货币监管经验及对我国的启示 [J]. 武汉金融，2018 (7)：54-58.
[19] 张景智. "监管沙盒" 制度设计和实施特点：经验及启示 [J]. 国际金融研究，2018 (1)：57-64.
[20] 周瑞珏. 区块链技术的法律监管探究 [J]. 北京邮电大学学报（社会科学版），2017，19 (3)：39-45.
[21] 刘瑜恒，周沙骑. 证券区块链的应用探索、问题挑战与监管对策 [J]. 金融监管研究，2017 (4)：89-108.
[22] KEVIN B，LEMERLE M，CHIARELLA D，et al. Beyond the Hype：Blockchains in Capital Markets [J]. Investment Financing and Trade，2016，70 (2)：110-120.
[23] 赵蕾，陈晓静，戴敏怡. 区块链技术风险监管实证研究 [J]. 上海对外经贸大学学报，2019 (3)：89-98.
[24] 菲利皮，赖特. 监管区块链：代码之治 [M]. 卫东亮，译. 北京：中信出版集团有限公司，2019.
[25] 张夏恒. 区块链引发的法律风险及其监管路径研究 [J]. 当代经济管理，2019 (4)：79-83.
[26] 伦贝. ICO 监管的国际经验与我国的路径选择 [J]. 金融发展研究，2018 (8)：63-67.
[27] 邓建鹏，孙朋磊. 区块链国际监管与合规应对 [M]. 北京：机械工业出版社，2019.
[28] 邓建鹏. 区块链的规范监管：困境和出路 [J]. 财经法学，2019 (3)：31-50.
[29] 许晔. 我国区块链研发应用现状与发展建议 [J]. 科技中国，2019 (5)：13-15.
[30] 和树舰. 区块链在我国的监管现状及建议 [J]. 信息化论坛，2019 (7)：23-25.
[31] 王海波. 我国 "法链" 监管模式的现状、问题及优化路径 [J]. 财会月刊，2019 (21)：152-158.